伟大的旅程

一生必看的103个建筑

英国DK公司　编著　翟娜娜　译

北 京 出 版 集 团
北京美术摄影出版社

伟大的旅程

一生必看的103个建筑

DK

图书在版编目（CIP）数据

伟大的旅程 / 英国DK公司编著 ； 翟娜娜译. —北京 ： 北京美术摄影出版社，2013.6
书名原文：The world's must-see places
ISBN 978-7-80501-543-9

I. ①伟… II. ①英… ②翟… III. ①建筑艺术—介绍—世界 IV. ① TU-861

中国版本图书馆CIP数据核字(2013)第108111号

北京市版权局著作权合同登记号：01-2013-1737

责任编辑：钱 颖
助理编辑：于浩洋
责任印制：彭军芳

伟大的旅程
WEIDA DE LÜCHENG
英国DK公司 编著 翟娜娜 译

出 版 北京出版集团
北京美术摄影出版社
地 址 北京北三环中路 6 号
邮 编 100120
网 址 www.bph.com.cn
总发行 北京出版集团
发 行 京版北美（北京）文化艺术传媒有限公司
经 销 新华书店
印 刷 北京华联印刷有限公司
版印次 2013 年 6 月第 1 版
2021 年 9 月第 11 次印刷
开 本 252 毫米 ×301 毫米 1/8
印 张 32.75
字 数 476 千字
书 号 ISBN 978-7-80501-543-9
定 价 158.00 元
质量监督电话 010-58572393
责任编辑电话 010-58572304

For the curious
www.dk.com

目录

▾ 乔托在意大利阿西西圣弗朗西斯科大教堂创作的壁画

▾ 秘鲁马丘比丘遗迹

法国舍农索城堡

澳大利亚悉尼歌剧院

介绍

古代希腊和罗马的旅行者跟我们现代人享受乐趣的想法可能有些不同，而且他们也没有多少景观可以去游览。因此让希腊的作家呈列七处最美的并称之为“世界奇迹”的景观也就不难了。从那以后，文明源远流长，世界在快速旅行中迅速缩小，但这并没有减弱人们修建建筑的热情。现在，让我们指出世界上最壮观的七处建筑可能很难，但这里介绍的103处景观不容错过。

◂莫斯科圣巴西尔大教堂五彩斑斓的圆顶

为人们创造景观并展示他们自己的风采，颂扬他们的神和他们的力量。这些景观是记录我们过去的里程碑，记载着我们的过去和我们现在的成就。我们每一个人都需要密切地关注并欣赏它的背景环境，它的建造结构，它的风格以及它的装饰。宫殿，城堡，宗教性建筑和娱乐性的场所，这些都经过大师和工匠的精雕细琢。不管是围墙外还是围墙内，泥瓦匠、木匠、木雕师、陶瓷师、雕刻师、玻璃工人、油漆匠、金属工人、细木工、刺绣工、花毯纺织工、庭园美化师都在寻找一种完美。其中一些工匠的名字我们也许耳熟能详，但大部分是我们永远不会记得住名字的雇用工。这些建筑的建造，让全世界永远看到了他们那个时代的光辉。

让我们感到惊奇的是，这些建筑中有的坚挺地屹立了很多年。不过也有很多的意外，例如，挪威的斯塔夫教堂和日本的兴福寺。大部分木质结构的建筑没有能够幸存，甚至是石头建筑也不断地在地震、战争、火灾和洪水中倒塌。因此，很多建筑像重写本，不断地被修复着。在欧洲，一栋建筑内甚至有6个文化标志，这些文化可以追溯到2000年以前。同时同一建筑的用途也在不断变化，从城堡到宫殿，从教堂到堡垒，许多建筑在今天作为博物馆继续书写着它的繁荣历史。

▴壮观的苏格兰爱丁堡城堡

联合国世界教科文组织文化遗产

埃及吉萨的大金字塔是世界古代文明唯一保存下来的奇迹，1979年，它被联合国教科文组织列入《世界遗产名录》。联合国教科文组织是联合国专门机构之一，联合国于1945年成立。成立一个基金组织以保护世界文化遗产和自然遗产的想法产生于1959年，当时埃及由于阿斯旺大坝的修筑，阿布辛贝的金字塔面临着被纳赛尔湖淹没的危险。在埃及政府和苏丹政府的呼吁下，联合国教科文组织筹集了800万美元帮助迁移拉美西斯二世和奈菲尔塔利的神庙，在距离安全地带60米（约197英尺）处成功搬迁还原神庙。这项工程于1968年完成。由于这项工程的成功完成，联合国教科文组织和国际古迹遗址理事会共同起草了新的公约草案。汲取世界自然保护联盟的意见，在1972年联合国教科文组织大会上，《保护文化和自然遗产的公约》正式通过。

全世界共有世界遗产800多处，其中文化遗产600多处。意大利和西班牙拥有最多的世界文化遗产，其次是法国和德国。此后每年或每两年都有新的文化遗产加入这个名录。申请文化遗产可以来自任何一个会员国，这些会员国需要向该基金交付它们联合国教科文组织会费的1%。在自愿贡献的前提下，该基金每年可以筹集到350万美元。这些资金将用来保护那些由于人类破坏或是自然灾害而目前处于危机中的文化遗产，并对为保护遗产而申请援助的国家给予技术和财力援助。

柬埔寨雄伟的吴哥窟，建造于12世纪的高棉王朝▸

▲中国的长城，是中国力量的象征，吸引了大量的游客

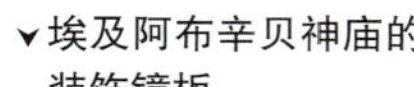

▼埃及阿布辛贝神庙的装饰镜板

▲西班牙阿尔罕布拉宫的狮庭，是典型的摩尔人感官建筑

◀白宫，位于华盛顿特区，美国总统的官邸

◂巴黎圣母院，哥特式建筑的杰作

旅游业

不计其数的游客的到来也使这些景观处于危险之中，所以一些景观不得不限制人数。但同时，旅游业又可以获得收入，从而用于保护这些景观。现在我们有机会可以参观这些雄伟景观的内部——漫步在它们的走廊和广场——我们的好奇心无边无际。这本书里的一些景观有的仅需一个周末就可以打发了；有的则提供了陈列品、会议或者音乐会；有的更倾向于讲述多姿多彩的仪式和传统。然而，并不是所有的景观都是这么容易抵达，一些宗教信徒经常为了静修去探寻到很远的地方；也有一些景观由于战略原因建造在偏远的地方，比如，秘鲁的马丘比丘，在与世隔绝了好几个世纪后，我们才探寻到。

很多古代和史前的景观都是根据太阳、月亮、行星和星星的运动轨迹来确定方位，位于它们运动轨迹的前端或是末端以获取强大的神力。在特别时间游览一些景观，比如：在教堂里充满圣歌和音乐时；或是在纪念建筑辉煌时期的节日；或当一轮满月出现在泰姬陵的上空时；或在太阳从旧金山金门大桥缓缓落下的时候；又或当白雪环绕圣彼得堡冬宫时，这时候这些景观又会别有韵味。有些博物馆会在特定的日子免费开放，在早晨参观景观不失为避开人群高峰的好方法，雨季和热季最好不要去参观，有时，一些建筑或是建筑内的部分因为整修会暂时关闭。然而，你也许会想在春天去观看马里杰内古城大清真寺的整修，那会儿正是盛大的节日，镇上约有4000人聚集在一起共同再一次地涂抹这雄伟的黏土建筑。

人类和材料

保护和修复这些景观需要很多熟练的工匠。今天的石匠需求也如同中世纪时一样紧缺。同时，选择正确的材料也同样重要。在那个遥远的时代，石匠不仅仅被要求做工真实，而且他们还必须在条件受限制的情况下工作。那个时期的石头建筑只能达到一定的高度，直到19世纪吉萨大金字塔147米（约482英尺）的高度出现了超越。

19世纪各项发现如雨后春笋般地出现，这个时期蒸汽动力的发明极大地方便了出行，探索的愿望重新在我们的心底苏醒，鬼斧神工般的人间杰作等待着我们的发现。这个世纪见证了很多建筑风格的重生：古典风格的法国凯旋门；哥特式的布达佩斯国会大厦；在路德维希国王的幻想中得到了极大发挥的城堡式建筑新天鹅堡；将多种风格融合在一起的葡萄牙佩纳宫。

步入20世纪，钢筋混凝土结构的使用使得建筑设计新的形态成为可能。这种结构比较著名的建筑有奥斯卡·尼迈尔设计的巴西利亚和弗兰克·劳埃德·赖特设计并于1959年建成的所罗门·R. 古根海姆博物馆。同一年，由约恩·乌松设计的悉尼歌剧院开始建造，这些都是第一批使用计算机技术的建筑。1997年，西班牙毕尔巴鄂古根海姆博物馆建成，它的部分表面包覆着钛金属，是由建筑师弗兰克·盖里利用计算机技术设计出来的奇迹。

这些建筑是那个年代支持者和建筑师留下的不朽作品。他们的名字也跟随他们的建筑一代又一代地被诉说着。还有一些古老的遗址，考古学家的名字同样也被铭记着。争做发现隐藏在千年岁月中宝藏的第一人，这样的欲望驱使着人们不断探索，试想一下探索者第一眼看到埃及阿布辛贝神庙的喜悦。

有些建筑甚至是整个国家的象征。例如：自由女神像，撒马尔罕广场，吴哥窟和泰姬陵。它们的名字就足以表明它们的浪漫气息，异国风情和魅力所在。同样是象征，教堂、修道院、清真寺、寺庙和神殿却是不同信仰的象征，它们的空间更多的是寻求一种内心的平和。有些建筑是为了纪念它们生前的居住者，是他们的家。如安特卫普大艺术家罗宾斯的故居。或是统治者的宫殿，如北京的故宫，是中国王朝帝王的家。

无论一个建筑的构成和作用是什么，也不管它的年代和现状如何，它的背后总是有很多故事，这本书将剥落层层的城墙和历史的外衣，向你展示这些建筑的原貌。步入这本书，让你的想象力跟随书香漫游。

凡尔赛宫花园里壮丽的阿波罗喷泉

欧洲

挪威 伯根蒂木制教堂

伯根蒂木制教堂是从中世纪至今唯一一座保存完整的木制教堂，坐落于挪威西部的海松恩峡湾附近，由教徒圣安德鲁致力建造，它的历史可以追溯到1150年，由大约2000多块精心挑选的木头建造而成。伯根蒂教堂的内部非常简单：没有长凳也没有过多的装饰，采光也非常有限，仅仅靠墙上高处的一些小窗口采光。教堂的外部用精美的雕刻装饰，有在生死挣扎的像龙一样的动物，还有一些植物雕刻和碑文。伯根蒂教堂内建有16世纪的讲道坛，还有安放着中世纪钟的独立式钟塔。

建造方法

最早的木制教堂建造于11世纪，木栏状的墙直接固定在土里，但是土里的湿气会逐渐使这些木栏的底部腐烂掉，所以这些教堂维持不到100年。随着建造技术的发展，把木头框架固定在以石头为地基的方法渐渐习以为常。这样就把整个木头框架置于地平面以上，避免了潮湿的侵蚀。12世纪建造的教堂到今天依然屹立而没有倒塌，证明这个方法非常有效。利用木条建筑在挪威已经有悠久的历史，而在13至14世纪期间木制教堂建筑进入高峰期之际，木制建筑的技术亦得到改良，甚至发展成为一门木制建筑的艺术。

木制教堂的设计

挪威现存30多座木制教堂，伯根蒂木制教堂是其中面积较大且设计较精美的一座。通常情况下，木制教堂结构比较简单，只有一个**中殿**和圣坛，是相对较小的构造。伯根蒂教堂的圣坛有着独特的半圆形后殿，木柱的竖立让这两殿区分开来。教堂内部较黑，光只能从尖顶的三层构造的屋顶下开着的小**窗口**中穿过来。一般情况下木制的教堂都建有**回廊**环绕着整座教堂。

装饰

基督教在1000年左右传入挪威，大部分的木制教堂都建在那些由于基督教的兴起而被毁坏的神庙的旧址上，这个时期异教与基督教的文化和信仰逐渐融合，这些影响可以从木制教堂精美的雕刻装饰上看出，大部分的雕刻都融合了基督教出现以前和基督教的象征物。异教的神经过装饰出现在中世纪圣人的旁边也就不足为奇了。门的结构设计（西门）尤其精致，从门的顶部到底部都装饰着复杂的雕刻，展示了工匠师熟练的雕刻技术。由于这里梨树最多，所以大部分木头都使用梨木。在砍倒梨树之前，先除去梨树的树枝和树皮，然后让它们慢慢风干。这个方法可以使梨木更能抵抗各种天气，同时也更加持久耐用。

木制教堂的位置 
现存的许多木制教堂都坐落在比较偏远的地方。为了制造一种引人注目的视觉效果，一般都选择建在地理位置高且较空旷的地方。

中殿

教堂中殿屋顶的复杂结构

西门
教堂的外部装饰精美。罗马风格的西门用藤状物和叙述龙之战争的绘图装饰。

重要日期

1150年左右	14世纪	1500—1620年	1870年
伯根蒂教堂兴建并取代原来存在的教堂。	教堂新建了圣坛和教堂后殿。	新建了讲道坛并增加了圣坛的装饰品。	伯根蒂教堂开始正常使用，它的附近建造了一座更大的教堂。

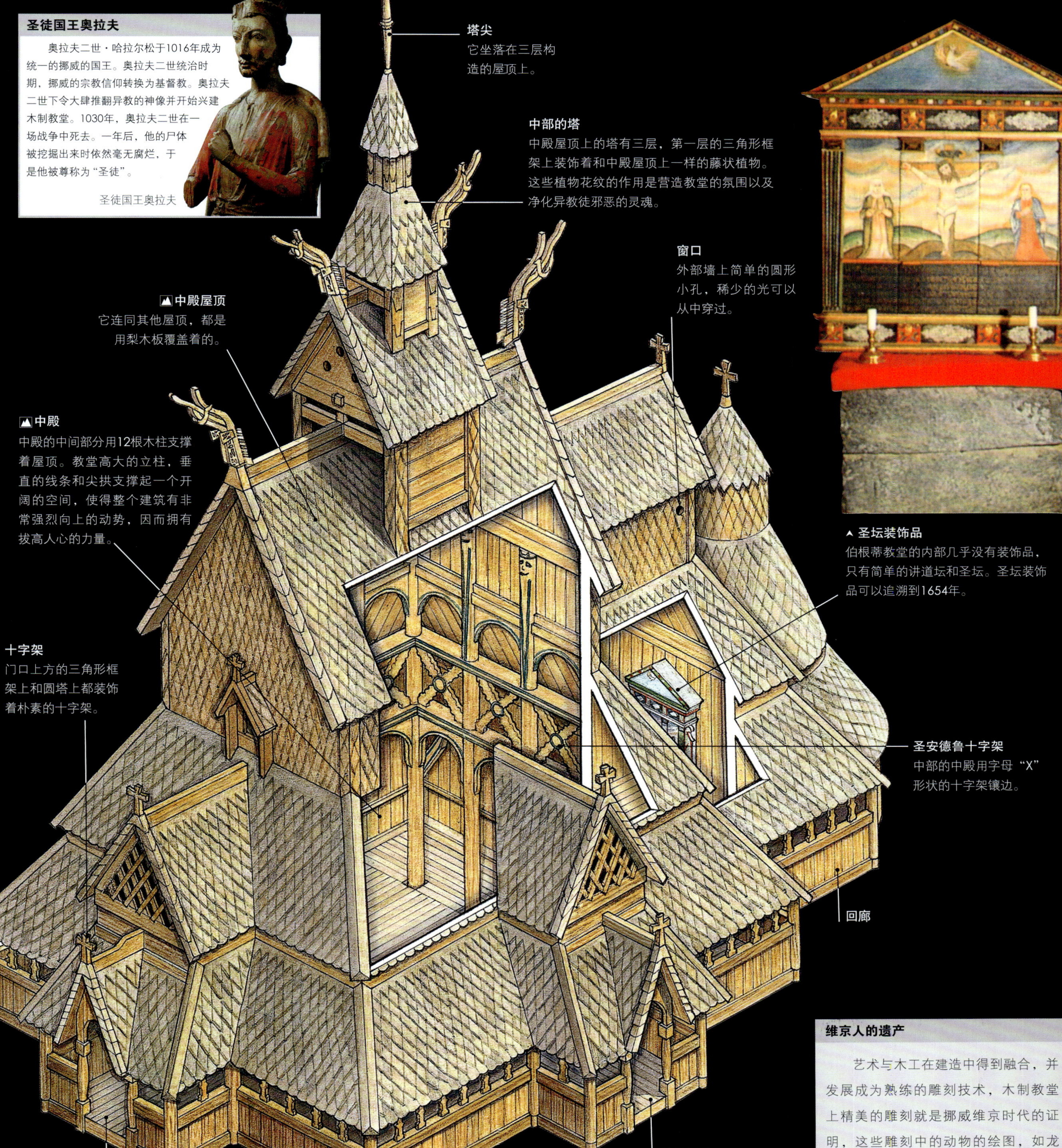

圣徒国王奥拉夫

奥拉夫二世·哈拉尔松于1016年成为统一的挪威的国王。奥拉夫二世统治时期，挪威的宗教信仰转换为基督教。奥拉夫二世下令大肆推翻异教的神像并开始兴建木制教堂。1030年，奥拉夫二世在一场战争中死去。一年后，他的尸体被挖掘出来时依然毫无腐烂，于是他被尊称为“圣徒”。

圣徒国王奥拉夫

维京人的遗产

艺术与木工在建造中得到融合，并发展成为熟练的雕刻技术，木制教堂上精美的雕刻就是挪威维京时代的证明，这些雕刻中的动物的绘图，如龙和蛇都被认为源自维京艺术。

瑞典 斯德哥尔摩瓦萨博物馆

瑞典最著名的博物馆当属珍藏着皇家战舰“瓦萨号”的瓦萨博物馆。“瓦萨号”战舰于1628年8月10日从斯德哥尔摩港口开启它的首航，在风平浪静的这一天，“瓦萨号”行驶了大约1300米（约4265英尺）后突然倾覆，大约50人和这艘原本代表瑞典海军荣耀的军舰一同沉入海底。17世纪，这艘军舰里所有的枪支都被打捞了上来，但是直到1956年，在一个海洋考古学家坚持不懈的探索下，“瓦萨号”战舰再一次被发现。经过一系列复杂的打捞工程和之后17年的精心修复及保护工作，瓦萨博物馆于1990年6月开馆，瓦萨博物馆离当年事故发生的地方仅有不到1海里的距离。

船头雕饰的狮子

国王古斯塔夫二世·阿道夫下令建造“瓦萨号”战舰，他有“北方雄狮”之称，所以雕刻一头威风凛凛的狮子是他的最佳选择，该狮子高约4米（13英尺）。

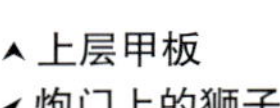

上层甲板

炮门上的狮子

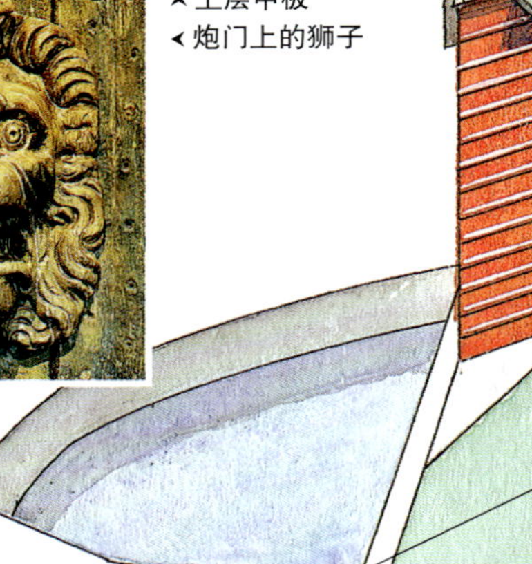

炮门

铜炮

上层的火炮甲板

尽管游客不能登上这艘战舰，但是可以观看和这艘战舰同样规模的火炮甲板模型，甲板上可以看到用木头雕刻的水手们。这些水手分工不同，形态各异，这样能够更好地了解到当时船上的场景。

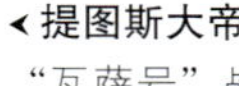

提图斯大帝

“瓦萨号”战舰上雕刻着排列好的20位罗马皇帝。

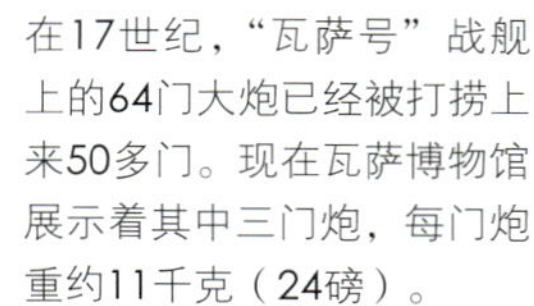

铜炮

在17世纪，“瓦萨号”战舰上的64门大炮已经被打捞上来50多门。现在瓦萨博物馆展示着其中三门炮，每门炮重约11千克（24磅）。

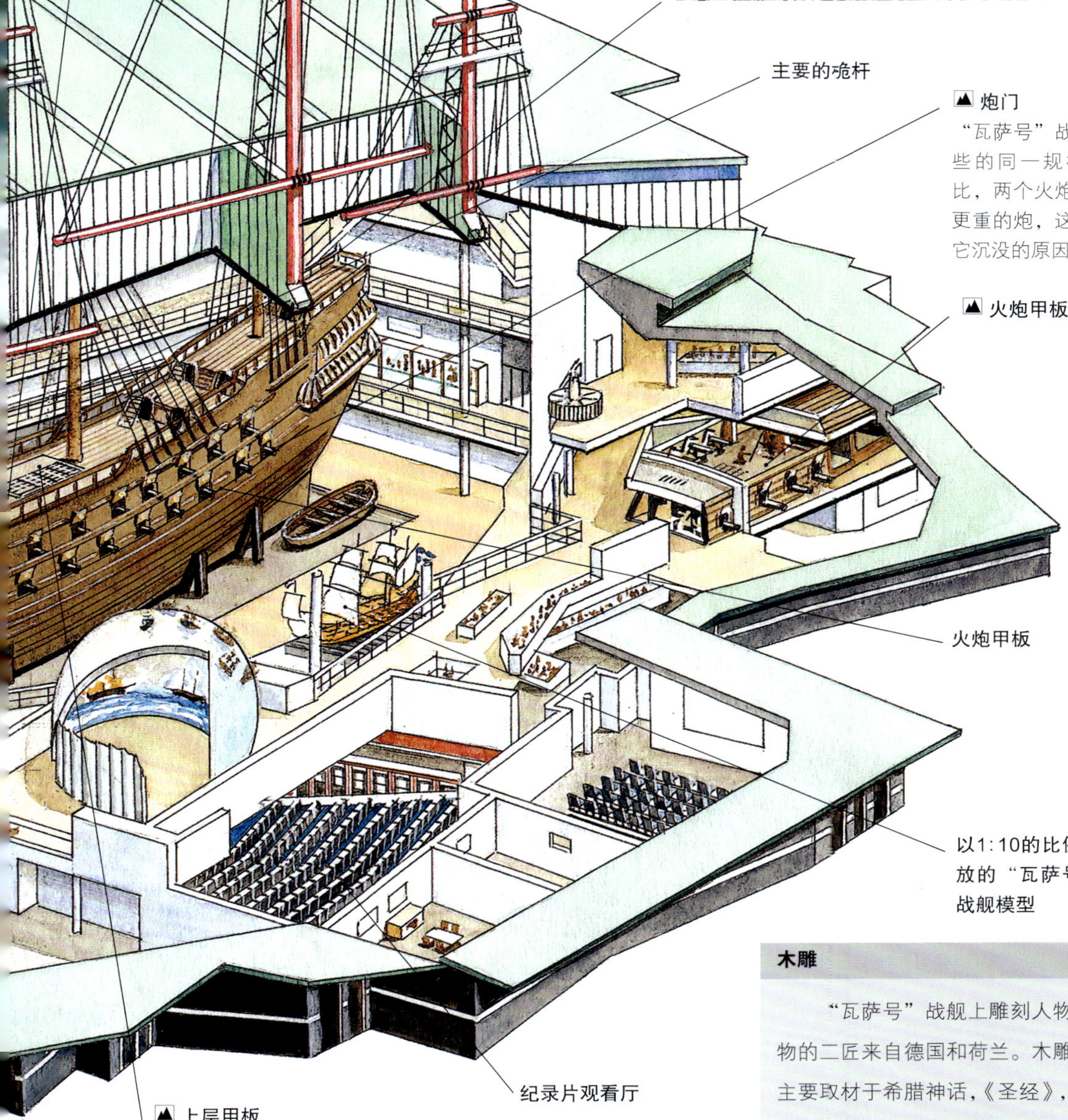

▲ 炮门上的狮子

“瓦萨号”战舰雕刻着大约200个装饰物和500个人物。

船尾 ›

“瓦萨号”战舰的船尾毁坏非常严重，它的船尾雕饰着很多栩栩如生的装饰物，用来显示这艘战舰的雄伟壮丽。

主要的桅杆

▲ 炮门

“瓦萨号”战舰与比它早些的同一规模的战舰相比，两个火炮甲板承载着更重的炮，这可能是造成它沉没的原因。

▲ 火炮甲板的模型

火炮甲板

以1:10的比例缩放的“瓦萨号”战舰模型

纪录片观看厅

▲ 上层甲板

船舱的入口与船尾相对。这个位置是整艘战舰最重要的地点，是高级军官的位置所在。

木雕

“瓦萨号”战舰上雕刻人物和装饰物的二匠来自德国和荷兰。木雕的主题主要取材于希腊神话，《圣经》，罗马和瑞典历史，木材主要是橡木和梨木，表现了文艺复兴晚期和早期的巴洛克风格。

重要日期

1625年	1628年	1956年	1961年	1990年
国王古斯塔夫二世·阿道夫下令建造新的战舰，包括“瓦萨号”战舰。	“瓦萨号”战舰开始它的首航，但是在斯德哥尔摩港口沉没。	考古学家安德鲁斯·法兰斯确定了“瓦萨号”战舰的位置并开始它的打捞工程。	在海底沉没333年后，“瓦萨号”战舰终于浮出水面。	瓦萨博物馆作为永久性博物馆开馆，并展示“瓦萨号”战舰上的存储物品及精美珍宝。

“瓦萨号”战舰

“瓦萨号”战舰由国王古斯塔夫二世·阿道夫下令建造，旨在展示瑞典的实力。国王古斯塔夫二世·阿道夫在17世纪20年代通过与波兰的战争，极大地提高了瑞典在波罗的海区域的影响。“瓦萨号”战舰是瑞典历史上最大的战舰，能承载64门大炮和超过445名船员，**船尾**高52米（170英尺），在船尾可以直接向规模较小的船开火射击。“瓦萨号”战舰同时具有进行传统近距离作战和炮兵射击的装备。枪手都有在射击场训练的经历，这样才能在**上层甲板**上制造称之为“枪林弹雨”的屏蔽，成为抵挡对方射击的保护墙。

船上的生活

“瓦萨号”战舰首航的目的地是斯德哥尔摩群岛南部的艾威斯那滨海军基地，那里有更多的士兵等待着登船。船上每个人的生活水平由他的军衔决定。军官睡在座床上，上将住在客舱里。军官的伙食也比船员的要好些，船员的伙食是最基本的食物，包括豆子、稀饭、咸鱼和牛肉。甲板会很拥挤——（**火炮甲板**），这介于两门火炮之间的一小片空间住宿着7个人。由于长期没有新鲜的食物，在抵达战场前很多船员都得了坏血病，或是死于营养缺乏病。

打捞工程

海洋考古学家安德鲁斯·法兰斯已经花费了很多年时间寻找“瓦萨号”战舰的位置，1956年8月25日这一天，他的耐心付出终于有了回报，这一天他从铅垂线上取下一块变黑的橡木，而这块橡木来自水下30米（100英尺）的“瓦萨号”战舰。为了可以提升缆绳，从1957的秋天起，潜水员花了两年的时间打通船下的通道。第一次成功提升“瓦萨号”战舰时使用了6条缆绳，之后经过16次提升，终于把“瓦萨号”战舰移到了浅水区。由于铁螺栓的生锈腐蚀，提升过程中连续不断地换了成千的螺栓。最后一次的提升是在1961年4月24日的上午。5月4日，在海底沉睡了333年的“瓦萨号”战舰终于被拉进了干船坞。

爱尔兰 纽格兰奇墓

纽格兰奇墓是欧洲最重要的长廊式墓穴之一。纽格兰奇墓的起源有些神秘，根据凯尔特人的传说，塔拉具有传奇色彩的国王都埋葬在这里，但是纽格兰奇墓的历史要比这些传说更早。除了丹麦的侵略者，并没有被其他侵略者接触到这座墓穴，这些丹麦的侵略者在9世纪闯入这座墓穴。1699年一位当地的地主查尔斯·卡贝尔·斯卡特发现了它。到了20世纪60年代，考古学家M. J. 欧凯丽发现冬至12月21日的这一天，太阳光会慢慢穿过墓道射向墓室——这应该是世界上最早的太阳天文台。

石室石头上雕刻的螺旋状的花纹

塔拉和它的王

塔拉位置的重要性有些神秘色彩。塔拉是凯尔特人的爱尔兰的政治和精神中心。11世纪以前，这里一直都是国王的王宫，无论统治者是谁，塔拉在整个国家都拥有至高无上的地位。据说，居住在塔拉的国王死后都以异教的仪式埋葬在纽格兰奇墓。塔拉作为精神中心的重要作用直到基督教盛行才慢慢减弱。据说塔拉最著名的国王是3世纪的统治者卡迈卡·麦克·艾特。国王生前并不希望死后被埋葬在纽格兰奇墓众多的异教王之中，但他的亲人在他死后不顾他的愿望，试图穿过博因河到纽格兰奇去，但是由于河里巨大的波浪而没能穿过，所以这位国王不得不埋葬在了其他地方。

冬至的纽格兰奇墓

众所周知，冬至12月21日是北半球一年之中白天最短黑夜最长的一天。在纽格兰奇墓21日的早晨，太阳光穿过石室的顶部并慢慢照亮**墓道**，最后逐渐射入十字形**墓室**的北面凹点上。在一年中的其他时间，墓内都是一片黑暗。纽格兰奇墓是目前挖掘出来具有这个特点的唯一的长廊式墓穴，与这种特点相像的神庙一般坐落位置比较普通。由于这个原因，很多专家认为纽格兰奇墓原来是用来祭拜神的地方，只是后来被用来埋葬异教的国王。

道斯墓和诺斯墓

博因河被称作“爱尔兰文明的摇篮”。在博因河谷离纽格兰奇墓不远的地方还有其他两个史前墓葬遗址，离纽格兰奇墓最近的是诺斯墓，只有1600米（1英里）的距离。诺斯墓于1962年开始挖掘，有两条墓道，是欧洲巨石艺术的精华。考古学家发现证据表明这里是从新石器时代开始使用，用来居住的同时也用来埋葬，直到1400年才停止使用。道斯墓是另一个长廊式墓穴，距离纽格兰奇墓不到3千米（2英里），它的规模较小，墓中的艺术品大部分都被维多利亚时期的盗墓人盗走。

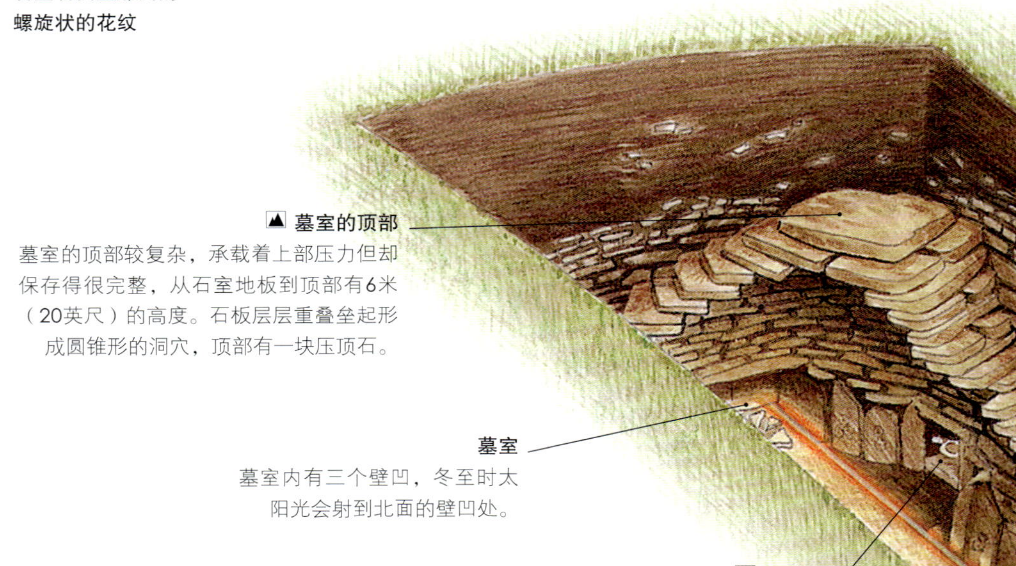

墓室的顶部
墓室的顶部较复杂，承载着上部压力但却保存得很完整，从石室地板到顶部有6米（20英尺）的高度。石板层层重叠垒起形成圆锥形的洞穴，顶部有一块压顶石。

墓室
墓室内有三个壁凹，冬至时太阳光会射到北面的壁凹处。

大石盆
每个壁凹里都有一个大石盆，里面有一些葬礼用品和死者的尸骨。

竖立的石头
墓道是用一块块板岩建造成的，这些板岩应该是取材于当地。

纽格兰奇墓的结构

显然，纽格兰奇墓是拥有非凡艺术和熟练技术的人类建造的。在没有使用机械和金属工具的前提下，共搬运了大约20万吨的石头来建造这个石堆，或者说是石冢来保护这座长廊式墓穴。较大的石块（大约35块石头中能挑选出12块）用来环绕这座石冢或是墓穴本身，或做边缘墙。很多的石头和石板砌成墓道，石室和壁凹处用之字形，螺旋状和其他花纹装饰。墓室顶部的石板是较小的，未经雕饰的石板。

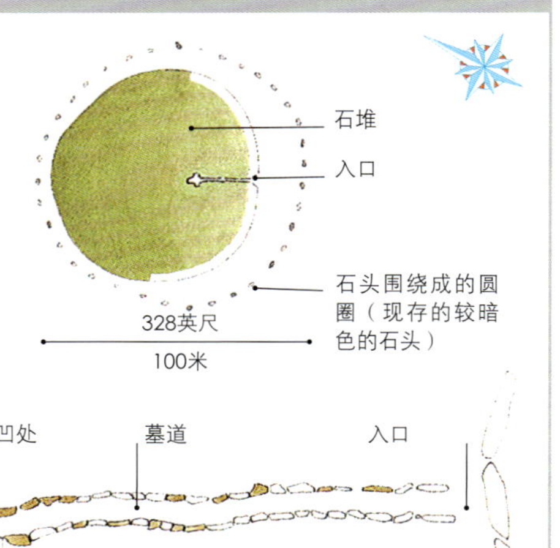

墓道和石室的平面图

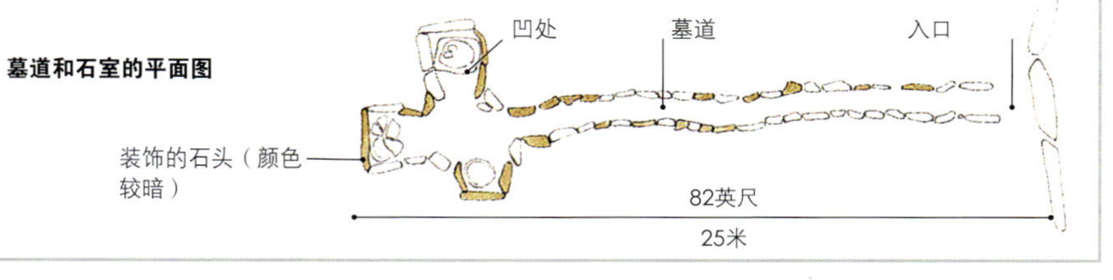

重要日期

公元前3200年左右	860年左右	1140年左右	1962—1975年	1967年	1993年
新石器时代的农民建造纽格兰奇墓	丹麦侵略者闯入这座墓穴并带走了大部分珍宝。	14世纪以前，纽格兰奇墓一直被用作牧牛的农场。	纽格兰奇墓经过修复，恢复原状，并发现了其中的墓穴。	考古学家了解到冬至12月21日这一天，太阳光会照亮石室。	纽格兰奇墓被联合国教科文组织列入《世界遗产名录》。

▲ 纽格兰奇墓的石壁上雕刻的装饰图像

▲ 纽格兰奇墓的修复

纽格兰奇墓坐落在博因河北面稍低的山坡上，大约用了70多年时间才建成。1962年到1975年期间，修复了这座墓穴和外表石堆，使它尽可能接近原貌。

▼ 石室的顶部

墓道 ▸

在12月21日黎明时分，一束微弱的光穿过墓道的顶板（纽格兰奇墓独一无二的特点），缓缓穿过长为19米（62英尺）的墓道，投射到石室中间的壁凹处。

大石盆 ▸

入口 ▸

墓门口放着一块巨大的石头，这块巨石是纽格兰奇墓中雕刻最精美的石头，这块巨石也是环绕墓穴的边缘墙的组成部分。

挡土墙

在挖掘这处遗址期间，发现用白石英和花岗岩砌造的墙环绕在纽格兰奇墓的四周，墙的作用是作为堆石界标，把其他堆石与纽格兰奇墓区分开来。

墓道的顶板

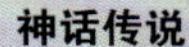

神话传说

在爱尔兰神话传说里，爱神阿根哈斯·麦克·欧格使用诡计得到了纽格兰奇墓。据说当这片神奇的纽格兰奇土地被分割时，他并没有在场；当他回来后，声称为了区分白天和黑夜他要借用纽格兰奇，但是后来却拒绝归还并称纽格兰奇是属于他的，从此以后时间才有了白天和黑夜的区分。

英国
（北爱尔兰）
爱尔兰海
都柏林的圣三一学院
都柏林
大西洋
爱尔兰
英国
科克

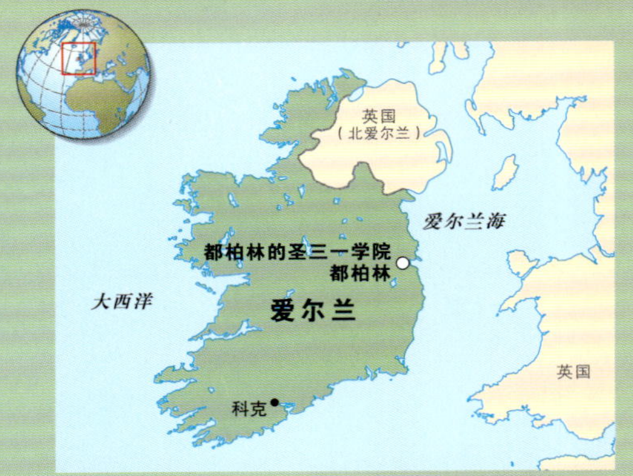

《凯尔经》

《凯尔经》是爱尔兰中世纪装饰最精美的泥金装饰手抄本。《凯尔经》是来自苏格兰罗纳岛上的传教士所著，由于维京海盗的袭击，这些传教士逃到米斯郡的凯尔斯修道院。这本书（**古老图书馆的瑰宝**）于17世纪收藏到都柏林的圣三一学院，由四部圣经福音书组成，语言为拉丁语。抄写人在抄录这本书时用了很多的人物，动物和复杂的旋转图案来装饰文字。这本手抄本书里用到的一些染料有的甚至是从遥远的中东运来的。字母与刺绣组合的那一页是整本书最精美的一页，上面写有马太福音描写耶稣降生时的词句。

著名的校友

圣三一学院自成立起，不断地培养出了大批优秀的作家和著名历史人物，他们在这里的学习岁月给他们以后的人生带来了巨大的影响。这些优秀的毕业生中杰出的作家和戏剧家有：乔纳森·斯威夫特，奥立弗·高尔斯密，奥斯卡·王尔德，布拉姆·斯托克，威廉·康格里夫和塞缪尔·贝克特；哲学家乔治·柏克莱；政治家和政治哲学家埃德蒙·伯克，诺贝尔奖物理学获得者欧内斯特·瓦尔顿；爱尔兰第一任总统道格拉斯·海德以及爱尔兰第一位女总统玛丽·罗宾森。圣三一学院的校园中竖立着一些著名学者的塑像。

议会广场

圣三一学院坐落在欧海罗斯修道院的原址上。正门是用木砖堆砌的拱形门，从正门进入可以直接到圣三一学院的四方形广场（**议会广场**）。走过整齐的绿色草坪，入眼的是一排排辉煌的18世纪和19世纪风格的建筑，就到了用鹅卵石铺地的议会广场。在修道院位置上的是壮观的中心建筑（**钟楼**），这个小楼是威廉姆·钱伯斯先生于1798年设计建造的。钟楼旁边的是**餐厅**，是理查德·凯松于1742年所建，圣三一学院的学生都在这里用餐，这座建筑在之后的250年里发生了很大的变化，尤其是在1984年的火灾中遭受到严重的毁坏。餐厅的墙上挂着学院很多重要人物的大型肖像。

都柏林的圣三一学院

1592年英国女王伊丽莎白一世成立了位于都柏林的圣三一学院，圣三一学院是爱尔兰最古老也是最具有知名度的大学。圣三一学院原来是一所基督教神学院，1970年之后才开始大规模地接收天主教徒，这个时期天主教会不再那么抵触教徒去圣三一学院学习。圣三一学院比较著名的学生有：剧作家奥立弗·高尔斯密，塞缪尔·贝克特和政治作家埃德蒙·伯克。圣三一学院绿草如茵的草坪和鹅卵石铺置的广场让人觉得仿佛是到了舒适的天堂。圣三一学院最具魅力的应该是古老的图书馆和《凯尔经》，爱尔兰的很多瑰宝都珍藏在这里。

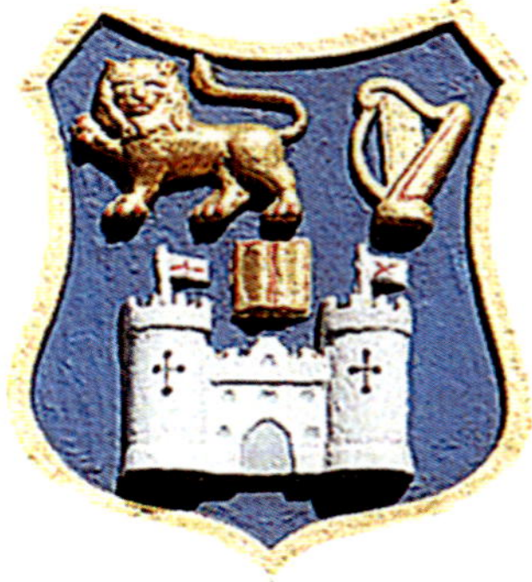

圣三一学院的校徽

道格拉斯·海德画廊

坐落在圣三一学院校园中，这里聚集了爱尔兰主要的当代艺术作品，并展出一些公认的艺术大师或是新兴艺术家的特色电影、绘画和雕塑作品。

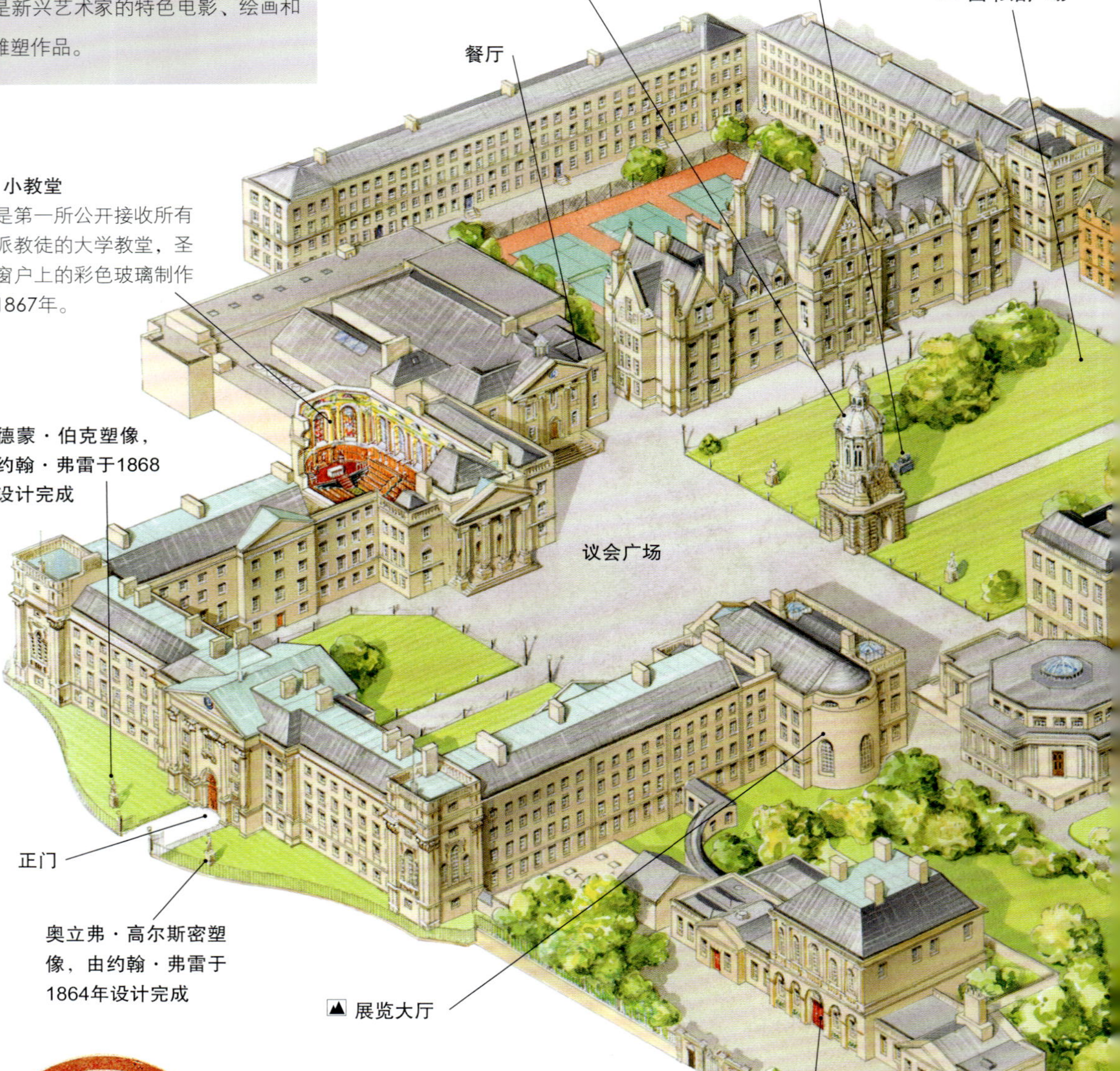
钟楼
贝尔法斯特女王大学的建筑师查尔斯·莱扬先生于1853年设计建造的钟塔，钟塔高30米（98英尺）。
亨利·摩尔于1969年建造的斜倚的连体形
图书馆广场
餐厅
小教堂
这是第一所公开接收所有教派教徒的大学教堂，圣坛窗户上的彩色玻璃制作于1867年。
埃德蒙·伯克塑像，由约翰·弗雷于1868年设计完成
议会广场
正门
奥立弗·高尔斯密塑像，由约翰·弗雷于1864年设计完成
展览大厅
院长的住所（建于1760年左右）

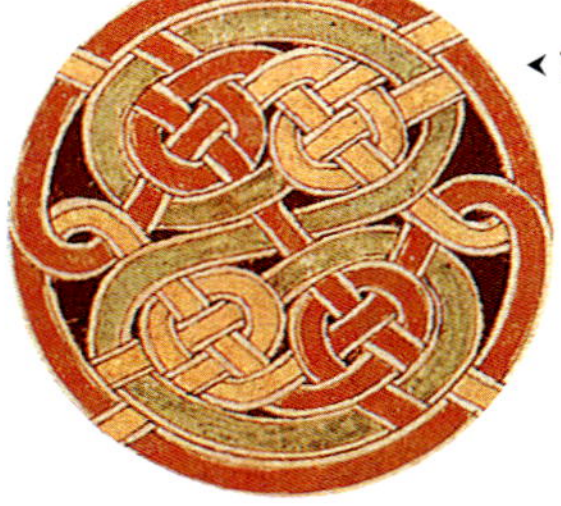

古老图书馆的瑰宝

这幅图取自于7世纪的《杜若经》，是另一本华美的泥金装饰手抄本，《杜若经》与著名的《凯尔经》都是收藏在古老图书馆的瑰宝。

▲展览大厅

▲小教堂的窗户

▲图书馆广场
图书馆广场西面的这处红砖建筑（以红色著称）建造于1700年左右，是圣三一学院现存的最古老的建筑。

▲古老的图书馆

钟楼 ▶

博物馆大楼
于1857年建成，以威尼斯风格的外部、五彩缤纷的华丽大厅和双圆顶而著称。

古老图书馆的入口

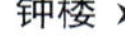
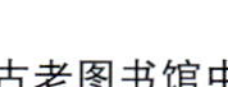

新广场

球中球
这个雕塑由罗纳尔多·波莫多罗设计完成，并于1982年赠予圣三一学院。

古老图书馆中作家乔纳森·斯威夫特的大理石半身像▶

贝克雷图书馆大楼 由保罗·克莱克于1967年设计建成

朋友广场

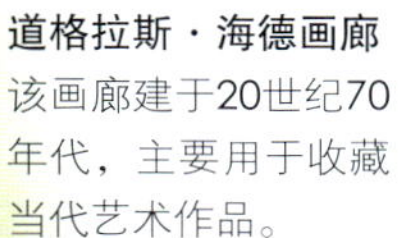

道格拉斯·海德画廊
该画廊建于20世纪70年代，主要用于收藏当代艺术作品。

从纳索街进入圣三一学院的入口

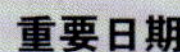

▲ 古老的图书馆
图书馆的主要场馆，是建于1732年的瑰丽的长屋，长64米（210英尺）。这里收藏着20万卷古文物书卷、名人学者的大理石半身像以及爱尔兰最古老的竖琴。

塞缪尔·贝克特（1906—1989年）

诺贝尔奖获得者塞缪尔·贝克特生于都柏林南部的福克斯洛克，于1923年进入圣三一学院学习，以现代语言学专业第一名毕业并获得金质奖章。他也曾是学院板球协会的狂热会员。离开爱尔兰之后，于20世纪30年代早期移居法国。贝克特的很多重要作品，如《等待戈多》就是用法文写成，不久塞缪尔·贝克特又把它译成了英文。

塞缪尔·贝克特

重要日期

1592年	1661年左右	1689年	1712—1761年	1793年	1853年	1987年
圣三一学院在欧海罗斯修道院的原址上建造。	米斯教堂的主教把中世纪的《凯尔经》保存在圣三一学院。	圣三一学院被临时征用为营地。	在古老图书馆和餐厅之间建造了新的建筑。	宗教限制进入的政策被废止。	建造了钟楼，钟楼成为圣三一学院的一种象征。	修复了在1984年火灾中毁坏严重的餐厅。

卡舍尔博物馆

15世纪建造的两层的教堂**唱诗班合唱大厅**曾经是四分之一的唱诗班人员的住所，现在这里陈列着中世纪风格的复制手工艺品和各种家用品。**卡舍尔博物馆**的下层，陈列着稀有的银器，石雕工艺品和**圣帕特里克十字**。12世纪的十字是固定在地面上的，十字的一面刻着耶稣受难的画面，另一面刻着动物。十字固定在一块地面上的加冕石上，这块加冕石的历史可以追溯到4世纪。按照传统，卡舍尔的国王加冕仪式在这里的十字架前面举行。

科马克教堂

明斯特王朝的国王科马克·麦卡锡为表彰教会在侵略者袭击时保护卡舍尔岩石的行为，于1134年把科马克教堂赠予了教会。科马克教堂是典型的罗马式建筑。教堂用砂岩构建，顶部也是石头加顶，中殿和圣坛的两侧各竖立着一座塔。教堂的内部装饰着各种各样的图案，有一些张牙舞爪的龙和一些人类的头像。教堂的最西边摆放着雕刻着蛇的精美石棺，一般认为这个石棺曾经放过科马克·麦卡锡的尸体。圣坛上雕饰的是爱尔兰仅存的罗马风格壁画，部分壁画描画了基督教徒洗礼时的场景。

帕特里克生平

圣帕特里克于385年在威尔士出生，早期一直以无宗教信仰者自居。在他16岁那年，他被海盗抓走，然后被当成奴隶卖到爱尔兰。在他被关押的日子里，帕特里克渐渐皈依基督教，并决定把他的整个生命献给上帝。之后他成功逃脱并辗转到了法国，在这里他进入圣马丁修道院，跟随神父杰门·奥克瑞学习经文。432年帕特里克被任命为爱尔兰主教。帕特里克主持修建了大约300座教堂，超过12万人接受了他的洗礼，包括450年前来拜访卡舍尔的阿根哈斯国王。今天，为了纪念爱尔兰保护神圣帕特里克，3月17日这一天，全球越来越多的人，以爱尔兰特色的宗教形式，身着鲜艳的盛装，佩戴爱尔兰国家象征的三叶草来共同庆祝属于爱尔兰民族一年中最重要的传统节日——圣帕特里克节。

卡舍尔岩

一千多年以来卡舍尔岩一直都是皇家和教主权威的象征，是爱尔兰最壮观的建筑遗址之一。自5世纪起，卡舍尔岩一直都是明斯特王朝国王的皇宫所在地，明斯特王国的统治区包括爱尔兰南部的大部分地域。1101年，国王迁出卡舍尔岩，把它移交给教会，从此卡舍尔岩作为宗教中心开始繁荣起来，1647年英国军队包围了卡舍尔岩，屠杀了当地3000多名居住者，卡舍尔岩的宗教时代结束了。18世纪晚期，这座大教堂最终被遗弃，但中世纪复杂且结构比例完美的建筑构造仍然屹立，科马克教堂是爱尔兰最杰出的罗马式建筑之一（罗马式风格，见第122页）。

唱诗班合唱大厅中的天使卡贝尔

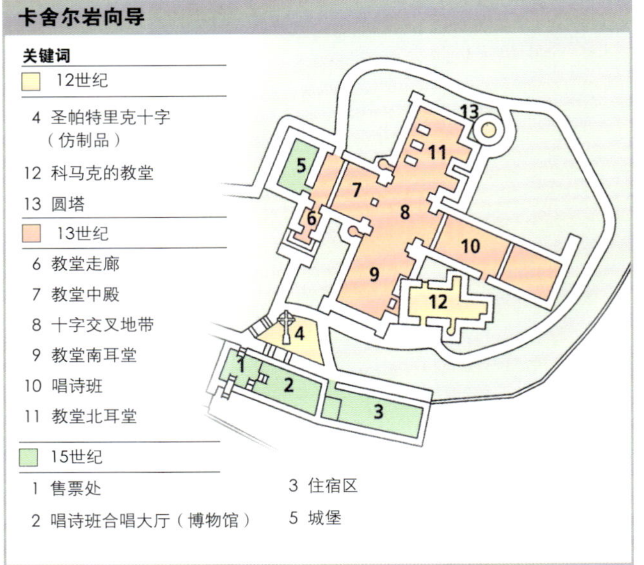

▲ 科马克教堂
华丽的罗马风格的雕饰装饰着这座教堂——卡舍尔的明珠。北门的门楣中心雕刻着一个戴头盔的半人马座，他的弓和箭在瞄准远方的狮子。

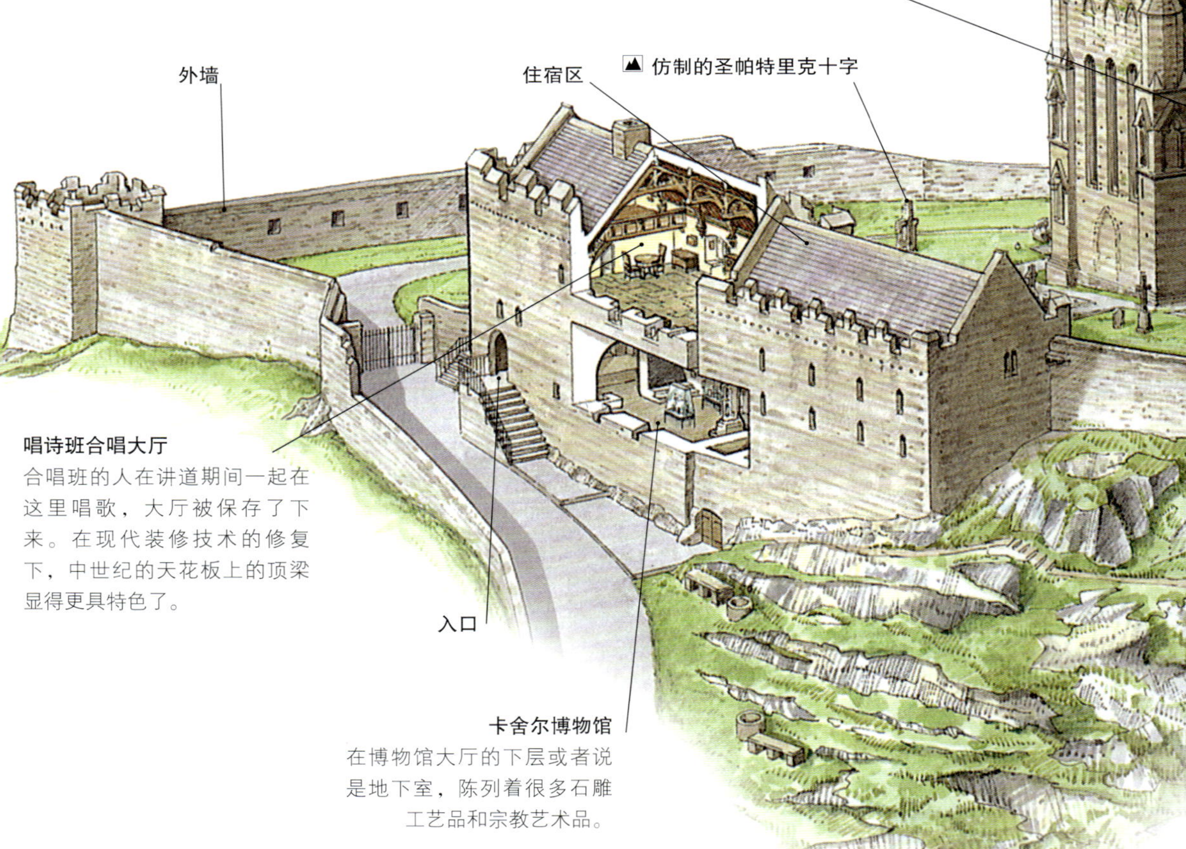

唱诗班合唱大厅
合唱班的人在讲道期间一起在这里唱歌，大厅被保存了下来。在现代装修技术的修复下，中世纪的天花板上的顶梁显得更具特色了。

卡舍尔博物馆
在博物馆大厅的下层或者说是地下室，陈列着很多石雕工艺品和宗教艺术品。

▲ 教堂北耳堂
16世纪的三座古墓埋葬在这里，古墓的花纹雕刻十分少见，也比较复杂。与北面墙相对的这座古墓，主要雕刻的是葡萄叶状的设计和一些形状奇怪的动物。

▲ 12世纪圣帕特里克十字的仿制品，真品收藏在博物馆

圆塔 ➤
现存的最古老的巴洛克风格建筑。这座独立式钟塔高28米（92英尺），可以使居住者看清并消除周边潜在的袭击者。

圣帕特里克和阿根哈斯国王

在给阿根哈斯国王洗礼的时候，圣帕特里克不小心用他的拐杖戳到了国王的脚，阿根哈斯国王还以为这是洗礼的一部分，所以毫无怨言地忍受了疼痛。

圣帕特里克大教堂 ➤

合唱班
17世纪米勒·玛格拉斯被埋葬在这里，他被爆出同时担任基督教和天主教教主的丑闻。

欧斯库里纪念碑
这座恢弘的纪念碑是当地的一个地主家族于1870年建造的，在1976年的暴雨中受到严重的损毁。

圣帕特里克大教堂
这座无顶的哥特式教堂建有很厚的墙，并有很多的隐秘通道，从教堂北耳堂可以看到隐藏在窗户底部的隐秘通道。

重要日期

450年	1101年	1127—1134年	1230—1270年	1647年	1975年
圣帕特里克拜访卡舍尔并使国王阿根哈斯皈依基督教。	国王米查塔·欧布雷把卡舍尔赠给教会。	国王科马克·麦卡锡建造了科马克教堂，并把它作为礼物赠予教会。	规模庞大的十字形圣帕特里克大教堂建成。	英奇昆伯爵率领军队侵入并包围了卡舍尔岩。	完成了唱诗班合唱大厅的修复工作。

英国 斯特灵城堡

▲斯图亚特王室时的斯特灵城堡，乔纳斯·沃斯特曼的画（1643—1699年）

宏伟的斯特灵城堡坐落在悬崖上，在苏格兰几个世纪的历史上有着突出的地位，现在仍是英国现存的典型的文艺复兴风格建筑之一（文艺复兴风格，见第131页）。传说中，亚瑟王从撒克逊人手中夺得斯特灵城堡，但是在1124年以前，并没有确切的历史记载这个城堡的具体位置。现存的斯特灵城堡建筑可以追溯到15世纪和16世纪，最后一次执行军事防御战争是在1746年抵挡詹姆士二世的追随者，这些人大部分是苏格兰高地的天主教徒，希望恢复斯图亚特王朝的统治。从1881年到1964年期间，斯特灵城堡一直用作盖尔郡和萨瑟兰郡征募新兵的营房，今天的斯特灵城堡已经不再起军事作用了。

道格拉斯伯爵

国王詹姆士二世怀疑第八代道格拉斯伯爵背叛了他，所以于1452年下令谋杀了他，并把他饱受折磨的身体从窗户中扔到下面的花园，这些都是后世从道格拉斯家族的花园中得知的。

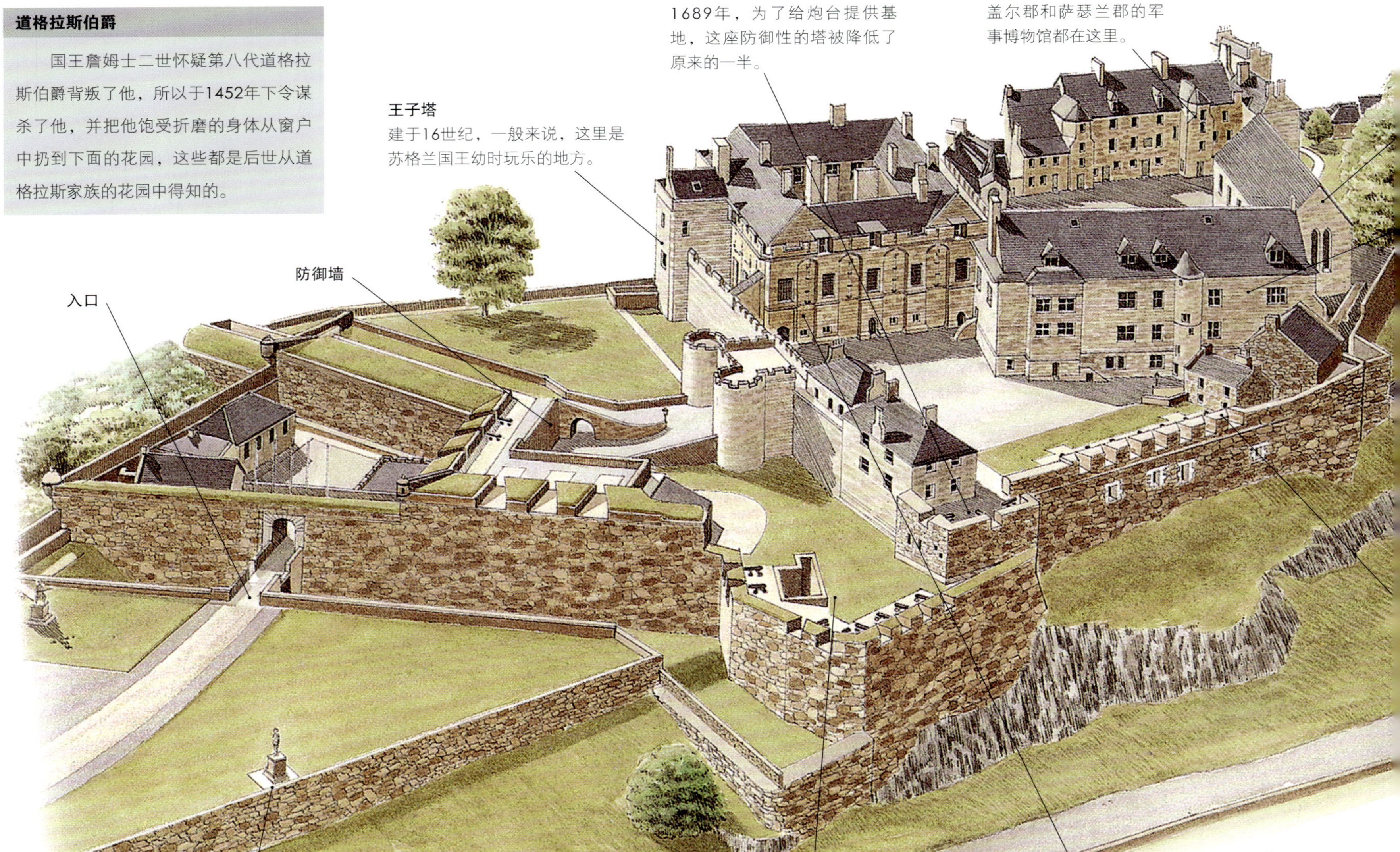

埃尔芬斯通塔

1689年，为了给炮台提供基地，这座防御性的塔被降低了原来的一半。

皇宫

盖尔郡和萨瑟兰郡的军事博物馆都在这里。

王子塔

建于16世纪，一般来说，这里是苏格兰国王幼时玩乐的地方。

防御墙

入口

宫殿

这座皇家宫殿的内部装饰比较朴素，陈列着斯特灵头像（见右图），这些文艺复兴时期的圆形装饰物上描绘了38个人物，一般认为这些都是同一时代的皇家成员。

▲罗伯特一世塑像

这座现代的塑像屹立在平坦的广场上，塑造了1314年苏格兰在班诺克本战役中战胜罗伯特一世后把剑入鞘的飒爽英姿。

法式防线

在16世纪中期，建造了一道新的防线包括这道炮兵防线，用来保护这座城堡，抵御那些使用现代武器的敌人。

▲城堡墙上的滴水嘴

▲炮兵连

皇家教堂▲
这座长方形的教堂建于1594年。17世纪，瓦伦提纳·杰金斯为这座教堂装饰上了壁画。

罗伯特一世塑像▲

▲皇家教堂

华丽的议政大厅
议政大厅在16世纪经过修复，现在又进行了一次细心的修复。

下方的城堡

▲炮兵连
这堵护墙上架着七架机关枪，俯瞰着整个斯特灵镇，是于1708年一次加强防御工作中建造的。

斯特灵城堡的战役

斯特灵城堡位于前方作战的最高通航点，在通往苏格兰高地的要塞上，在苏格兰为争取独立的战斗中起了重要的作用。这座城堡见证了苏格兰历史上的7次战役，华莱士纪念碑坐落在克雷格修道院原址上，威廉姆·华莱士在1297年斯特灵桥战役中在这里指挥作战并打败英军，这场战争起着决定性的作用，预示着1314年罗伯特一世的胜利。

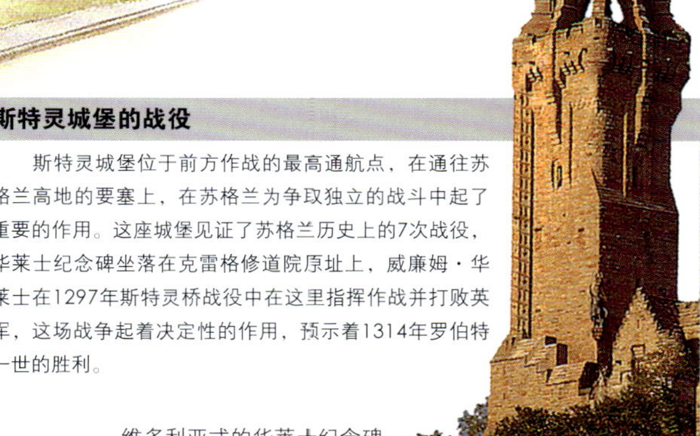
维多利亚式的华莱士纪念碑

重要日期

1296年	1297年	1314年	1496年	1501年	1503年	1855年	1964年
爱德华一世占领斯特灵城堡。	斯特灵桥之战后，苏格兰人占领斯特灵城堡。	罗伯特一世在班诺克本战役中打败英格兰。	詹姆士四世开始大规模扩建斯特灵城堡。	开始建造议政大厅。	从防御墙的部分开始修建工作。	国王时期的老建筑在火灾中被严重毁坏。	军队离开斯特灵城堡。

班诺克本之战

斯特灵城堡在苏格兰反抗英国的战斗中有着重要的军事战略地位，也正因为它的军事战略地位，斯特灵城堡不断地陷入一次次的包围中。1296年，英国国王爱德华一世毁灭性地打败苏格兰军，但是不久，威廉姆·华莱士于1297年组织反抗，重新占领了斯特灵城堡，随后的一年，华莱士又失去了对斯特灵城堡的占领。1314年6月23日，在罗伯特一世的带领下，苏格兰人民在班诺克本之战大胜，赢得了苏格兰的独立。但是苏格兰与英格兰的战争却没有中断，持续了将近300年。斯特灵城堡最后一次执行军事战斗是在1746年，抵挡詹姆士二世军队的袭击。直到1964年，斯特灵城堡一直作为英国军队的营房使用。

议政大厅

华丽的皇家议政大厅是苏格兰历史上建造的规模最大的大厅，是国王詹姆士四世下令建造，并于1501年到1504年期间，在这里主持研讨国家大型事件和举行大型盛宴。当英格兰与苏格兰的王位合并，苏格兰的国王詹姆士六世成为英国国王詹姆士一世，君主制的核心转向伦敦，**议政大厅**不再举行国事会议。18世纪，为了增强城堡的防御能力，为军营提供更多空间，议政大厅进行了修改。经过30多年的整修，现在的议政大厅与它原始的状貌几乎一致，英国女王伊丽莎白二世于1999年11月30日为它揭幕。

皇宫

皇宫是詹姆士四世于1496年左右建造的，是他在斯特灵城堡的住所。**皇宫**坐落在城堡最高点的火山岩上，视野开阔。16世纪40年代，**宫殿**建成后，皇宫便不再作为君主的住所而另作他用，周边的墙和地板是在18世纪90年代为了给卫戍部队提供住宿建造的。这里在19世纪中期遭受火灾，之后也进行了重建。现在这里是盖尔郡和萨瑟兰郡的军事博物馆，收藏着一些值得纪念的事物，包括苏格兰勋章、制服和武器。

命运之石

这块著名的石头起源于神话传说。据说，雅各布枕着这块石头梦见了上帝派的天使从天上降落到人间。847年，苏格兰的国王肯尼斯一世在加冕仪式上也坐在这块石头上，以后的400多年间这块石头一直保存在佩思郡的斯昆修道院，所以有时候也称它为“斯昆石”。1296年英王爱德华一世远征苏格兰将“斯昆石”作为战利品虏回英格兰，安放在西敏寺英王加冕宝座之下，以后的七百年间一直保存在这里。1326年，《北安普敦条约》中英国承诺把“命运之石”归还苏格兰，但是直到1996年11月15日，英国内政部和苏格兰内政部的代表根据协议，在边境上举行交接仪式，“命运之石”才被交给爱丁堡城堡安放。

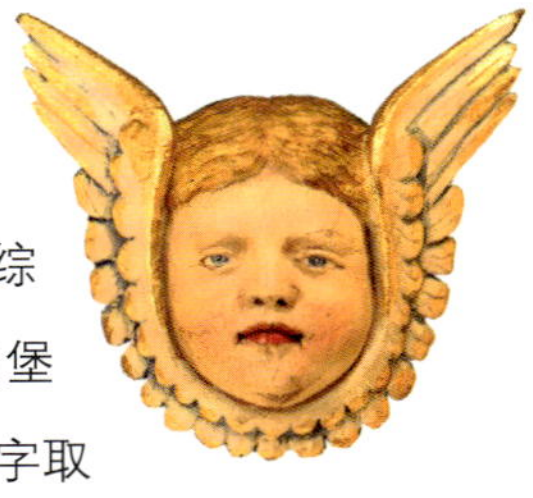

火山地质

爱丁堡城堡坐落在苏格兰的米德兰河谷。这座死火山主宰着爱丁堡的天际，露出地面的岩层是亚瑟王宝座山（251米/823英尺）和索尔兹伯里峭壁（122米/400英尺）。索尔兹伯里峭壁是火成岩，由于岩石的倾斜和冰川侵蚀作用形成。亚瑟王宝座山是石灰二叠纪时期火山的遗址，成因也是冰川侵蚀。爱丁堡城堡就坐落在这座死火山的火山口。具体地说，索尔兹伯里峭壁是玄武岩，峭壁是对抗最后一个冰河世纪冰川侵蚀的见证。冰川侵蚀在这里留下了它的踪迹，冰川作用之后留下的沉积岩形成了爱丁堡城堡主要的大街——皇家大道。

爱丁堡军操表演

从1947年起，每年夏季的三个星期，爱丁堡城堡都要举行军乐节。爱丁堡军乐节是全球最重要的艺术音乐节之一，军乐节期间这里会聚集很多国际音乐家和表演家（他们来自歌剧院甚至是市区小巷）。军乐节表演融合了电影、音乐、戏剧、舞蹈、喜剧和文学。军乐节上最著名的是军操表演，军操表演在每天的晚上进行，地点是爱丁堡城堡前的**埃斯普兰德广场**。表演最高潮的部分是笛鼓合奏，由英国陆军军团和世界各地与苏格兰有联系的军团合力演出。在星光闪烁的城堡前，美妙的音乐和整齐的军队把爱丁堡城堡庄重雄伟的气质表露无遗。

爱丁堡城堡

爱丁堡城堡是爱丁堡甚至于苏格兰精神的象征，耸立在死火山岩岩顶，居高临下地俯视着爱丁堡市区。从12世纪到20世纪，爱丁堡城堡在苏格兰历史上扮演了多种角色，如：堡垒、皇家宫殿、军事营地和国家监狱，爱丁堡城堡的综合性展示得淋漓尽致。爱丁堡城堡是铜器时代的遗址，这里曾经是凯尔特人的堡垒，7世纪诺森布里亚王国的国王奥斯维尔德从凯尔特人手里把它夺得，它的名字取自凯尔特语“Dun Eidin”。1603年以前爱丁堡城堡一直都是重要的皇家住所。1603年，英格兰与苏格兰的王位合并，国王的住所搬至英格兰。1707年，经过议会的商议，把苏格兰徽章（皇冠之珠）保存在爱丁堡城堡的宫殿里，此后的100多年里徽章一直保存在这里。很多热心的人一直在关注“命运之石”的归宿，这块石头是苏格兰国王的遗物，一直被英国占有，直到1996年英国才把它归还给爱丁堡城堡。

大厅顶梁上的画

◂ 苏格兰的王冠
这顶王冠是1540年苏格兰国王詹姆士五世重新设计的，现在在宫殿展列。

▲ 政府官邸
该建筑是18世纪中期建造的佛兰德斯风格的构造，外表是崎岖的山形墙。现在作为城堡卫戍士兵的餐厅使用。

军事监狱

盗窃“命运之石”

在“命运之石”归还苏格兰以前，1950年，四名苏格兰学生竟将它从西敏寺中盗出。之后英国展开调查但没有取得进展，直到一年后，在苏格兰的安布罗斯修道院中找到了“命运之石”。

▲ 地下室的军事监狱
18世纪和19世纪在与法国的战争中，很多法国士兵被俘关押在这里。现在这里依然可以看到这些俘虏制作的物件和他们刻在墙上的字。

▲ 大厅

从王子大道上看到的爱丁堡城堡

宫殿

苏格兰女王玛丽（1542—1587年）在这座15世纪的建筑里生下詹姆士六世，现在这里展列着苏格兰的徽章。

阿吉尔炮台

地下室的军事监狱墙上的刻痕

大厅

重新修复了大厅的露顶。大厅的历史可以追溯到15世纪，1639年以前，这里一直都是议会召开会议的地方。

芒斯蒙哥大炮

在圣玛格丽特教堂旁边的城墙上的大炮是芒斯蒙哥大炮，是欧洲最古老的攻城炮之一。芒斯蒙哥大炮是伯林蒂公爵于1449年制造，1457年把它当作礼物送给了他的侄子苏格兰国王詹姆士二世（1437—1460年），1497年詹姆士四世（1488—1513年）用芒斯蒙哥大炮攻打了英格兰的诺汉姆城堡。在1682年迎接约克公爵的仪式上，芒斯蒙哥大炮炮身突然爆裂，之后一直保存在伦敦塔中。1829年，芒斯蒙哥大炮被送回爱丁堡城堡。

阿吉尔炮台

阿吉尔炮台主要负责城堡北面的防御，从这里可以俯瞰整个爱丁堡新市区的美丽风光。

芒斯蒙哥大炮

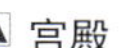

宫殿

皇家大道

政府官邸

埃斯普兰德广场

爱丁堡军操表演在这里举行。

城堡入口

半月炮台

为增加城堡东北部的防御，16世纪70年代修建了半月炮台。

圣玛格丽特教堂

这座教堂是献给马尔科姆三世圣洁的皇后的，教堂窗户的彩色玻璃上描绘着这位皇后的容貌，是她的儿子大卫一世为纪念他的母亲，在12世纪早期建造的。圣玛格丽特教堂是爱丁堡城堡现存的最古老的建筑。

重要日期

638年	1296年	1496—1511年	1573年	1650年	1995年
诺森布里亚王国的国王奥斯维尔德的军队占领这里并把这里建成军事堡垒。	在包围爱丁堡城堡8天后，爱德华一世胜利占领这里，此后在城堡安置了347名卫戍士兵。	詹姆士一世在城堡里新建了很多建筑，包括宫殿。	在对苏格兰玛丽女王进行了一次失败的包围后，城堡重新经过了整修，并新建了月牙状的防御墙。	爱丁堡城堡增设了军官的驻扎地，营房和库房。	爱丁堡和爱丁堡城堡被联合国教科文组织列入《世界遗产名录》。

在爱丁堡城堡前举行的盛大军操表演

彩色玻璃

约克大教堂中中世纪彩色玻璃的数量惊人。一般来说，玻璃是在安装过程中染色，使用金属氧化物调制需要的颜色描绘玻璃，然后由工匠把玻璃安装到教堂的窗户上。窗户的形状设计好后，需要先切割玻璃，然后再按照设计图形组合玻璃。具体来讲，染色要先在炉里把氧化铁载色剂熔融，然后使用烧融的颜料在玻璃上绘画。一片片的彩色玻璃组合到一起形成最后的玻璃窗。约克大教堂的部分彩色玻璃描绘着不同类型的主题，包括**大东窗**，有的是社会捐赠者指定的主题，有的描绘的则是反映牧师任免的主题。

哥特式装饰

教堂会议厅是哥特式建筑第二阶段（约1275—1380年）在英国发展的典型代表。在约克大教堂浓厚的宗教氛围中，会议厅散发着自己独有的魅力。哥特式建筑的特点是尖塔高耸，尖形拱门，精美的雕饰及绘有圣经故事的花窗玻璃。会议厅的座位上雕刻着叶子，动物和人类形象。**中殿**内部复杂的窗饰也随处可见。

约克圣史剧

中世纪的48个戏剧剧目主要讲述的是从《上帝造物》到《最后的审判》这段历史。从14世纪到16世纪，戏剧表演最开始是为了庆祝基督圣体节。约克圣史剧是现存的四大完整的英文圣史剧之一。圣史剧主要由几个短小的片段组成，演员在四轮马车上表演。演员驾着马车在城市的街道间穿梭，停靠在一些表演场地。通常情况下，不同职业的人选择观看的戏剧剧目和他们所从事的职业有关。例如：造船师欣赏《诺亚方舟》，面包师比较青睐《最后的晚餐》，屠夫则喜欢看《基督之死》。1951年为庆祝不列颠节日，表演圣史剧这一传统戏剧开始盛行，之后每三年到四年都会表演一次。

约克大教堂

约克大教堂是欧洲北部最大的哥特式教堂（哥特式，见第54页）。教堂占地长为158米（519英尺），加上两侧的走廊宽度为76米（249英尺），这里珍藏着英国中世纪最多的彩色玻璃。“minster”这个词经常提及的是修道士所在的教堂，约克大教堂中却是牧师很常见。约克大教堂在当时是一座全木结构，后来在内战中被战火摧毁。627年，诺森布里亚国王爱德文在这座木制的约克教堂中接受洗礼。约克大教堂周边也有很多教堂，包括11世纪诺曼人的建筑。现存的约克大教堂兴建于1220年，并于1470年代完工。1984年7月，教堂耳堂的屋顶遭大火焚毁，损坏严重，修复工程共花费了400万英镑。

玫瑰花窗中心的太阳花

▾ 大东窗 全世界最大的中世纪彩色玻璃窗，面积几乎相当于一个网球场的大小。从1405年到1408年，达拉谟的主教一周支付玻璃工人约翰·桑顿四个先令，就这样历时三年完成了这幅创世纪般的杰作。

东面走廊

唱诗班 这里是拱形的入口，入口处的圣母升天浮雕是于15世纪雕塑绘画的。

▲ 教堂会议厅

五姐妹窗

五姐妹窗

北耳堂内的是五姐妹窗，在1260年左右设计完成，是约克大教堂历史最悠久的玻璃窗，也是英国最大的灰色调单色玻璃。五姐妹窗由五扇窗户组成，每扇玻璃窗高15米（50英尺），宽1.5米（5英尺），由十万块玻璃拼接镶嵌而成。

重要日期

1220年	1472年	1730—1736年	1840年	1985年
在一些早期教堂的旧址上开始建造约克大教堂。	神圣的约克大教堂建成。	修复约克大教堂，重新用有图案的大理石铺装地板。	中殿遭受火灾。四年后完成中殿修复工作。	修复在1984年火灾中毁坏的南耳堂的顶部。

∧ 教堂会议厅

尖肋拱顶的建筑构造，八角形的屋顶，牧师主持圣堂参事会都在这间会议厅（1260—1285年）。入口处的拉丁文刻着：正如玫瑰是花间女王，这间礼堂也是屋中极品。

∧ 中部的塔

1407年，塔的部分已经倒塌，1420—1465年进行重建。由石刻大师威廉姆·科尔切斯特设计。塔高70米（230英尺），塔的屋顶设计为几何状，中间装有灯。

∧ 中殿

西面的塔 ＞

塔上安装着15世纪华美的镶嵌玻璃，精致的塔尖与东面走廊相对。

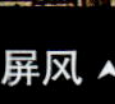

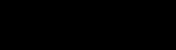

屏风 ∧

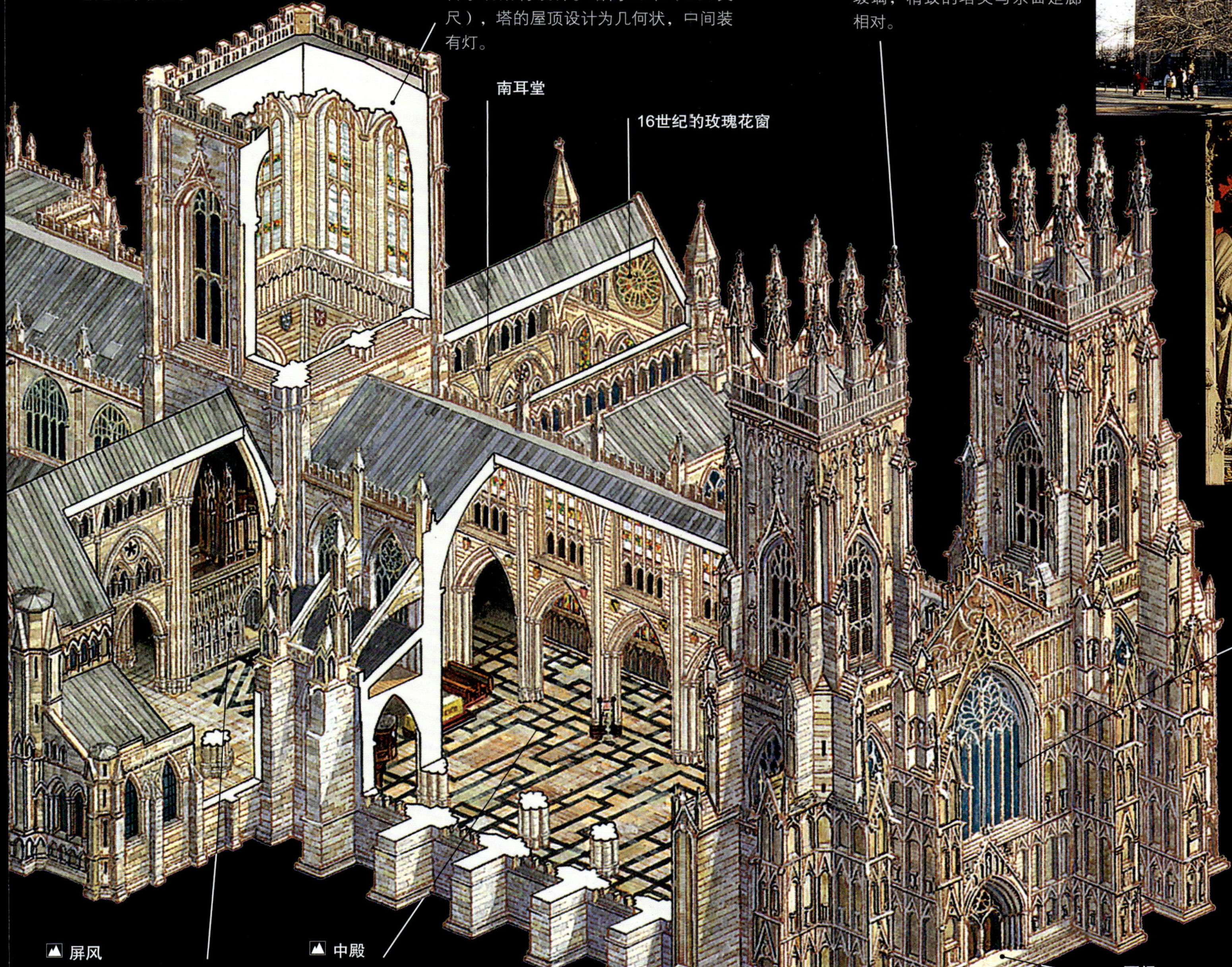

大西窗

1338年到1339年间，石刻大师伊沃德·罗东新建大西窗。西窗上的心形象征着耶稣圣洁的心，所以这里也被称作“约克的心”。

屏风

屏风把唱诗班与教堂中殿隔开。这个精美绝伦的15世纪的石头屏风上雕刻着英国的国王，从威廉一世到亨利六世共15位国王，还雕刻着苍穹下的天使。

中殿

1291年开始建造中殿，并于14世纪50年代完工。19世纪中殿遭受火灾，损坏严重。重建中殿花费巨大，但最终中殿于1844年开始使用，重建后的中殿增加了响声洪亮的钟。

西门

从西门进入，可以观看到教堂的主体建筑。

伦敦威斯敏斯特教堂

从13世纪起，威斯敏斯特大教堂就成为历代国王举行加冕典礼、王室成员举行婚礼的大礼堂，同时还是英国国王的陵墓。威斯敏斯特大教堂是伦敦最巍峨壮丽的建筑之一。从简单的诺曼式的中殿到奢华复杂的圣母堂，威斯敏斯特大教堂多元化的建筑风格一览无遗。毫不夸张地说，威斯敏斯特大教堂的一部分是国家教堂，另一部分是国家博物馆，为了纪念大不列颠最杰出的人物，英国许多领域的伟大人物都埋葬在这里。无论是教堂的通道走廊还是两侧走廊，处处都安放着这些伟大人物的陵墓和纪念碑。

著名的墓和纪念碑

威斯敏斯特大教堂埋葬着很多英国君主夫妇。一些墓装饰简单，另一些墓却奢华繁复。撒克逊王忏悔者爱德华的墓和其他几个中世纪君主的墓都坐落在教堂的中心（**圣爱德华礼拜堂**）。无名战士之墓位于教堂的**中殿**，是为了纪念那些在第一次世界大战中死去而没有安息之地的士兵，其中的一个无名的士兵被埋葬在这里。不列颠的很多伟大人物的纪念碑在两侧耳堂随处可见。教堂南面侧廊的**诗人角**可以看到文学巨匠乔叟、莎士比亚和狄更斯的纪念碑。

圣母堂

国王亨利二世于1503年下令建造圣母堂，之后亨利六世准备身后供奉在这里，但是最后是亨利七世安息在这里的一座精美的墓中。教堂的主体工程于1519年完成，圣母堂的装饰极为华美精细，拱顶悬垂下许多漏斗形花饰，极为精巧，是英国晚期哥特式装饰风格的杰出代表。圆拱穹顶下的唱诗班席位雕刻精美绝伦。圣母堂安葬着女王伊丽莎白一世（1558—1603年在位）的陵墓，以及和她同父异母的姐姐玛丽女王（1553—1558年在位）的陵墓。

加冕仪式

自征服者威廉开始，除了爱德华五世和爱德华七世外，所有英国国王都在威斯敏斯特大教堂加冕登基。庄严的加冕礼中很多神秘的仪式都起源于忏悔者爱德华（1042—1066年在位）。加冕礼这一天，国王或女王前往威斯敏斯特大教堂去接受代表王权象征的王冠，节杖，王位上的宝球和国剑。镶有宝石的国剑应该是世界上最宝贵的剑之一，它象征着君主。国王或者女王涂圣油，授国剑和节杖，代表他得到了上帝的肯定，上帝把权力授予国王或者女王。加冕仪式最高潮的部分是主教把圣爱德华王冠戴到君主的头上，在这历史性的一刻，人们整齐高呼：上帝保佑国王（女王）！教堂内乐队齐鸣，伦敦塔的礼炮依次鸣放，万众欢腾。

鲁比利亚克于1761年制作的南丁格尔纪念碑，安放在北面走廊

坐落在诗人角的莎士比亚纪念碑

教堂会议厅

中殿
中殿上部拱顶高达31米（102英尺），是英国哥特式拱顶高度之冠。中殿的高度与宽度的比为3:1。

飞拱
威斯敏斯特大教堂大量飞拱的设计，极大地分担了中殿高耸的尖顶的压力。

圣母堂
圣母堂建于1503—1512年，其巨大的扇形垂饰和宛如倒挂着的晶莹华美的钟乳石拱顶，设计大胆，构思巧妙。唱诗班席位修建于1512年。

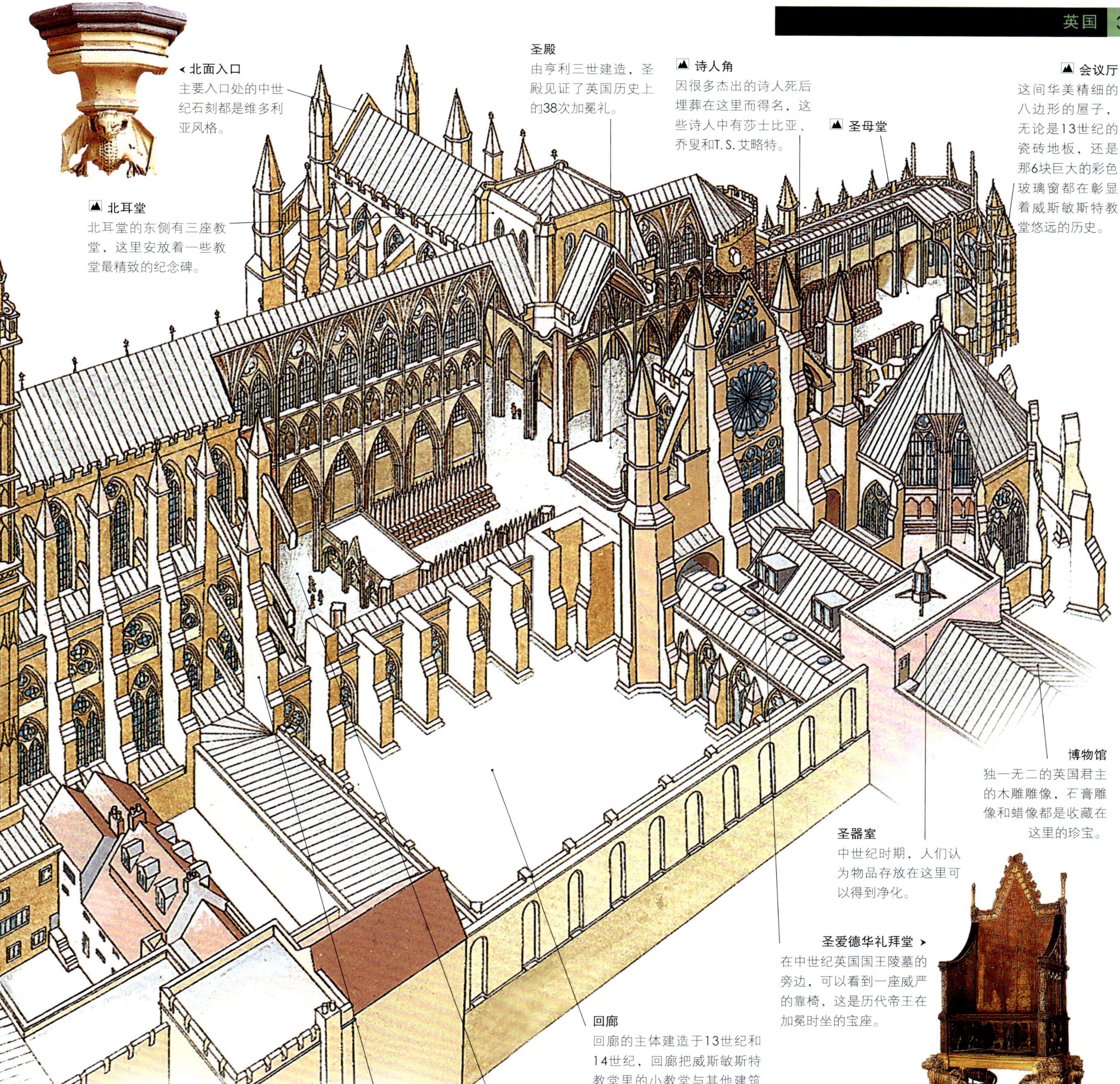

加冕仪式

加冕仪式大约有1000多年的历史。离我们最近的一次加冕仪式是当今英国女王伊丽莎白二世的加冕典礼。1953年6月2日，坎特伯雷大主教在威斯敏斯特教堂为女王伊丽莎白二世加冕，这也是第一次电视直播加冕仪式。

重要日期

1065年	1245年	1503年	1745年	1953年
“忏悔者”爱德华下令开始建造威斯敏斯特教堂，之后威斯敏斯特教堂成为国王加冕礼教堂。	亨利三世下令拆除原来的威斯敏斯特教堂，开始建造我们今天看到的威斯敏斯特教堂。	开始建造让人叹为观止的圣母堂。	教堂西面的双塔建造完工，双塔的外表使用波特兰石。	女王伊丽莎白二世的加冕礼是英国加冕历史上观看人数最多的一次。

伦敦圣保罗教堂

1666年伦敦大火后，中世纪的圣保罗教堂毁于一旦。建筑师克里斯托弗·莱恩被任命重建圣保罗教堂，莱恩设计的大教堂原方案平面图是希腊十字形（十字的两侧两臂都互相对称），莱恩的设计受到来自教会的很大阻力，教会权威坚持使用传统的拉丁十字，一个较长的大厅，两侧短小对称的耳堂，把公众的目光集中在圣坛。尽管莱恩最后向教会妥协，但是莱恩设计了一座无与伦比的、世界著名的巴洛克式大教堂。大教堂从1675年开工，直到1710年建成。现在很多国家仪式都在这里举行。

教堂西面正门和两侧钟楼
建筑大师莱恩于1707年兴建教堂西面建筑，钟楼的设计深受意大利巴洛克式建筑师波米尼的影响。

波特兰石

莱恩在建造圣保罗教堂时选用多赛特采石场持久耐用的波特兰石。莱恩认为波特兰石是最适合伦敦天气的石头。300多年来的持久使用，再加上空气污染，这些波特兰石已经失去原貌。但是，随着现在先进技术的发展，如何清洗这些暴露在空气中的石头已经不再是难题，经过清洗修复后的波特兰石恢复了原来的乳白色。

中殿
在教堂穹顶下的巨大空间中，壮观的拱门和拱顶应接不暇。

穹顶
这座宏伟的建筑高113米（370英尺），是世界上最高的穹顶之一。

石廊

栏杆
这是1718年新建的，莱恩并不认同这种设计。

教堂西面正门

西面柱廊
两层双排的科林斯柱式支柱托起拱顶，正门上部的三角形墙上，雕刻着从圣保罗到大马士革（今叙利亚首都）传教的图案。

西面柱廊

可以从卢德盖特山进入的主要入口

重要日期

1675—1710年	1723年	1810年	1940年
莱恩设计建造的圣保罗大教堂建成，这是这片土地上建造的第四座教堂。	莱恩是第一个埋葬在圣保罗大教堂地宫中的人。	许多珍贵的艺术品在一次盗窃案中丢失。	在第二次世界大战德国对伦敦的空袭期间，教堂受到轻微损坏。

回音廊

教堂穹顶

唱诗班席位

塔顶天窗
重约850吨。

金色走廊
这里是眺望伦敦市区的绝佳地点。

穹顶的圆孔
从这个小孔中可以看到教堂的地板。

回音廊
对着回音廊的通孔说话，神奇的回音效果在其他任一通孔都可以听到回声。

唱诗班
胡格诺派教徒简·济欧在莱恩时期在这里锻造了很多精致的物品，包括唱诗班的屏风。

唱诗班席位
教堂17世纪的唱诗班席位和管风琴等乐器由格瑞林·吉本斯（1648—1721年）制作，格瑞林来自鹿特丹，他和他的木匠团队花费了两年时间打造这些精致的雕刻。

圣坛
现在的圣坛是1958年建造的，它的顶部精致华美，由莱恩设计。

克里斯托弗·莱恩

克里斯托弗·莱恩爵士（1632—1723年）在31岁的时候开始了他不凡的建筑事业。1666年伦敦遭遇大火后，他成为重建伦敦的领导人物，莱恩设计建造了其中52座全新的教堂。尽管莱恩一生从未到过意大利，但他的建筑设计深受罗马式、文艺复兴风格和巴洛克建筑风格的影响。

入口，从这里可以进入金色走廊、回音廊和石廊

进入地宫的入口

南面柱廊
根据罗马圣母玛利亚教堂的走廊设计的，莱恩通过研究建筑雕刻从而掌握更多的设计细节。

中殿

著名的陵墓

圣保罗教堂是克里斯托弗·莱恩爵士的最后安息之地。如果你想寻找他的墓碑，请环顾四周。这就是圣保罗大教堂的设计者，英国建筑师克里斯托弗·莱恩爵士的墓志铭。地宫埋葬着大约200多位著名人物和伟大英雄，如英国历史上指挥特拉法尔加地角大海战（1805年）的著名海军上将纳尔逊，指挥滑铁卢战役（1815年）的惠灵顿将军。还有其他人的坟墓和纪念碑：曲作家亚瑟·苏利文爵士，雕塑家亨利·摩尔爵士，艺术家约翰·埃弗雷特·米莱爵士和约书亚·罗纳尔多。在护理事业作出超人贡献的，英国历史上第一位获得功绩勋章的女性弗洛伦斯·南丁格尔埋葬在这里，发现青霉素的亚历山大·弗莱明也埋葬在这里。

教堂内部

圣保罗教堂内部布局完美，略带冷峻，严肃而端庄。绚丽而宽阔的空间令人赞叹不已。**中殿**、**两侧耳堂**和**唱诗班**席位呈十字形格局，是典型的中世纪教堂布局。可以从保守的地板设计看出莱恩的古典主义情结，尽管这是他被迫接受教会权威的结果。教堂内部支柱支撑着巨大的圆屋顶（**穹顶**）。大厅装饰精美绝伦：詹姆士·桑希尔所绘的单色壁画；木雕大师格瑞林·吉本斯雕刻的精美的小天使，水果和花环（**唱诗班长椅**）；法国胡格诺派教徒锻铁天才简·济欧制作的气势辉煌的大门，都反映了当年高度的艺术水平和装饰技术水平，具有浓厚的宗教色彩和艺术感染力。

特殊事件

克里斯托弗·莱恩在他那个时代杰出工匠的帮助下，建造了一座内部雄伟庄严兼有巴洛克式绚丽辉煌的教堂（巴洛克式，见第80页）。很多大型的仪式和盛典都在这里举行，包括海军上将纳尔逊勋爵，惠灵顿公爵（1852年）和温斯顿·丘吉尔爵士（1965年）的葬礼。皇家仪式也在这里举行庆典，包括查尔斯王子和戴安娜·斯宾塞王妃的世纪婚礼（1981年），女王伊丽莎白二世继位50周年庆典（2002年）。英国为纪念2001年9月11日发生在美国的袭击事件而举行的悼念仪式也在圣保罗教堂举行。

伦敦塔

1066年征服者威廉成为英国国王，之后威廉为了保卫伦敦，扼住从泰晤士河口进入伦敦的入口，在这里建造了一座城堡。1097年白塔建成，白塔是今天位于要塞中心的诺曼底塔楼，用坚固的石块筑成。以白塔为中心的附属结构修建持续了几个世纪，最终建成的伦敦塔成为欧洲最坚固、最强大的要塞之一。历史上，伦敦塔充任过皇宫、火药库、宝库，当然最著名的是作为监狱，主要关押皇室的犯人。很多人在这里都曾经饱受折磨，其中爱德华四世的两个儿子，爱德华五世和他的弟弟约克公爵都是在这里死去的。今天，伦敦塔依然吸引着众多人的目光。塔内珍藏着王冠上的宝石和其他无价之宝——展示着皇家的权威和财富。

珍宝馆▲
这顶华丽精致王冠上的十字架（1660年添加）象征着王权，权杖上镶有世界上最大的钻石。

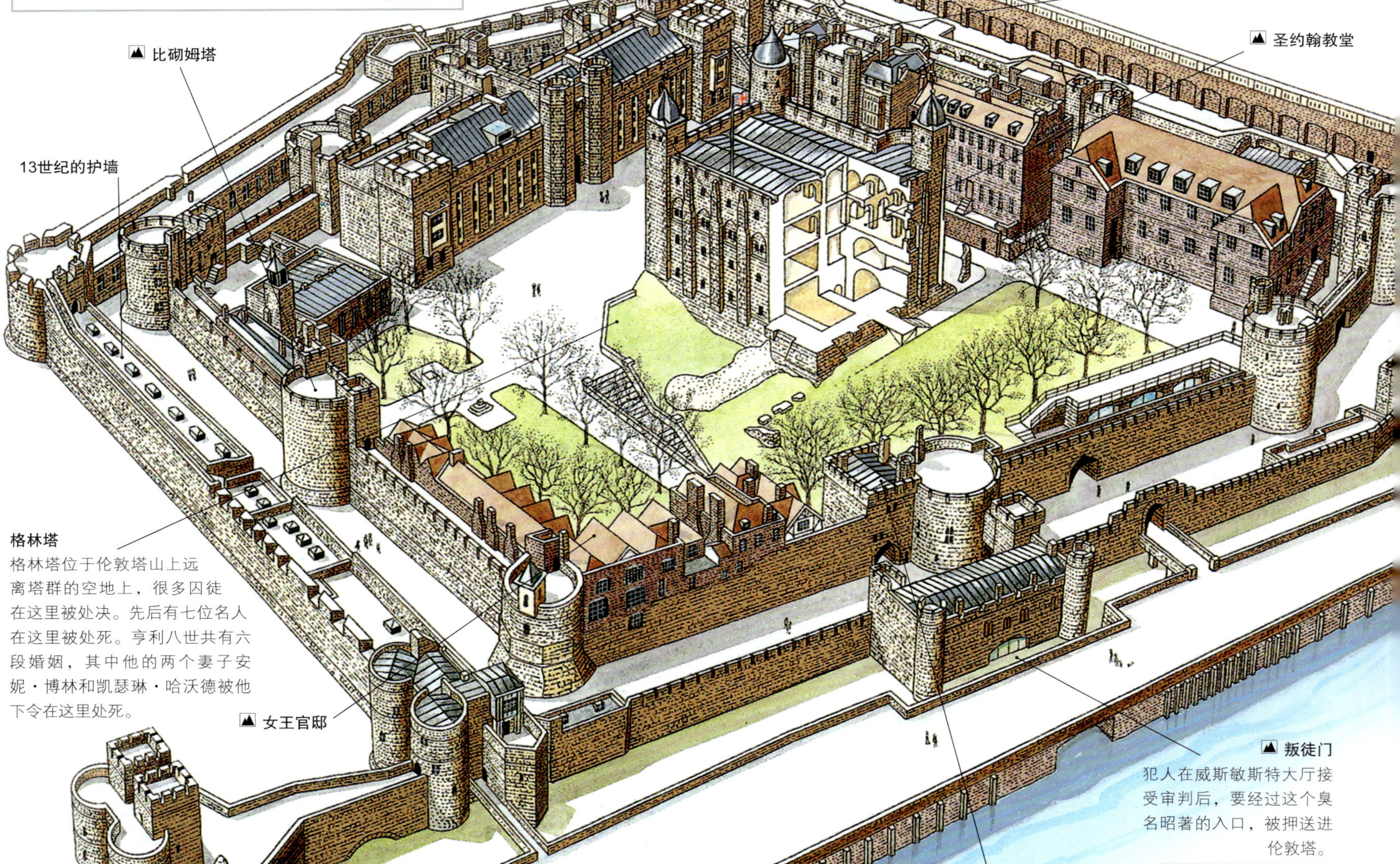

英国王冠

加冕典礼集世界上最著名的珍宝于一身，包括王冠、权杖、宝球及御剑，这些皇家御宝在加冕仪式上或其他国家大事中佩戴。查理一世被议会处死之后，君主制遭到议会的破坏，1661年，查理二世第二次加冕。战乱中很多皇家御宝丢失毁坏，1660年君主制复辟后，一些藏起来的御宝有幸保存下来。尤其是忏悔者爱德华三世（1327—1377年在位）的蓝宝石戒指，现在在帝国王冠的十字架上闪闪发光。这顶覆满贵重宝石的王冠是专为维多利亚女王制作的，之后的英国君主加冕礼都会佩戴这顶王冠。

君主的宝球（1661年），中空的金球表面镶有宝石。

君主的戒指（1831年）

白塔

比砌姆塔

圣约翰教堂

13世纪的护墙

格林塔
格林塔位于伦敦塔山上远离塔群的空地上，很多囚徒在这里被处决。先后有七位名人在这里被处死。亨利八世共有六段婚姻，其中他的两个妻子安妮·博林和凯瑟琳·哈沃德被他下令在这里处死。

女王官邸

叛徒门
犯人在威斯敏斯特大厅接受审判后，要经过这个臭名昭著的入口，被押送进伦敦塔。

血塔➤
1483年，爱德华四世死后，他的两位王子被他们来自格洛斯特的理查德叔叔（后来的理查德三世）送到这里。旁边的画是约翰·米莱（1829—1896年）描画的两位王子。不久，两位王子神秘失踪。一年后，理查德三世加冕。1674年，工人在整修塔时发现两具小孩的遗骸。

从伦敦塔山进入的主要入口

泰晤士河

白塔
白塔于1097年建成，塔高27米（90英尺），是伦敦当时最高的建筑。

19世纪建成的伦敦塔桥，从塔桥上俯瞰伦敦塔

比砌姆塔
一些上层阶级的犯人关押在这里，这座塔是爱德华一世于1281年左右建造，塔中有很多守卫监管犯人。

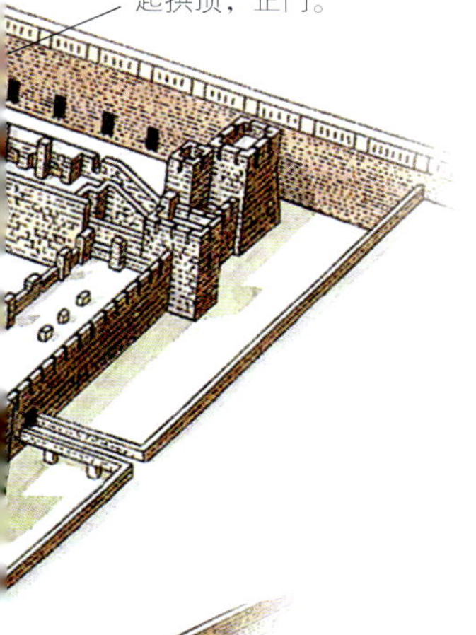
盐塔
两层双排的科林斯柱式支柱托起拱顶，正门。

女王官邸
这座都铎式建筑是君主在塔中的住所。

叛徒门

伦敦塔的守卫
37名御用卫士保护着这座塔的安全，守卫居住在塔中。他们的制服让人想起都铎王朝时期。

圣约翰教堂
简单大气的圣约翰教堂是典型的罗马式建筑。

酷刑和死刑

伦敦塔早期的犯人执行死刑时，在刑架上被拉裂而死。到了14世纪和15世纪，处决犯人的方式增多，如：吊死、绞刑、五马分尸，或被烧死在火刑柱上。尽管有的犯人在处决前已经在拷问台被拉伤，或被取出内脏，或被分尸，但依然难逃最后死刑的折磨。

重要日期

1078年	1533年	1601年	1841年
开始建造白塔。	亨利八世与安妮·博林在伦敦塔举行婚礼。	格林塔的断头台最后一次执行死刑。	大火烧毁白塔部分建筑。

伦敦塔渡鸦传说

现在伦敦塔中最著名的居住者是七只渡鸦。没有确切的历史记载这些渡鸦是从什么时候开始在这里定居，不过这些清道夫鸟应该是在伦敦塔建成不久后来到这里，从大量垃圾中取食。根据英国民间传说，伦敦塔上只要有渡鸦出现，就可确保帝制延续下去；但若渡鸦飞走，不但预示伦敦塔会倒下，而且王朝也会覆灭，所以这些渡鸦被照顾得很好。事实上，这些渡鸦一侧的羽翼已经被削剪，基本上已经没有飞行能力。其中的一个**“伦敦塔的守卫”**专门负责照顾这些渡鸦。

著名的囚徒

伦敦塔在历史上关押过国王、女王和一些声名狼藉的人。第一个被关押在伦敦塔的君主是亨利六世，1471年，他在祈祷的时候被谋杀。亨利四世的弟弟查尔斯公爵以叛国罪的罪名，在1478年被淹死在酒桶中。亨利八世的两个妻子和他的内阁大臣托马斯·摩尔爵士都被他推上断头台。甚至伊丽莎白一世也曾在这里被关押了两个月，在她1603年逝世后，她最喜欢的宠臣沃尔·特利也被关押在这里，之后不久被送上断头台。伦敦塔里所曾囚禁过的最后一名囚徒是1941年被关押在**女王官邸**的纳粹党副党魁鲁道尔夫·黑斯。

白塔

白塔是伦敦塔中现存的最古老的建筑，威廉一世于1078年开始兴建。白塔内有国王、伦敦塔总管和驻军指挥官的住所。塔内有他们自己的房间，还有一间议会大厅，一间密室和一间小教堂。一个世纪后伦敦塔扩建，国王和他的总管都移居到新的住所。白塔上面两层的君主的富丽堂皇的套房就用来囚禁重要的人士。比较正式的房间也增加了高度，是以前高度的3倍。**圣约翰教堂**也向上移动了两层，教堂是精致的诺曼早期风格。圣约翰教堂曾经的装饰华丽辉煌，精美的石雕和彩色的玻璃环绕着这间教堂。但在1550年宗教改革中，这些装饰都被破坏。17世纪，白塔主要用作仓库和军械库使用。

皇家网球场和花园迷宫

皇家网球场是16世纪亨利八世建造的。亨利八世非常喜欢这项运动，据说他的第二任妻子安妮·博林被处死时他还在打网球。1689年，威廉三世移居汉普顿宫，将部分花园和建筑重修。莱恩的花园设计包括**喷泉花园**和**花园迷宫**。迷宫是用角树设计而成。18世纪，这里开始种植紫杉和冬青，取代角树重组迷宫。

皇家教堂和大厅

沃西主教居住在汉普顿宫时建造了**皇家教堂**。不久之后，亨利八世移居汉普顿宫，重新装饰了这座教堂。1535年到1536年间，教堂装饰了精致的橡木浮雕天花板。随后的岁月里，这座教堂见证了亨利八世的很多重要时刻——在这里，他发现了第五位妻子凯瑟琳·哈沃德的不忠；在这里，他迎娶了他的最后一位妻子凯瑟琳·帕尔。**大厅**设计为悬臂托梁式屋顶，哥特式的壁炉，美轮美奂的大厅彩色玻璃上描绘着国王与他的第六位妻子紧紧相依的画面，这些都是经过亨利八世重修过的汉普顿宫的一部分。

沃西主教和亨利八世

英国政治家托马斯·沃西主教（约1475—1530年）在当时被认为是英国国王之下最有权势的人。在亨利八世统治时期，自1509年起，沃西被任命处理英国外事权，同时担任国王顾问。位高权重给沃西带来很多的财富，同时也带来敌人。当亨利八世想让教会同意他与第一任妻子——来自阿拉贡的凯瑟琳离婚，以便迎娶安妮·博林时，沃西的政治生涯岌岌可危。沃西主教已经察觉到如果他没有让亨利八世得偿所愿，他自己的生命也将危在旦夕。但是沃西主教与教皇的沟通进展缓慢，这惹恼了亨利八世，同时也激怒了安妮，安妮利用她的影响力让沃西搬出了汉普顿宫。几年后，沃西被控告叛国罪，他在去面对这些控告的路上突然死去。

伦敦汉普顿宫

女王会客厅的天花板上的装饰

沃西是亨利八世时期影响力较大的约克大教堂的主教。16世纪早期，沃西主教开始建造汉普顿宫。汉普顿宫原本只是沃西主教在河边建造的庄园。直到后来1528年，沃西失去国王的恩宠，将这座宫殿当作一份礼物献给亨利八世。汉普顿宫经过两次扩建，第一次扩建是亨利八世时期，建造了很多建筑和花园，把它扩建成一座富丽堂皇的宫殿，扩建后的汉普顿宫是以前规模的三倍。第二次扩建是在17世纪90年代，威廉三世和玛丽二世任命克里斯托弗·莱恩为建筑师扩建汉普顿宫。莱恩设计的古典皇家宫殿和随处可见的都铎式的角楼、山形墙和烟囱形成鲜明的对比。今天看到的大部分花园都是威廉和玛丽时期建造的，放射状的大道种满了充满异国风情的植物。莱恩创作了一幅巨大的巴洛克式景观。

‹ 长湖
长湖是人造湖，它的流向与泰晤士河一致，长湖从大喷泉花园引水，流经花园。

‹ 花园迷宫

˄ 钟庭
进入钟庭的大门被称作安妮·博林门，钟塔上的天文钟是亨利八世于1540年建造的。

˅ 喷泉花园

˄ 东门

˄ 池园
池园也是亨利八世精心设计的。

˅ 曼坦那画廊
安德里亚·曼坦那的九幅帆布画，包括这幅《胜利的恺撒》都收藏在这里。

▲ 花园迷宫

这里种有紫杉和冬青树，树高约2米（7英尺），粗0.9米（3英尺）。

皇家教堂

皇家网球场

▲ 皇家大道

乔治二世（1727—1760年）统治时期的画描绘了那个时期的东门和皇家大道。

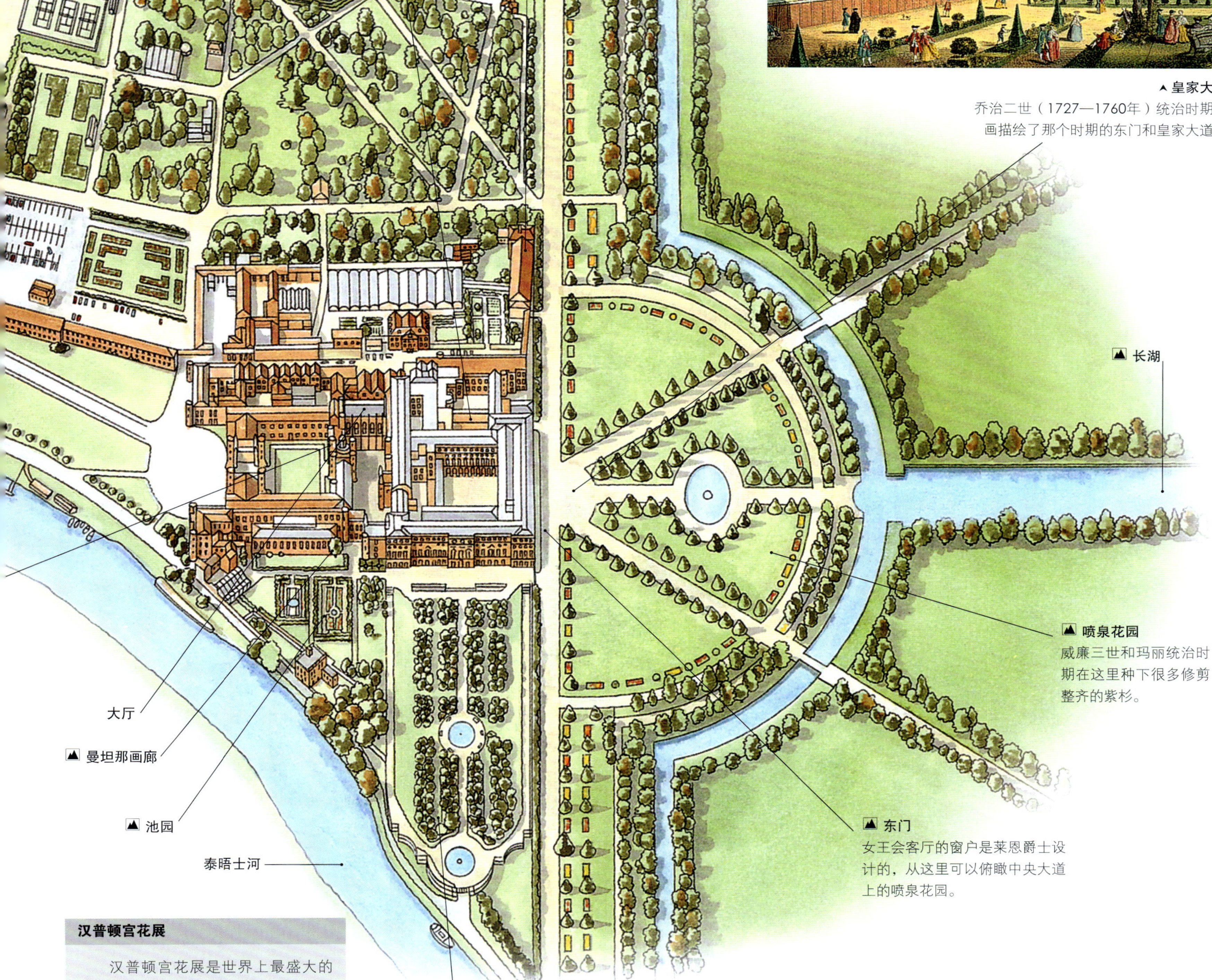

▲ 长湖

▲ 喷泉花园

威廉三世和玛丽统治时期在这里种下很多修剪整齐的紫杉。

大厅

▲ 曼坦那画廊

▲ 池园

泰晤士河

▲ 东门

女王会客厅的窗户是莱恩爵士设计的，从这里可以俯瞰中央大道上的喷泉花园。

秘密花园

汉普顿宫花展

汉普顿宫花展是世界上最盛大的园艺展之一，每年夏天在汉普顿宫举行。届时全国最优秀的园艺工作者带着他们独特的园艺设计聚集在这里，呈上他们最娇艳的花卉和优质园艺。最有魅力的园艺将获得奖章。

重要日期

1236年左右	1514年	1532年	1838年
医院骑士团来自耶路撒冷的圣约翰得到汉普顿庄园，并开始在这里居住。	沃西主教从医院骑士团获得这处大房产。	亨利八世开始部分重建汉普顿宫，重建工程从大厅开始。	女王维多利亚将汉普顿宫首次对公众开放。

比克人文化

考古学家认为比克人大约于公元前2200年在英国出现。因为在他们的墓葬中发现了陶制壶状的陪葬品，比克的本意是饮水器皿，所以称他们为比克人。考古学家认为巨石阵中的**蓝石圈**是比克人建造的，因为同心圆是典型的比克人文化，而且大部分的比克人陶制品都在蓝石圈附近被挖掘出来。比克人超前的建造技术显示出他们是太阳的崇拜者，同时是组织完善、技术熟练的工匠。比克人建造的**古道**与仲夏的太阳相对，扩大了进入石阵的入口，同时三点一线也更加精确。夏至日时，石阵主轴线、古道和夏至日初升的太阳在同一条线上。

巨石阵遗址

几个世纪以来，考古学家、宗教人士和探险爱好者一直没有停止对巨石阵的研究，但是巨石阵的秘密依然没有解开。谜一样的史前巨石阵一度被认为出自希腊人、腓尼基人、德鲁伊教人或阿特拉斯人之手。巨石阵的用途也众说纷纭，有理论依据的是巨石阵可能是宗教祭祀场所或是天文观测台。挖掘出来的埋葬品表明这里甚至用活人献祭，大部分专家认同这种观点。另一些人认为巨石的神秘排列有一定的天文目的。巨石阵的发现意义重大，因为巨石的取材不是本地，而是遥远的威尔士。

德鲁伊教人

考古学家曾经认为是德鲁伊教人建造了巨石阵。德鲁伊教是古代凯尔特人信仰的一种宗教，德鲁伊教人在这里举行宗教仪式甚至用活人献祭。尽管现在考古学家仍然认为巨石阵与德鲁伊教人有一定的联系，但放射性碳测定年代法表明巨石阵的出现比德鲁伊教人在这里定居要早1000多年，也许是德鲁伊教人曾经把已经存在的石阵当作神庙使用。现在巨石阵以现代的德鲁伊教宗教仪式和节日而著称。英国遗产协会负责看护巨石，允许德鲁伊教人在每年的春分、秋分和冬至、夏至在石阵中集会。但是近年来，随着到这里游览人数的增多，给巨石阵带来很大的损害，英国遗产协会不得不布置警戒线戒严以保护巨石阵。

巨石阵

巨石阵建于公元前3000年左右，是分为几个阶段修建完成的，巨石阵是欧洲最著名的史前遗址。我们只能猜测这里曾经发生过宗教祭祀仪式，但是巨石排列的圆圈基本上毫无疑问与太阳和季节的变迁有关，这说明建造者必须拥有超凡的数学和天文学知识。还有一种与现在比较流行的说法不同的，即这些圆形石林并不是德鲁伊教人建造的。因为在石器时代结束1000多年以后的铁器时代，公元前250年左右宗教祭祀才开始在英国兴盛。

史前巨石阵的还原图

巨石阵的重建

这幅插图显示了4000多年以前巨石阵的规模。今天现存的这些巨石仍然让人们感叹不已。人们不禁联想：巨石阵的原状该是多么的震撼人心！

古道
比克人建造的古道，这段土路是进入巨石阵仪式的入口。

马蹄巨石
这块巨石取材于马尔伯勒丘陵，竖立在进入石阵的入口处。仲夏的时候，巨石在石阵圈的中心垂直地投射出长长的影子。

屠杀石
17世纪的古文物研究者认为这是活人献祭的地方，所以称之为屠杀石。这两块巨石形成进入石阵的入口。

外侧土堤
土堤约建于公元前3000年左右，是巨石阵中最古老的部分。

斯泰申石碑
土堤内竖立着四块石柱。石柱两两相对，这里分布着古墓和壕沟。

史前的威尔特郡

很多圆形的古墓环绕着巨石阵，统治阶级认为埋葬在靠近神庙遗址的地方是种荣誉。在巨石阵附近，曾挖掘出陪葬的铜制武器、珠宝和其他的物品。这些物品现在都保存在索尔兹伯里市和迪威奇斯市的博物馆里。

重要日期

公元前3000—公元前1000年	1648年	1900年	1978年	1984年
巨石阵分三个阶段建造。	这片遗址被认为是史前宗教场所。	新年前夕，巨石圈中的两块石柱倒塌。	英国政府下令禁止游客进入巨石阵中。	巨石阵被联合国教科文组织列入《世界遗产名录》。

巨石阵的建造

巨石阵的规模令人惊叹，更让人惊奇的是那个时代只有石制、木制和骨制工具。巨石的采石、运输和竖立工程浩大，都需要大量的劳动力。这么巨大的石头究竟是怎么搭建起来的呢？这里讲解了其中的一种猜测方法。

先用滚木移动巨石，把巨石拖入事先挖好的坑中。

杠杆在不断增加的木垛的支撑下，需要200多人力拉起这块巨石。

坑中的巨石基地用石块和白垩填满固定。

顶石或横石用杠杆逐渐提升。

一层层的木板承载着横石。

横石在杠杆的提升下从侧面放到竖立的石头上。

蓝石圈
蓝石圈于公元前2000年左右开始竖立，其中的80块石板取材于威尔士。蓝石圈从未完成。

马蹄形巨石牌坊
在巨石圈和蓝石圈中原本共有5块牌坊（3块巨石），每一个牌坊由两块竖石（坚硬的砂岩）和一块横石构成。

巨石圈
巨石阵的中心由四个同心结构排列组成：两个同心圆结构，两个马蹄形结构。这30块巨石是最外面的圆圈中的。

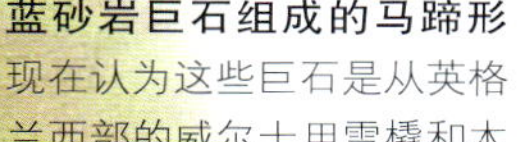

蓝砂岩巨石组成的马蹄形
现在认为这些巨石是从英格兰西部的威尔士用雪橇和木筏运来的。

遗物
在巨石阵附近的古墓中发现的遗物，这些史前遗物现在是迪威奇斯市博物馆的特别珍藏品。

冬至日
巨石阵中的几个重要位置似乎都与太阳和月亮的运行有关。巨石阵中的马蹄形巨石与冬至日初升的太阳相对。

巨石阵的修复
巨石阵的发掘和修复工作直到20世纪才开始。

史前巨石阵遗址
这里可能是举行出生和死亡仪式的场所。在巨石阵附近和石阵里发现了葬品和举行仪式的用品。

今天看到的巨石阵
从现在残存的巨石阵可以看出四千年前巨石阵的宏伟规模。因为天气的变化和人类的破坏，今天的巨石阵规模只有原来的一半。

仲夏的太阳光穿过巨石阵

坎特伯雷大教堂

恢弘壮丽的坎特伯雷大教堂，高耸的尖顶是典型的法国哥特式风格（哥特式，见第54页），是来自塞恩斯的建筑师威廉于1070年设计完成的。坎特伯雷大教堂是英格兰的第一座哥特式教堂。第一位诺曼人大主教兰弗郎科为表明坎特伯雷日渐成为基督教的主要中心，在毁坏的盎格鲁撒克逊教堂的原址上，重建了坎特伯雷大教堂，以后的几个世纪里，坎特伯雷大教堂经过了数次的扩建和重建，但它仍然是融合了多种风格的中世纪标志性建筑。1170年，主教托马斯·贝克特在坎特伯雷大教堂被谋杀，这成为教堂历史的转折点。1220年，贝克特的棺柩被移往三位一体教堂，之后这里一直是基督教徒主要朝圣的地方，直到后来，亨利八世下令毁坏了贝克特陵墓。

重要日期

597年	1070年	1170年	1534年	1538年	1982年
圣奥古斯丁在坎特伯雷建造了第一座教堂。	兰弗郎科主教重建这座教堂。	圣托马斯·贝克特在祭坛附近被谋杀。1173年，贝克特被追封为圣者。	亨利八世与罗马教会决裂，并成立了英国教会。	亨利八世下令毁坏圣托马斯·贝克特的陵墓。	教皇约翰·保罗二世和主教罗伯特·罗西在贝克特墓前祷告。

《坎特伯雷故事集》

《坎特伯雷故事集》是英国文学史上现实主义的第一部典范，是杰弗里·乔叟（约1345—1400年）的重要作品。《坎特伯雷故事集》用风趣幽默的语言讲述了一群从伦敦前往贝克特陵墓朝圣的香客的故事，这些香客代表了14世纪英国社会各个阶层的人。《坎特伯雷故事集》是英国早期文学最杰出的作品。

圣奥古斯丁

597年，罗马教皇格雷戈里派奥古斯丁前往英国传教，使英国皈依基督教。奥古斯丁在今天坎特伯雷大教堂的位置上建造了一座教堂，并成为该教堂的第一任主教。

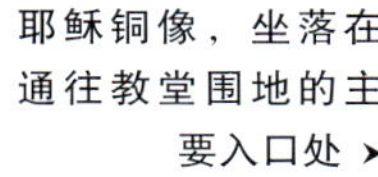
耶稣铜像，坐落在通往教堂围地的主要入口处 ➤

西南面耳堂的玻璃窗 ➤

坎特伯雷大教堂独一无二的彩色玻璃以极少见的方式描绘了中世纪的教义和社会生活场景。这是摘自西南面耳堂玻璃窗上的一部分，描画着一千岁的玛士撒拉。

黑王子墓 ▲

威尔士亲王爱德华王子墓前的铜像，铜人全身盔甲，全副武装，爱德华王子死于1376年。

中殿 ▼

教堂中殿长100米（328英尺），坎特伯雷大教堂是中世纪欧洲最长的教堂。1984年，在中殿的下面发现了盎格鲁撒克逊人建造的教堂的部分遗址。

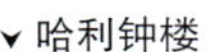
▼ 哈利钟楼

圣托马斯·贝克特

1161年，西奥博尔德主教逝世，国王亨利二世认为这是增加他对教会影响力的绝佳机会。于是亨利二世任命他忠实的臣僚托马斯·贝克特为坎特伯雷主教——这是英国教会最高的职位。国王错误地以为这样他就可以控制教会，但是贝克特宣称他从此只听命于罗马教皇。此后为英国政教的最高控制权，教会与国王之间争斗不断。1170年12月29日，亨利二世的四名骑士谋杀贝克特，王室与教会的争斗达到白热化。贝克特死后人们成群结队地去吊唁他，三天后，这里发生了很多与贝克特有关的神迹。1173年，贝克特被追封为圣者，从此以后，坎特伯雷大教堂成为主要的朝圣中心。

英国宗教改革

1533年，在由亨利八世任命的坎特伯雷大主教托马斯·克兰麦主持下，法庭正式判决亨利八世与他来自阿尔贡的妻子凯瑟琳的婚姻无效。亨利八世与罗马教皇正式决裂，英国脱离罗马教皇的控制。英国国教成立，亨利八世成为英国国教的最高首领，坎特伯雷大主教成为国教指导。克兰麦所著的《英国国教的祈祷书》成为英国教会的基石。

黑王子

威尔士亲王，众所周知的“黑王子”爱德华王子（1330—1376年）是英法百年战争中英国著名的军事指挥。1346年，爱德华王子指挥英军在克雷西之战中大胜法军，此后爱德华王子声名鹊起。1356年，在普瓦捷之战中，爱德华王子率领英军又一次大获全胜，并俘虏法王“好人约翰”，约翰被带到坎特伯雷大教堂圣托马斯墓前敬拜。作为王位继承人，爱德华王子计划死后埋葬在坎特伯雷大教堂的地宫中，但是人们认为，这位英雄应该安葬在**三位一体教堂**中圣托马斯墓的旁边。**黑王子墓**前的全副盔甲武装的铜人是坎特伯雷大教堂中的艺术瑰宝之一。黑王子的父亲爱德华三世的寿命比黑王子的寿命要长，但是黑王子的儿子理查二世在1377年继承王位，时年十岁。

比利时 安特卫普鲁本斯故居博物馆

皮特·保罗·鲁本斯（1577—1640年）

鲁本斯早年师从安特卫普的一些优秀艺术家。1600年，安特卫普画家公会支持他前往意大利学习文艺复兴时期名家。1608年，鲁本斯回到安特卫普，次年出任宫廷画家，并开始为大公爵阿尔贝托及其夫人伊莎贝尔·克拉拉·欧仁妮服务。鲁本斯把佛兰德斯的现实主义、意大利文艺复兴美术技巧和人文主义思想融合起来，形成了一种气势宏伟、色彩丰富的独特风格，他成为欧洲最著名的巴洛克美术大师。从1626年以后，鲁本斯得到西班牙王室的委任，出访欧洲多国。英国的查理一世，法国摄政王太后玛丽·德·美第奇和西班牙国王菲利普四世都曾邀请他到本国做访。1630年，通过鲁本斯的努力，西班牙和英国缔结了友好关系，为此查理一世封他为公爵。鲁本斯晚年主要把精力重新放到绘画上。

鲁本斯在安特卫普

1608年，鲁本斯回到安特卫普。随着知名度的提高，越来越多的人包括贵族、教堂甚至国王要求他作画，鲁本斯几乎被这些订件任务淹没。鲁本斯曾为教堂的圣坛、蚀镂、雕刻作画。鲁本斯**工作室**运作得很好，一度模仿意大利人的画来完成大量的绘画订件。在鲁本斯的指导下，一批优秀的画家鲁本斯主义者兴盛起来。鲁本斯的绘画对佛兰德斯以及整个西方绘画的发展具有重大的意义。

鲁本斯故居的设计

在意大利的生活不仅对鲁本斯的绘画风格产生了很大的影响，也改变了他的建筑视野。鲁本斯故居拥有古典主义的拱门和雕塑，这些装饰显示了他对意大利文艺复兴时期风格的喜爱（文艺复兴式，见第131页）。鲁本斯故居的风格与那个时代传统的建筑风格截然不同，展示了他独具特色的创造力。在这里，鲁本斯走过他的创作生涯，接待了无数的达官贵人和声名显赫的画家。鲁本斯故居是依照鲁本斯的设计建造的。庭院和**古典式花园**之间有很多的**巴洛克式门廊**（巴洛克式，见第80页），这些门廊也都是鲁本斯设计的。1946年，在鲁本斯原有设计的基础上，完成了鲁本斯故居的修复工作。

皮特·保罗·鲁本斯的故居和工作室都在这里，鲁本斯在这里的时间占据了他生命中从1610年到1640年的30年。鲁本斯博物馆坐落在比利时安特卫普的瓦坡广场。安特卫普政府在第二次世界大战爆发前才收购了鲁本斯故居，但是在购买前，鲁本斯故居已经濒临支离破碎。我们现在看到的故居博物馆是经过精心修复后的成果。鲁本斯博物馆分为两部分，在这两部分中，分别可以观看到这位艺术大师生活和工作的环境。入口左侧的这间狭小的房间是鲁本斯的卧室，卧室里摆放着仿制的那个时代的家具。故居后面的是艺术展厅，鲁本斯为了招待他的朋友和其他富有的赞助人，大公爵阿尔贝托及其夫人伊莎贝尔，在这里展列了他本人和其他画家的作品。入口右侧的是工作室，这是一间宽敞豪华的大厅，鲁本斯在这里创作并展示他的绘画作品。

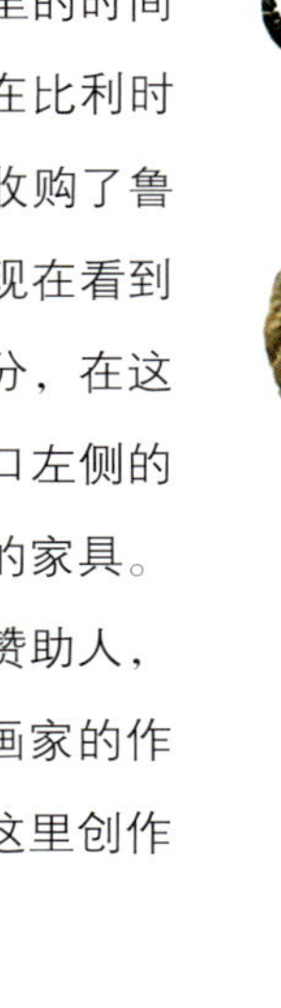
庭院中海神的塑像

艺术展厅
这间画廊保存着鲁本斯画的很多草图。画廊的屋顶仿照罗马万神殿的风格，呈半圆形，这里同时陈列着很多大理石半身像。

卧室

宗教作品

鲁本斯是忠诚的天主教徒，所以他创造了很多杰出的宗教性质和寓意都很深厚的作品。现在在安特卫普可以看到其中的一些作品，包括圣伊纳爵教堂屋顶上的耶稣画像及圣母大教堂圣坛上的三幅一联画。

鲁本斯的工作室
在这间宽敞明亮的屋子里，鲁本斯大约创作了2500幅画。为了完成大量的绘画订件任务，鲁本斯招募了一批学生充当他的绘画助手，其中有的作品他先粗略地画出简图，然后再由这些学生共同协助完成。

餐厅

巴洛克式的门廊

故居客厅

鲁本斯故居的客厅布置得很舒适，地板的瓷砖也很漂亮。从这里可以远眺瓦坡广场。

卧室

鲁本斯的故居在这座博物馆的佛兰芒语地区，卧室空间很小，带有狭长的走廊。

餐厅

餐厅的墙上镶嵌着复杂而时尚的皮革线条，同时这里展列着弗兰斯·斯奈德斯的一幅杰作。

艺术展厅

方格马赛克地板

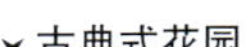

鲁本斯工作室

巴洛克式门廊

这些门廊是现存的保持着原风格的建筑之一，是鲁本斯设计建造的，与较早的巴洛克式建筑相连。门廊雕带的设计取材于希腊神话。

› 鲁本斯故居博物馆的外观

鲁本斯故居年代较早的建筑位于佛兰芒语地区，与后来新建的建筑相邻，这座建筑是鲁本斯设计的早期的巴洛克式风格。

˅ 古典式花园

这座小花园布局规整，花园中的亭子建造于鲁本斯时期。

重要日期

1610年	1614年	1640年	18世纪	1937年
鲁本斯买了这座位于安特卫普瓦坡广场的房子，并把这座房子重建成意大利风格。	由于创作的需求增大，鲁本斯扩建了工作室。	鲁本斯死后，他的第二任妻子把这里租给一所骑术学校。	鲁本斯故居博物馆经历了一系列的修复，但并没有得到公众的重视。	安特卫普市政府收购并重新修复鲁本斯故居，鲁本斯故居博物馆于1946年开始对公众开放。

奥兰治—拿索家族

1515年，拿索布雷家族的亨德里克三世和查隆奥兰治家族的克劳迪娅结婚。从此以后，奥兰治—拿索家族在荷兰的政治领域一直扮演着主要角色。奥兰治—拿索家族在英国历史上也产生了重要影响。1677年，奥兰治亲王威廉三世迎娶他的表妹英国公主玛丽。1689年，英国国王詹姆士二世流亡法国，英国议会宣布立詹姆士二世的女儿及女婿玛丽二世和威廉三世为国王，4月，威廉三世与玛丽二世共同加冕为英国国王。

罗宫内部

1975年之前，罗宫一直都是奥兰治—拿索皇室的避暑宫殿。现在这里成为博物馆，珍藏着许多皇室用品。经过多年的精心修复，罗宫本身和其周围的庭园，仍然保持着17世纪时的模样。罗宫内部装饰奢华富贵，整体布局对称，东面部分是皇家住所，西面部分是大厅。罗宫的两翼则陈列着很多皇家物品，包括文件、绘画、瓷器、银器，以及皇家和宫廷服饰，这些物品都见证了奥兰治—拿索家族与荷兰的深厚渊源。

花园和喷泉

1686年，罗宫周边的**古典花园**布置完成并举行了盛大的庆祝仪式。花园的设计师是丹尼尔·马特（1661—1752年），他在花园的设计上增加了很多引人注目的小细节，比如在花园中添设了精雕细琢的栏杆和喷水的地球仪。皇家的花园包括**女王花园**和**国王花园**都布置成精致的几何图形。花园中不时地可以看到整齐的花坛，俊美的喷泉，优雅的绿化带，修剪秀美的花木及层叠的小瀑布，还有随处可见的雕塑。国王花园的特色是精心修剪的黄杨树和金字塔状的杜松树，在花园的中央，映入眼帘的是一座八角形的白色大理石水池，池中坐立着喷水的海神和威严的金黄色海龙。**地势稍高的花园**是国王花园喷泉的源头，这里有一处天然的泉水且全天24小时喷水。这座皇家花园充斥着浓郁的古典风，满眼的美景让人迟迟不愿离去。

荷兰 阿培尔顿的罗宫

雕刻着奥兰治家族威廉三世的画像

荷兰总督威廉三世，后来的英国国王建造了这座气势恢弘的宫殿——被称作“荷兰的凡尔赛宫”的罗宫。17世纪时这里主要用作皇家狩猎场，之后罗宫成为历代奥兰治皇室的夏宫。罗宫的主要建筑师是雅各布·罗门（1640—1716年）；内部装饰和园林设计出自丹尼尔·马特之手。罗宫内部的奢华富贵与外表的古典主义风格（古典式建筑，见第137页）极不相符。罗宫内部与外部的修复工作于1984年完成。

女王维赫敏娜

荷兰国王威廉三世（约1848—1890年）死后，他的女儿维赫敏娜继承王位。维赫敏娜（约1890—1948年）是荷兰第一位女王。在她统治期间，一直把罗宫当作皇室的夏宫。

女王玛丽二世的卧室

皇家卧室
这间卧室布置奢华富丽，卧室的墙上和床幔使用了大量的橘色挂毯和紫色挂毯。

总督威廉三世的密室
这里是威廉三世私人学习的房间，这间房间用深红色的挂毯装饰，摆放着威廉三世最喜欢的绘画作品和代夫特陶器。

国王的花园

国王威廉三世的卧室

正门入口

古典式花园

古典式花园位于罗宫的后面。在花园的翻修工程中，根据古老的绘画、记录及平面图重现了花园原貌。1975年，清除了罗宫18世纪设计精美的封闭式花园并重新在这里植草。在1983年前，完成了植物区复杂的布局图并开始种植植物，同时修复了古典主义风格的喷泉并保证水源充足。修复后的花园布局反映了17世纪晚期艺术与自然和谐统一的主张。

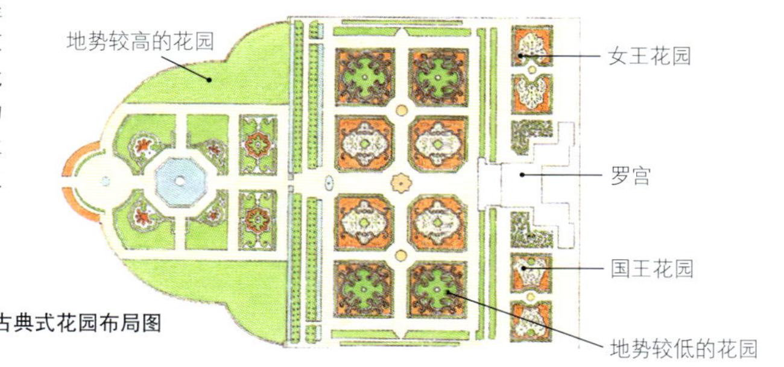

古典式花园布局图

▲古典式花园

花园里种植着不少精致的植物，形态各异的雕塑和喷泉，散发着浓郁的古典主义风情。地球仪式的喷泉坐落在地势较低的花园中。

马厩和马车房

罗宫正门旁边的是马厩和马车房，马厩内展出的是荷兰皇家御用马车、老爷车和雪橇等收藏品。马车房内收藏着有篷四轮马车和双轮礼车，以及19世纪上半世纪到20世纪初期，用于体育、狩猎和服务的马车。马房里最突出的收藏是一辆1925年生产的宾利车，这辆车是女王维赫敏娜的丈夫亨德里克亲王的车，亲王为它取名密涅瓦。

亨德里克亲王的宾利车

▼盾形徽章

徽章上雕刻（1690年）的威廉三世和玛丽二世

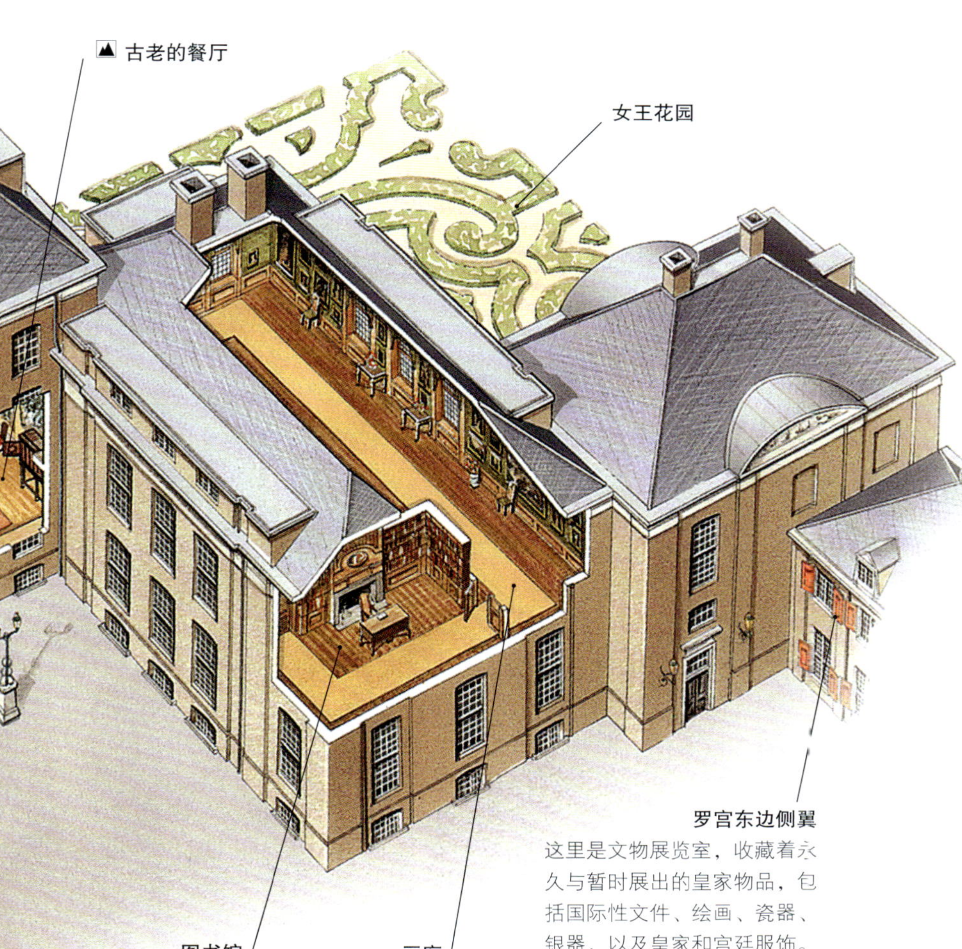

▲古老的餐厅

图书馆

画廊

罗宫东边侧翼

这里是文物展览室，收藏着永久与暂时展出的皇家物品，包括国际性文件、绘画、瓷器、银器，以及皇家和宫廷服饰。

总督威廉三世的密室 ▸

皇家卧室 ▾

古老的餐厅 ▸

这间餐厅建于1686年，1984年除去了餐厅的大理石墙上的六层颜料。现在这里装饰着精美的挂毯，挂毯上描画的美景取材于奥维德的诗。

重要日期

1684—1686年	1691—1694年	1814年	1984年
王子威廉和王妃玛丽下令建造罗宫。	国王威廉三世下令扩建罗宫。	罗宫纳入荷兰国家财产。	完成了罗宫房间和花园的修复工作。

法国 亚眠大教堂

哥特式的装饰

亚眠大教堂与所有的哥特式教堂一样装饰精美。教堂内众多的雕塑分散了教堂建筑结构的鲜明特点，比如奇形怪状的喷水嘴是为了装饰排水口，原始的花纹装饰着支柱，它们巧妙的搭配构成了完美严谨的几何图形，形成完美的平衡，突出了结构上的轻松与和谐的格调。教堂大厅的**唱诗班席位**共雕刻有4000个人物，人物中有的是当地的商人，有的是亚眠的居住者，有的是《圣经》中的人物。这些雕刻是亚眠大教堂的镇堂之宝，也是哥特木雕的奇观。

维欧勒・勒・杜克

维欧勒・勒・杜克（1814—1879年）是法国著名的建筑师和理论家，他在19世纪50年代致力于亚眠大教堂的修复工作。维欧勒・勒・杜克曾专门学习建筑学和后中世纪考古学，是法国建筑史上的领军人物，曾完成众多中世纪建筑的修复工作，其中包括巴黎圣母院。他著作的众多分析法国建筑和设计的书在今天依然实用，特别是《11世纪到16世纪法国建筑史分析》（1854—1868年出版）一书。

亚眠大教堂的建造

亚眠大教堂由法国建筑师罗伯特・德・卢斯卡斯设计，他的设计风格深受法国兰斯哥特式教堂的影响。亚眠大教堂于1220年开始修建工作，1236年完成了教堂正门和**玫瑰花窗**工作。1222年罗伯特・德・卢斯卡斯突然逝世，之后建筑师托马斯・德・卡马特接替他的工作。德・卡马特设计了教堂唱诗班和穹顶。亚眠大教堂从开始到1270年完工一次性建成，工程没有中断，集中汲取了近一个世纪的先进建筑技术，教堂的连续性可以从教堂整体协调性和单一的建筑风格看出。研究表明西面正门上的雕塑群颜色原本很亮，现在专家使用激光技术可以映射出雕塑的原来颜色。一束光照在正门上，快速地采集雕塑表明的精确数据，通过使用软件，可以快速定位扫描获得的点赋予相应的彩色信息，经过加工制作成正射影像，将展示出700年前这些雕塑的样子。

亚眠大教堂外观为尖形的哥特式结构（哥特式，见第54页），体现了建筑发展的新观念。亚眠大教堂内的圣母玛利亚教堂也是法国最大的主教大教堂。亚眠大教堂开始建设约于1220年，之后共用了50年完成。教堂建造的筹集资金主要来自种植菘蓝的收益，菘蓝是古代染料的重要材料。大教堂最初建造的目的是安葬十字军东征时带回来的施洗礼者约翰的头颅，现在仍然在这里安葬着，所以亚眠大教堂成为朝圣者最向往的地方。19世纪中期，在建筑师维欧勒・勒・杜克的领导下，完成了大教堂的修复工作。两次世界大战中，亚眠大教堂奇迹般地得以幸存。亚眠大教堂以众多精美雕塑群闻名于世。

▲哭泣的天使
尼古拉斯・巴赛特于1628年雕刻完成。这个令人伤感的天使雕塑坐落在教堂的回廊。第一次世界大战期间这座雕塑闻名于世。

重要日期

1220年	1279年	1849年	1981年
主教爱沃德・德・弗欧利开始教堂的地基工程。	教堂供奉圣弗莱明和圣约翰的圣物，英国和法国的国王都出席了这次活动。	在维欧勒・勒・杜克的指挥下，开始修复亚眠大教堂。	亚眠大教堂被联合国教科文组织列入《世界遗产名录》。

◀玫瑰花窗

◀唱诗班屏风
屏风上雕刻着圣弗莱明和圣约翰传教时的场景，这些雕刻栩栩如生，为走廊增色不少，雕刻于15世纪和16世纪期间。

◀唱诗班席位

▲塔楼
教堂西门的两座塔楼支撑起整个西门，塔顶直耸云霄的高超建筑技术表达了建造者们的虔诚信仰。1366年修建了南面的塔楼。1402年北面的塔楼建成。塔楼的尖顶经过两次重建，分别在1627年和1887年。

◀中殿

▲西面正门
这里可以说是国王画廊，22座巨大的雕塑横跨西门，这些塑像都是法国历代国王的画像。它们也象征着犹大王国的国王。

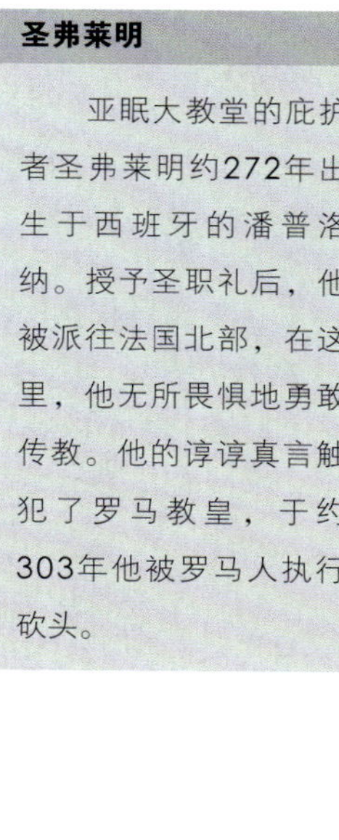

圣弗莱明

亚眠大教堂的庇护者圣弗莱明约272年出生于西班牙的潘普洛纳。授予圣职礼后，他被派往法国北部，在这里，他无所畏惧地勇敢传教。他的谆谆真言触犯了罗马教皇，于约303年他被罗马人执行砍头。

北侧塔

玫瑰花窗
建于16世纪的玫瑰花窗直径长达13米（43英尺），花窗上使用非常明亮的颜色装饰。

中央大门
教堂中央大门的门洞上雕刻着《最后的审判》，大门之间竖立着一座耶稣塑像。

飞拱
22个双排并列的飞拱支撑着整座教堂。

西门

中殿
中殿高42米（138英尺），殿内用126根细长的柱子支撑。宽敞明亮的中殿是典型的垂直设计。

唱诗班席位
唱诗班由110个橡木席位构成（1508—1519年），整个唱诗班的雕刻用时11年，共雕刻有3500多个圣像人物、神话人物和真实人物。

圣弗莱明门
门洞雕刻着圣弗莱明传教时的场景，这位殉道者把基督教带到了皮卡第，他也是亚眠大教堂的第一位主教。

唱诗班屏风

中央大门

地板
1288年第一次铺装的地板，19世纪晚期重新铺装。虔诚的教徒跪在这条地板路上祈求解开心中的迷惑。

天文历法
北门这里雕刻着黄道十二宫图。十二宫图与每个月的劳动活动相对应，描述了从葡萄播种到采葡萄酿酒的过程，同时也展示了13世纪人们的日常生活。

圣米歇尔山

圣米歇尔山位于芒什省的一个小岛上，被烟波浩渺的浩瀚大西洋包围。现在圣米歇尔山和大西洋之间用堤道连接。墓石山（山上的众多的墓）所在的小岛坐落在库埃农河河口，但山顶上的修道院却比它高出近两倍。众多建筑师和艺术家在这些坚硬的岩石上修整和雕琢，圣米歇尔山建成后，成为众多圣徒的朝圣之地。圣米歇尔山耸立在法国北部诺曼底和布列塔尼之间的海面上，从8世纪时默默无闻的小教堂发展成为今天声名显赫的大教堂。越来越多的朝圣者把对大天使圣米歇尔的崇拜推向了巅峰，圣米歇尔山也更是披上了神秘的面纱，在诺曼底无数教徒的眼中无异于东方的耶路撒冷。法国大革命之后，这里曾作为国家监狱使用。现在，圣米歇尔山作为旅游胜地每年吸引大约一百万人前来游览。

几个世纪以来的发展变化

10世纪时的修道院
966年，诺曼底公爵查理一世在岛顶建造本笃会修道院。

11世纪时的修道院
1017—1144年期间，新建周边罗马式（罗马式，见第122页）建筑。

18世纪时的修道院
修道院中修道士的人数减少。1790年，这里被遗弃并被当成一座监狱使用。

修道院
修道院外高墙环绕。修道院和教堂占据这个小岛的要塞位置。

戈蒂埃平台
位于楼梯的最高处，曾经有一位囚犯从这里跳下死亡，所以以他的名字命名此处。

圣奥伯特教堂

戈贝瑞塔
1524年，由军械工程师戈贝瑞·杜布设计建造。

壁垒
在英法百年战争中（1337—1453年），为抵御英军而建的防御性工事。

入口

防御工事

在1337—1453年的英法百年战争中，曾有119名法国骑士躲避在修道院里，依靠围墙和炮楼，抗击英军长达24年！百年战争之后，圣米歇尔山成为法国民族的一种象征。在旷日持久的百年战争中，此岛是诺曼底地区唯一没有陷落的军事要塞。

重要日期

708年	966年	1446—1521年	1863—1874年	1877—1879年	1895—1897年	1922年	1979年
主教奥伯特在岛上最高处建造了一座小教堂，并把它献给大天使圣米歇尔。	查理一世在岛顶建造本笃会修道院。	在修道院的教堂里，重建了哥特火焰式的唱诗班，取代以前的罗马式唱诗班。	修道院作为监狱停止使用，成为国家纪念地。	筑起连接圣米歇尔山和对岸陆地的堤道。	塔顶上安放了金色的圣米歇尔雕像。	修道院的教堂中重新开始举行宗教活动。	圣米歇尔山被联合国教科文组织列入《世界遗产名录》。

▲圣米歇尔山潮汐
涨潮时势如奔雷的潮水会淹没通往陆地的滩涂，这样就形成了天然的防线。涨潮时，海水以每小时10公里（6英里）的速度向圣米歇尔山挺进。

▲圣奥伯特小教堂
这座15世纪的小教堂坐落在裸露的岩石上，是为了纪念圣米歇尔山的建造者圣奥伯特主教而建。

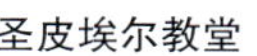

圣皮埃尔教堂
这是座中世纪教堂，圣皮埃尔教堂一侧的小教堂中雕刻精美，这里安放着一尊引人注目的塑像：圣米歇尔与恶龙战斗的雕塑。

▲戈蒂埃平台

壁垒 ➤

自由塔

圣道➤
现在圣道两侧都是小餐馆，从12世纪起，朝圣者就沿着这条路走，越过圣皮埃尔教堂来到修道院的大门。

国王塔

拱廊塔
士兵曾在这里住宿。

修道院回廊➤
回廊建于13世纪，环绕着一座开阔的小花园，修道士在这里冥想祈祷。

主教奥伯特

几个世纪以来，圣米歇尔山一直都被认为是朝圣的圣地，对德鲁伊教人和罗马基督教徒有着无限的感召力。708年，来自阿弗郎什小镇的红衣主教奥伯特得到天使米歇尔的神旨，天使米歇尔手指墓石山，示意他在此修建小教堂。为完成天使的神旨，奥伯特主教在山顶上修建了一座修道院，此后这里建成了基督教中最雄伟的朝圣地之一。虔诚的信徒不断前来祈祷祈求得到大天使米歇尔的保护，圣米歇尔山逐渐成为重要的朝圣地。奥伯特主教当初所建的小教堂并没有保存下来，现在一般认为它坐落在圣米歇尔山的西侧岩石上，也就是今天**圣奥伯特教堂**所在的位置。

修道院

修道院的三个发展阶段反映了修道士地位等级的发展变化。修道士居住在修道院的最高层，这里有独立的教堂、餐厅和精致幽雅的走廊。1776年，为了修建回廊以便更好地欣赏到海边的美景，教堂的三间侧房被推翻重建。修道士在长且狭窄的餐厅中吃饭，餐厅的窗户很高，这里光线柔弱却明亮。中间这一层供贵宾使用，修道院长在此接待、款待达官贵人。最底层供贫穷的朝圣者使用，他们可以在此居住、用餐。这座三层楼的建筑坐落在圣米歇尔山的北侧，新建于13世纪早期，是哥特式（哥特式，见第54页）建筑的杰作。

国家监狱

圣米歇尔山第一次作为监狱使用是在15世纪路德维希十一世统治时期，他把他的政治对手用臭名昭著的铁笼子囚禁在这里。法国大革命期间，修道士因不支持共和政府而遭到监禁，教会财产被拍卖，中殿被用来储存粮草。在这里囚禁过数以万计的罪犯和政敌。这一时期被囚禁的比较著名的人物中有作家夏多布里昂和雨果。直到1863年10月20日，在以国家监狱的形式存在73年之后，圣米歇尔山才停止国家监狱的职能，并通过了归还修道院的法令，这里继续作为宗教圣地存在。

巴黎圣母院高耸入云的尖顶，是典型的法国哥特式建筑

《钟楼怪人》

《巴黎圣母院》又译为《钟楼怪人》，最初以英文形式于1831年出版，是法国浪漫主义大师维克多·雨果（1802—1885年）的名作。标题中的钟楼怪人是巴黎圣母院的敲钟人卡西莫多。故事讲的是：巴黎圣母院副主教克洛德道貌岸然、蛇蝎心肠，先爱后恨，迫害吉卜赛女郎艾丝美拉达；面目丑陋、心地善良的敲钟人卡西莫多为救女郎舍生而死。《巴黎圣母院》中雨果对圣母院做过充满诗意的描绘，雨果称这座中世纪的教堂是“石头交响乐”，应该被珍惜。《巴黎圣母院》出版后，引起巴黎民众很大的反响，许多人都希望修建当时残旧不堪的圣母院，也引起当时的政府当局对圣母院建筑惨状的关注。

教堂内部

巴黎圣母院的内部气势宏伟，高耸拱顶的中殿，给人以向天国靠近的幻觉。**教堂十字交叉部**把教堂中殿一分为二，两侧各有一个巨大的中世纪的玫瑰花窗，花窗直径约有13米（43英尺）。很多优秀的雕刻家都参与了巴黎圣母院的内部设计，其中尚·哈维完成了唱诗班屏风；站立在吉拉尔东制作的镀金底座上的圣母哀子像是尼古拉斯·库斯图雕塑的；安东尼·柯塞沃克雕塑的路易十四塑像。**北侧玫瑰花窗**建于13世纪，上面刻画着圣母在圣者的簇拥下行祝福礼的情形。北侧耳堂东南面的柱子上的圣母和圣婴是14世纪雕刻上的。

哥特式

哥特式建筑约于12世纪晚期在法国出现，一般认为法国第一座真正的哥特式教堂是巴黎郊区的圣丹尼斯（1137—1281年）教堂，法国很多国王都埋葬在这里。巴黎圣母院中高耸的尖拱、层层后退的尖券、窗饰和玫瑰花窗都是典型的哥特式。巴黎圣母院创造了一种全新的轻巧的骨架券，这种结构使拱顶变轻，空间升高，光线也更加充足。巴黎圣母院的另一个重要特点是飞拱的使用，这些飞拱在支撑起高高的石墙的同时也分担着它们的重量。巴黎圣母院是非常具有代表意义的哥特式建筑，欧洲很多国家的建筑师都对这种建筑风格情有独钟。

巴黎圣母院

南侧的玫瑰花窗

法国历史上除了巴黎圣母院，从来没有一座建筑能与巴黎的历史如此息息相关。巴黎圣母院是一座位于法国巴黎市中心、西堤岛上的教堂建筑。教堂始建于1163年，经由法国几代各式各样的手工艺师前赴后继，圣母院最后在1345年完工，耗时近两个世纪。圣母院建成后，在这里举行了很多国王的加冕礼和皇家婚礼。圣母院是在罗马天主教教堂的旧址上建造的，是典型的哥特式建筑。圣母院坐东朝西，长130米（430英尺），正面塔高69米（228英尺）。巴黎圣母院的主立面是世界上哥特式建筑中最和谐的结构。

西门正面和正门入口
两侧两座气势恢弘的塔，雕刻精美的三扇大门，中间巨大的玫瑰花窗，西门上这一排排震撼人心的雕塑简直可以称之为画廊。

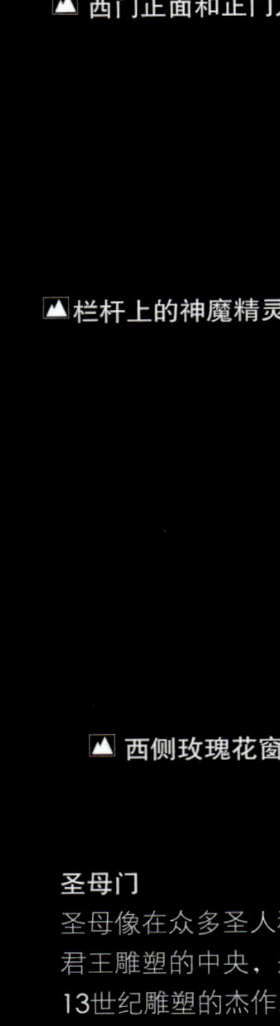

圣母门
圣母像在众多圣人和君王雕塑的中央，是13世纪雕塑的杰作。

众王廊
这里是旧约中犹大王国和以色列王国的28位国王的雕像群。

南侧玫瑰花窗
玫瑰花窗的彩色玻璃上使用大量的红色和蓝色，中央供奉着圣母、圣子，两侧立着的是亚当和夏娃的塑像。

栏杆上的神魔精灵
上面两塔之间的雕花石栏杆上，19世纪，建筑师在这里塑造了一个由众多神魔精灵组成的虚幻世界，这些小精灵出现在教堂顶端的各个角落里。它们或在尖顶后面，或在栏杆边缘，若隐若现，静静地俯视着巴黎。

飞拱
圣母院东侧的飞拱气势非凡，飞拱之间跨度达到15米（50英尺），由尚·哈维设计完成。

加冕礼

在巴黎圣母院的历史长河中，见证了很多君主的加冕礼。英国国王亨利六世于1430年在这里加冕。玛丽·斯图尔特在嫁给弗朗索瓦二世的同一年，在这里加冕为法国女王。1804年，拿破仑成为法兰西帝国的皇帝。拿破仑在这里给自己加冕，然后他又给他的皇后约瑟芬加冕。

▲ 五月画

▲ 圣母院内部一角

从正门进入，中殿无数的垂直线条引人仰望，数十米高的拱顶在幽暗的光线下隐隐约约，闪闪烁烁，加上宗教的遐想，似乎上面就是天堂。

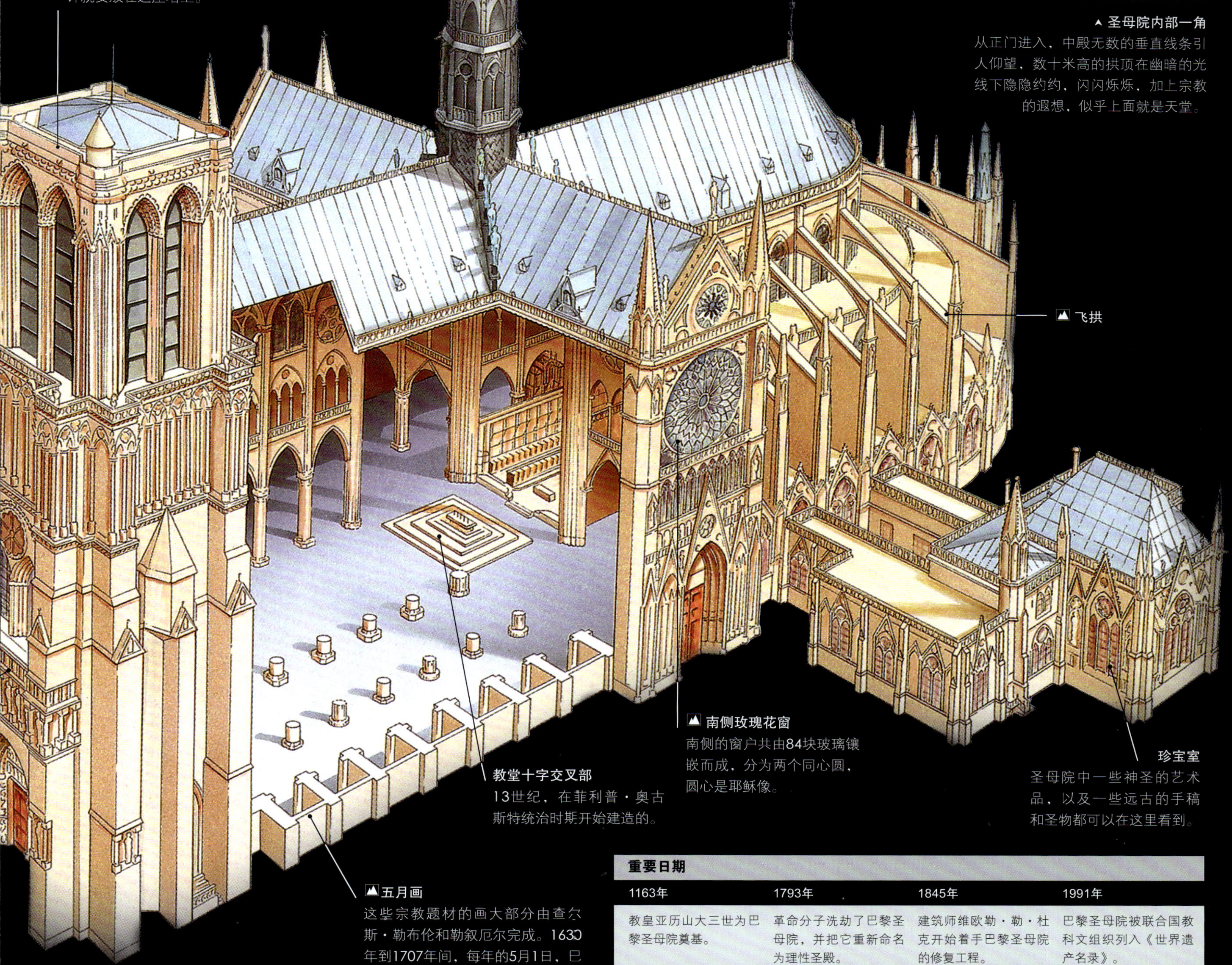

尖顶

建筑师维欧勒·勒·杜克设计建成，尖顶高90米（295英尺）。

南侧塔

圣母院最著名的以马内利钟就安放在这座塔上。

飞拱

南侧玫瑰花窗

南侧的窗户共由84块玻璃镶嵌而成，分为两个同心圆，圆心是耶稣像。

珍宝室

圣母院中一些神圣的艺术品，以及一些远古的手稿和圣物都可以在这里看到。

教堂十字交叉部

13世纪，在菲利普·奥古斯特统治时期开始建造的。

五月画

这些宗教题材的画大部分由查尔斯·勒布伦和勒叙厄尔完成。1630年到1707年间，每年的5月1日，巴黎协会的成员也都会在这里作画。

重要日期

1163年	1793年	1845年	1991年
教皇亚历山大三世为巴黎圣母院奠基。	革命分子洗劫了巴黎圣母院，并把它重新命名为理性圣殿。	建筑师维欧勒·勒·杜克开始着手巴黎圣母院的修复工程。	巴黎圣母院被联合国教科文组织列入《世界遗产名录》。

巴黎凯旋门

1805年，拿破仑取得了他人生中最重大战役的胜利：奥斯特利茨战役的胜利。胜利之后，拿破仑向他的士兵许诺，“你们应该从凯旋门下走过后回家”。1806年，这座门之后成为世界上最著名、最雄伟的凯旋门奠基。但是后来拿破仑帝国的覆灭打断了建筑师吉恩·夏尔格兰的计划，凯旋门的建筑一度暂停，直到1836年凯旋门才建成。凯旋门高50米（164英尺），现在这里成为每年国庆游行队伍的出发点。

拿破仑凯旋归来

◂ 凯旋门的东门

◂ 1792年义勇军出发远征
这座浮雕是弗朗索瓦·吕德的作品，展现了法国人民保卫祖国的威武气势，这也就是通常所说的《马赛曲》。

凡尔登战役

1916年，第一次世界大战的战场转移到西线，凡尔登战役打响，《马赛曲》浮雕中象征正义、胜利的自由女神右手持剑，左手高举，号召人民向她指引的方向冲去。《马赛曲》显示了人民气势磅礴的反抗力量，为了保卫祖国，这股战斗的洪流将从墙上冲出，给人以巨大的感染力，极大地鼓舞了法国人民。

▾ 马尔索将军之死
1795年，马尔索将军带领法军打败奥地利。1796年，马索尔将军战死在与奥地利的战争中。

雕带
雕带环绕着整座凯旋门，由吕德、布伦、雅凯、莱蒂、柯罗特、尚尔让·埃德共同完成。东侧的雕带上刻画的是法国军队即将去迎战的场景，西面雕刻的是他们凯旋归来的场景。

阿布奇战役
这些浅浮雕由尚尔让·埃德完成，雕刻的是拿破仑在1799年阿布奇战役中战胜土耳其的场景。

▲ 拿破仑凯旋归来
这些深浮雕由科特完成，浮雕中展示的是正在庆祝1810年维也纳和平条约的签订的场景，拿破仑被胜利和名誉包围着。

◂ 戴高乐广场
戴高乐广场是十二条主要道路的交会点。壮丽的凯旋门就耸立在广场中央的环岛上面，十二条大街以凯旋门为中心，向四周辐射，气势磅礴。戴高乐广场是以夏尔·戴高乐将军的名字命名的。拿破仑三世统治时期，奥斯曼男爵在巴黎大举建造了这座星形广场。

无名战士墓 ▾
为纪念所有在第一次世界大战为法国捐躯的法国士兵，在这位无名战士的墓旁燃起焰火，这团火焰每晚都在18点30分点燃，彻夜长明，经夜不灭。

重要日期

1806年	1815年	1836年	1885年	1920年
拿破仑下令修建一座标志性建筑，吉恩·夏尔格兰负责设计建造凯旋门。	由于拿破仑帝国的灭亡，凯旋门的建造过程暂时停工。	在拿破仑死后15年，凯旋门最终建成。	法国著名诗人和作家维克多·雨果的遗体在凯旋门下停灵一夜。	在第一次世界大战中牺牲的一名无名战士的遗体被安葬在凯旋门下。

拿破仑的婚礼游行

拿破仑和他的新婚妻子

由于约瑟芬无法生育，1809年，拿破仑与她离婚。1810年，拿破仑迎娶奥地利国王的女儿玛丽·路易斯，这是一次外交联姻。拿破仑和玛丽结婚时想从凯旋门下经过，但是当时凯旋门几乎还没有动工，所以夏尔格兰只好先在这个地点建了一座与凯旋门相同规模的建筑模型，以便让这对夫妇从这里经过。

三十块盾形徽章
在观景台的下侧是一排共三十块的盾形徽章，每一块徽章上都刻着拿破仑曾经打胜的一次战役。

东门

观景台
凯旋门内设有电梯直通观景台，也可以爬过284级台阶登上这里。在观景台上可以一览巴黎的美妙风光。

奥斯特利茨战役
凯旋门北面雕带上雕刻的是拿破仑的另一场胜战：奥斯特利茨战役。从浮雕中可以看到，拿破仑的军队采取了一种作战策略，打碎斯塔莎湖上的冻冰，致使成千上万的敌军溺死在水里。

▲ 马尔索将军之死

军官的名字
558名法国帝国军队将军的名字被镌刻在拱门内侧的墙面上。

进入博物馆的入口

▲ 1792年义勇军出发远征

浮雕

凯旋门的西门上雕刻着很多炫美的浮雕。《1814年法国的抗争》这幅浮雕安放在西门右侧，浮雕中一位士兵守护着他的家人，他对未来充满憧憬的神情，左侧的是《1815年和平》，雕刻的是在智慧女神密涅瓦的保护下，一位男人把剑放入剑鞘中。这两块浮雕是雕刻家安东尼·依塔斯完成的。这左右两块浮雕上方也是两块浅浮雕，左侧的浮雕是《占领亚历山大港》（1798年），雕刻的是科贝尔将军带领他的军队前往亚历山大港。右侧的是《通过阿克拉桥》，刻画的是拿破仑前往前线抗击奥地利。凯旋门的南面雕刻的是热玛卑斯战役。

奥斯特利茨战役

1805年，拿破仑带领他的军队取得了奥斯特利茨战役的胜利。为了褒扬他的士兵，1806年拿破仑下令建造凯旋门。奥斯特利茨战役中，由于敌我力量悬殊太大，拿破仑采取策略诱使协约国相信他的军队不堪一击，成功地把敌人引到了易受攻击的地方。接着双方进行了激烈的战争，最终迫使协约国撤回奥地利冰冻的斯塔莎湖后方。一般认为拿破仑让他的士兵燃火把斯塔莎湖冻冰融化，这样可以使大量逃兵溺死在水里。第三次反法同盟对法国的战争最终都以失败告终。

新古典主义

新古典主义，是兴起于18世纪的罗马，并迅速在欧美地区扩展的艺术运动。新古典主义，一方面起于对巴洛克和洛可可艺术的反对，另一方面则是希望以重振古希腊、古罗马的艺术为信条。无论是应欧洲民主的产生还是因为年轻的美利坚合众国的出现，新古典主义都是适应资产阶级革命形势的需要而开展的一场借古开今的潮流。新古典主义是经过改良的古典主义。新古典主义从简单到繁杂、从整体到局部，精雕细琢，镶花刻金，都给人一丝不苟的印象。一方面保留了材质、色彩的大致风格，但是仍然可以感受到其中传统的历史痕迹与浑厚的文化底蕴，同时又摒弃了过于复杂的肌理和装饰，简化了线条。

凡尔赛宫的宫廷历史

1682年，路易十四宣布凡尔赛宫成为法国政府和宫廷的官方所在地。路易十四统治期间，这座奢华的巴洛克式（巴洛克式，见第80页）宫殿里的一切都严格遵循皇家礼仪。路易十五（1715—1774年）统治时期，国王的情妇蓬巴杜夫人，给凡尔赛宫带来了很大的改变。蓬巴杜夫人的艺术品位比较高雅，偏爱洛可可艺术。洛可可风尚经过蓬巴杜夫人的肆意挥洒，终于在整个欧洲的天空弥漫开来。1789年，路易十六被法国大革命中的巴黎民众挟至巴黎城内，后被推上断头台斩首。凡尔赛宫作为法兰西宫廷的历史至此终结。凡尔赛宫被民众多次洗掠，几乎沦为废墟。1833年，奥尔良王朝的路易·菲利普国王（1830—1848年）下令修复凡尔赛宫，将其改为法国历史博物馆。

花园

安德烈·勒·诺特（1613—1700年）是法国最著名的园林设计大师。从他最杰出的作品凡尔赛宫那无与伦比的“法兰西式”大花园中可以看出他高超的建筑协调力、古典主义视野和独特的对称视角。园内树木花草别具匠心，使人看后顿觉美不胜收。凡尔赛宫花园完全是人工雕琢，极其讲究对称和几何图形变化。花园中几何状的小路和灌木丛随处可见，路易十五为招待客人而建的**小特里亚农宫**也在这里。

凡尔赛宫内部

凡尔赛宫奢华富丽的房间主要集中在一楼。**大理石庭院**旁边是国王和王后的私人房间。花园旁边是国家套房，皇室重要的仪式和宴会都在这里举行。这些房间处处金碧辉煌，豪华非凡：内壁装饰以雕刻、巨幅油画及天鹅绒挂毯为主，配有造型超绝、工艺精湛的家具。从**海格立斯厅**说起，每一间国家套房都代表一个奥林匹斯神。**阿波罗厅**代表太阳神阿波罗，是路易十四的御座厅。**镜厅**是凡尔赛宫最著名的大厅，西临花园，长70米（230英尺），很多国家仪式或活动都在这里举行。另一个比较著名的地方是**皇家教堂**，皇室成员主要在教堂二楼活动，一楼则是宫廷贵族的场所。

凡尔赛宫

凡尔赛宫外部宏伟壮观，内部豪华富丽，它象征着路易十四统治时期法国的繁盛。1668年，这里只是路易十三的狩猎行宫。路易十四下令建造这座欧洲最大、最雄伟、最豪华的宫殿。凡尔赛宫共有700间房间， 67个楼梯，花园占地730公顷（1800英亩）。建筑师路易斯·勒沃在狩猎行宫的西、北、南三面添建新宫殿，同时修建了大理石庭院。这些宫殿里摆设着许多大理石半身像和古老的战利品。1678年，建筑师曼萨特从勒沃手中接管了凡尔赛宫工程，他增建了宫殿的南北两翼，同时设计了皇家教堂，教堂于1710年建成。查尔斯·勒布恩设计了宫殿内部，安德烈·勒诺特重新设计了花园。

小特里亚农宫中的金徽章

南翼
这里以前是亲王贵族的豪华套房。1837年，路易·菲利普国王把南翼改为法国历史博物馆。

路易十四塑像
1837年，路易·菲利普国王下令在这里安放太阳王路易十四的塑像，这里以前是皇家庭院的金色大门的位置所在。

大理石庭院

皇家教堂

钟表
海格立斯和战神站立在钟表的两侧，俯视着大理石庭院。

北翼

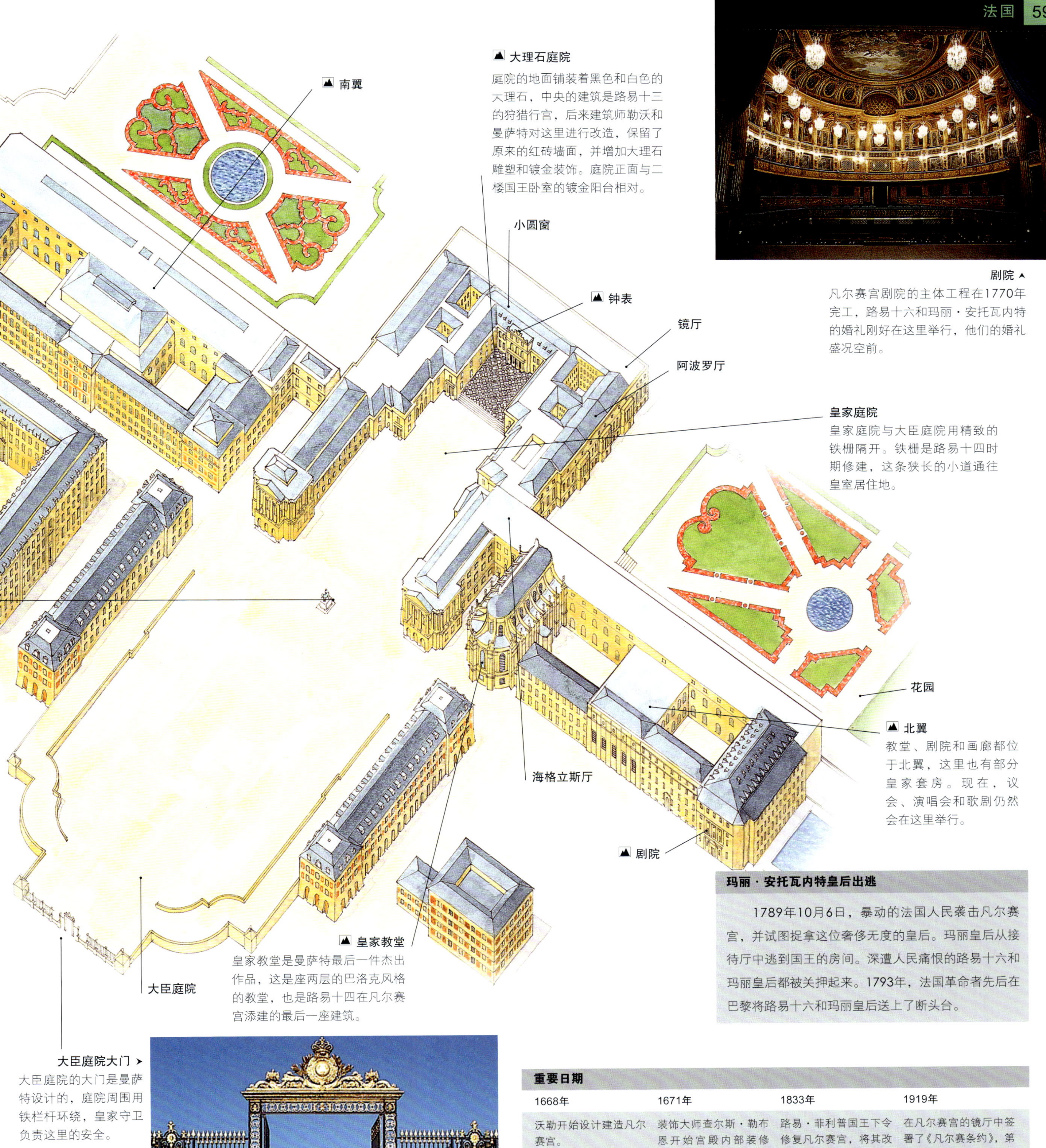

大理石庭院

庭院的地面铺装着黑色和白色的大理石，中央的建筑是路易十三的狩猎行宫，后来建筑师勒沃和曼萨特对这里进行改造，保留了原来的红砖墙面，并增加大理石雕塑和镀金装饰。庭院正面与二楼国王卧室的镀金阳台相对。

剧院

凡尔赛宫剧院的主体工程在1770年完工，路易十六和玛丽·安托瓦内特的婚礼刚好在这里举行，他们的婚礼盛况空前。

皇家庭院

皇家庭院与大臣庭院用精致的铁栅隔开。铁栅是路易十四时期修建，这条狭长的小道通往皇室居住地。

北翼

教堂、剧院和画廊都位于北翼，这里也有部分皇家套房。现在，议会、演唱会和歌剧仍然会在这里举行。

皇家教堂

皇家教堂是曼萨特最后一件杰出作品，这是座两层的巴洛克风格的教堂，也是路易十四在凡尔赛宫添建的最后一座建筑。

玛丽·安托瓦内特皇后出逃

1789年10月6日，暴动的法国人民袭击凡尔赛宫，并试图捉拿这位奢侈无度的皇后。玛丽皇后从接待厅中逃到国王的房间。深遭人民痛恨的路易十六和玛丽皇后都被关押起来。1793年，法国革命者先后在巴黎将路易十六和玛丽皇后送上了断头台。

大臣庭院大门

大臣庭院的大门是曼萨特设计的，庭院周围用铁栏杆环绕，皇家守卫负责这里的安全。

重要日期

1668年	1671年	1833年	1919年
沃勒开始设计建造凡尔赛宫。	装饰大师查尔斯·勒布恩开始宫殿内部装修工程。	路易·菲利普国王下令修复凡尔赛宫，将其改为法国历史博物馆。	在凡尔赛宫的镜厅中签署了《凡尔赛条约》，第一次世界大战结束。

国王门

1194年，沙特尔大教堂遭遇了毁灭性的火灾。教堂重建过程中决定保留火灾中幸存的罗马式（罗马式，见第122页）教堂的西门（**国王门**）。尽管这个决定造成了大教堂建筑风格上的变化，但是这个决定也使一些中世纪早期无与伦比的雕塑作品保存了下来。三个大门之中国王门上的雕刻最为精美，是1145年至1155年间的作品。国王门上的雕塑是典型的罗马风格，雕刻着很多《旧约》中的人物，门楣上有基督的雕像，基督是万王之王，所以称之为“国王门”。

沙特尔大教堂的彩色玻璃

1210年至1240年间，在贵族、商人和王室的支持下，沙特尔大教堂绚丽的**彩色玻璃**问世。大多数彩画玻璃产自13世纪，超过150扇窗户描述了《圣经》中成千上万的故事以及中世纪人们的日常生活。每扇窗户都由分隔的玻璃镶嵌而成。欣赏这些玻璃上的故事时，应该从左看到右，或是从下读到上（从尘世到天堂）。这块蓝色圣母玻璃底部描画的是基督把水变成酒。两次世界大战期间，为保护这些玻璃的安全，这些彩色玻璃都被拆取了下来。从20世纪70年代起，开始了一个持续地修复这些精美罕见的彩色玻璃的工程。

哥特式风格的雕像

沙特尔大教堂中约有近4000座雕像。幸运的是，从13世纪这些雕像完成后，几乎没有被移动过。现在，它们依然被保护得很好。不可思议的是，环绕着北侧大门和南侧大门的这些雕像，却属于哥特式风格雕塑发展的不同阶段。北门廊雕刻的主要是《旧约》中的人物，如约瑟夫、所罗门、示巴女王、以赛亚和耶利米，也刻绘了基督的童年和《创世纪》。**南门廊**雕绘的是《最后的审判》和圣人的生平事迹。南门和北门安放着很多雕像，这些雕像的颜色原本很亮。

沙特尔大教堂

旺多姆小教堂中的彩色玻璃

沙特尔大教堂是法国最壮观的哥特式（哥特式，见第54页）建筑之一。大教堂始建于1145年，原本是罗马式建筑，遭遇火灾后重建。现在的沙特尔大教堂两侧分别有一座互不对称的尖塔式钟楼，其独特的建筑格局最为引人注目。无论是北侧塔楼还是南侧塔楼，抑或是西面正门还是地宫，都融合了12世纪的罗马式及中世纪的哥特式建筑风格。平民和贵族不分尊卑都参与重建沙特尔大教堂，历时25年。1250年之后，大教堂几乎没有进行过大的整修。沙特尔大教堂历经多次宗教战争、法国大革命、第二次世界大战而丝毫无损，一直超然于乱世之外，因此又被称为“理性寺院”。

国王门
国王门的中间安放着万王之王基督的雕像。

尖塔
北侧塔楼上的尖塔是16世纪新建的。尖塔是火焰状的哥特式，与罗马式的南侧塔风格截然不同，形成一种不平衡的美感。

彩色玻璃

拱顶

国王门

拱形的小教堂

中殿

地宫

圣母玛利亚的束身外衣

1194年，沙特尔大教堂在大火中奇迹般地幸存了下来。之后就吸引了越来越多的朝圣者，这里逐渐成为朝圣地，同时也吸引了很多慷慨的赞助者，这件衣服被认为是圣母在耶稣降生时所穿的衣服。

迷宫

中殿石板地面上于13世纪刻画的迷宫，经常可以在哥特式教堂看到。为了苦修，朝圣者会跪着沿着这些弯曲的路线苦修，作为追随耶稣赴难路的一种坚定信念。迷宫大约长262米（859英尺），由11个分裂的同心圆组成，至少需要一小时才能走出来。

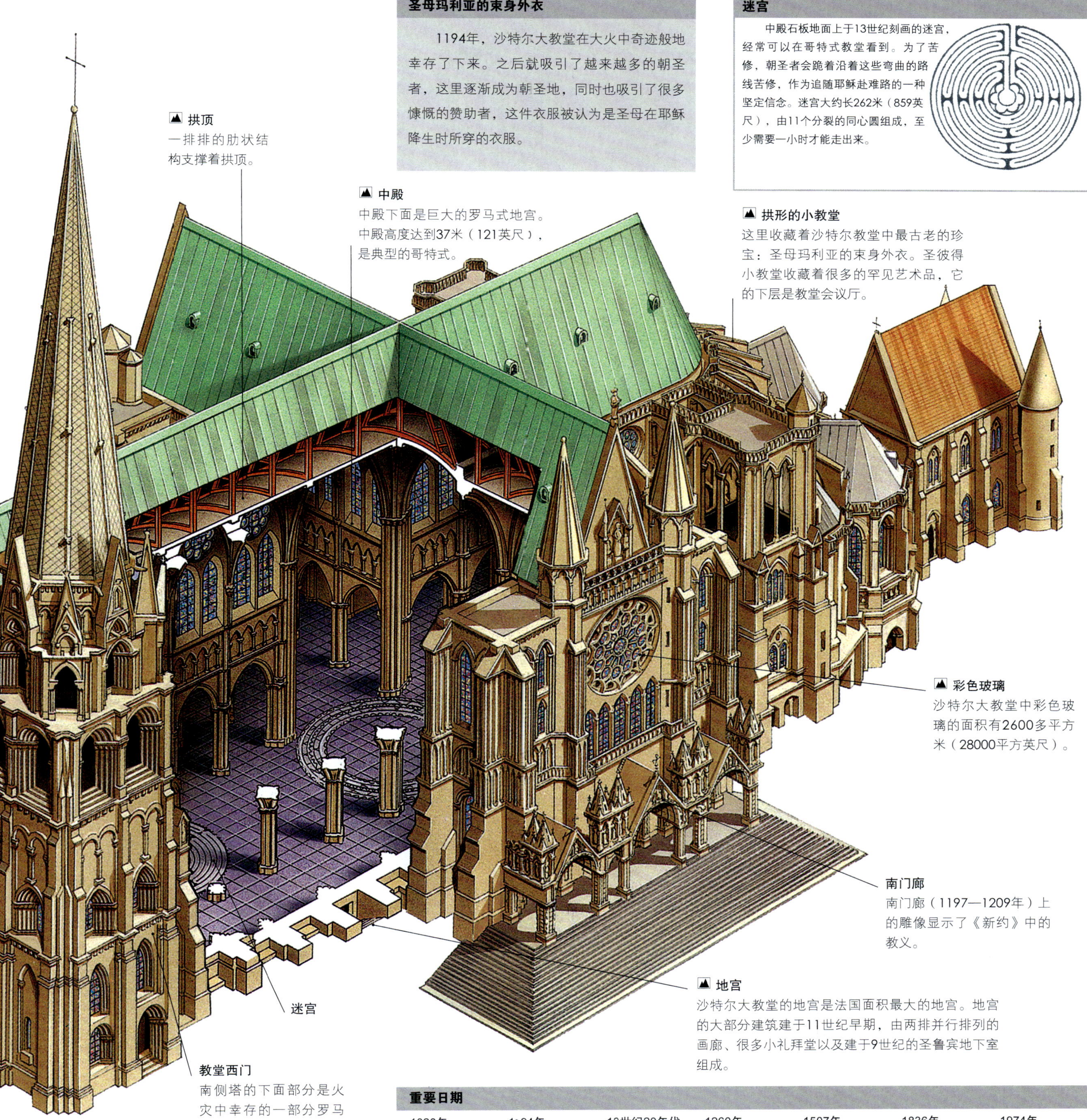

重要日期

1020年	1194年	13世纪20年代	1260年	1507年	1836年	1974年
开始建造罗马式的教堂，教堂下面建有很大的地宫。	罗马式教堂在火灾中部分被毁坏。	重建沙特尔教堂，添加了部分哥特式早期的建筑。	沙特尔大教堂此后完全为宗教服务。	北侧塔上添建了火焰状的哥特式尖塔。	沙特尔大教堂遭遇火灾，木屋顶在火灾中被严重毁坏。	沙特尔大教堂被联合国教科文组织列入《世界遗产名录》。

舍农索城堡

第一次烟花庆典

国王亨利二世死后，1559年，王后卡特琳娜·德·美第奇从戴安娜·德·普瓦捷手中重新夺回了舍农索城堡。卡特琳娜在城堡大摆宴会，奢侈程度远超城堡的前任主人戴安娜。1560年，卡特琳娜在舍农索城堡的法式花园中举行宴会，招待她的儿子弗朗索瓦二世和儿媳玛丽·斯图尔特，用烟花表演欢迎客人的到来，这也是法国历史上第一次烟花表演。

▲法式花园

舍农索城堡依势横跨在谢尔河上，与河流、园林和绿树构成了一幅非常自然和谐的风景画。舍农索城堡是法国文艺复兴式建筑的代表作（文艺复兴式，见第131页），同时它又因历任主人都是法国历史上有名的贵妇而得到“妇人城堡”的美誉，其中最出名的便是亨利二世的王后卡特琳娜·德·美第奇和他的情妇戴安娜·德·普瓦捷。城堡雏形只是谢尔河河床上的古老水车旁边的一个方形建筑，不断扩建成现在的阴柔、典雅、高贵又富有魅力的建筑。绿水掩映间的舍农索城堡极富浪漫情调。城堡内部依然保持着它们原来的装饰，并设有一间小型的蜡像博物馆展示着城堡的历史。城堡的马房中有一台小型的火车可以在林间行驶，城堡周围还建有一些餐馆。

▲美丽三女神

这是查尔斯·安德烈·范鲁（1705—1765年）的画。《美丽三女神》描绘的是漂亮的莫利·斯勒姐妹，她们都是国王的情妇。

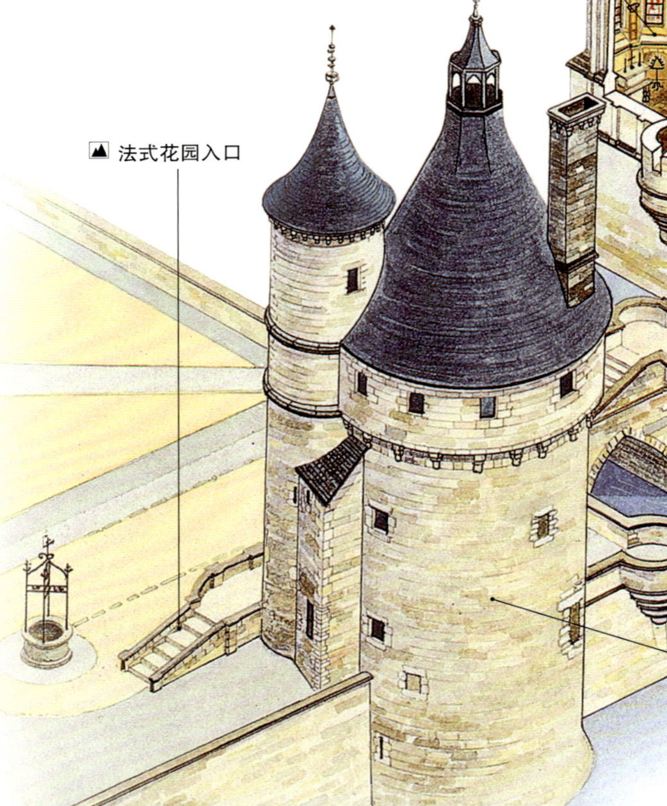

绿色小屋

小教堂

小教堂是拱顶建筑，教堂壁柱上雕刻着叶形花纹和贝壳状纹。1944年，教堂的彩色玻璃被炸弹炸坏。1953年，重新安装上了新的玻璃。

法式花园入口

孟菲斯塔

这座塔是15世纪舍农索城堡的唯一幸存的建筑，是孟菲斯家族所建。

路易·德洛林的房间

亨利三世被暗害之后，路易王后便把这间房间涂成黑色，隐居在此，聊度余生，并终身为丈夫守孝，春夏秋冬只着法国王室的服丧白色衣饰，被称为“白衣夫人”。

重要日期

1521年	1526年	1547年	1559年	1789年	1913年
托马斯·博林占领这座中世纪的舍农索城堡，他的妻子凯瑟琳·布理科奈特对这里进行了全面的精心管理。	弗朗索瓦一世以博林家族没有支付庞大的债务为名，取得了舍农索城堡。	亨利二世的情妇戴安娜·德·普瓦捷搬到了舍农索城堡，并修建了很多花园。	亨利二世死后，王后卡特琳娜·德·美第奇从戴安娜手里夺回舍农索城堡。	杜班夫人将舍农索城堡从法国大革命中拯救出来。	梅尼尔家族买下舍农索城堡，现在城堡的所有权仍在他们手中。

瑰丽长廊 ▸
卡特琳娜·德·美第奇主持修建的极具佛罗伦萨风格的长廊，长廊建在横跨谢尔河的桥上，长60米（200英尺）。

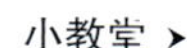
小教堂 ▸

瑰丽长廊的内部 ▾

▲ 瑰丽长廊
瑰丽长廊由卡特琳娜·德·美第奇主持，在谢尔河的长桥上建造的长廊，这座长桥是1556年到1559年间在戴安娜·德·普瓦捷的主持下由菲利贝尔·德欧米设计完成的。

绿色小屋 ▸
皇后卡特琳娜·德·美第奇在这里办公，屋墙用绿色的天鹅绒装饰。

舍农索城堡平面布局图

城堡中的居住区主要位于谢尔河中部塔楼部分。四间主屋正对着一楼的门廊；一楼大厅和戴安娜的房间都用16世纪精美的挂毯装饰；弗朗索瓦一世的房间挂着一幅范鲁的画；路易十四的沙龙；一楼奢华的房间还有卡特琳娜的房间以及旺多姆公爵的房间。

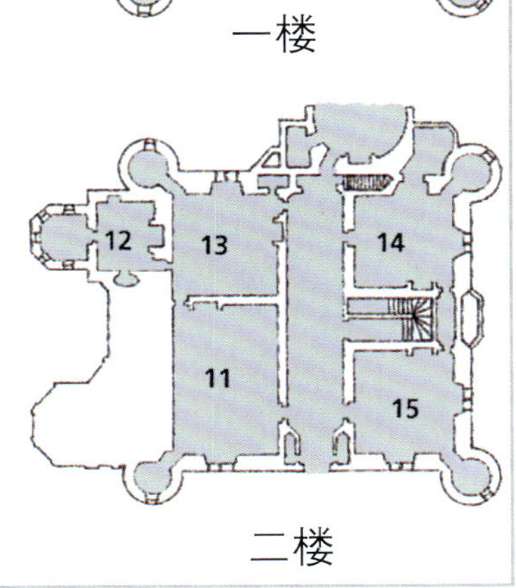

关键词
1 门廊
2 大厅
3 小教堂
4 阳台
5 卡特琳娜·德·美第奇的图书馆
6 绿色小屋
7 戴安娜·德·普瓦捷的房间
8 瑰丽长廊
9 弗朗索瓦一世的房间
10 路易十四的沙龙
11 慈恩·莱茵斯的房间
12 版画屋
13 卡特琳娜·德·美第奇的房间
14 旺多姆公爵的房间
15 加布里埃尔·德埃斯特丽丝的房间

挂毯 ▴
卡特琳娜·德·美第奇用佛兰德斯式挂毯装饰她的房间，既美观又暖和。

法式花园

亨利二世的情妇戴安娜·德·普瓦捷得到舍农索城堡后，为了显示她的地位，戴安娜以自己女性特有的细腻与敏感，从建在河边的城堡中引建出一座横跨谢尔河的长桥。河岸两侧的**法式花园**也是戴安娜的杰作。花园建成四个三角形状，花园边缘建有石制的高台以防水流淹没花园。花园中植有大面积的花草、蔬菜和水果树。皇后卡特琳娜·德·美第奇成为舍农索城堡的新主人后，也修建了自己的花园。她从伯纳德·帕里西的《秀色可餐的花园》的画里得到了花园设计的灵感。现在，舍农索城堡的花园里每年都要种下4000多株花。

舍农索城堡的建造

皇室财政大臣的妻子凯瑟琳·布理科奈特是舍农索城堡的第一位女主人，她对这里进行了全面的精心管理。亨利二世（1547—1559年）统治期间，把城堡送给了他的情人戴安娜·德·普瓦捷。戴安娜持续对舍农索城堡进行改建：重新装饰了城堡内部，建造了横跨谢尔河的长桥，并修建了一座法式花园。舍农索城堡最终成为符合她声誉和地位的完美之物。亨利二世死后，他的妻子——王后卡特琳娜·德·美第奇成为舍农索城堡的新主人。卡特琳娜重新设计组合了城堡结构，并在谢尔河的桥上建造了一条极具佛罗伦萨风格的**瑰丽长廊**。几个世纪以来，不同的女主人依照她们的理解方式不断地改变着舍农索城堡的设计以及它的命运，其中包括1589年把城堡遗赠给人的路易斯·德·洛林太后；18世纪，作家伏尔泰和卢梭的朋友—开明的莫迪利亚尼·路易斯·杜班夫人将城堡从法国大革命中拯救出来；19世纪，佩洛兹夫人把她全部的精力和财力倾注在对城堡的修复和保护上。

城堡内部

舍农索城堡的点睛之笔——谢尔河的桥上瑰丽长廊是王后卡特琳娜·德·美第奇设计建成的，当时大规模的宴会庆典活动都在这里举行。宽敞的平顶天花板下，18扇窗户依次排列，这里是皇家卧室。戴安娜·德·普瓦捷的卧室也在这里，她的卧室里装饰着很多佛兰德斯式的**挂毯**。王后卡特琳娜·德·美第奇的卧室中的很多美轮美奂的物品是她从意大利带来的，包括门上的精致的大理石浮雕。她的卧室里摆放着一些16世纪富丽堂皇的家具，墙上低调奢华的挂毯上描绘着《圣经》故事。卡特琳娜王后把舍农索城堡和城堡内的生活推向奢华的顶峰。

卡特琳娜·德·美第奇主持建造的瑰丽长廊

罗卡马杜尔

1166年，在罗卡马杜尔发现了一座尸体没有腐烂的坟墓，据说死者是早期的基督教徒隐士圣马杜尔。自此，各地的朝圣者纷纷涌向罗卡马杜尔。国王路易九世、圣伯纳德、圣多米尼克和其他朝圣者来这里朝圣时，圣母玛利亚小教堂穹顶上的铃铛已经预示到他们的到来，朝圣者认为这是黑圣母显灵。17世纪和18世纪到罗卡马杜尔朝圣的人数量减少。19世纪，这里进行了大量的修复工程。现在的罗卡马杜尔是基督教圣地，同时也是著名的旅游胜地。在多尔多涅河谷的一侧远眺罗卡马杜尔，罗卡马杜尔伫立在一块完整而巨大的岩石上，高高俯瞰多尔多涅河谷，楼倚山势，又赋予山新的轮廓和高度。

▲耶稣受难组图

在上山去罗卡马杜尔的路途中，信徒们要手擎十字架，吟唱着赞美诗和《圣经》章节，重走耶稣受难的苦路14处。

▲罗卡马杜尔镇

这里是步行区，罗卡马杜尔吸引着蜂拥而至的朝圣者和游人，小镇的街道两侧是鳞次栉比地出售纪念品的商店。

◀朝圣阶梯

纹章

用铅、铜、锡、银或金制成的纹章上刻有圣母玛利亚和圣子的画像，据说是到罗卡马杜尔朝圣的信徒带回来的。中世纪时，人们认为这种纹章是护身符，把它缝在帽子或外套上，可以避邪，保护自己度过那段饱经战乱的时期。

◀罗卡马杜尔远景

晨曦中的罗卡马杜尔美不胜收：相互簇拥的中世纪房子、塔楼和城墙与底部的岩石仿佛融为一体。

▲圣母玛利亚教堂

圣马歇尔教堂

教堂外表是保存完好的12世纪的壁画，壁画被外悬的石头遮挡。

圣马杜尔墓

小镇以墓中人物的名字命名为罗卡马杜尔镇，意思是“岩石中的马杜尔”，圣马杜尔墓以前在教堂下面的圣地中保存。

神圣艺术博物馆

▲ **朝圣阶梯**

信徒跪着一步一步爬上圣母院前一百多级陡峭的朝圣阶梯，阶梯的上面是教堂的广场，这里有七座小教堂。

重要日期

1166年	1172年	1193—1317年	1479年	1562年	1858—1872年
发现保存完好的撒该的尸体，后重新命名为圣马杜尔。	《神迹》一书完成草稿，这本书主要记录了信徒在罗卡马杜尔见到的神迹现象。	30000多名朝圣者来到这座宗教遗址前朝拜。	建造圣母玛利亚教堂（神迹教堂）。	新教徒洗劫了罗卡马杜尔。	在修道院院长让巴布斯特·吉瓦特的带领下，开始修复罗卡马杜尔。

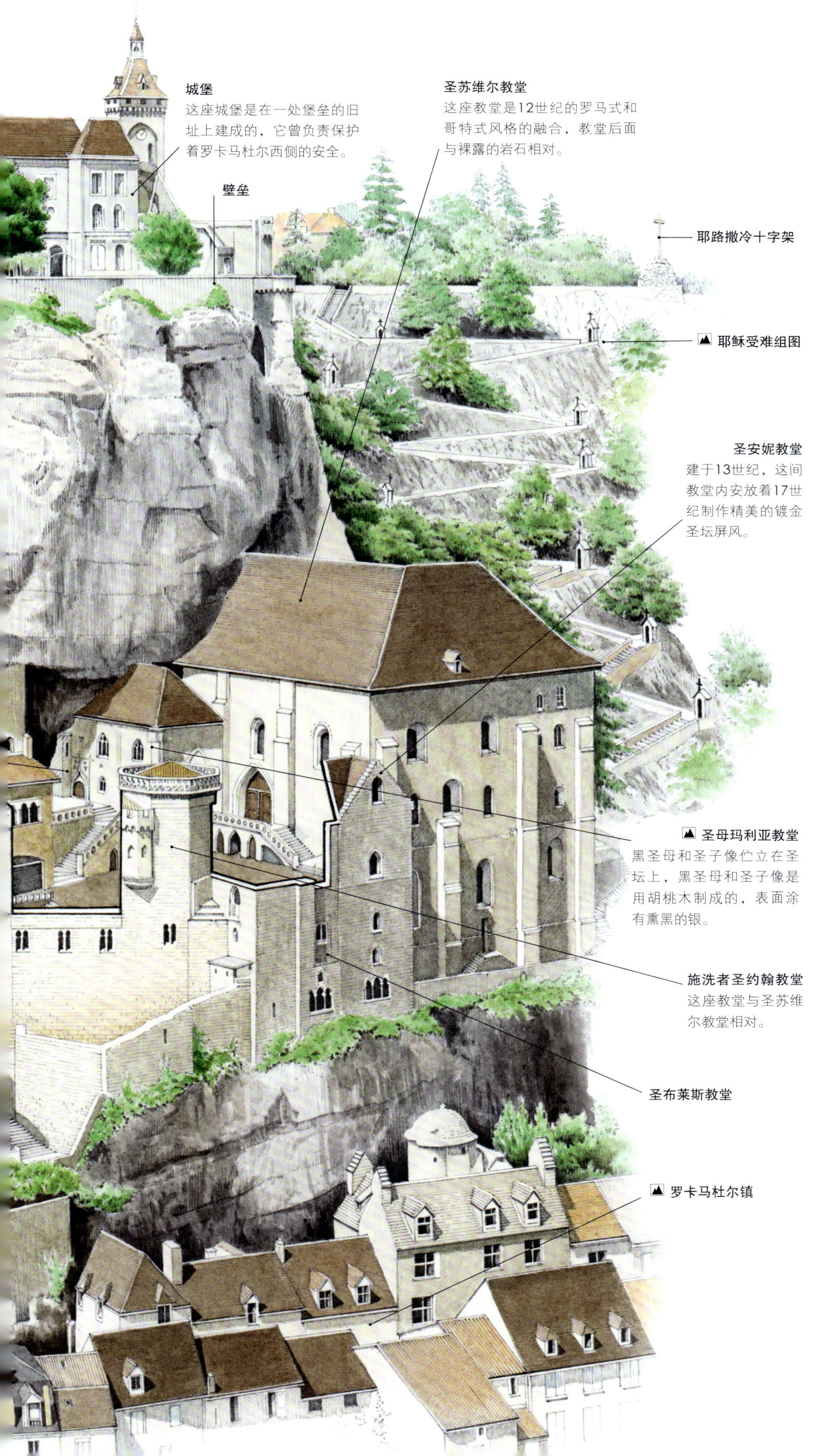
城堡
这座城堡是在一处堡垒的旧址上建成的，它曾负责保护着罗卡马杜尔西侧的安全。
壁垒
圣苏维尔教堂
这座教堂是12世纪的罗马式和哥特式风格的融合，教堂后面与裸露的岩石相对。
耶路撒冷十字架
耶稣受难组图
圣安妮教堂
建于13世纪，这间教堂内安放着17世纪制作精美的镀金圣坛屏风。
圣母玛利亚教堂
黑圣母和圣子像伫立在圣坛上，黑圣母和圣子像是用胡桃木制成的，表面涂有熏黑的银。
施洗者圣约翰教堂
这座教堂与圣苏维尔教堂相对。
圣布莱斯教堂
罗卡马杜尔镇

德国
巴黎
法国
瑞士
比斯开湾
意大利
波尔多
罗卡马杜尔
马赛
地中海
西班牙

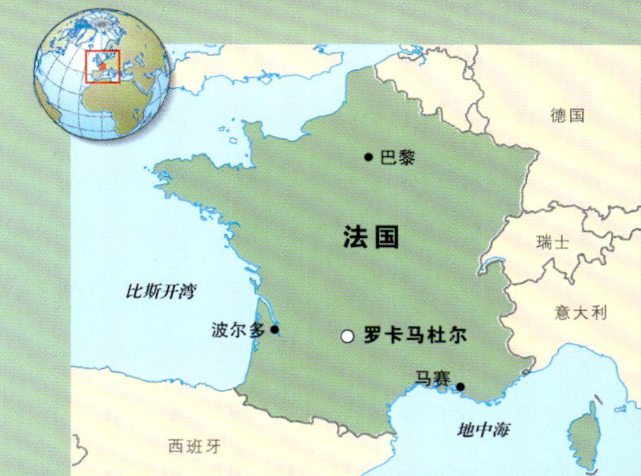

圣马杜尔

关于圣马杜尔有很多传说。其中的一个传说中马杜尔就是居住在耶利哥的撒该，耶稣曾经和他深谈。撒该的妻子圣维拉妮卡，在耶稣去骷髅地的途中给了他一块布以擦拭脸。耶稣被钉在十字架上后，为躲避宗教迫害，撒该和他的妻子从巴勒斯坦逃走。在逃亡路程中，他们遇见了来自法国利摩日的主教圣马歇尔，马歇尔当时正在传播福音。之后撒该和他的妻子一起逃往罗马。在罗马他们目睹了圣彼得和圣保罗殉教的事实，深受感动。撒该的妻子死后，他来到法国。之后的日子撒该一直待在罗卡马杜尔。公元70年撒该去世，之后这个地方以他的名字命名。

圣母玛利亚教堂

圣母玛利亚教堂与发现圣马杜尔尸体的地方很近。教堂建于15世纪，是罗马式建筑（罗马式，见第122页）。圣母玛利亚教堂被认为是罗卡马杜尔最神圣的教堂，这里珍藏着**黑圣母和圣子**的塑像。几个世纪以来，罗卡马杜尔一直是圣雅克朝圣之路最重要的圣地，信徒步行万里来到圣地后，跪着一步一步爬上圣母院前一百多级陡峭的**朝圣阶梯**。9世纪时新加了拱顶上的铃铛，据说当圣灵出现时，铃铛就会响。很多圣人和国王也会到这里朝圣，包括英国国王亨利二世。传说他在黑圣母和圣子像前祈祷后，他的病就痊愈了。

罗卡马杜尔博物馆

这间**神圣艺术博物馆**在主教宫殿中，是13世纪修道院的院长图勒主持修建的。博物馆在1996年经过修复，法国作曲家弗朗西斯·普朗克（1899—1963年）在拜访完罗卡马杜尔后深有感触，写下了《向黑圣母祈祷》。博物馆收藏着很多雕像、绘画和宗教艺术品，尤其是先知约拿木像，雕刻精美的提灯、圣杯和花瓶等在罗卡马杜尔举行的宗教仪式中都要用到。

罗兰塑像

罗兰塑像高10米（33英尺），它已经在不来梅的集市广场屹立了600年。罗兰是神圣罗马帝国的查理曼大帝（800—814年）的外甥，也是他的骑士。罗兰塑像寓意着国王是城市的建造者，他赐予了城市以权利，象征着城市的独立。勇士罗兰目光炯炯地直视着大教堂中主教的住所，主教曾多次试图夺得对不来梅的控制权。罗兰手持正义之剑代表不来梅的独立，剑上刻着国王的诏书，把自由的权利赐予不来梅。罗兰塑像建造于1404年，是一位来自派勒家族的著名建筑师和雕刻家所建。在德国其他市镇中大约共有35尊仿造的罗兰像。罗兰塑像和市政厅都被列入联合国教科文组织的《世界遗产名录》。

威悉河文艺复兴风格

不来梅哥特式的**市政厅正面**气势恢弘，是建筑师吕德·冯·本特海姆在1595—1612年间，对老市政厅进行重新修建时建筑的。他融合了荷兰文艺复兴的建筑元素，便造就了市政厅今日的融合了哥特风格与威悉河文艺复兴风格的典范之作。威悉河文艺复兴风格在1520—1630年间在德国北部威悉河区域盛行。前往意大利游览的达官贵人归来后，便尝试把意大利文艺复兴风格的建筑设计融入自己的建筑设计中。**装饰性的山形墙**、环绕拱廊的雕带及墙上丰富的雕塑是威悉河文艺复兴风格建筑的典型特点。

酒窖

市政厅的西侧是进入**酒窖**的入口。不来梅酒窖是德国最古老的酒窖之一，创建于1405年，距今已有600多年的历史。今天，酒窖中有650多种葡萄酒可供品尝，都是德国产区的葡萄酒，珍藏葡萄酒的酒桶雕刻也非常精致。一直以来不来梅酒窖都是欧洲皇室、贵族、政要、音乐家和诗人们流连忘返的美酒圣地，很多作家和诗人从酒窖里找到创作的灵感，留下了美丽的篇章。如：威廉·豪夫在1827年所著的童话《不来梅酒窖中的幻想》，后来的德国印象派大师马克思·斯勒福格特在豪夫的房间把这个有趣的童话故事描绘了下来。

德国 不来梅市政厅

德国不来梅市政厅的正立面是威悉河文艺复兴风格最杰出的代表，它也是欧洲大陆最杰出的文艺复兴式建筑之一（文艺复兴式，见第131页）。哥特式（哥特式，见第54页）的老市政厅现在仍保留着它原始的面貌。不来梅市政厅呈长方形，市政厅的正面雕刻着很多中世纪的砂岩雕塑，包括栩栩如生的神圣罗马帝国皇帝和七位候选帝、四位先知及四位西方圣哲。需要特别强调的是，不来梅市政厅还反映了16世纪末和17世纪初整个欧洲的发展历史。

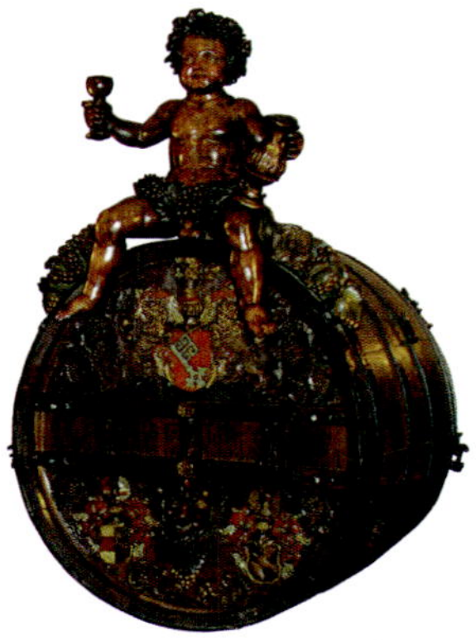

不来梅市政厅酒窖中的葡萄酒桶

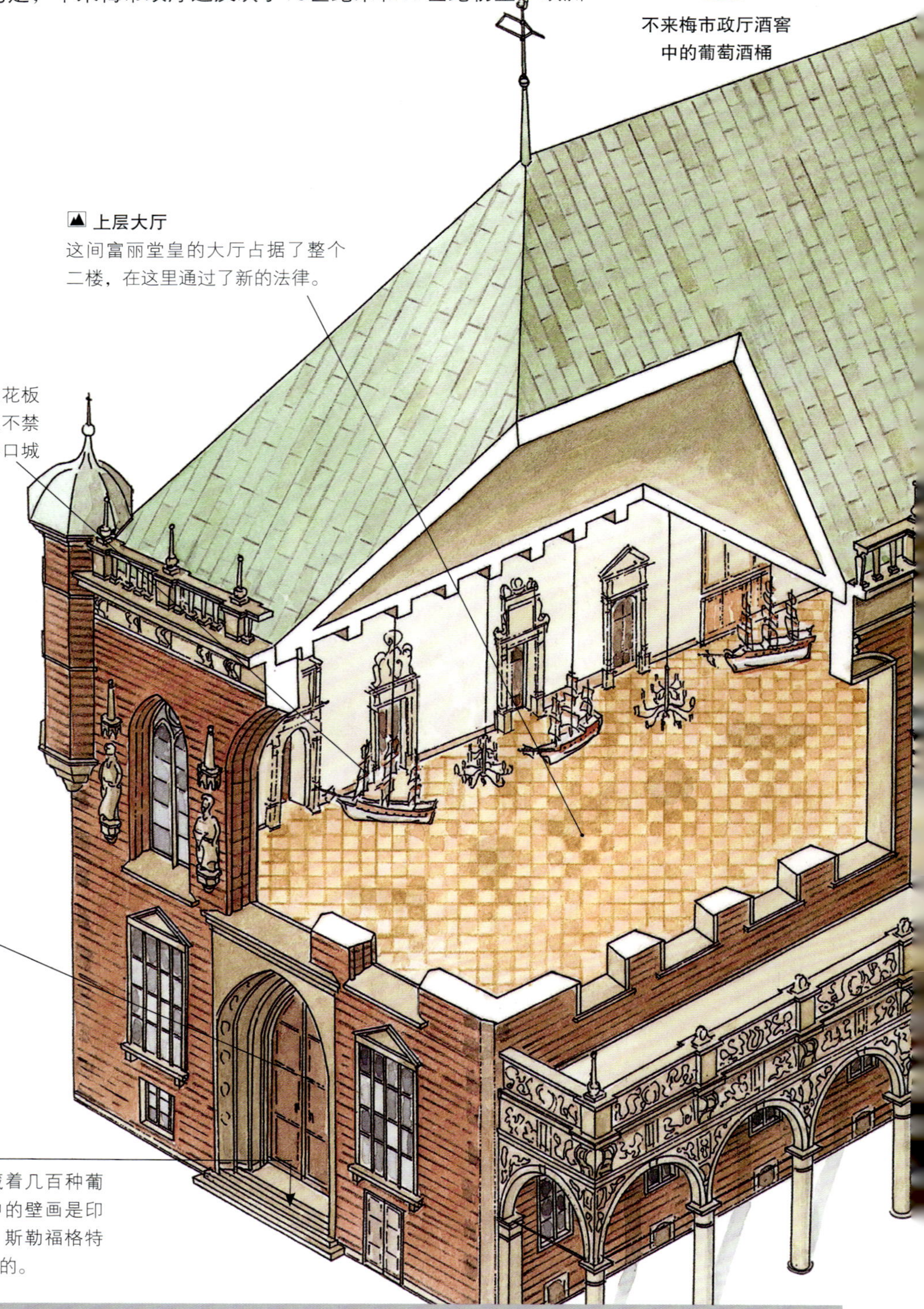

上层大厅
这间富丽堂皇的大厅占据了整个二楼，在这里通过了新的法律。

帆船模型
这些帆船模型从天花板上悬吊下来，让人不禁想起不来梅作为港口城市的辉煌历史。

正门入口

酒窖
哥特式的酒窖珍藏着几百种葡萄酒，豪夫房间中的壁画是印象派大师马克思·斯勒福格特于1927年创作完成的。

重要日期

1251年	1405—1410年	1595—1612年	1620年	1905年	1909—1913年	1927年
不来梅集市广场上第一座建筑建成，这也是当时领事的住所。	哥特式的老市政厅建成，取代了被毁坏的市政厅。	对老市政厅进行重新装修，并建造了朝向集市广场的正面。	巴克斯酒窖和现在的豪夫房间建成，这两个房间都用来存酒。	德国新艺术风格的金色大厅建成。	在老市政厅旁建造了一座新文艺复兴风格的新市政厅。	豪夫酒窖中的壁画完成。

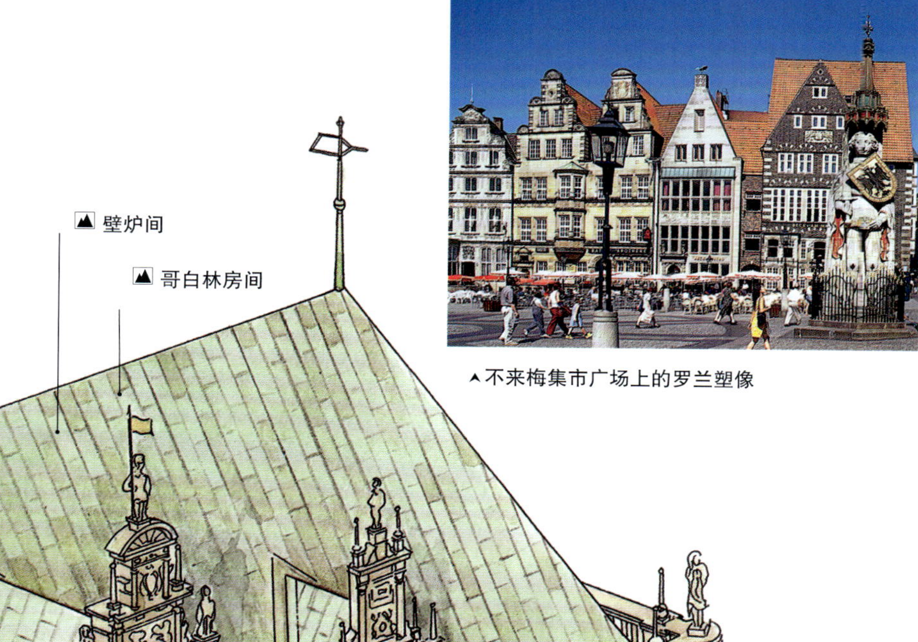

壁炉间

哥白林房间

▲不来梅集市广场上的罗兰塑像

▲市政厅正面

哥特式的老市政厅的正面是辉煌壮丽的威悉河文艺复兴风格，由吕德·冯·本特海姆在1595年到1612年设计完成。

▲装饰性的山形墙

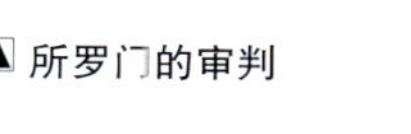

所罗门的审判

所罗门的审判 ›

上层大厅中《所罗门的审判》是16世纪所画的壁画，这幅画也反映出这间大厅的两个用途：会议室和审判室。

金色大厅 ›

金色大厅

下面这一层是金色大厅，大厅是德国新艺术风格，是艺术大师海因里希·沃格尔（1872—1942年）在1905年完成的杰作。金色大厅中的皮革墙纸可以追溯到17世纪。

装饰性的山形墙

不来梅的建筑师吕德·冯·本特海姆在市政厅的正面采用了佛兰德斯风格装饰的山形墙，山形墙有5层楼的高度。

不来梅的音乐家

不来梅市政厅的北侧有驴、狗、猫、鸡叠罗汉构成的铜像，由格哈德·马尔克斯于1951年根据童话故事设计完成，这座铜像成为了不来梅的标志。《不来梅的音乐家》是18世纪德国著名童话家格林兄弟所创作的童话，讲述了四位主人公——驴、狗、猫和鸡一路上遭遇挫折，但最终战胜困难，来到不来梅并成为音乐家的故事。

上层大厅 ›

壁炉间 ⌄

壁炉间与哥白林房间相连，壁炉间装饰优雅，设有一个巨大的法国大理石壁炉。

哥白林房间 ›

这间房间的魅力是在房间中的哥白林挂毯，这些挂毯是巴黎哥白林工厂生产的。

科隆大教堂

科隆大教堂是德国最大的哥特式教堂（哥特式，见第54页）。科隆大教堂的建造历史源远流长，整个建造工程前后跨越6个多世纪。现今的科隆大教堂始建于1242年，1880年竣工。经过了7个世纪，科隆大教堂的建筑者们都坚持着同样的信念：绝对忠诚于原定计划。1248年8月15日大教堂举行奠基仪式，1322年内殿建成，主体工程于1520年基本完成，但是直到19世纪才最终完成。科隆大教堂曾经是世界上最高的建筑，现在仍然是人类建筑史上最杰出的成就之一。

在莱茵河上看到科隆大教堂

早期的教堂

在这片土地上曾经不断重建过很多教堂，第一座教堂在870年完成。现在科隆大教堂成为信徒必到的朝圣地，很多人都想一睹三圣王的金龛。

众多的小尖塔

哥特式唱诗班席位

大面积的橡木唱诗班席位建于1308年到1311年，是德国制作的规模最大的唱诗班席位。

教堂内部

三圣王金龛

巨大的罗马风格的金龛是由来自法国凡尔登的尼古拉斯在1181年到1220年制作完成。三圣王的遗骸在12世纪保存到科隆大教堂。从此，科隆大教堂成为主要的朝圣中心。

圣母玛利亚塑像

这座雕塑精美的哥特风格早期的圣母和圣子像现在陈列在圣母玛利亚教堂中，制作于1290年左右。

圣坛

圣台上雕刻着圣母玛利亚加冕仪式，两侧是12位圣徒。

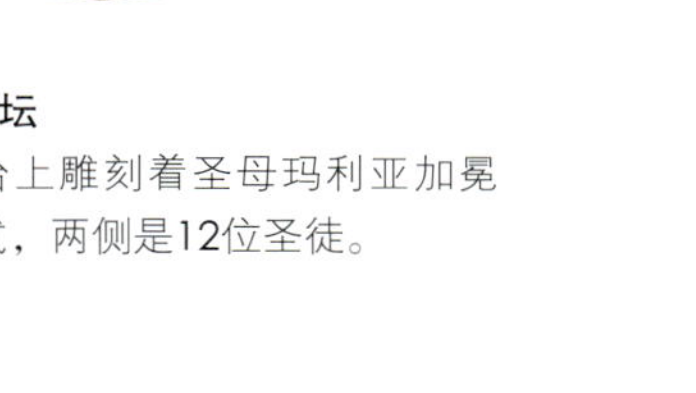

主要入口

重要日期

1248年	1265年	1530年左右	1794年	1801年	1842—1880年	1996年
为了供奉三圣王遗骸，科隆主教团决定建造一所德国最大、最完美的大教堂。	唱诗堂外侧的墙和与塔相连的小教堂建成。	大教堂南侧的塔建成，塔高58米（190英尺）。	法国大革命时期，大教堂成为法国军队的仓库和马房。	科隆市民呼吁完成科隆大教堂的建造。	遵循中世纪的原设计，科隆大教堂最终建成。	科隆大教堂被联合国教科文组织列入《世界遗产名录》。

东方三圣人的圣坛

珍宝室

珍宝室位于教堂中13世纪的小拱顶石室中，这里珍藏着很多黄金艺术品，包括上图中金碧辉煌的圣龛（制作于1630年左右）。

小尖塔

小尖塔位于支柱的顶部，呈螺旋状，雕刻精美。

半圆形拱门

这些拱门的作用是把拱顶的重量转移到飞拱上。

哥特式唱诗班席位

教堂主祭台

东方三圣王的金棺

东方三圣王的圣坛

恢弘的圣坛由史蒂芬·洛克纳在1445年左右设计完成，圣坛是为了供奉科隆大教堂的圣人东方三圣王而建。

扶壁

科隆大教堂复杂的结构，难以想象的高度通过飞拱得以实现，飞拱几乎支撑着整个教堂的重量。

彼得门

这里是圣彼得小教堂的入口，这是唯一的一座建于14世纪下半叶的建筑，教堂内部安放着五个哥特式人物塑像。

科隆大教堂的钟

教堂顶上安装最早的钟重3.4吨，是为纪念三圣王于1418年铸造的B调钟，这座钟以前安置在与主教堂相连的钟楼上，1437年移到了南侧钟楼上。11年后，钟楼上又安装了欧洲当时最大的钟，重约10吨G调的珍宝钟。两钟合奏为G大调和弦。1449年，又安装了4.3吨重A调的美丽钟。这样科隆大教堂就成为第一座用钟合奏出美妙的音乐而不是单调的和弦乐的教堂。每逢祈祷时，响钟齐鸣，声音洪亮，回荡于莱茵河畔。登上钟楼，可眺望莱茵河的美丽风光和整个科隆市的面貌。

唱诗班

在科隆大教堂奠基30年后，唱诗班的内部装饰工作才刚开始。1322年，举行科隆大教堂唱诗班封顶仪式。唱诗班的立柱上雕刻着早期哥特风格的耶稣、圣母玛利亚和12位圣徒的塑像，这些比真人高大的塑像都穿着华美的长袍。这些塑像上方的是演奏乐曲的天使们，天使们为庆祝圣母玛利亚在天堂加冕而合奏乐曲，同样的雕塑群可以在巴黎的一座建于1248年的圣礼礼拜堂中看到。科隆大教堂中还有好几幅石刻浮雕，描绘出圣母玛丽亚和耶稣的故事。大教堂中12座主柱代表着耶稣的12位信徒。

东方三圣王的圣龛

东方三圣王的金棺安放在**哥特式唱诗班席位**附近，这是西方国家中最大的圣棺。这个由黄金和宝石组成的中世纪黄金神龛，被认为是中世纪金饰艺术代表作之一。金棺的侧面雕刻着先知和信徒的画像、三王敬拜以及基督受洗的画面；金棺的后面雕刻着科隆大教堂的主教（1159—1167年）罗纳尔多·凡·德塞的画像。1164年，德国的皇帝、科隆大主教莱纳德从意大利的米兰大教堂把东方三圣王的遗骸带到了科隆大教堂。现在每年的1月6日，都会打开金棺以确保王冠戴在三圣王的头部。

维尔茨堡宫

维尔茨堡宫是德国最大、最宏伟的巴洛克式王宫之一。这座华丽的巴洛克式宫殿，是在先后继位的来自顺博恩家族的王室兄弟的大力资助下建成的。在维尔茨堡主教兼大公约翰·菲利浦·佛朗斯和弗里德里希·卡尔兄弟的旨意下，由一批以诺伊曼为首的来自世界各地的建筑师、油漆师、雕刻家和泥水匠于1720年到1744年共同建造完成维尔茨堡宫。其中的建筑师包括约翰·卢卡斯·冯希尔德布兰德和威尔士的马克西米兰，但是与维尔茨堡宫更多联系在一起的是建筑师巴尔萨泽·诺伊曼和维尔茨堡宫气势恢弘的巴洛克式建筑（巴洛克式，见第80页）。

花园中的塑像

皇帝厅

壁画

意大利绘画大师提埃波罗的画并不是没有幽默感，在他所装饰的楼梯大厅中有这样的一幅壁画：画中建筑大师巴尔萨泽·诺伊曼身着炮兵军官服，身旁带着他的爱犬，画面十分有趣。

乔凡尼·巴蒂斯塔·提埃波罗

意大利绘画大师乔凡尼·巴蒂斯塔·提埃波罗（1696—1770年）在威尼斯出生，被认为是威尼斯艺术的最后一位大师。提埃波罗一生为德国和意大利的教堂、宫殿、城堡和山庄描绘了无数的圣坛绘画和壁画。维尔茨堡宫内大部分的装饰画都是出自提埃波罗之手，包括从1751年到1753年完成的**皇帝厅**中的天花板和**楼梯大厅**中辉煌壮丽的天花板壁画。

洛可可式

维尔茨堡宫是德国洛可可式建筑的典范，之后就有了维尔茨堡洛可可式一称。洛可可为法语Rococo的音译，此词源于法语Rocaille（贝壳工艺），意思是此风格以岩石和蚌壳装饰为其特色。洛可可式特点是室内装饰和家具造型上凸起的贝壳纹样曲线和莨菪叶呈锯齿状的叶子，C形、S形和涡旋状曲线纹饰蜿蜒反复，创造出一种非对称的、富有动感的、自由奔放而又纤细、轻巧、华丽繁复的装饰样式。洛可可式在形成过程中还受到中国艺术的影响，特别是在庭园设计、室内设计、丝织品、瓷器和漆器等方面。

支持者

德国曾是一个极其信奉宗教的公国，而维尔茨堡宫作为当时的政府所在地，不仅吸收了当时在德意志南部占主流地位的巴洛克式建筑风格的精华，而且也具有纪念顺博恩家族的历史意义。顺博恩家族在18世纪的德国有极大的影响力，这个家族产生了数位主教。在参与支持建造维尔茨堡宫的人中很多人都是来自顺博恩家族，如约翰·菲利浦·佛朗斯在1719年成为维尔茨堡主教兼大公。之后他的弟弟弗里德里希·卡尔成功继位，他们都是建造维尔茨堡宫的主要支持者。佛朗斯和卡尔兄弟邀请了欧洲许多知名的建筑师和画家来建造维尔茨堡宫。第二次世界大战期间，维尔茨堡宫遭受火灾，毁坏严重。修复工作从1950年持续到1987年，共计花费了2700万美元。现在维尔茨堡宫里40间房屋对公众开放，这里摆放着18世纪精美绝伦的家具、惟妙惟肖的壁画、炫美瑰丽的挂毯以及其他珍宝。

威尼斯大厅
大厅中的挂毯上描绘着威尼斯嘉年华的盛况，所以以此命名。大厅深处的镶嵌板画是鲁道夫·比斯的学生约翰·泰尔豪夫所画。

花园厅
花园厅的拱顶较低，用纤细的大理石立柱支撑。拱顶的装饰是典型的洛可可风格，由安东尼·伯希在1749年完成。大厅的天花板上也绘有壁画，是约翰·扎克在1750年完成的《诸神的盛宴》和《休憩中的戴安娜》。

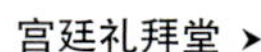

宫廷礼拜堂

楼梯大厅
意大利绘画大师乔凡尼·巴蒂斯塔·提埃波罗在这间拱顶的大厅中用了全世界最大的天花板壁画装饰。这幅壁画描绘了当时已知的四大洲：欧洲、亚洲、非洲和美洲。

重要日期

1720—1744年	1732—1792年	1751—1753年	1765年	1945年	1981年	2003年
开始修建维尔茨堡宫。	开始修缮和规整皇家园林。	提埃波罗着手装饰维尔茨堡宫天花板上的壁画。	卢多维科·伯希完成楼梯大厅装饰的基础工作。	在第二次世界大战中，维尔茨堡宫被炸弹袭击，毁坏严重。	维尔茨堡宫被联合国教科文组织列入《世界遗产名录》。	开始修复提埃波罗所绘的楼梯大厅中的壁画。

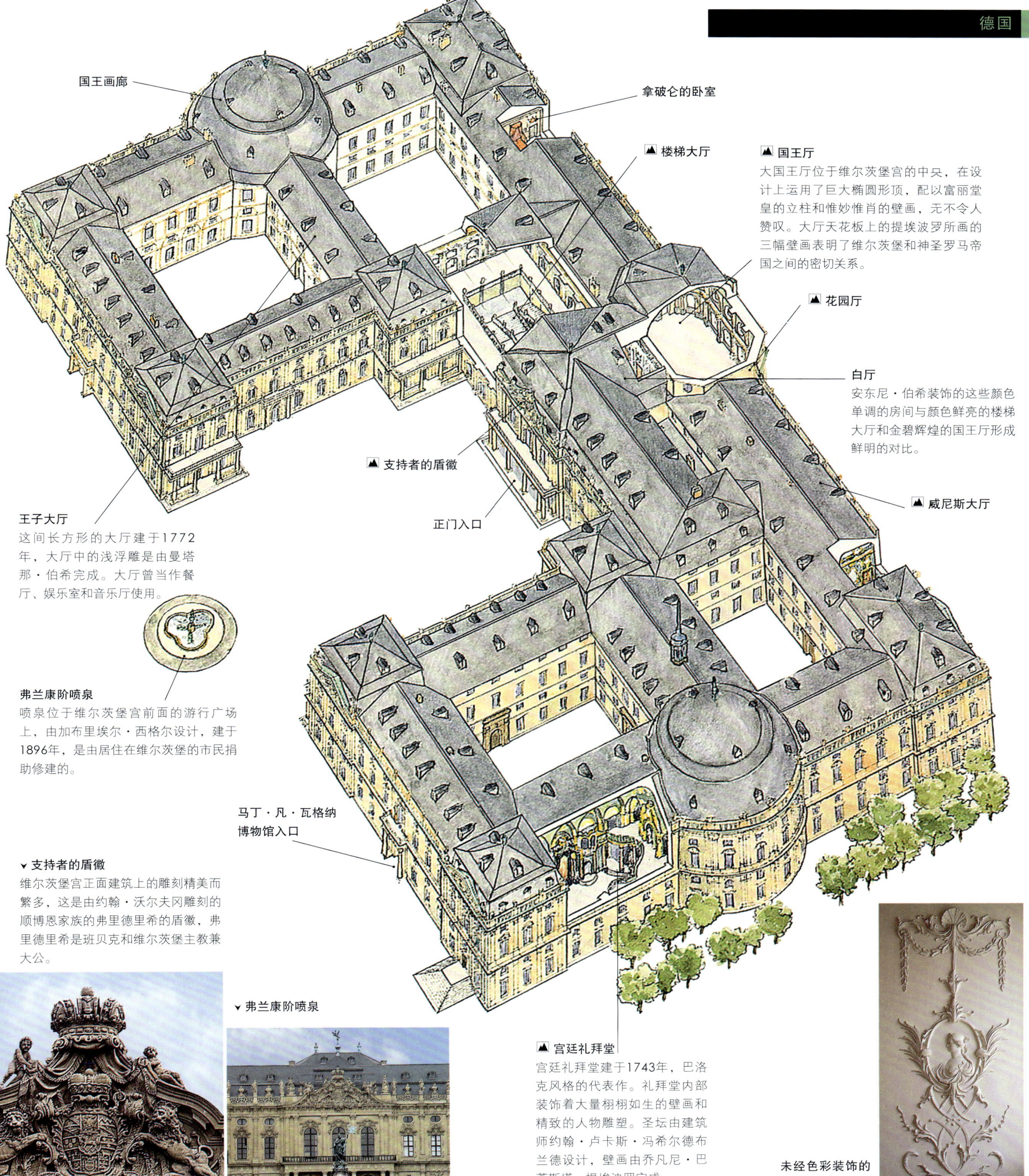

国王厅

大国王厅位于维尔茨堡宫的中央，在设计上运用了巨大椭圆形顶，配以富丽堂皇的立柱和惟妙惟肖的壁画，无不令人赞叹。大厅天花板上的提埃波罗所画的三幅壁画表明了维尔茨堡和神圣罗马帝国之间的密切关系。

白厅

安东尼·伯希装饰的这些颜色单调的房间与颜色鲜亮的楼梯大厅和金碧辉煌的国王厅形成鲜明的对比。

王子大厅

这间长方形的大厅建于1772年，大厅中的浅浮雕是由曼塔那·伯希完成。大厅曾当作餐厅、娱乐室和音乐厅使用。

弗兰康阶喷泉

喷泉位于维尔茨堡宫前面的游行广场上，由加布里埃尔·西格尔设计，建于1896年，是由居住在维尔茨堡的市民捐助修建的。

支持者的盾徽

维尔茨堡宫正面建筑上的雕刻精美而繁多，这是由约翰·沃尔夫冈雕刻的顺博恩家族的弗里德里希的盾徽，弗里德里希是班贝克和维尔茨堡主教兼大公。

弗兰康阶喷泉

宫廷礼拜堂

宫廷礼拜堂建于1743年，巴洛克风格的代表作。礼拜堂内部装饰着大量栩栩如生的壁画和精致的人物雕塑。圣坛由建筑师约翰·卢卡斯·冯希尔德布兰德设计，壁画由乔凡尼·巴蒂斯塔·提埃波罗完成。

未经色彩装饰的洛可可式浮雕

海德堡城堡

海德堡城堡坐落于国王宝座山顶上，内部结构复杂，主要用红褐色的砂岩筑成。历史上海德堡城堡经过几次扩建，最终形成现在的哥特式（哥特式，见第54页）、巴洛克式及文艺复兴式（文艺复兴式，见第131页）三种风格的混合体。16世纪时，海德堡的候选帝全力支持新教改革，因此卷入“三十年战争”（1618—1648年）。在三十年战争中，海德堡城堡受到了重创。

鲁普莱希特三世的盾徽

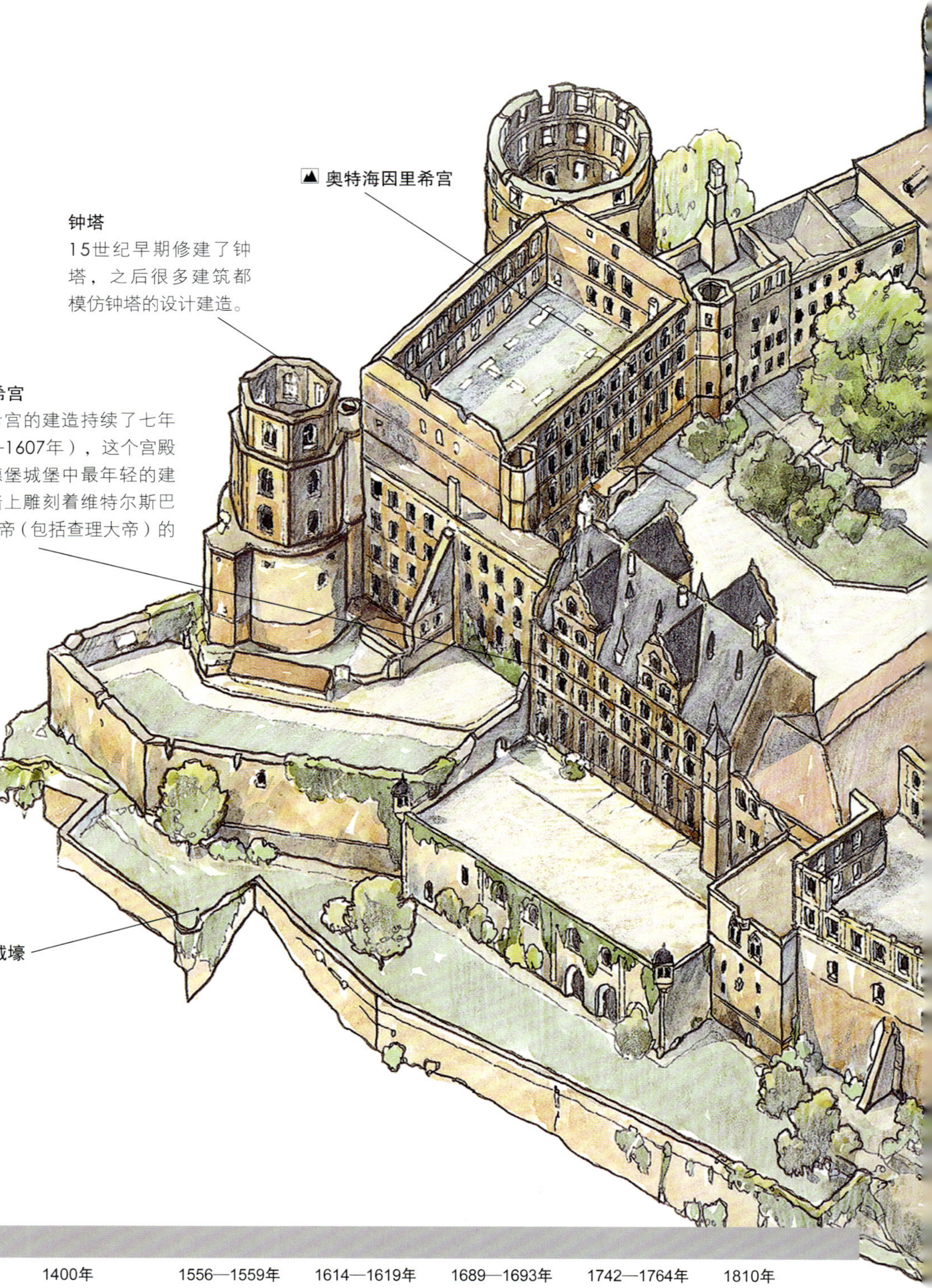

海德堡的浪漫主义

海德堡是德国版图上的一颗明珠，保留了德国最好的文艺复兴时期的建筑。它是“二战”期间唯一没有被盟军飞机轰炸过的城市，以其幽静秀丽的山城风光成为德国的旅游胜地。海德堡城堡在19世纪则是早期修正主义的众矢之的，诗人阿奇姆·冯阿尔尼姆、克莱门斯·布伦塔诺、路德维格·托雷斯和约瑟夫·冯艾兴多夫逐渐努力改变海德堡城堡，不久这里成为德国浪漫主义的摇篮。走进海德堡城堡，你会感觉到它的那份沧桑，但是从高大的城墙和残存的塔楼中，都依稀流露出它当年的浪漫绝美。也许正是这种美丽让来自法国的格棱贝尔格伯爵放弃摧毁城堡，而是倾尽全部精力和财力维护，才使得城堡遗迹不致被人们当作采石场彻底摧毁。17世纪被法国摧毁的城堡远远看去外观气势依然，但实际上已经残旧得无法修复。现在，海德堡城堡被认为是德国最庄严恢弘的古迹。

鲁普莱希特三世

候选帝鲁普莱希特三世是海德堡城堡历史上最重要的人士之一，他是维特尔斯巴赫王朝的一员。鲁普莱希特于1352年出生在安伯格，在1398年成为巴拉丁领地的候选帝。1400年，鲁普莱希特带领军队打败并废黜神圣罗马帝国的皇帝瓦茨拉夫。之后鲁普莱希特自选为皇帝，尽管并没有得到普遍的认同。1410年，鲁普莱希特三世在奥本海姆逝世。

建筑风格的添加

哥特式的**鲁普莱希特宫**里已经有了明显的岁月雕琢的痕迹，宫殿内有两个不同时代的徽章。1524年，路德维格五世扩建了路德维格宫。1549年，新建镜楼，因楼中镜厅得名镜楼。镜楼的建筑风格从哥特式向文艺复兴风格转变。**奥特海因里希宫**是德国早期文艺复兴风格的杰出代表，**弗里德里希宫**则是晚期的文艺复兴风格，**英国宫**与弗里德里希宫相邻。海德堡城堡中最美丽的地方毫无疑问是弗里德里希五世（1613—1619年在位）的花园，这里被称为世界第八大奇迹。

奥特海因里希宫

钟塔
15世纪早期修建了钟塔，之后很多建筑都模仿钟塔的设计建造。

弗里德里希宫
整个弗里德里希宫的建造持续了七年之久（1601—1607年），这个宫殿是现存的海德堡城堡中最年轻的建筑。建筑外墙上雕刻着维特尔斯巴赫王朝的候选帝（包括查理大帝）的雕像。

城堡城壕

重要日期

12世纪中叶	1400年	1556—1559年	1614—1619年	1689—1693年	1742—1764年	1810年
在巴拉丁领地康拉德伯爵的指挥下，开始建造海德堡城堡。	鲁普莱希特宫建成，这是海德堡城堡中第一座作为皇宫使用的建筑。	候选帝奥特海因里希建成文艺复兴风格的奥特海因里希宫殿。	弗里德里希五世为了庆祝皇后的生日，下令建造花园。	海德堡城堡在战争中遭到严重毁坏。	开始修复城堡，但是随后发生的火灾摧毁了一些建筑。	采取措施保护海德堡城堡中断壁残垣的现状。

防御塔

防御塔于14世纪在选侯帝鲁普莱希特统治时期建成，是城堡防御体系的一部分。在1764年，塔的北部被雷击塌落。海德堡的居民得到许可，将塌落的部分材料捡回去作为己用。

弗里德里希宫

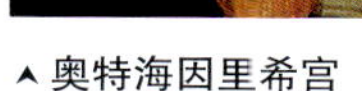

奥特海因里希宫

德国的医药博物馆就坐落在这座文艺复兴式的建筑内。该博物馆内建有巴洛克式和洛可可式的工作坊，还有一个可移动的药房，这些已成为它的特色。

防御塔

鲁普莱希特宫

喷泉厅

喷泉厅中的凉廊是典型的哥特式，凉廊中的立柱是早期的罗马风格，立柱是从查理大帝在殷格翰的宫殿中取得的。

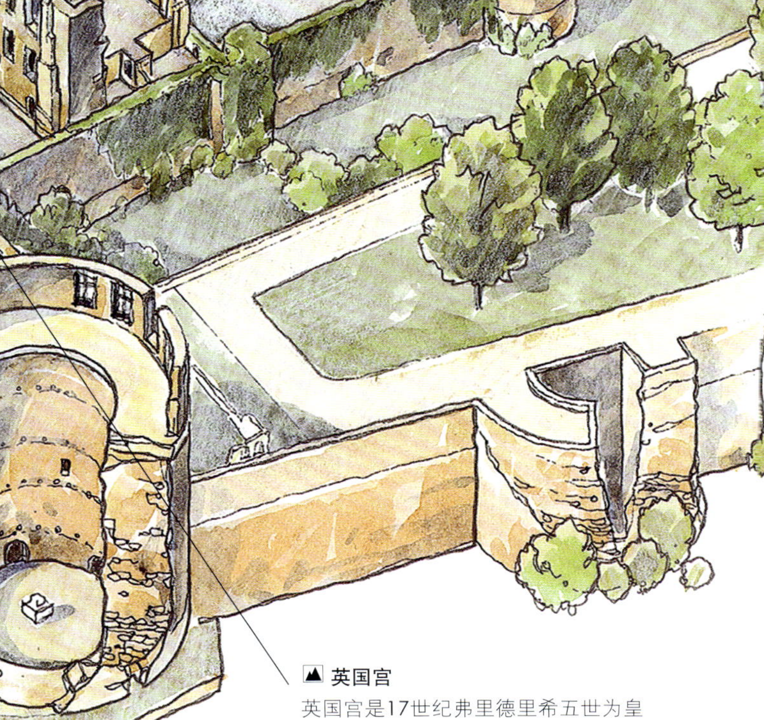

鲁普莱希特宫

鲁普莱希特宫是一位来自法兰克福的建筑大师在1400年左右建成的，这是城堡中最古老的建筑。

海德堡城堡全景

海德堡城堡以一种别样残缺的美出现在人们面前。在城堡前面的大阳台上，可以把中世纪海德堡旧城区的静谧风格尽收眼底。

英国宫

大酒桶

弗里德里希宫左侧的楼梯可以到达酒窖，大酒桶就存放在这里。大酒桶建于1750年，建造者是候选帝卡尔·特洛多，其容量超过22万零1千升。酒桶中的酒直接用管道送往国王厅。

英国宫

英国宫是17世纪弗里德里希五世为皇后伊丽莎白·斯图尔特建造的，现在保存的宫殿废墟仍是海德堡城堡中的不凡之作。

圣灵殿

圣灵殿建于15世纪早期，位于海德堡旧城区，候选帝的陵墓群安葬在这里。

新天鹅城堡

德国新天鹅城堡也叫白雪公主城堡，是座白墙蓝顶的童话城堡，坐落在阿尔卑斯山脉中的天鹅湖畔。这座如诗如画、宛如人间仙境的城堡始建于1869年，1891年建成，是巴伐利亚国王路德维希二世的行宫之一。新天鹅城堡的设计由剧院设计师克里斯蒂安·扬克完成。城堡的设计毫无疑问深受瓦尔特堡建筑风格的影响，路德维希二世在1867年前往埃森纳赫旅行中游览瓦尔特堡。但是新天鹅城堡并不是普通的城堡——在坚硬的花岗岩外表下，内部却是多种风格的融合，城堡内部安装着19世纪晚期的高科技装置。

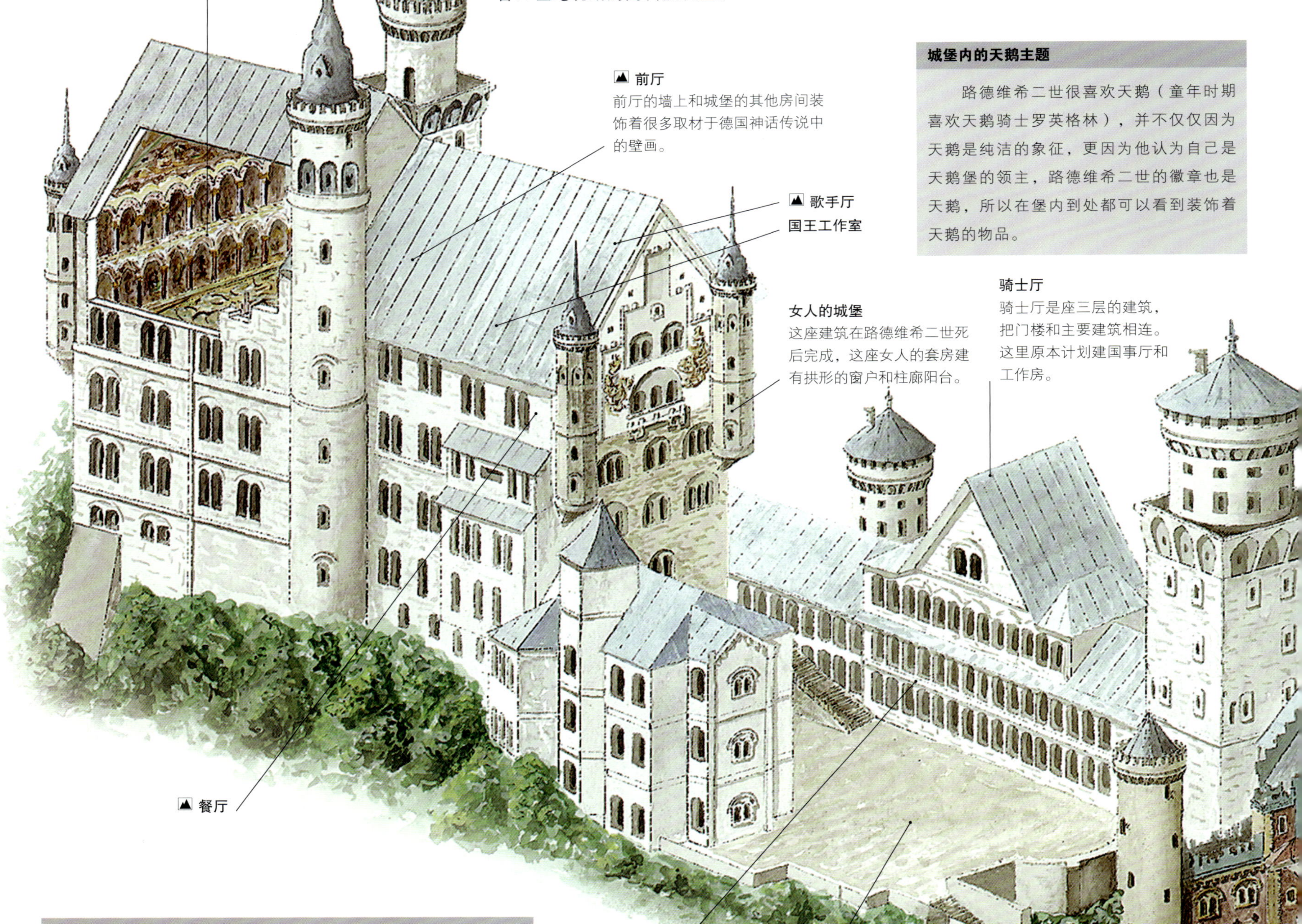

国王宫殿
金碧辉煌的宫殿内部设有拜占庭式的神殿，殿中央的壁画上描绘着慕尼黑的所有圣人像。

前厅
前厅的墙上和城堡的其他房间装饰着很多取材于德国神话传说中的壁画。

歌手厅

国王工作室

城堡内的天鹅主题

路德维希二世很喜欢天鹅（童年时期喜欢天鹅骑士罗英格林），并不仅仅因为天鹅是纯洁的象征，更因为他认为自己是天鹅堡的领主，路德维希二世的徽章也是天鹅，所以在堡内到处都可以看到装饰着天鹅的物品。

女人的城堡
这座建筑在路德维希二世死后完成，这座女人的套房建有拱形的窗户和柱廊阳台。

骑士厅
骑士厅是座三层的建筑，把门楼和主要建筑相连。这里原本计划建国事厅和工作房。

餐厅

柱廊
两层柱廊环绕着整座城堡。

庭院

门楼
门楼在1872年完工，这是路德维希二世的临时住所，国王的房间在二楼。

路德维希二世童年时期的住所

1832年，路德维希二世的父亲购买了位于巴伐利亚施万高小镇上的这座12世纪的城堡，并重建成今天看到的旧天鹅堡。旧天鹅堡是新哥特式建筑（哥特式，见第54页），堡中装饰着很多精美的描绘各种神话传说的壁画。路德维希二世的童年在旧天鹅堡中度过，那时，他被壁画中描绘的世界深深地吸引。

旧天鹅堡

城堡建筑 ➤
新天鹅堡如童话般的梦幻世界，激发了许多现代童话城堡的灵感，也成为很多电影故事和书中故事发生的背景。

▲庭院
新天鹅堡的中心是一座高90米（295英尺）的塔，塔中计划建一座哥特式的教堂，但是教堂一直没有动工。1988年，用白色大理石标出了教堂的位置。

国王宫殿 ➤

▼前厅

餐厅 ➤
与城堡中的其他房间一样，餐厅也同样装饰着美丽的壁画、精致的雕刻和优雅的家具，可以感受到19世纪工匠独具匠心的设计和创造性。

▲歌手厅
新天鹅堡的歌手厅仿照埃森纳赫瓦特堡中的歌手厅而建。

◀路德维希二世的林德霍夫宫中的挂毯间

正门

重要日期

1868年	1869年	1873年	1880年	1884年	1886年	1891年
路德维希二世开始计划建造一座新城堡。	新天鹅城堡奠基，路德维希二世希望在三年内建成新天鹅堡。	门楼最先建成，路德维希二世在这里住了很多年。	新天鹅堡举行封顶庆典。	路德维希二世住进了城堡中，但是不久后离奇死亡。	路德维希二世死后七个星期，新天鹅堡对公众开放。	新天鹅堡最终完工，但是里面的房间大多空无一物。

路德维希二世的建筑

巴伐利亚国王路德维希二世（1845—1886年）迷恋音乐文化，热衷修建城堡宫殿。路德维希二世修建了很多豪华建筑，包括新天鹅城堡附近的林德霍夫宫和巴伐利亚东部的赫尔伦基姆泽宫，这些建筑中最著名的莫过于新天鹅城堡。新天鹅城堡是中世纪**城堡建筑**风格的融合，融合了拜占庭式建筑和哥特式建筑的特色。赫尔伦基姆泽宫则是模仿法国凡尔赛宫而建，内部装饰是典型的法国洛可可式风格（洛可可式，见第72页），可以从**挂毯间**装饰的哥白林挂毯上看出。林德霍夫宫原来是国王的狩猎行宫，1869年后开始重建，宫殿内部完全是路德维希二世的童话世界。

现代化的城堡

置身于新天鹅堡内，仿佛生活在中世纪。在这中世纪装饰的表象后面却是现代化的装置。例如：寝室内设有天鹅形状的送水装置，一转动水龙头便有清水自水龙头流出。此外，厨房内侧设有锅炉房，整个宫殿因暖风而变得温暖，在严寒的冬季只有暖风是不够的，另外设置了卷吊装置，可将暖炉的燃料送至各个楼层。在厨房和**餐厅**之间还配有送菜升降机，城堡的三楼和四楼甚至安装着电话和电铃，以便路德维希二世传唤他的仆人和助手。

壁画城堡

尽管路德维希二世任命克里斯蒂安·扬克负责新天鹅城堡的内部装修工作，但是城堡内的装饰却深受德国剧作家理查·瓦格纳（1813—1883年）的影响。城堡内部壁画以瓦格纳的歌剧作品中的中世纪人物的传说作为题材，如游唱诗人唐怀瑟，天鹅骑士罗英格林和寻找圣杯的英雄帕西法尔。**歌手厅**中的壁画中描绘了13世纪在瓦德堡举行的一场成功的歌唱比赛的场景，国王厅中的壁画描绘了瓦格纳的歌剧《罗英格林》中的场景，约瑟夫·艾格纳和斐迪南·皮洛蒂参与了这些壁画的创作。

山峦云雾掩映下如童话般的新天鹅堡

瑞士 圣加仑修道院

圣加仑修道院坐落在圣加仑，建于720年，它是欧洲最重要的修道院之一，也是集艺术、书信和科学为一体的学术中心。修道院的图书馆可谓是无价之宝，许多僧人从遥远的地方慕名来到这里抄写其中珍贵的原稿，很多手稿保留至今。只有罗马式教堂的地下室遗迹和修道院是建于9世纪。现在的巴洛克式的大教堂和寺庙是由建筑师皮特・扎姆和约翰・麦克・比尔设计的，并于1766年建成，以精致、细腻的洛可可式装饰著称（洛可可式，见第72页）。

巴洛克式的忏悔室

地宫

830年到837年间，罗马式的主教堂（今天圣加仑修道院的位置）遭遇了几场灾难性的火灾，大火几乎摧毁了整座教堂，唯一幸存的是建于9世纪到10世纪间的**地宫**，它是现在巴洛克式教堂的一部分。地宫也是圣加仑修道院的主教们一直寻找的安息之地——现在主教埋葬在地宫中的这个传统一直延续至今。埋葬在这里的有769年逝世的修道院建立者、修道院院长奥特马尔。十年之后，圣奥特马尔地宫建成，地宫位于修道院西面画廊的下面，主教奥特马尔・马德尔于2003年逝世，也埋葬在地宫中。

修道院图书馆

修道院图书馆在大教堂旁边，被列为世界文化遗产，是世界上最古老、藏书最丰富的修道院图书馆之一。图书馆建于18世纪下半叶，拥有瑞士最为精美的洛可可艺术装饰。馆内天花板装饰着的瑰丽的壁画、复杂的木雕和镶嵌工艺让整个图书馆美轮美奂。两层的阅览室的书架高至天花板，书架是用胡桃木和樱木制作而成。这里保存着上百册无价的羊皮纸手稿，如9世纪最老的著名建筑图纸，是修道院的僧侣抄录下来的。图书馆正门上用希腊文赫然刻着这么几个字——灵魂的药房。该图书馆藏有13万册图书以及2000册珍贵的中世纪手写本原稿，其中包括《尼伯龙根之歌》和它的古抄本，虽然都是复制本，但同样极为珍贵。

巴洛克式

巴洛克式是欧洲17世纪和18世纪早期主要的流行风格。意大利巴洛克风格的黄金时期则是1630年到1680年间。巴洛克式在18世纪才开始在德国发展起来。巴洛克式建筑的特点是外形自由，追求动态，喜好富丽的装饰和雕刻、强烈的色彩，常用穿插的曲面和椭圆形空间。建筑外观简洁雅致，造型柔和，装饰不多，外墙干练，同自然环境相协调；内部装饰则十分华丽，造成内外的强烈对比。

圣加仑

圣奥特马尔修道院是在被修道士们称为加仑斯的地方（560年左右—650年）修建的，之后被尊称为圣加仑。修道院在612年成为爱尔兰修士加伦斯的隐居之所。

圣坛
圣坛上的《圣母升天画》是由弗朗西斯科・罗马内利在1645年完成的，之后进行了修复。

座天使
座天使竖立在唱诗班席位上，其中的两个座天使由弗朗茨・约瑟夫创作完成。

唱诗班席位 ›
巴洛克式的胡桃木唱诗班席位制作于1763年到1770年间，席位上装饰着精美的画，并经过镀金，由弗朗茨·约瑟夫负责完成。

˄ 地宫
地宫位于大教堂的地下，是早期的建筑。地宫祭坛上方残留的壁画是10世纪绘画的。

圣坛 ›

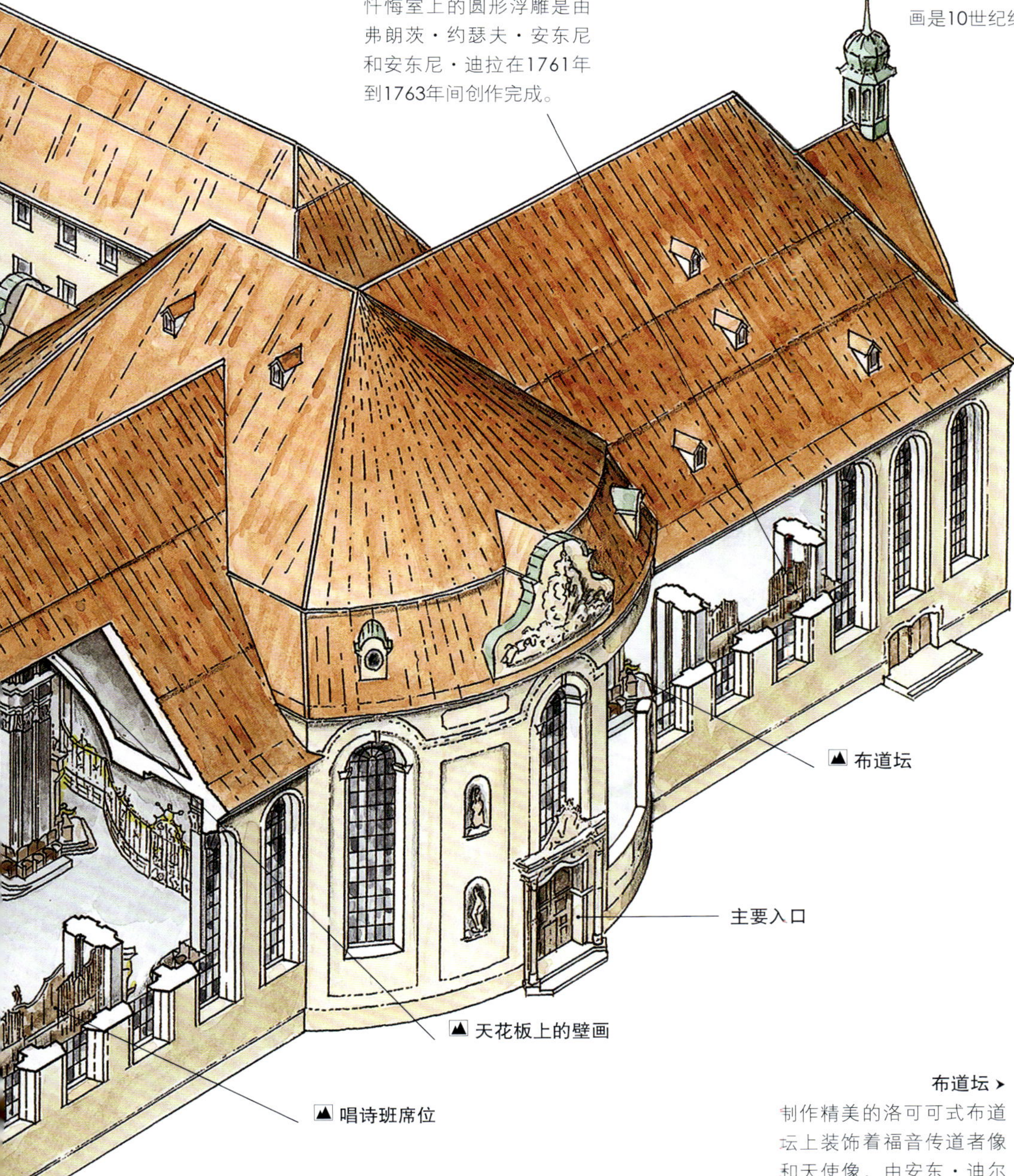

忏悔室
忏悔室上的圆形浮雕是由弗朗茨·约瑟夫·安东尼和安东尼·迪拉在1761年到1763年间创作完成。

天花板上的壁画 ›
天花板上的壁画由约瑟夫·瓦纳马切尔完成。

布道坛 ›
制作精美的洛可可式布道坛上装饰着福音传道者像和天使像，由安东·迪尔在1786年创作完成。

˄ 座天使

重要日期

720年左右	816—837年	1529年	1755—1767年	1758—1767年	1805年	1824年	1983年
为了保存圣加仑的圣骨，修道士奥特马尔建立了一座修道院。	本笃会教堂建成。	圣加仑地区开始驱逐修道士，修道士在1532年返回。	巴洛克式的教堂建成，建有宽敞的中殿，教堂并没有进行装修。	建立修道院图书馆，来保存这些无价的中世纪手抄本。	在拿破仑统治的影响下，圣加仑州解散修道院。	修道院提升为主座大教堂。	圣加仑修道院被联合国教科文组织列入《世界遗产名录》。

建立者鲁道夫

1359年，奥地利的公爵鲁道夫四世也就是以后的建立者鲁道夫，为建造罗马式教堂（罗马式，见第122页）奠基。鲁道夫生于1339年，在1358年成为奥地利公爵。鲁道夫公爵致力于提升圣史蒂芬教堂的地位和教堂的独立工作，曾与帕绍主教展开长期的拉锯战。但是直到1469年，弗雷德里克三世统治时期，圣史蒂芬大教堂才获得主教教区的地位认可。鲁道夫公爵在1365年逝世，为了纪念他，在教堂**主祭坛**的前面建立了鲁道夫纪念碑。1945年，鲁道夫纪念碑移到女士唱诗班，鲁道夫公爵和他的妻子卡特琳娜一起被埋葬在公爵地宫中。

地下墓穴

史蒂芬大教堂有一座庞大的**地下墓穴**，挖掘于1470年左右，当时是为了减轻维也纳中央墓地的压力。在接下来的300年里，约有10000名维也纳人安葬在这里，直至国王约瑟夫二世时期，于1783年开始制止这一做法。哈布斯堡王朝拱顶位于地下墓穴中央，由鲁道夫四世在1363年修建，这里安放着哈布斯堡王朝前期皇族的15具石棺，以及56个骨灰瓮。这些骨灰瓮中安放着哈布斯堡王朝后期皇族的内脏，这些人都是在1633年之前被安葬在教堂皇族拱顶中的。维也纳大主教于1953年被安葬在圣公会拱顶中的信徒唱诗班下面。

安顿・皮尔格拉姆

安顿・皮尔格拉姆（1460年左右—1515年）是圣史蒂芬大教堂的设计师之一，他是来自布隆的建筑大师。教堂左侧的哥特式**布道坛**就是出自这位艺术巨匠之手。祭坛上的雕刻描述了圣母和基督的一生，还有四位神情各异的神父的半身雕像。这里另有一幅**皮尔格拉姆自画像**，作者把自己以一个“倚窗眺望人”的形象塑造在布道坛的底部，作者半倚在半开的窗上，手中还握着那把心爱的刻刀。皮尔格拉姆在这幅自画像底部签名为“MAP1513”。

奥地利 圣史蒂芬大教堂

圣史蒂芬大教堂坐落在维也纳中世纪时期的中心，它也是维也纳的灵魂所在。放置着哈布斯堡王朝权力人物内脏的骨灰瓮被安放在教堂主圣坛下的拱顶中，这并不是巧合。圣史蒂芬大教堂已经屹立了800多年。今日圣史蒂芬大教堂的前身是建于13世纪的罗马式教堂，大教堂的圣人门和异教塔即是当时的遗迹。教堂哥特式的中殿、唱诗班和小礼拜堂则是14世纪和15世纪的主要重建项目（哥特式，见第54页）。圣史蒂芬大教堂高耸的大圆顶内收藏着许多珍贵的艺术作品，几个世纪以来它的收藏量一直在不断地增加。

鲁道夫四世像

圣约翰尼斯・卡波斯特拉罗

唱诗班外侧的布道坛建于1456年基督教徒在贝尔格莱德战胜土耳其侵略者之后。方济会修士约翰尼斯・卡波斯特拉罗在1451年拜访奥地利，从这里他开始布道并反对土耳其的入侵。卡波斯特拉罗当时是佩鲁贾（意大利中部城市）政府特派人员，即使在和平使命下却依然被监禁。卡波斯特拉罗曾经在梦中遇见圣弗朗西斯，随后他加入方济会并在1425年成为牧师。1454年，他带领军队抵挡土耳其的进攻。布道台上的塑像表现的正是这场战争，这场战争沉重打击了土耳其入侵者。1690年，卡波斯特拉罗被追封为圣徒。

创作于16世纪的圣约翰尼斯・卡波斯特拉罗像

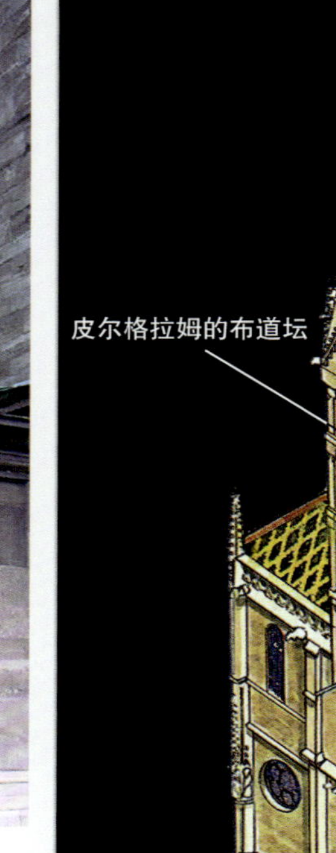

牙痛人像

传说中，雕像中处于痛苦中的人为了惩罚那些嘲笑愚弄他的人，让这些人都牙痛起来，直到他们赎回罪责牙痛才会停止。这个人物像现在坐落在北塔的下侧部分。

拼花屋顶

北塔

传说中，这座鹰塔从未完工，据说是因为塔的建筑者汉斯·普赫斯鲍姆打破了他与魔鬼间的契约，所以魔鬼让他突然死去。

皮尔格拉姆自画像

地下墓穴入口

低矮的圣器收藏室

歌手门

这里以前是男性游客进入教堂的入口，门上的浮雕刻画着圣保罗的生平事迹。

皮尔格拉姆自画像

作者把自己以一个“倚窗眺望人”的形象塑造在布道坛的底部，作者半倚在半开的窗上，手中还握着刻刀。

小尖顶

137米（450英尺）高的哥特式尖顶是奥地利的标志性建筑。从教堂祭司的住处有楼梯通往尖顶，这里有观景平台可以欣赏维也纳的迷人风景。

温拿·纳斯堂德祭坛

1447年弗里德里希三世下令在中殿北面的祭坛上装饰上了精美的壁画，画中主要描绘了基督早期的生活。这幅画表现的是“东方三王来朝”。

镶嵌屋顶

大约25万块琉璃瓦平铺在屋顶上，在第二次世界大战即将结束的最后几日，这里遭到很严重的毁坏，之后进行了细致的修复。

主祭坛

祭坛用黑色大理石制成，建于1640年到1660年，祭坛上的画由托拜厄斯·派克完成，主要描画了圣史蒂芬殉教的事迹。

地下墓穴

歌手门

重要日期

1137—1147年	14世纪	1433年	1556—1578年	1722年	1945—1960年	2001年
第一座罗马式教堂建立。	开始扩建哥特式建筑，其中包括唱诗班建筑。	南塔上的小尖顶建成。	北塔上的圆顶建成。	教堂提升到主教大教堂的地位。	史蒂芬大教堂在第二次世界大战中毁坏严重，之后经过重建，基本上恢复原貌。	史蒂芬大教堂被联合国教科文组织列入《世界遗产名录》。

维也纳美泉宫

美泉宫的名字取自这一地区的一口涌泉，泉水清爽甘洌，遂命名此泉为“美泉”，此后“美泉”成为这一地区的名称。1695年，利奥波德一世任命巴洛克建筑大师约翰·伯恩哈德·菲舍尔·冯·埃拉赫在这一区设计建造一座新的宫殿。18世纪中期，玛丽娅·特蕾西娅作为继承人开始了奥地利的执政生涯，同时也标志着美泉进入了一个辉煌的时代，美泉宫成为皇家的政治和生活中心。玛丽娅·特蕾西娅在位期间，任命洛可可式（洛可可式，见第72页）建筑师尼古劳斯·冯·帕卡西设计完成美泉宫的改建，法式花园也在这一时期建成。

玛丽娅·特蕾西娅女王

美泉宫平面图

蓝色楼梯间右侧的是弗朗茨·约瑟夫一世和皇后伊丽莎白的套房。玛丽娅·特蕾西娅的卧室和卡尔公爵的房间也在美泉宫东翼的套房中。

关键词

- 皇后伊丽莎白的套房
- 弗朗茨·约瑟夫一世的套房
- 国宴室
- 玛丽娅·特蕾西娅的房间
- 卡尔公爵的房间
- 未开放的房间

圆形东方陈列室
这间小屋内墙上大部分用白色和金色的漆窗饰。在这间屋子中玛丽娅·特蕾西娅和国家总理、考尼茨王子商讨国事。

长廊

隐蔽的楼梯间
这里可以通往总理套房。总理与女王玛丽娅·特蕾西娅经常在楼梯间上面的房间中进行密谈。

蓝色中式沙龙

小教堂

漆器屋
玛丽娅·特蕾西娅女王的丈夫弗朗茨一世死后，特蕾西娅女王一直在这里居住。这间屋子的装饰具有浓郁的中国风情。

拿破仑的房间

百万大厅
这里是特蕾西娅女王的会议厅，内部以精美的洛可可式装饰著称。

主要入口

宽敞的罗莎厅

圆形东方陈列室

漆器屋

长廊
这里主要举行盛大的宴会，长廊天花板上的壁画栩栩如生，出自格雷戈里奥·古利埃尔米之手。

早餐室
早餐室用的是白木嵌花等装饰，这些装饰是玛丽娅·特蕾西娅和她的女儿共同设计完成。

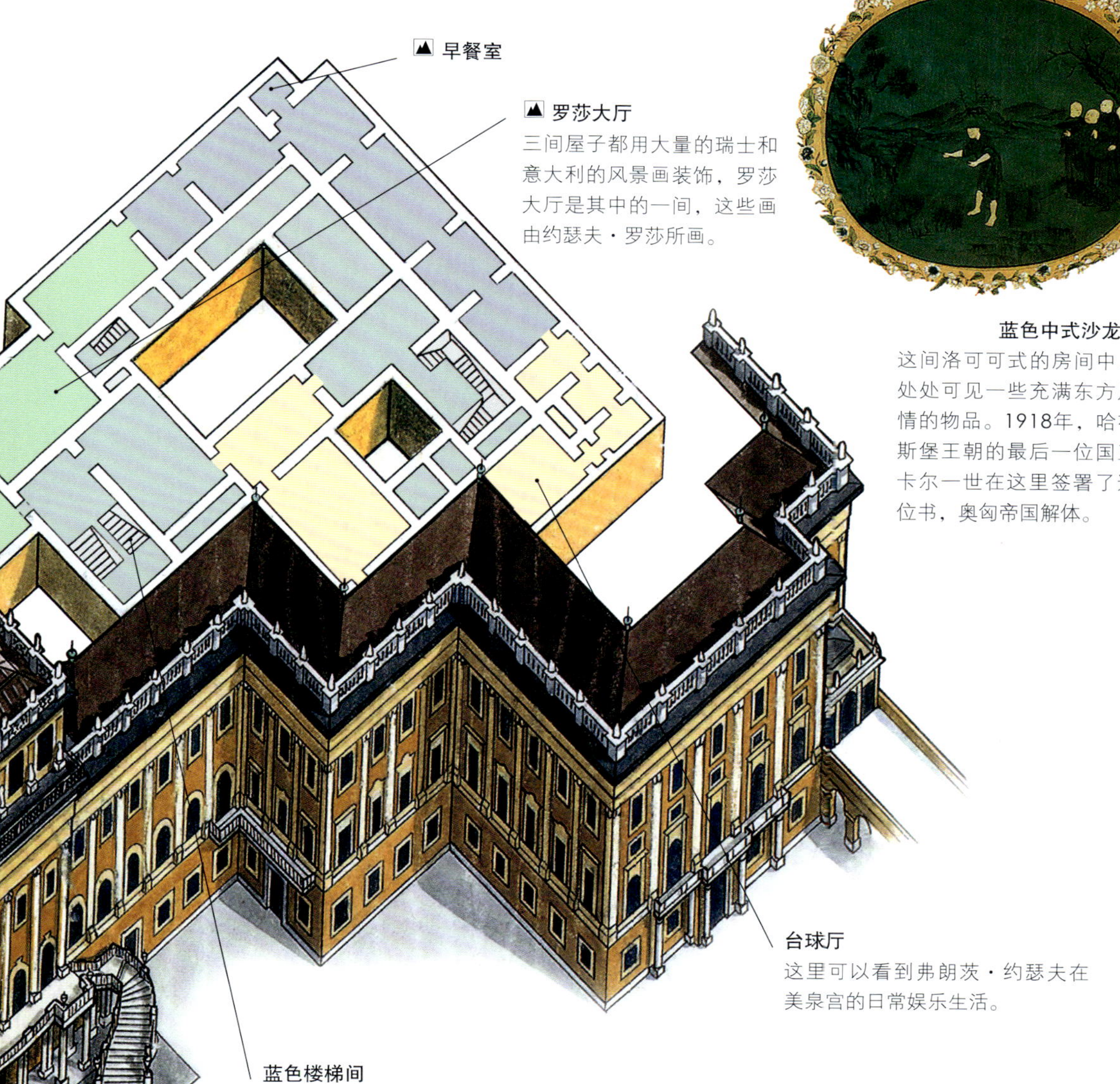

早餐室

罗莎大厅
三间屋子都用大量的瑞士和意大利的风景画装饰，罗莎大厅是其中的一间，这些画由约瑟夫·罗莎所画。

蓝色中式沙龙
这间洛可可式的房间中，处处可见一些充满东方风情的物品。1918年，哈布斯堡王朝的最后一位国王卡尔一世在这里签署了退位书，奥匈帝国解体。

台球厅
这里可以看到弗朗茨·约瑟夫在美泉宫的日常娱乐生活。

蓝色楼梯间
这里以前是餐厅。1745年，帕卡西把这里改建为楼梯。

御车陈列馆

美泉宫的一侧翼部早年是一个冬季骑术学校。如今，这里陈列着哈布斯堡帝国从17世纪晚期以来使用的六十多辆御车，还有一些骑服、马匹装备、马夫制服，以及描画马和马车的画。其中最珍贵的是一辆八马马车，重达4吨，是查理六世举行婚礼和加冕专用的帝王马车。

查理六世加冕的帝王马车

军人帝王

弗朗茨·约瑟夫从小被培养成一名军人，并且终生穿军服。他异常勤奋，每天工作12小时以上，洗冷水澡，睡行军床。美泉宫是弗朗茨·约瑟夫一世最喜欢和居住时间最长的住所，直到1916年，他在美泉宫走完了最后的人生旅程。

重要日期

1696年	1728年	1743—1763年	1775—1780年	1918年	1996年
利奥波德一世任命菲舍尔·冯·埃拉赫开始建造新的宫殿。	查理六世继承了美泉宫，之后把它送给了他的女儿玛丽娅·特蕾西娅。	建筑师尼古劳斯·冯·帕卡西把当年的狩猎皇宫改建和扩建成一座奢华的洛可可式皇家宫殿。	皇家建筑师约翰·斐迪南·赫岑多夫·冯·霍恩贝格重新设计建造了花园。	哈布斯堡王朝覆灭后，美泉宫成为奥地利国家财产。	美泉宫被联合国教科文组织列入《世界遗产名录》。

捷克
德国
维也纳美泉宫
萨尔茨堡
因斯布鲁克
奥地利
匈牙利
意大利
斯洛文尼亚社会主义共和国

玛丽娅·特蕾西娅

1740年查理六世突然去世，他的女儿玛丽娅·特蕾西娅（1717—1780年）成为奥地利女大公，匈牙利和波西米亚的女王。五年后，特蕾西娅女大公的丈夫，来自法国的弗朗西斯·史蒂芬被加冕为神圣罗马帝国的皇帝。玛丽娅·特蕾西娅执政期间，奥地利进行了很多改革措施。如开设国立初等学校，通过新的刑法法典，降低税收等。特蕾西娅也曾致力于土地国有化。1780年玛丽娅·特蕾西娅去世之前，她和她的儿子约瑟夫二世皇帝一直保持着神圣罗马帝国的最高统治权。她的女儿们则在欧洲的各国保持着王后的地位。其中最有名的是她的小女儿、法国国王路易十六的王后玛丽·安托瓦奈特。

原来的宫殿

美泉宫的历史可以追溯到中世纪，从14世纪初开始这个地区被称为卡特尔堡，是克劳斯特诺伊堡的属地。直到1569年神圣罗马帝国皇帝马克西米兰二世买下了这块地，包括一座房子、一座磨坊、一间畜舍和一座休闲果园，从此这里成为哈布斯堡王朝的所在地。马克西米兰二世除了喜好收藏外，还继承了哈布斯堡王朝家族热衷打猎的传统，他准备建造一座休闲的宫殿和动物园，但是直到1642年，斐迪南二世的遗孀才建立了一座夏季寝宫，并将这个地区也改名为“美泉”。传说1612年马蒂亚斯在一次狩猎中，在此处发现一口漂亮的涌泉，遂命名此泉为“美泉”。在与土耳其的战争中美泉宫被彻底烧毁，这座夏季寝宫和它的花园成为了土耳其人战争的牺牲品。1686年利奥波德一世下令建造我们今天看到的美泉宫。

国宴室

玛丽娅·特蕾西娅在位期间，美泉宫进行了一次重大的改建，建筑大师尼古拉斯·帕卡西见证了美泉宫的扩建和重建，还有一些洛可可式艺术大师和工匠，包括艾伯特·博拉、格雷戈里奥·马可尼、伊西多尔·卡尼瓦、亚当·艾克达参与了美泉宫的改建。帕卡西主要负责国宴室和私人套房的内部装饰。**罗莎大厅**和**百万大厅**上的洛可可风格的壁画和粉饰工作都是由玛丽娅·特蕾西娅亲自完成。美泉宫以它精致的镀金外表、优雅的长廊和浓郁的中国艺术风格闻名于世。

波兰 华沙皇家城堡

华沙皇家城堡是典型的巴洛克式建筑。原建筑位于城堡广场旁边，建于13世纪末，原为木制结构。齐格蒙特三世·瓦萨在1596年迁都华沙后，于1598年至1619年间扩建了城堡。1598年到1619年，由意大利建筑师乔瓦尼·托瓦纳、科莫·罗多铎和马特奥·卡斯特里负责重新设计了城堡建筑。之后皇家城堡的继承者对城堡经过了数次扩建和改建。在第二次世界大战期间，皇家城堡遭到毁坏。1971年1月决定靠社会集资重建华沙王宫。1984年王宫终于在波兰人民面前重现。

制作于1777年的桌面

▲ 小卡纳莱托屋
这间屋子的墙壁上共有23幅波兰风景画，出自威尼斯画家贝尔纳多·贝洛托（1720—1780年）之手，他的叔叔即是著名的风景画画家卡纳莱托。

◂ 王储的房间

◂ 议院室
1791年的五三宪法，是欧洲的第一部现代国家宪法，也是世界上第二古老的国家宪法，由下议院在此起草。现在皇室宝座陈列在这里。

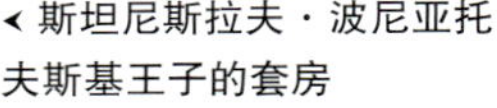

◂ 斯坦尼斯拉夫·波尼亚托夫斯基王子的套房

◂ 泽格蒙特塔楼
塔高60米（197英尺），建于1619年。泽格蒙特塔楼的穹顶上的小尖顶是它的特色，1622年，塔上安装了钟，所以又被称为钟塔。

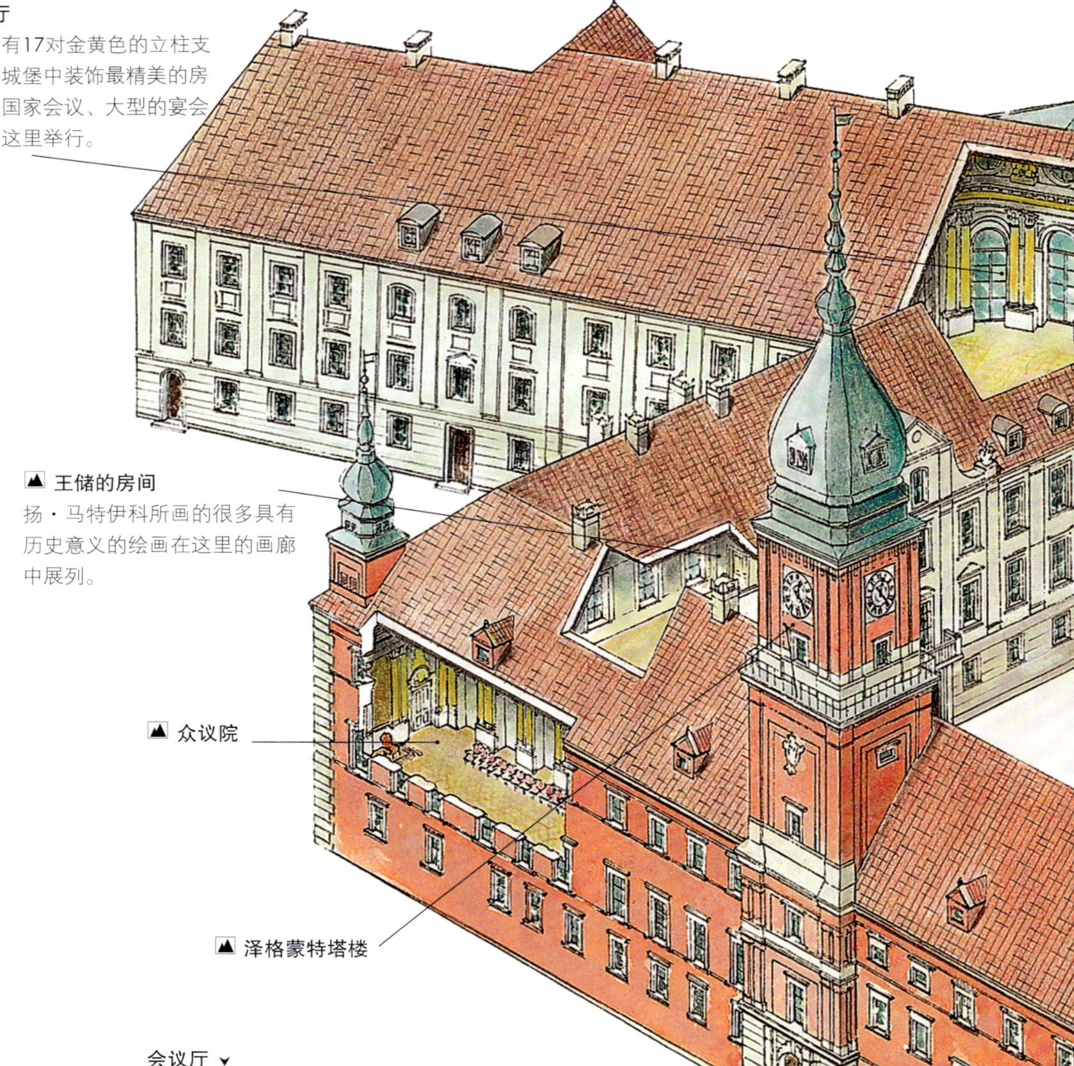

▲ 会议厅
会议厅内有17对金黄色的立柱支撑，它是城堡中装饰最精美的房间之一。国家会议、大型的宴会和舞会在这里举行。

▲ 王储的房间
扬·马特伊科所画的很多具有历史意义的绘画在这里的画廊中展列。

▲ 众议院

▲ 泽格蒙特塔楼

主要入口

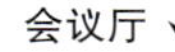

会议厅 ▾

◂ 大理石屋
这间屋内装饰着16世纪风格的各种颜色的大理石，还挂有22幅波兰历代国王的画像。这些画像由马塞洛·巴塞瑞尔创作完成。

重要日期

14世纪早期	1598年	1939—1944年	1980年	1984年
马索维亚公爵在城堡原址上建造了一座堡垒。	开始扩建城堡，兴建了一些巴洛克式建筑。	在第二次世界大战中，皇家城堡毁于一旦。	华沙皇家城堡和华沙老城一起被联合国教科文组织列入《世界遗产名录》。	修复后的皇家城堡对公众开放。

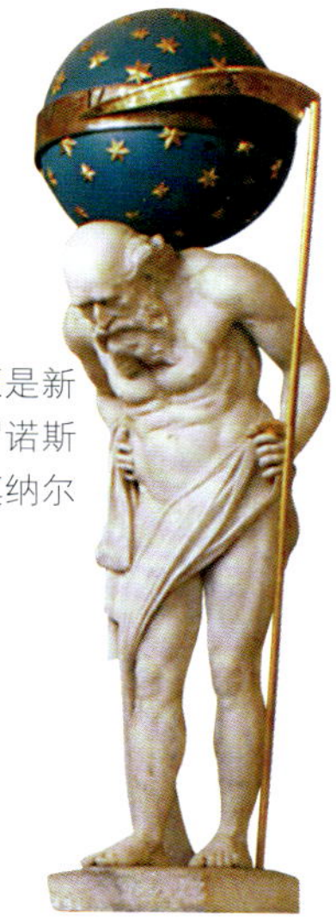

五三宪法

五三宪法是欧洲民主改革的先锋，也是欧洲第一部现代国家宪法。此后，波兰的议会成员必须在圣约翰教堂中宣誓对宪法效忠。

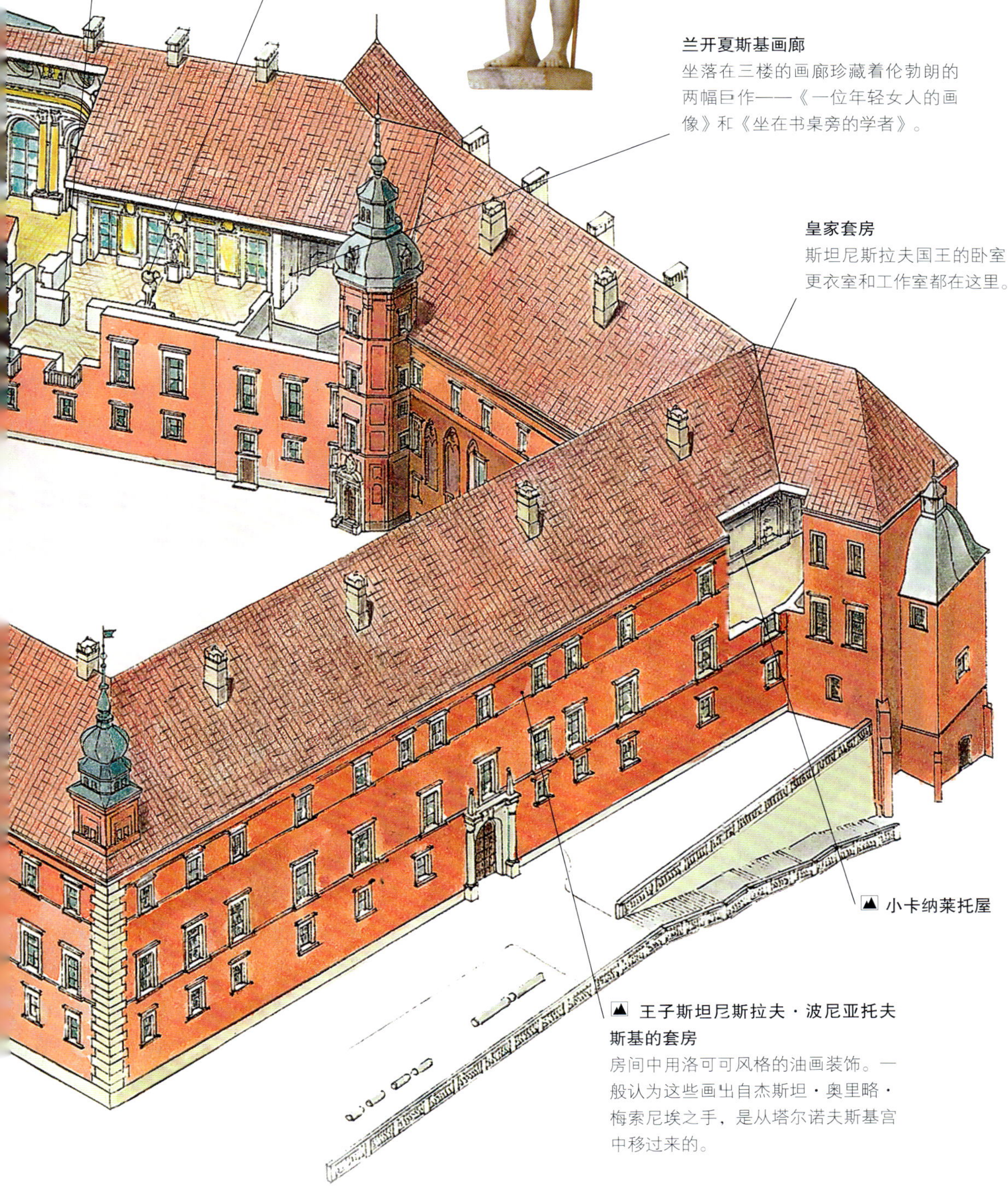

骑士厅

骑士厅中最精美的便是新古典主义风格的克罗诺斯塑像，由雅各布·莫纳尔迪完成。（如右图）

大理石屋

兰开夏斯基画廊

坐落在三楼的画廊珍藏着伦勃朗的两幅巨作——《一位年轻女人的画像》和《坐在书桌旁的学者》。

皇家套房

斯坦尼斯拉夫国王的卧室、更衣室和工作室都在这里。

小卡纳莱托屋

王子斯坦尼斯拉夫·波尼亚托夫斯基的套房

房间中用洛可可风格的油画装饰。一般认为这些画出自杰斯坦·奥里略·梅索尼埃之手，是从塔尔诺夫斯基宫中移过来的。

皇家城堡内部

由于皇家城堡的双重身份——国王的王宫和议会所在地，所以城堡内部装饰非常奢华富丽。参观瑰丽城堡的同时也可游览**众议院**和上议院。城堡中重建的房间带有明显的18世纪风格，其中很多的家具和艺术品都是旧城堡中的珍品，包括在第二次世界大战中抢救出来或是藏起来的雕塑、绘画以及残存的木雕品。**小卡纳莱托屋**中陈列着18世纪的华沙风景画，由意大利的艺术家完成。这些画曾经是华沙皇家城堡重建工程的资料来源。

画廊

皇家城堡的建筑美轮美奂，装修富丽堂皇，其中的两个画廊尤为出众。艺术长廊中陈列着17世纪和18世纪的陶器、玻璃制品、家具、纺织品、铜器、银器和珠宝，约有共200多件珍贵的艺术品，其中包括旧城堡中的伊特鲁里亚装饰瓶。**兰开夏斯基画廊**中的一些画来自国王斯坦尼斯瓦夫二世画廊，是1994年兰开夏斯基家族捐献给城堡的。画廊里还陈列着波兰历史上最有名的画家扬·马特伊科描绘波兰历史的油画，以及波兰历任王朝统治者的珍贵宝物等皇室收藏品。

波兰的最后一位国王

斯坦尼斯瓦夫·奥古斯特·波尼亚托夫斯基（1764—1795年在位）于1732年生于白俄罗斯沃臣。早年时期在俄罗斯圣彼得堡度过，在这里他遇见了已婚的未来女皇叶卡捷琳娜二世，并成为了她的情人。俄罗斯当时野心勃勃地想让波兰加入它庞大的版图，在俄罗斯的帮助下，1764年，波尼亚托夫斯基成为波兰国王。他开始了经济改革，并在文化和教育领域前进了一大步。1791年通过了五三宪法。但是斯坦尼斯瓦夫二世在处理国家间外交事务上并没有如此的得心应手，1795年，在第三次瓜分波兰后，斯坦尼斯瓦夫二世被迫退位。

▲ 从东面看到的老新犹太会堂

捷克共和国 布拉格老新犹太会堂

老新犹太会堂位于捷克首都布拉格的犹太区，是欧洲仍在使用的最古老的犹太会堂。老新犹太会堂完成于1270年，是布拉格最早的哥特式建筑之一（哥特式，见第54页）。这座会堂在19世纪经历了火灾、犹太贫民窟拆迁以及大屠杀。布拉格的犹太人在这里寻找住所躲避屠杀。今天这里仍是布拉格犹太社区的宗教中心。这座犹太会所在建成后，因当时已有另一所犹太教会堂，故此会堂被称为“新犹太教会堂”。随着时间的流逝，会堂亦被改称为“旧新犹太教会堂”，后被拆除，由另一所会堂取代。

切尔韦纳街上的大卫之星

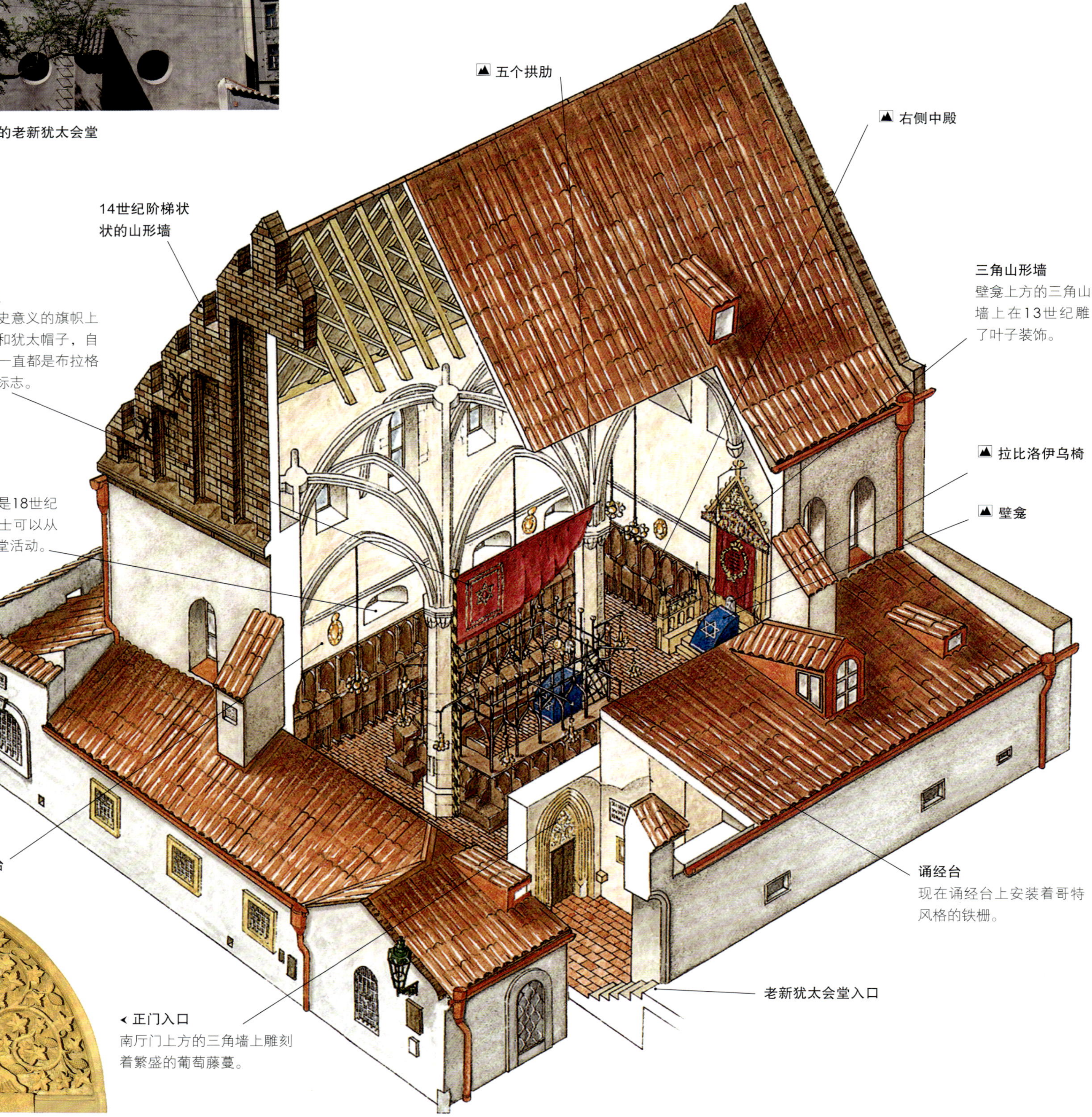

五个拱肋

右侧中殿

14世纪阶梯状状的山形墙

犹太旗帜
这面具有历史意义的旗帜上有大卫之星和犹太帽子，自14世纪以来一直都是布拉格犹太社区的标志。

三角山形墙
壁龛上方的三角山形墙上在13世纪雕刻了叶子装饰。

拉比洛伊乌椅

壁龛

小观窗
这些小观窗是18世纪扩建的，女士可以从这里观看会堂活动。

烛台

诵经台
现在诵经台上安装着哥特风格的铁栅。

老新犹太会堂入口

◄ 正门入口
南厅门上方的三角墙上雕刻着繁盛的葡萄藤蔓。

▲ 壁龛
壁龛是老新犹太会堂中最神圣的地方，这里珍藏着《摩西五经》经卷。

犹太旗帜▲

拉比·洛伊乌和泥人

伟大的学者拉比·洛伊乌是16世纪晚期塔木德的神父（主要学习《塔木德》）。传说中他在梦中受到神的指点，建造了一个泥巨人。他在泥人的口中放进石片，一边绕着泥像一边念咒语，泥像最终有了生命。泥人在完成自己的使命后，拉比·洛伊乌把他口中的石片取走，泥人化为泥沙，保存在老新犹太会堂的阁楼中。

拉比·洛伊乌蚀刻

右侧中殿 ▸
铜质枝形吊灯给靠近墙边的祈祷者提供光明。

拉比·洛伊乌椅 ▸
16世纪的学者拉比·洛伊乌曾坐过这把椅子，椅子中间刻有大卫之星的标志。

原犹太人墓地

老新犹太会堂旁边的是原犹太人的墓地。300多年来这里是唯一允许犹太人埋葬的墓地。据统计，约有十万犹太人被埋葬在这里。其中最早的犹太人墓碑可以追溯到1439年，最新则是1787年。

五个拱肋 ▸
大厅中两个巨型的八角形支柱支撑着五个拱肋。

重要日期

13世纪	18世纪	1883年	1992年
开始建造老新犹太会堂。	在会堂的北侧和西侧修建了女士旁听席。	建筑师约瑟夫·莫克开始致力于老新犹太会堂的修复工作。	布拉格整座城市被联合国教科文组织列入《世界遗产名录》。

会堂内部

矩形的大厅中有六个拱形间隔。两根巨大的柱子东西向排列在拱顶的中间，支撑着四个隔间的内角。每个隔间两侧有两扇狭长的哥特式窗户，共有12扇，代表以色列的十二支部落。为了避免会堂出现十字状，所以增加了第五个扇形拱（**五个拱肋**），并雕刻上常春藤，象征着这片土地的繁盛。这座犹太会堂遵守犹太教正统派礼仪，祈祷时男女座位分开，妇女坐在外间。拱顶的框架、三角墙和共享墙的历史可追溯到中世纪。

犹太区

老新犹太会堂位于布拉格的犹太区。这个名字取自18世纪国王约瑟夫二世统治时期，他纵然地放任社会歧视犹太人。几个世纪以来，布拉格的犹太人都忍受着难以想象的处境——16世纪时，犹太人必须佩戴代表犹太人人身屈辱成分的黄色领圈。19世纪90年代，犹太区被拆除。但是很多建筑幸存了下来，包括犹太城市市政厅和老新犹太会堂。第二次世界大战期间，纳粹党占领老新犹太会堂。纳粹在泰瑞辛集中营中屠杀了大约八万犹太人。泰瑞辛是纳粹德国在布拉格西北处建立的一处集中营。

犹太教会堂

老新犹太会堂是布拉格今天仍在使用的三座会堂之一，也是欧洲仍在使用的最古老的犹太会堂。会堂**正门入口**处刻着劝诫的犹太圣经：敬畏上帝 遵守他的诫命，这是人所当尽的本分。依据犹太教礼仪，会堂内祈祷时男女座位分开。举行活动主要在大厅中进行，并且只有男士才可以参加接待服务工作，同时参加祈祷的人必须佩戴面纱。依据宗教礼仪，女士只能站在相邻的旁听席上，通过**小观窗**观看。大厅中央是类似铁笼的**诵经台**（祈祷文领诵人的平台），这里每天诵读《律法》。诵经台上方的是红色**犹太旗帜**，是犹太区的标志，现在展出的旗帜是1716年原旗帜的复制品。

黄昏中查理大桥上塑像的剪影

查理大桥上的雕像

雕塑大师马蒂亚斯·布劳恩（1684—1738年）出生在奥地利的因斯布鲁克附近，在奥地利和意大利学习雕塑，1710年来到布拉格。马蒂亚斯·布劳恩的第一份工作成果是**圣鲁特卡德像**，在他26岁时创作完成。其他的雕塑家有德国的约翰·布科夫（1652—1718年）和他的儿子麦克和斐迪南。查理桥上后来创作的塑像如**圣阿达尔贝特像**，**圣弗朗茨·泽维尔像**，都表现出了耶稣基督信仰在北非和东方的传播。

效仿罗马

查理大桥以查理四世的名字命名。1355年，查理四世成为神圣罗马帝国的皇帝，他希望这座大桥能够与古罗马的恺撒大帝齐名。但是直到17世纪，这些罗马雕像安置到大桥上，查理大桥才声名鹊起。这些雕像主要雕刻的是圣人，包括大桥的保护者**圣维达斯像**、**圣母像和圣伯奈特像**以及其中雕刻的天使和狄克女神像。道明会在**圣母像**、**圣多米尼克像和圣托马斯像**中表现了他们的象征标记：狗。查理大桥上共安放着30座雕像，从1965年开始，所有雕塑已经有系统地用复制品代替，原作移往国家博物馆展出。

圣约翰·内波穆克

圣约翰·内波穆克在1729年被尊奉为圣人。15世纪捷克宗教思想家扬·胡斯以献身教会改革和捷克民族主义的大义而殉道，留名于世，圣约翰被胡斯的精神感召。1393年，身为主教区牧师的圣约翰和其他教徒由于不满国王选举修道院院长，而被瓦茨拉夫四世批准逮捕。圣约翰在饱经折磨后死去，他的尸体被人从查理大桥上扔进伏尔塔瓦河中。为了纪念圣约翰，在查理大桥他被扔下的地方竖立起了**圣约翰·内波穆克像**，桥墩上的浮雕刻着圣约翰被丢入河中的情景。圣约翰是查理大桥的守护者，查理大桥上第8座雕像是圣约翰像，是查理大桥上最著名的雕像之一。

布拉格查理大桥

查理大桥是布拉格最著名的历史遗迹，它连接着布拉格狭小的旧城区，在1741年之前，查理大桥是布拉格唯一穿过伏尔塔瓦河的桥梁。查理大桥长520米（1706英尺），主要建筑材料为波西米亚砂岩，宽度可以同时并行四辆马车，现在已经禁行车辆。由于日久耗损，查理大桥上的雕塑大部分已经换成复制品。哥特式的老城桥塔（哥特式，见第54页）是同类型建筑中最为恢弘的建筑之一。

▲ 圣阿达尔贝特像，完成于1709年

阿达尔贝特是布拉格的主教，也是布拉格帕特星山上圣劳伦斯教堂的建立者，捷克人习惯称他吉罗维茨。

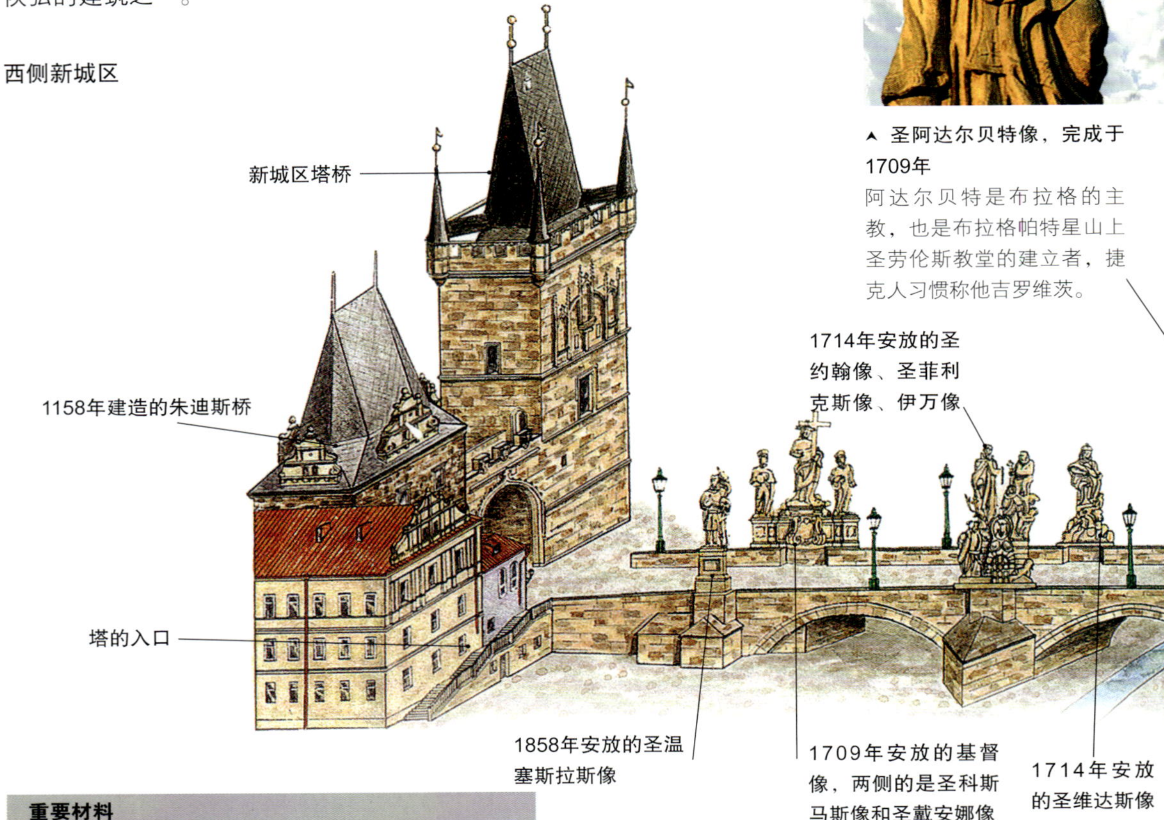

重要材料

为了让大桥更坚固，查理四世决定在石灰中掺入蛋黄，巨大的需求不仅掏空了布拉格城及周边地区的农舍，还不得不从外地紧急调运。据说运输途中一个村庄的农夫自作聪明，怕把鸡蛋弄碎，于是一一将它们煮熟。到了布拉格，他才得知煮熟的鸡蛋无法用作原料。

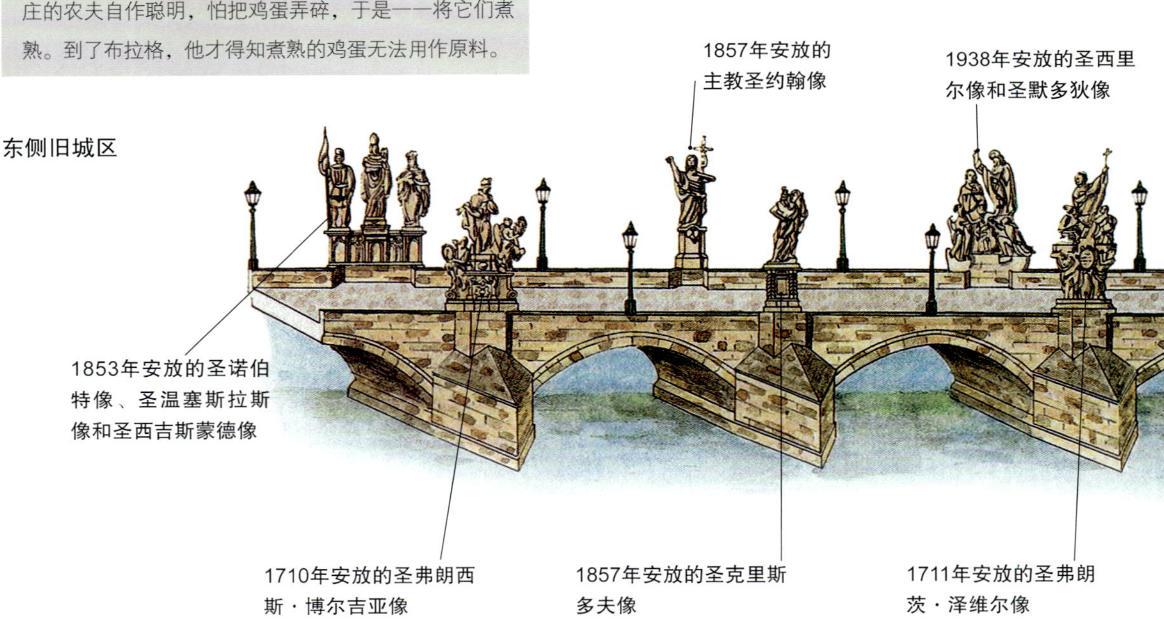

从新城桥塔上看到的布拉格
在桥塔的顶部可以观看布拉格的风光。

1710年安放的圣鲁特卡德像
这尊雕像由马蒂亚斯·布劳恩完成，刻画的是修多会的盲修女在耶稣基督允许她亲吻自己的伤口时的激动神情。

圣约翰·内波穆克像

塔桥上的雕像
塔桥上的雕像有圣维达斯像，以及查理大桥的支持者查理四世和瓦茨拉夫四世的雕像。

三十年战争
在战争的末期，瑞典占领了伏尔塔瓦河西岸，当他们试图向老城推进时，空前激烈的战斗就在桥上展开。1648年，双方在查理大桥中央签署了休战协定。

耶稣受难像（17世纪雕刻完成）

1683年平安夜的圣约翰·内波穆克像
桥上的这个外浅浮雕描绘的是圣约翰·内波穆克的殉难。在这里，由于游客们的长期触摸（据说触摸这座雕像能够得到好运），这座圣人像已经被打磨得十分光滑。

1709年安放的圣卡耶坦像

1708年安放的圣奥古斯丁像

1712年安放的圣文森特·菲尔像和圣普罗科匹厄斯像

1708年安放的犹大像

1707年安放的安东尼·帕多瓦像

1714年安放的圣菲利普·本尼斯像

进入康帕岛的阶梯

1708年安放的圣尼古拉斯·托伦蒂诺像

1855年安放的圣西斯和天使像

1710年安放的圣卢德米拉像

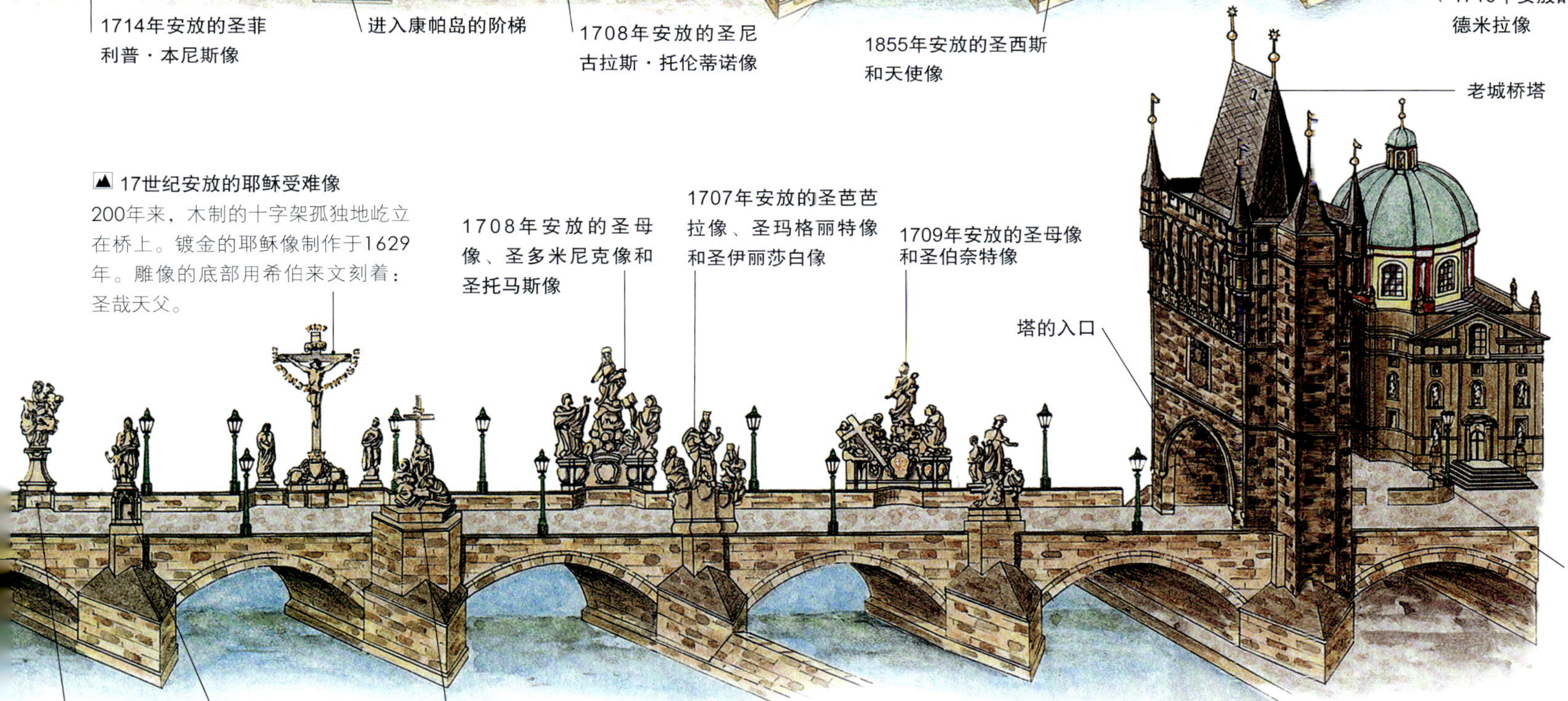

老城桥塔

17世纪安放的耶稣受难像
200年来，木制的十字架孤独地屹立在桥上。镀金的耶稣像制作于1629年。雕像的底部用希伯来文刻着：圣哉天父。

1708年安放的圣母像、圣多米尼克像和圣托马斯像

1707年安放的圣芭芭拉像、圣玛格丽特像和圣伊丽莎白像

1709年安放的圣母像和圣伯奈特像

塔的入口

塔桥上的雕像

1707年安放的圣安妮像

1854年安放的圣约瑟夫像

1859年安放的圣母怜子像

重要日期

1357年	1683年	1873—1720年	1974年	1992年
查理四世任命彼得·帕尔勒日建造一座新的大桥，取代之前的朱迪斯桥。	查理大桥上的第一尊塑像——圣约翰·内波穆克像完成，安放在大桥的中央。	查理大桥上的塑像由布科夫和布劳恩逐一完成，安放在大桥的两侧。	查理大桥成为步行区，禁止一切车辆来往。	布拉格整座城市被联合国教科文组织列入《世界遗产名录》。

斯洛伐克
乌克兰
奥地利
米什科尔茨
布达佩斯国会大厦
匈牙利
罗马尼亚
佩奇
克罗地亚
塞尔维亚

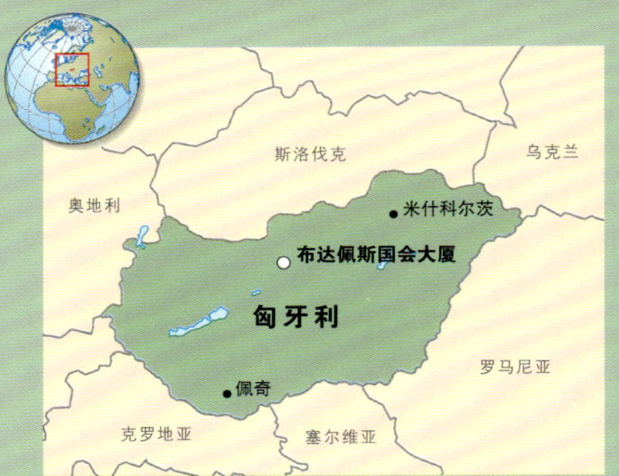

伊姆莱·斯坦德尔

伊姆莱·斯坦德尔（1839—1902年）是匈牙利科技大学建筑专业的教授。1884年伊姆莱在公开竞争中脱颖而出，被委派设计匈牙利国会大厦。这座大厦象征着匈牙利蒸蒸日上的民主进程。伊姆莱在设计中汲取了查尔斯·巴里和奥古斯塔斯·普金设计的新哥特式伦敦国会大厦的精华，大厦内部装饰包括**圆顶大厅**则把众多巴洛克式（巴洛克式，见第80页）和文艺复兴式（文艺复兴式，见第131页）风格融入了整个建筑中，成功塑造了当时重要公共建筑的新样貌。

圣史蒂芬王的圣冠

1000年，匈牙利第一位国王圣史蒂芬一世（975—1038年在位）从教皇西维特二世手中接过这顶圣冠。这顶圣冠象征着匈牙利接受基督教文明，以及匈牙利独立王权，一直传延至今，现保存于国会大厦。但这顶圣冠于在18世纪时，顶上的十字架因故弯斜（传说十字架是王冠被窃时让小偷压斜的），日后匈牙利所有的徽章、钱币上，都表现了这个特征。为争夺这顶圣冠进行过很多场战争。为了妥善保管，第二次世界大战末期，圣冠被保存到美国。1978年，在欢庆声中，圣冠重新回到匈牙利。

国会大厦中的雕像

90尊雕像环绕着国会大厦，这些雕像中有一些是过去的国王、总理、作家和革命人士。其中一尊雕像是特兰西瓦尼亚王子费伦茨·卢卡斯二世（1676—1735年），他带领匈牙利人民反抗哈布斯堡王朝的统治。他旁边的则是匈牙利作家杰索·阿提拉（1905—1937年）的雕像，杰索16岁时出版了他的第一本诗集。**北翼**的雕像是拉乔斯·科苏特（1802—1894年），1849年他领导匈牙利起义军取得了匈牙利的独立，六个月后遭到失败，之后，他被流放。拉乔斯旁边的雕像是民主总理和革命家米哈里·卡罗里。1919年，米哈里在执政5个月后，政府被共产主义者推翻，并被流放。

匈牙利 布达佩斯国会大厦

坐落在多瑙河之滨的布达佩斯国会大厦，是一座宏伟壮观的新哥特式建筑（哥特式，见第54页），是匈牙利最大的建筑，也是布达佩斯的象征。国会大厦长268米（880英尺），中心圆形拱顶的尖端高96米（315英尺），周围有两个哥特式大尖顶，是世界建筑艺术中的珍品。国会大厦北翼是匈牙利总理办公地，南翼则是共和国总统的办公地。

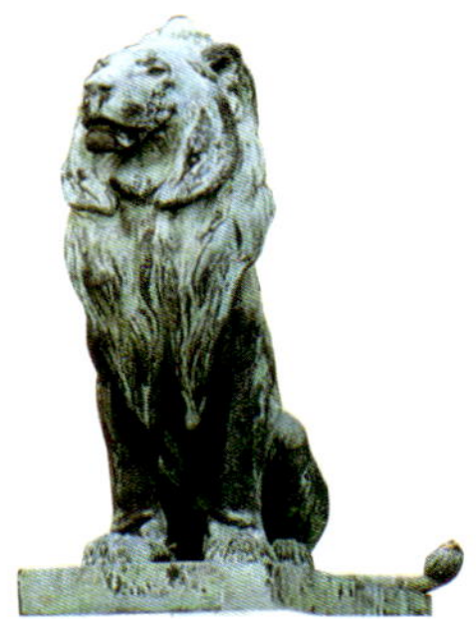

入口处一对石狮中的一只

国会大厦中的装饰花瓶

1954年，赫伦手绘瓷器制造商为国会大厦制作了第一只花瓶。这只花瓶在国会大厅中屹立了10年，之后被移送到赫伦博物馆。2000年，为庆祝匈牙利建国1000周年纪念日，制作了一只新的赫伦手绘花瓶。

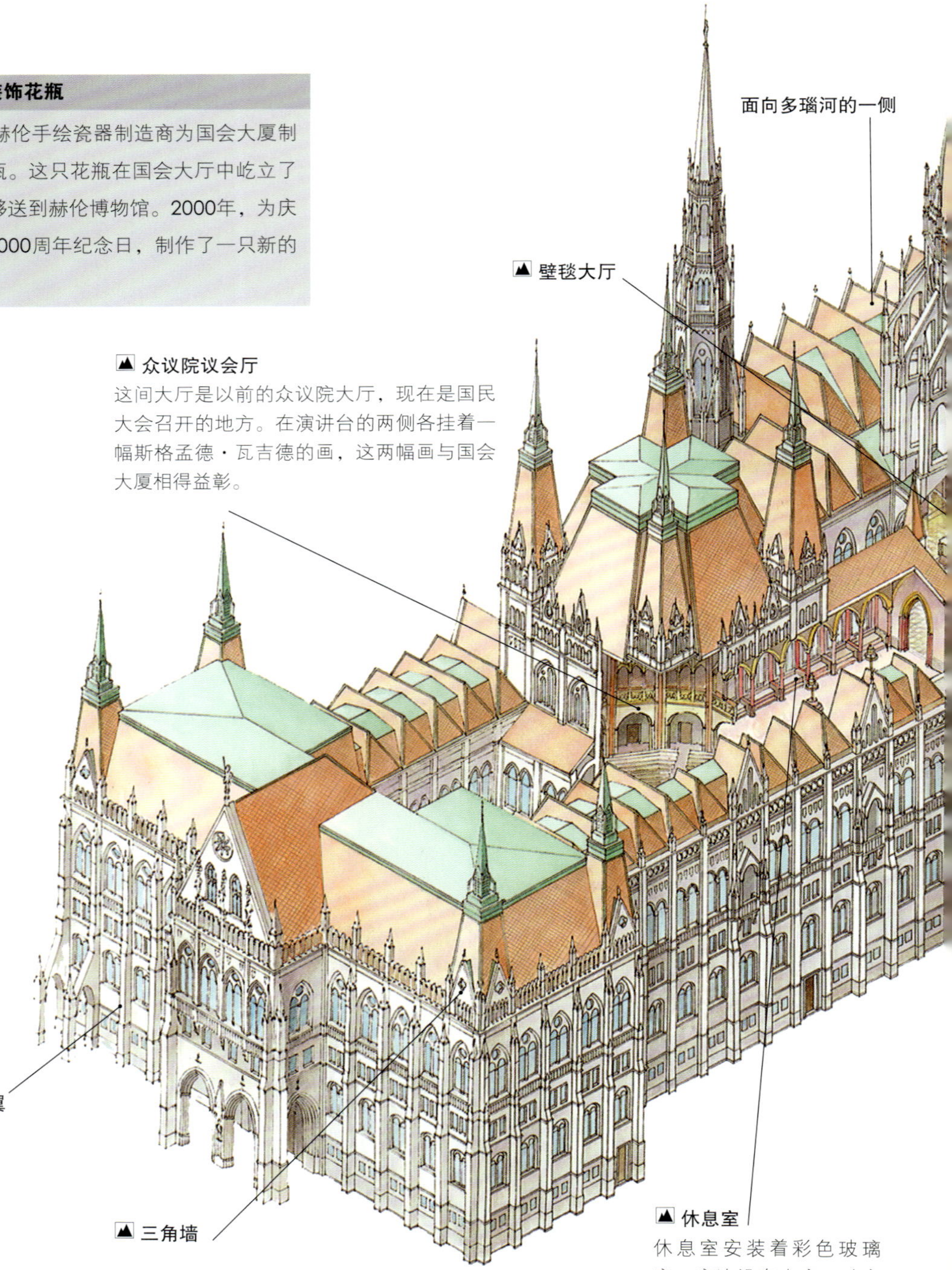
面向多瑙河的一侧
▲ 壁毯大厅
▲ 众议院议会厅
这间大厅是以前的众议院大厅，现在是国民大会召开的地方。在演讲台的两侧各挂着一幅斯格孟德·瓦吉德的画，这两幅画与国会大厦相得益彰。
南翼
▲ 三角墙
▲ 休息室
休息室安装着彩色玻璃窗，旁边设有走廊，政客们在这里进行讨论。

重要日期

1882年	1885年	1902年	1987年
匈牙利著名建筑师伊姆莱·斯坦德尔在公开竞争中赢得了国会大厦的设计。	在多瑙河堤岸上进行国会大厦奠基。	国会大厦基本完工。	布达佩斯的历史文化街区和国会大厦被联合国教科文组织列入《世界遗产名录》。

圆顶大厅
大厅中有很多立柱支撑着庞大的圆顶大厅，立柱旁安放着一些匈牙利统治者的塑像。

圆顶

老上议院大厅

北翼

主楼梯
当时最优秀的艺术家获邀装饰大厦内部。华丽的楼梯装饰着精美的壁画和雕像，壁画由卡罗尔·劳兹完成，雕像则出自哲尔吉·奇斯之手。

皇家徽章
匈牙利加冕礼中的王冠和权杖，除了加冕袍，都保存在圆顶大厅中。

主要入口

国会大厦概貌
国会大厦中央气势恢弘的圆顶特别醒目。尽管国会大厦的外观是新哥特式的，但是它的平面图则遵循巴洛克式建筑风格。

石雕
国会大厦外表大约使用了50多万块石头构造。

三角墙
国会大厦中几乎每个建筑都建有装饰花纹的三角墙和哥特式的尖顶和雕塑。

壁毯大厅
大厅中装饰的一块哥白林挂毯，挂毯上亚伯尔王子与七位马扎尔人首领签署和平条约并一起血誓。

老上议院大厅
老上议院大厅仿照国民议会大厅而建。这两个议会都设有公众旁听席，在大厅内部呈马蹄形环绕。

圆顶
圆顶高96米（315英尺），是精美的新哥特式风格。天花板呈镀金色，并用巨大的花纹装饰。

众议院议会厅

主楼梯

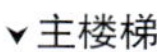

休息室

圆顶大厅

小艾尔米塔什和大艾尔米塔什

叶卡特琳娜大帝任命尤利·弗坦为建筑师，设计建造小艾尔米塔什以便她招待皇家客人。古典主义风格的巴洛克式小艾尔米塔什与欧斯塔利设计的巴洛克式冬宫相得益彰。小艾尔米塔什建成后，叶卡特琳娜二世把她收藏的255幅画存放到这里。之后为了存放大量的书籍和各种类别的艺术品，又建造了大艾尔米塔什。叶卡特琳娜二世在位的34年间，不断地大量地收购、收藏各种类别的艺术品。现在小艾尔米塔什和大艾尔米塔什包括冬宫共拥有从石器时代到20世纪世界文化的300多万件艺术品，其中包括马蒂斯、伦勃朗和塞尚的作品。

巴托洛梅奥·欧斯塔利

意大利建筑师欧斯塔利（1700—1771年）跟随他的父亲学习建筑设计，他的父亲是沙皇彼得一世的建筑师。1722年，欧斯塔利被任命为莫斯科和圣彼得堡的建筑师，在这里设计的建筑让他声名显赫并迅速成为知名的巴洛克式建筑大师。伊丽莎白统治时期，他被任命为首席皇家建筑师，继续设计了很多建筑，包括宏伟的冬宫。叶卡特琳娜二世继位后，由于女沙皇比较青睐严肃的古典主义风格，所以欧斯塔利辞去首席皇家建筑师的职位。

叶卡特琳娜二世

俄国女皇叶卡特琳娜二世（1729—1796年）原为德意志的凯瑟琳公主，后来嫁给了俄国彼得三世·费奥多罗维奇。1762年，彼得三世登上王位成为沙皇彼得三世。彼得三世统治俄国六个月后，叶卡特琳娜二世在宫廷政变中废黜彼得三世，并于1763年登上皇位。叶卡特琳娜二世推行了一系列改革措施，强化了国家政权，将农奴制推上了发展顶峰。在她在位期间，俄罗斯领土得到了极大的扩张。她还兴办各类学校，提倡文学创作，对资本主义工商业的发展采取鼓励的政策，取消对贸易的限制等。

俄罗斯 圣彼得堡冬宫

冬宫是昔日俄国沙皇和女沙皇的皇宫，其中包括18世纪在这里居住的叶卡特琳娜大帝，冬宫是俄国巴洛克式建筑的杰出典范（巴洛克式，见第80页）。冬宫是女沙皇伊丽莎白时期建造的（1741—1762年在位），是意大利建筑师巴托洛梅奥·欧斯塔利的杰作。之后虽然冬宫的外表改建较少，但内部却经过很多建筑师的改造。1837年冬宫遭遇火灾，毁坏严重。经过修复的冬宫四面各具特色，但内部设计和装饰风格则严格统一。1881年，亚历山大二世在冬宫附近遇刺身亡后，皇族成员很少在这里居住。1917年，冬宫被资产阶级临时政府占据。十月革命后，1922年成立艾尔米塔什博物馆，冬宫成为博物馆的一部分。

皇家建筑师巴托洛梅奥·欧斯塔利

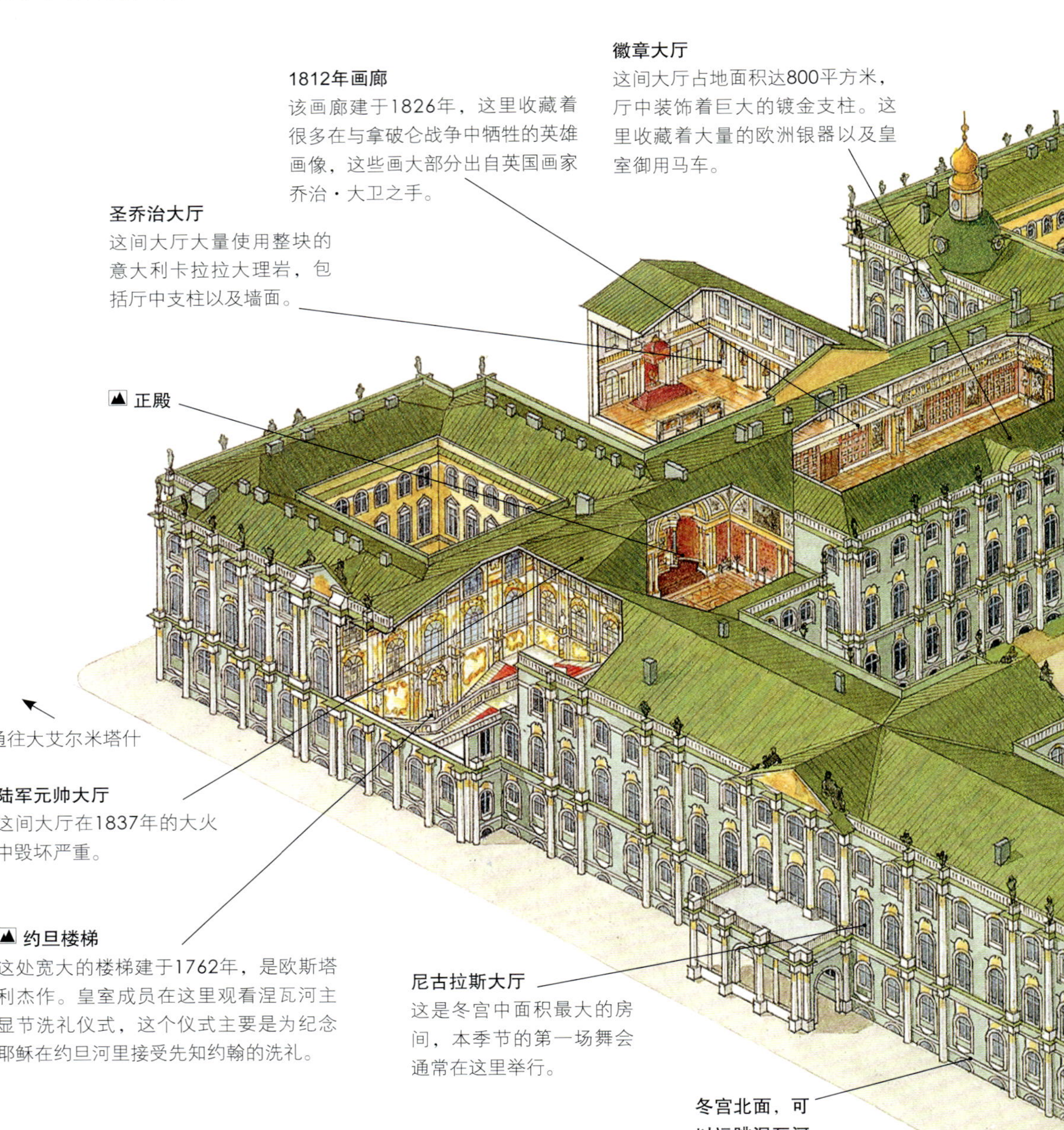

1812年画廊
该画廊建于1826年，这里收藏着很多在与拿破仑战争中牺牲的英雄画像，这些画大部分出自英国画家乔治·大卫之手。

徽章大厅
这间大厅占地面积达800平方米，厅中装饰着巨大的镀金支柱。这里收藏着大量的欧洲银器以及皇室御用马车。

圣乔治大厅
这间大厅大量使用整块的意大利卡拉拉大理岩，包括厅中支柱以及墙面。

正殿

通往大艾尔米塔什

陆军元帅大厅
这间大厅在1837年的大火中毁坏严重。

约旦楼梯
这处宽大的楼梯建于1762年，是欧斯塔利杰作。皇室成员在这里观看涅瓦河主显节洗礼仪式，这个仪式主要是为纪念耶稣在约旦河里接受先知约翰的洗礼。

尼古拉斯大厅
这是冬宫中面积最大的房间，本季节的第一场舞会通常在这里举行。

冬宫北面，可以远眺涅瓦河

重要日期

1754—1762年	1764—1775年	1771—1787年	1917年	1990年
巴托洛梅奥·欧斯塔利设计建造冬宫。	尤利·弗坦设计建造小艾尔米塔什。	随着叶卡特琳娜二世收藏品的增多，利·弗坦设计建造大艾尔米塔什。	苏维埃政府领导人卢纳察尔斯基宣布冬宫和艾尔米塔什成为国家博物馆。	圣彼得堡整座城市，包括冬宫和艾尔米塔什被联合国教科文组织列入《世纪遗产名录》。

▲ 约旦楼梯

▲ 正殿

1833年，为纪念彼得大帝而建，王殿中保存着制作于1731年的英国镀银王冠。

▲ 亚历山大大厅

孔雀石屋 ▲

1839年，为了装饰这间奢华富丽的房间，大约使用了2吨的装饰石头。这间屋中的孔雀石柱、花瓶、镀金的大门以及镶木地板的设计让整个房间美轮美奂。

金色会客厅 ➤

▲ 黄昏走廊

走廊中装饰着法式和佛兰德斯式挂毯，以及17世纪鲁本斯在巴黎所作的画《君士坦丁大帝的婚礼》。

亚历山大大厅

这间大厅由亚历山大·巴瑞鲁沃在1837年设计完成。在这间大厅中，巴瑞鲁沃把哥特风格的拱顶与新古典主义风格的军事主题的浮雕完美地融合在一起。

法式房间

这间房间由巴瑞鲁沃在1839年设计完成，现在这里收藏着众多的法国18世纪的精美艺术品。

冬宫南侧与宫殿广场相对

白色大厅

这间白色大厅是为迎接亚历山大二世的婚礼而装饰的。

金色会客厅

19世纪50年代建成，19世纪70年代大厅中的墙和天花板全面镀上金色。现在这里陈列着西欧的一些雕刻精美的宝石。

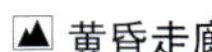

黄昏走廊

西翼

哥特式图书馆

木制镶嵌的图书馆由米塔尔在1894年设计完成。图书馆和冬宫西北面的房间都是在尼古拉斯二世奢侈的资产阶级生活方式下建造的。

圆形大厅

大厅建于1830年，大厅连接着西侧的私人套房和北侧的国家套房。

孔雀石屋

冲向冬宫

1917年10月25日晚上，布尔什维克党人包围了临时政府的所在地——冬宫，但当晚在冬宫附近并未发生武装冲突，仅仅向冬宫打了几发空弹，布尔什维克党人便占领冬宫，十月革命取得胜利。

圣巴西尔大教堂

圣巴西尔大教堂是俄罗斯东正教最漂亮的教堂之一，是莫斯科甚或全俄罗斯最具体的象征，也是俄罗斯最具代表性的纪念建筑。伊凡四世为纪念他在1552年对喀山汗国的征服而建造，1555年，他任命建筑师波斯特尼克·雅科夫列夫设计建造圣巴西尔大教堂。1561年大教堂建成。传说伊凡四世对这所教堂如此满意，以至他命人将该教堂的建筑师雅科夫列夫弄瞎，以阻止他为其他人设计出同样美丽的建筑。圣巴西尔大教堂的正式名称是巴西尔·柿拉仁诺教堂，不过教堂更多地被称为圣巴西尔教堂。俄罗斯东正教圣人巴西尔·柏拉仁诺之墓现在保存在教堂的第九座小礼拜堂中。

▲ 基督进入耶路撒冷礼拜堂中的圣像

◂ 圣塞浦路斯礼拜堂
这是其中一座为纪念伊万四世对喀山汗国战役的征服的礼拜堂。这里供奉着圣塞浦路斯，塞浦路斯节在每年的10月2日进行，这一天也是对喀山汗国最后一次战役的第二天。

◂ 基督进入耶路撒冷礼拜堂

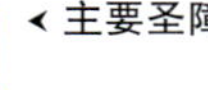

◂ 主要圣障

莫斯科红场

圣巴西尔大教堂坐落在莫斯科市中心的红场上。红场的名字源于俄语“Krasnyy”，原意为“漂亮的”，后来就表示成了“红色的”。

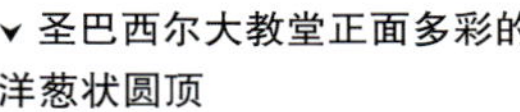

▾ 圣巴西尔大教堂正面多彩的洋葱状圆顶

钟塔

三位一体礼拜堂

圆顶
1583年遭遇火灾后，新建的洋葱状圆顶取代以前的盔形圆顶。1670年后，这些洋葱状的圆顶被涂上鲜艳的颜色。圣巴西尔教堂曾一度是白色的墙和金色的圆顶。

塞浦路斯礼拜堂

三主教礼拜堂

圣巴西尔礼拜堂
1588年，为保存“神圣的傻子”巴西尔的遗骸，在教堂中新建了第九座礼拜堂。

入口
这里陈列着见证教堂历史的物品，以及伊凡四世时期的盔甲和武器。

▴ 中央礼拜堂
中央礼拜堂是呈帐篷式的圆顶，圆顶高61米（200英尺）。

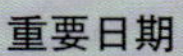

重要日期

1555年	1583年	1812年	1918年	1929年	20世纪90年代
开始准备工作，六年后，圣巴西尔大教堂建成。	洋葱形的圆顶建成，取代了原来在火灾中毁坏的圆顶。	拿破仑侵略俄国期间，他的骑兵把圣巴西尔大教堂当成马厩使用。	共产主义者关闭了圣巴西尔大教堂并把教堂中的钟摘下烧熔。	圣巴西尔大教堂成为博物馆，以纪念俄国对喀山汗国的征服。	圣巴西尔大教堂被联合国教科文组织列入《世界遗产名录》，并在1991年归还给东正教。

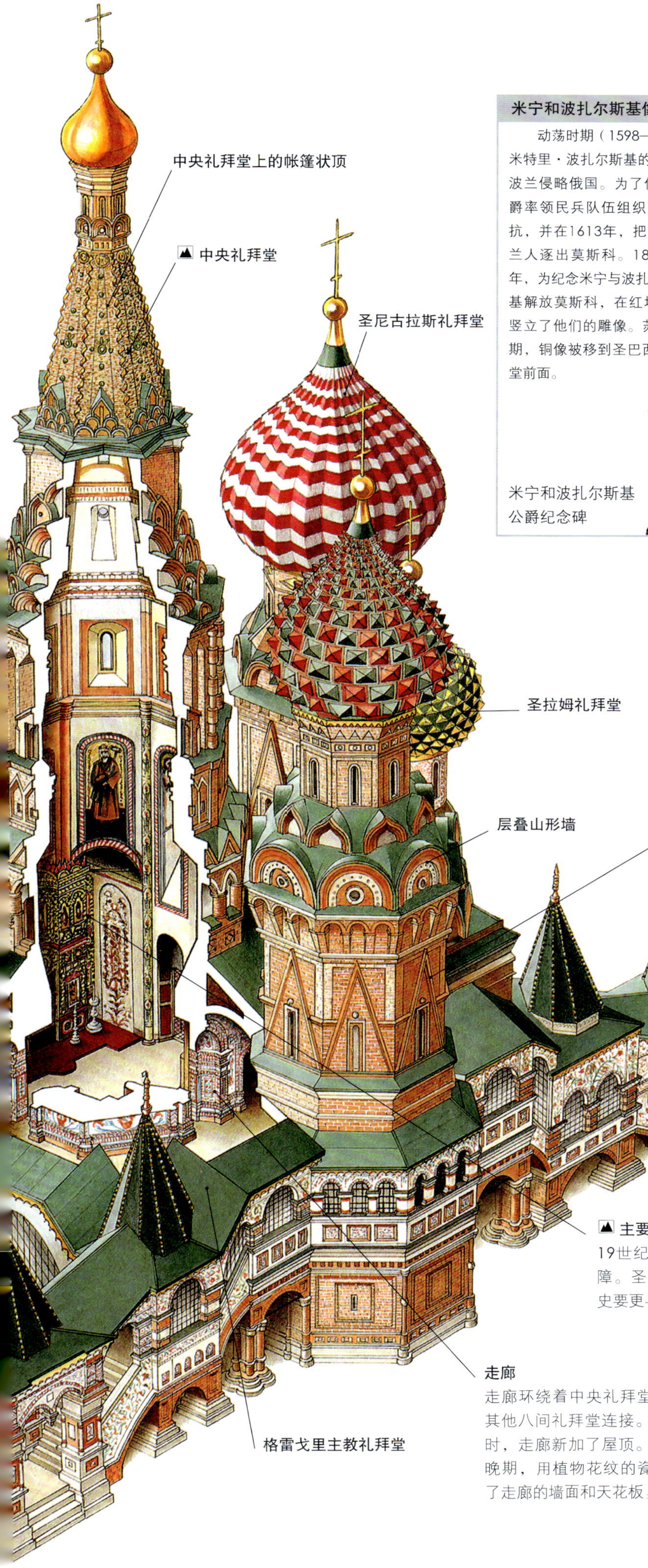

中央礼拜堂上的帐篷状顶

▲ 中央礼拜堂

圣尼古拉斯礼拜堂

圣拉姆礼拜堂

▲ 基督进入耶路撒冷礼拜堂

在每年举行的圣枝主日，这里是游行队伍的仪式入口。这一天，主教骑着一匹化装成驴的样子的马从克里姆林宫进入圣巴西尔大教堂。

层叠山形墙

▲ 主要圣障

19世纪新建了中央礼拜堂中的圣障。圣障中的一些圣像的绘画历史要更早些。

走廊

走廊环绕着中央礼拜堂，并与其他八间礼拜堂连接。17世纪时，走廊新加了屋顶。18世纪晚期，用植物花纹的瓷砖装饰了走廊的墙面和天花板。

格雷戈里主教礼拜堂

米宁和波扎尔斯基像

动荡时期（1598—1613年）的两位英雄库兹马·米宁和米特里·波扎尔斯基的铜像由伊万·马斯科完成。1612年，波兰侵略俄国。为了保卫祖国，屠夫米宁和波扎尔斯基公爵率领民兵队伍组织反抗，并在1613年，把波兰人逐出莫斯科。1818年，为纪念米宁与波扎尔斯基解放莫斯科，在红场中心竖立了他们的雕像。苏联时期，铜像被移到圣巴西尔教堂前面。

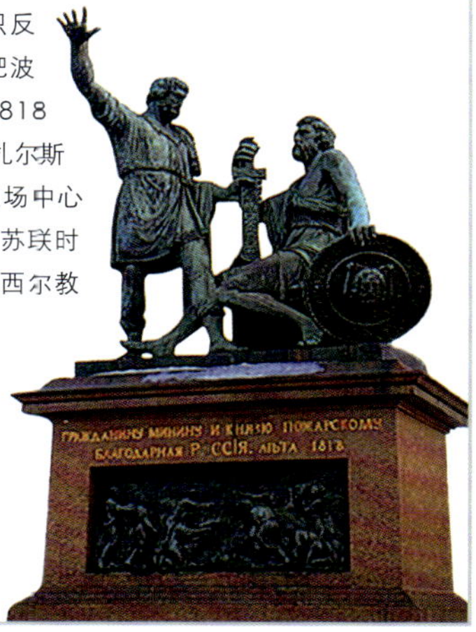

米宁和波扎尔斯基公爵纪念碑

“神圣的傻子”巴西尔

1464年，巴西尔出生在一个叫耶鲁克哈维的小村庄的农户家庭中，从小他就跟随一个鞋匠当学徒。巴西尔擅长占卜术，16岁时，他离家前往莫斯科。在那里他开始进行苦修：光脚在莫斯科大街上行走；教导莫斯科居民虔敬。尽管他的说教行为经常遭到嘲笑甚至殴打，但他并没有放弃苦修。1547年，巴西尔的命运得到改变，当时他预测到莫斯科即将发生火灾，并及时阻止了火灾摧毁整座城市。巴西尔88岁时去世，沙皇伊万四世把他的尸体埋葬在教堂中。1579年，巴西尔被追封为圣人。

教堂设计

圣巴西尔大教堂中有九座小礼拜堂，每个礼拜堂供奉着一个圣人。除去**中央礼拜堂**，其他八个教堂象征着对喀山汗国进行的八次战役。中央礼拜堂上设计建造着一个多彩的圆顶。每一个小礼拜堂无论是从装饰上还是规模上都是独一无二的。整个教堂构造对称平衡，无论从哪个角度观看都是一幅完美的画面。方形的主教堂往上是一个逐渐缩小的八角形，后由镀金圆屋顶装顶。四个八角形的中型塔楼在四个主要的方向点上围绕着主教堂。四个小塔形成一个方形，并且穿插于中型塔中间，构成这个建筑八角星的形状。

俄罗斯圣像

俄罗斯东正教使用圣像祈祷及讲授道义。但是每一幅圣像的绘画都非常严格。圣像是一种象征，教会从画像的线条和色彩上讲述神学意义。传说画像中的圣人把力量渗透到画像中，在战时会起到保护的作用。988年俄罗斯由拜占庭接受了东正教，将教堂装饰及圣像画的传统一并延续而来，在1240年蒙古攻陷基辅之前，基辅一直都是俄罗斯主要的圣像绘画中心。15世纪晚期，莫斯科画派成立，伊万四世要求所有的艺术家都居住在克里姆林宫。莫斯科画派著名的圣像大师有鲁布留夫杰和季奥尼西。圣像是东正教会独创的文化传统，是传播东正教最有效的工具。圣像以明确深刻的形象结合颜色的力量，提供每一个欲了解东正教的人以最直接且真诚的方式。

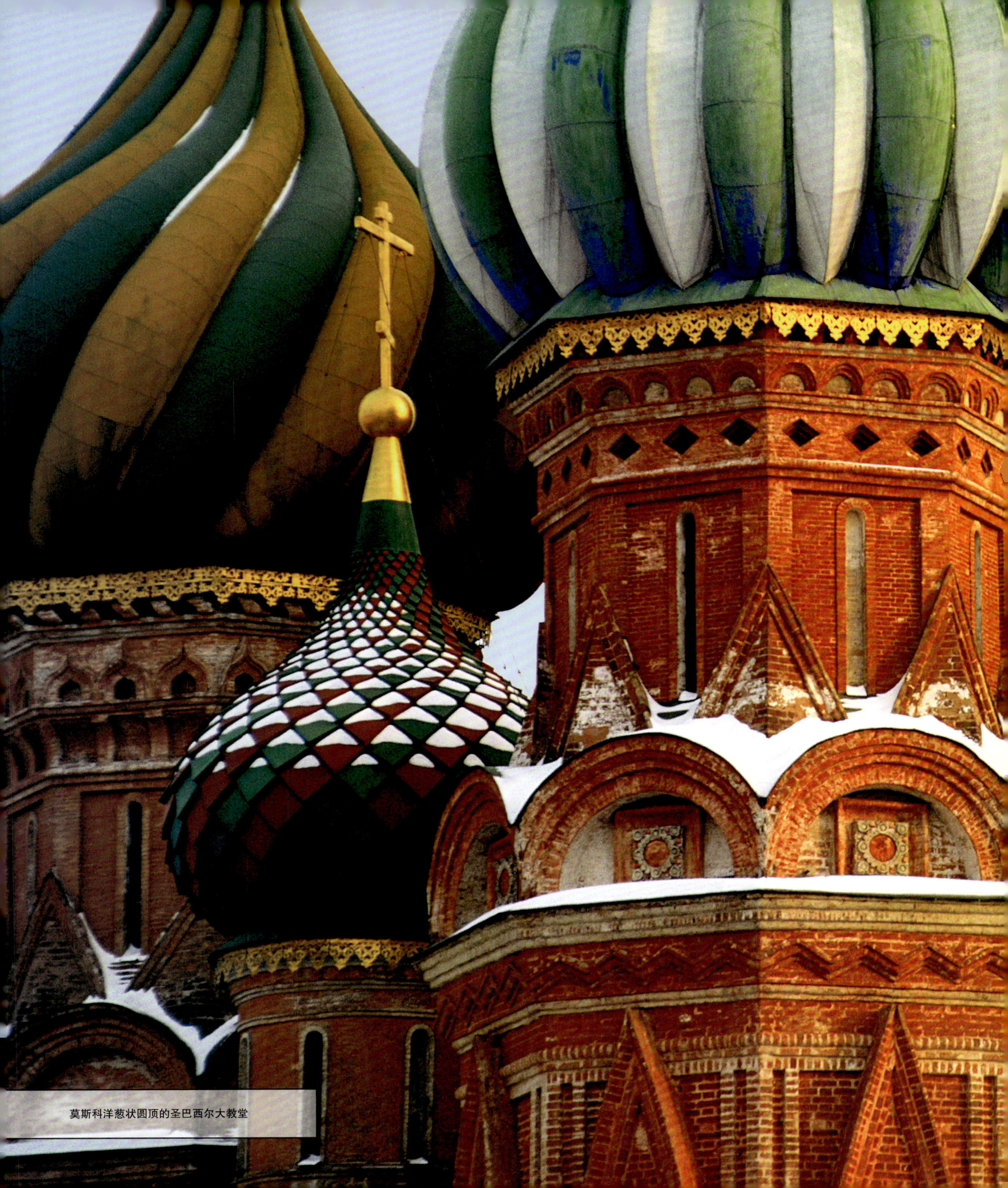
莫斯科洋葱状圆顶的圣巴西尔大教堂

冯埃施韦格男爵

1839年，萨克森科堡哥达王朝的国王费迪南德二世得到一片地理位置优越的土地，这里以前是修道院。费迪南德受德国浪漫主义的启发，授命德国建筑师冯埃施韦格男爵（1777—1855年）负责兴建一座夏宫。冯埃施韦格男爵把费迪南德的梦想变成了现实，在修道院的废墟上，男爵建成了一座童话梦境般的佩纳宫。宫殿旁边的峭壁上，有一座巨大骑士的雕像，雕像底部雕刻着男爵的徽章，他在保卫佩纳宫。

佩纳宫的设计

费迪南德对艺术的热情、对科学的追求，都对佩纳宫的设计有很大的影响，佩纳宫本身为多种建筑风格的融合，兼具哥特式（哥特式，见第54页）、文艺复兴式（文艺复兴式，见第131页）、摩尔式以及曼努埃尔式。佩纳宫耀眼、奇特、矫饰的身姿看上去像一座乐园。粉红、嫩绿、鹅黄等五彩颜色把整个城堡构建成一个完完全全的童话世界。城堡外表用摩尔式的彩砖、金色的圆顶、锯齿状的塔楼和奇形状怪的雕塑装饰。城堡里的皇家房间以浓重典雅为主装饰，小巧的房间里无处不显示出主人卓越的品位，豪华经典但又温馨舒适，同时各种功能一应俱全，雕塑家尼古拉斯·查特瑞纳的**圣坛壁画**是这里的一大特色。

浪漫主义

辛特拉被认为是欧洲浪漫派建筑的中心，很多国王、贵族和艺术家都对它推崇备至。诗人拜伦把辛特拉喻为伊甸园；英国作家罗伯特·索泰则认为这里是“地球上最成功的一处人居环境”。佩纳宫是多种建筑风格的融合，包括异国风情的哥特式风格，使得佩纳宫成为欧洲浪漫主义的先驱。佩纳宫的风格融合中还包括巴伐利亚当地的风格、阿拉伯风格、葡萄牙风格、德国风格、古典主义和浪漫主义风格，这些风格的融合让佩纳宫成为独一无二的建筑杰作。**佩纳宫花园**也是浪漫主义风格，花园中种植着充满异域风情的树木。

葡萄牙 辛特拉佩纳宫

佩纳宫坐落在以巍峨的山势作依托的辛特拉镇，是在15世纪修道院的原址上建立起来的。从15世纪初叶开始经过多次扩大与重建，佩纳宫成为多种建筑风格的融合，兼具哥特式、文艺复兴式、摩尔式、曼努埃尔式，它是19世纪葡萄牙女王玛利亚二世的丈夫萨克森科堡哥达王朝的国王——费迪南德二世的心血之作。1910年，葡萄牙王国覆灭，共和国建立。佩纳宫成为国家博物馆，现今仍保存着当年皇室的容貌。

女王的丈夫费迪南德

费迪南德是葡萄牙著名的“艺术国王”。与他迎娶英国女王伊丽莎白的表哥艾伯特亲王一样，费迪南德也喜欢大自然，喜欢艺术以及他们那个时代的新事物。费迪南德怀着极大的热情投入他的新国家和新生活。1869年，在玛利亚女王逝世16年之后，费迪南德迎娶了他的情妇——歌唱家艾达女爵。奉献了他毕生心血的佩纳宫于1885年完工，同年，费迪南德逝世。

费迪南德

▲ 曼努埃尔二世的卧室
卧室呈椭圆形，绿色的墙面。曼努埃尔二世是葡萄牙的最后一位国王，他的画像挂在壁炉上方。

厨房
铜壶和一些厨房用具依然挂在铁炉周围。餐厅中装饰着费迪南德二世的徽章。

▲ 入口拱门

娱乐

很多现场直播节目都在佩纳宫中进行，包括古典音乐会、展览会、舞会以及一些由世界知名艺术家演出的历史剧。

▲ 拱门上的海神雕像

重要日期

15世纪左右	1839年	19世纪40年代	1910年	1995年
修道院在此处建成。	费迪南德购买了此处，并致力在此建造一座新的宫殿。	冯埃施韦格男爵把费迪南德的梦想变成现实，并保留了修道院回廊和礼拜堂。	佩纳宫成为国家博物馆并对公众开放。	辛特拉镇和佩纳宫被联合国教科文组织列入《世界遗产名录》。

舞场

舞场奢华气派。舞场内装饰着德国的彩色玻璃窗、珍贵的东方瓷器以及4个真人大小的佩戴头巾的雕像手持着大型烛台。

圣坛壁画

圣坛上装饰着很多16世纪的雪花石膏和大理石雕塑，这些雕像由尼古拉斯·查特瑞纳完成。每一个壁龛描述着基督的不同故事：从耶稣生于马槽到升天。

回廊

回廊是修道院保留下来的建筑，用多彩的图案瓷砖装饰。

阿拉伯厅

阿拉伯厅中的墙上和天花板上装饰着大量的幻境壁画，这是佩纳宫中最美丽的房间。

阿拉伯厅

拱门上的海神雕像

雕像是曼努埃尔式，这只凶猛的海神保卫着佩纳宫。

从高处俯瞰佩纳宫花园

入口拱门

拱门上装饰着很多壁骨，锯齿状的塔楼迎接着远方的客人。佩纳宫的建筑用粉红、嫩绿、鹅黄等五彩颜色装饰出一个童话世界。

曼努埃尔二世的卧室

舞场

圣雅各布

根据传说，基督门徒圣雅各布在伊比利亚半岛的凯尔特人中间传教。公元44年，他在耶路撒冷被斩首。他的遗骸后来被带回西班牙加利西亚。在后来的罗马帝国对基督教徒的迫害过程中，他的坟墓在3世纪被遗弃。819年，大主教在神秘光亮的指引下发现了他的坟墓。国王阿方索二世下令在原址修建了一座小教堂，并且成为了第一位朝圣者。997年，这个教堂被入侵伊比利亚半岛的摩尔人烧成灰烬，但是圣雅各布墓（**地宫**）得以幸存。此后，圣雅各布成为西班牙的圣人，圣地亚哥康波斯特拉大教堂也成为主要的朝圣中心。

圣地亚哥大道

自中世纪起，每年都有数以百万的虔诚的朝圣者跟随着他们的主教或民族朝圣者，不畏艰辛地穿越法国，以寻求拜访位于西班牙西北部的圣殿，这条路线就是举世闻名的圣地亚哥康波斯特拉朝圣大道。在今天的徒步旅行者们的心目中，再一次燃起了去体验先人们冒险的经历和坚忍不拔的信心，人们沿着这条连接古代的教堂风景区、城镇和教堂的圣地亚哥大道，穿过风景如画的乡间小路，去追溯并回味祖先的足迹。现在使用最多的路线是从比利牛斯山脉出发的法国路线。朝圣者必须步行或骑马行驶100千米（62英里），或是骑车行驶200千米（125英里），这样可以在朝圣通行证上得到邮局的邮戳，以证明自己的朝圣之路。

荣耀柱廊

罗马式的柱廊的大门拥有尖拱和肋架拱顶（罗马式，见第122页），大门上的雕刻出自大师马特奥之手（拱门的横木上有他在1188年留下的签名）。柱廊的三个拱门上大约刻了200多个圣经人物。满身伤痕的基督在中间，两侧的是他的信徒和24位天启长者，他们都手持乐器。圣雅各布坐在基督的下方。廊柱上的刻痕显而易见，刻画的是耶西树。这些耶西树是成千上万的朝圣者用手触摸廊柱，为了感谢上帝保佑他们旅途顺利而刻上的。廊柱另一侧是**卡洛斯圣像**，朝圣者用手触摸圣像，希望得到智慧。

西班牙 圣地亚哥康波斯特拉大教堂

康波斯特拉大教堂坐落在圣地亚哥的市中心，在巴洛克式的双子塔（巴洛克式，见第80页）和雕像之间直冲云霄。康波斯特拉大教堂是在9世纪阿方索二世建造的长方形会堂的原址上建起来的，其他部分建筑的建造历史可以追溯到11世纪和13世纪。大教堂的唱诗班由建筑大师马特奥设计，现已完成修复工作。大教堂安放有耶稣十二门徒之一的圣雅各布的遗骸，这里也是从中世纪以来著名的朝圣路线圣雅各布之路的终点。

巨大的香炉

双子塔
双子塔是康波斯特拉大教堂中最高的建筑，高74米（243英尺）。

圣雅各布像

西正门
西正门是18世纪新建的，装饰着丰富的巴洛克风格的雕塑。

荣耀柱廊
建于12世纪的荣耀大门上装饰着大量的信徒和先知的雕像，这里是大教堂原来的入口。

卡洛斯圣像
卡洛斯圣像建于12世纪，这尊圣像在这里迎接着朝圣者的到来。传说用前额触碰圣像可以得到好运和智慧。

挂毯博物馆
博物馆位于牧师会礼堂和图书馆的上层。馆中的一些挂毯制作于16世纪早期，其中一些较新的挂毯是根据戈雅的画制作的。

扇贝壳

扇贝壳是圣雅各布的象征。中世纪朝圣者带上扇贝壳表示他们已经拜访过圣雅各布的神龛。沿路的小屋会招待这些路过的佩戴扇贝壳的朝圣者。

重要日期

1075年	1750年	1879年	1985年
在被摩尔人毁坏的教堂旧址上开始建造大教堂。	大教堂巴洛克式的西门正面建成。	在建造大教堂的过程中，发现了1700年藏起来的圣雅各布遗骸。	圣地亚哥古镇被联合国教科文组织列入《世界遗产名录》。

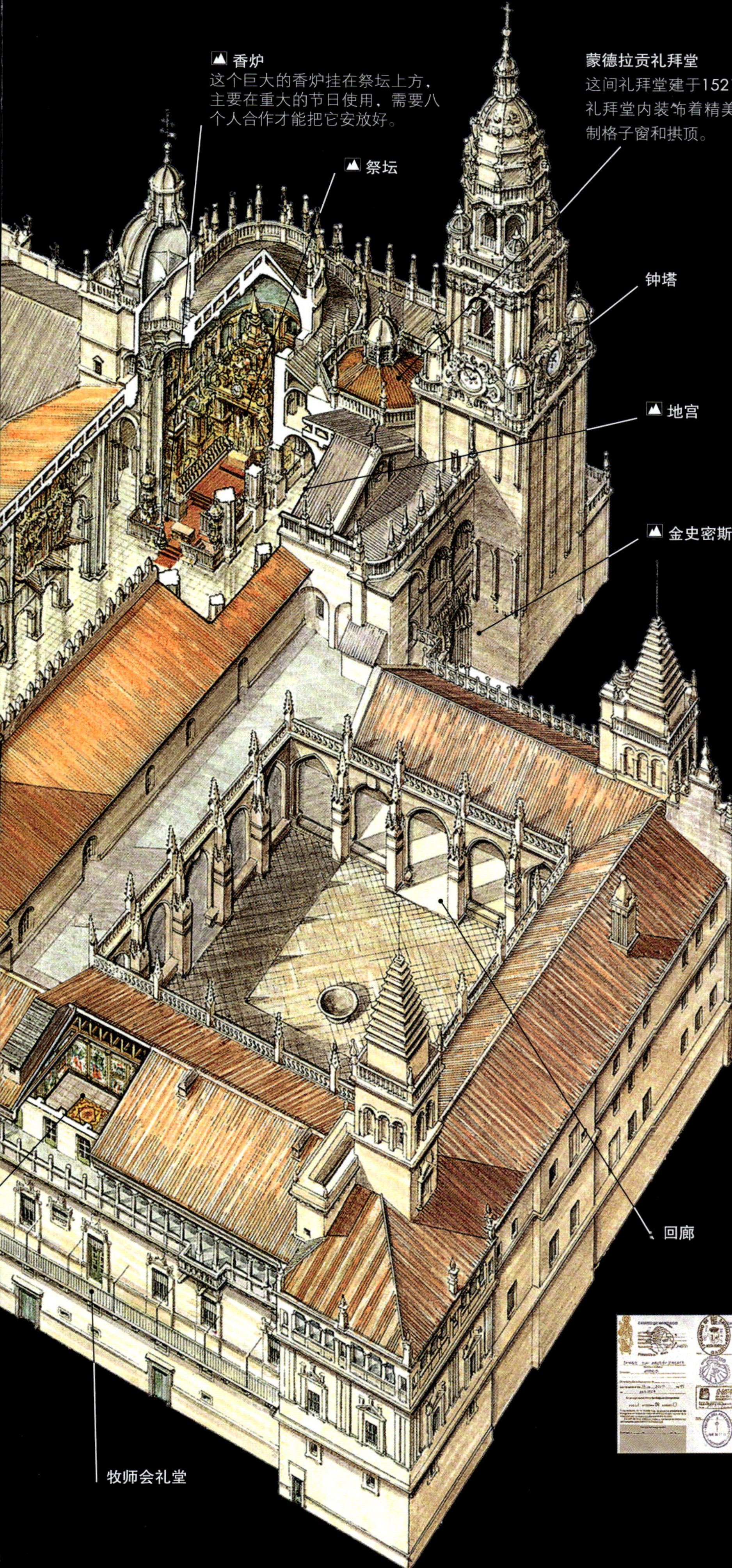

香炉
这个巨大的香炉挂在祭坛上方，主要在重大的节日使用，需要八个人合作才能把它安放好。

蒙德拉贡礼拜堂
这间礼拜堂建于1521年，礼拜堂内装饰着精美的铁制格子窗和拱顶。

祭坛

钟塔

地宫

金史密斯门

回廊

牧师会礼堂

祭坛
游人可以走过祭坛，拥抱祭坛后面的13世纪的圣雅各布雕像。

正西门

金史密斯门
建于12世纪的金史密斯大门装饰着大量的描写圣经故事的浅浮雕。

挂毯博物馆

地宫
祭坛下面的是9世纪的地基，地宫就坐落在这里。圣雅各布和两位信徒的遗骸安葬在地宫的墓穴中。

朝圣通行证
通行证可以证明朝圣者的朝圣路程。

荣耀柱廊

毕尔巴鄂古根海姆博物馆

它是“上帝之眼”镜头下绮丽的地球童话，这座伟大建筑使没落的西班牙海上称霸时代再次苏醒，毕尔巴鄂因它的揭幕而再度雄起，它就是成就美国建筑大师弗兰克·盖里的杰作——西班牙古根海姆博物馆。博物馆在建材方面使用玻璃、钢和石灰岩，部分表面还包覆钛金属，与该市长久以来的造船业传统遥相呼应。作为世界上最著名的西方现代美术馆博物馆之一，该馆的收藏基本上是印象派以后各名家的作品，尤其是抽象艺术品的收藏更是居于世界各博物馆之首。其中包括威廉·德库宁和马克·罗斯科的作品，其中的一些作品也在纽约、威尼斯和柏林古根海姆博物馆中陈列。

建筑师弗兰克·盖里

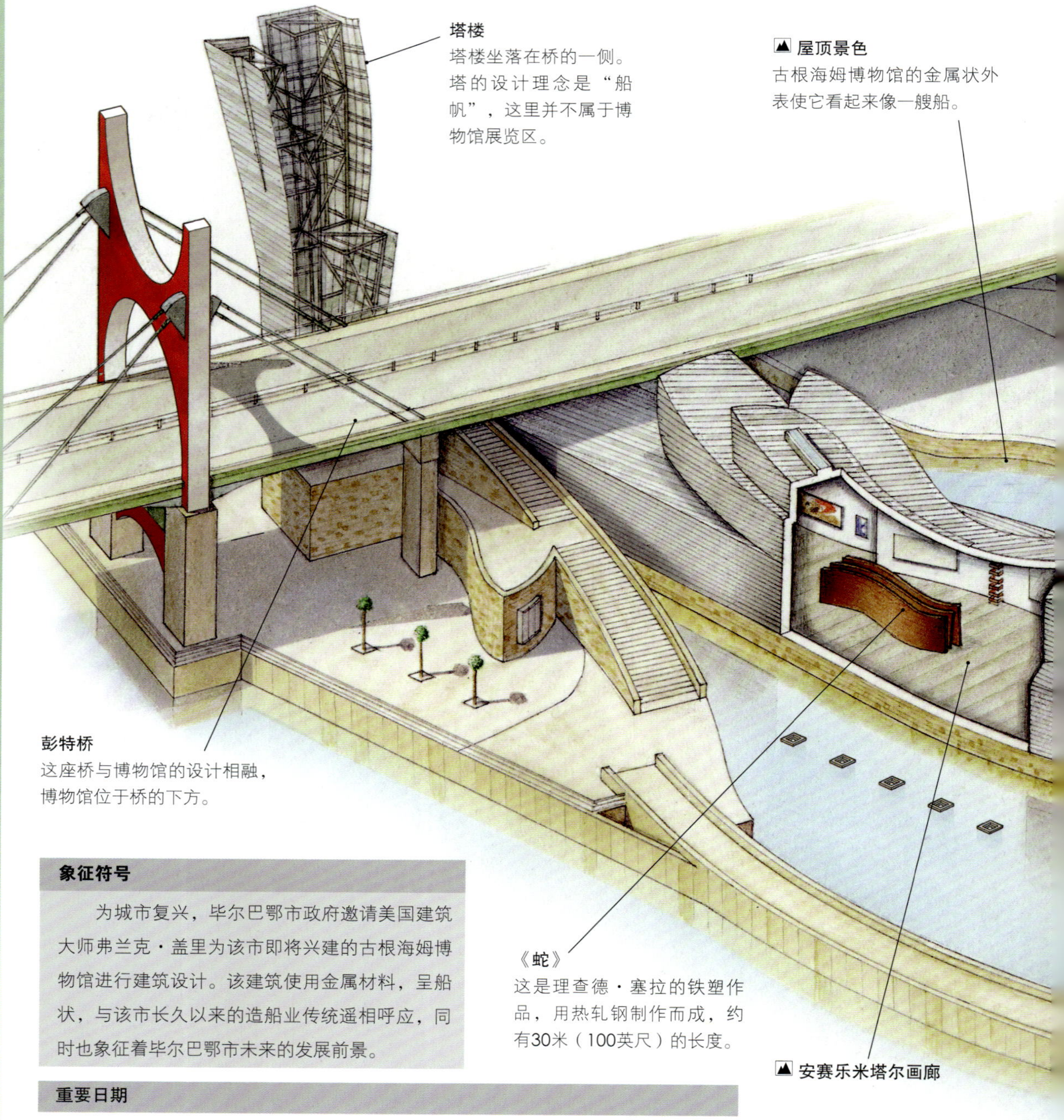

弗兰克·盖里

弗兰克·盖里生于加拿大多伦多的一个犹太人家庭，后移民加利福尼亚州，并在南加利福尼亚州大学获得建筑学硕士学位，毕业后在哈佛大学从事城市规划，1962年建立他自己的公司。盖里在早期的工作中就大胆运用开阔的空间、各种原材料以及不拘泥的形式来进行建造。盖里的作品相当独特，极具个性，他的大部分作品中很少掺杂社会化和意识形态的东西。他通常使用多角平面、倾斜的结构、倒转的形式以及多种物质形式，并将视觉效应运用到图样中去。盖里以他在建筑中表现的野性的雕塑般的形式闻名天下，并获得了美国、日本和欧洲的很多设计大奖。

博物馆建筑

毕尔巴鄂古根海姆博物馆以奇美的造型、特异的结构和崭新的材料博得举世瞩目。与悉尼歌剧院一样，它们都属于未来的建筑提前降临人世。整个博物馆（**正厅**）结构体是由建筑师借助一套为空气动力学使用的电脑软件逐步设计而成，在建材方面使用玻璃、钢和石灰岩，部分表面还包覆钛金属，与该市长久以来的造船业传统遥相呼应。由于博物馆北向逆光的原因，建筑的主立面终日将处于阴影中，盖里聪明地将建筑表面处理成向各个方向弯曲的双曲面（**钛金属覆盖的表面**），这样，随着日光入射角的变化，建筑的各个表面都会产生不断变动的光影效果。博物馆的室内设计极为精彩，尤其是入口处的正厅设计，该博物馆分成十九个展示厅，其中一间还是全世界最大的画廊之一。

博物馆的收藏

毕尔巴鄂古根海姆博物馆正厅内的收藏主要分为三个阶段，以马克·罗斯科的《无题》作为年代排序的起点，还包括20世纪晚期那些具有时代意义的艺术家的作品。从早期的前卫艺术到现在的风俗画，形成了21世纪复杂多元化的收藏，也奠定了博物馆国际化的方向。其中包括艺术家爱德华多·奇里达、威廉·德库宁、耶维斯·克莱恩、罗伯特·马斯维尔、克莱佛德·斯蒂尔、安东尼·塔皮斯和安迪·维尔的作品，他们都是新兴的巴斯克和西班牙的艺术家。毕尔巴鄂古根海姆博物馆中的永久性展出品大部分来自纽约的古根汉姆博物馆和威尼斯的佩吉古根汉姆博物馆。

塔楼
塔楼坐落在桥的一侧。塔的设计理念是“船帆”，这里并不属于博物馆展览区。

屋顶景色
古根海姆博物馆的金属状外表使它看起来像一艘船。

彭特桥
这座桥与博物馆的设计相融，博物馆位于桥的下方。

《蛇》
这是理查德·塞拉的铁塑作品，用热轧钢制作而成，约有30米（100英尺）的长度。

安赛乐米塔尔画廊

象征符号

为城市复兴，毕尔巴鄂市政府邀请美国建筑大师弗兰克·盖里为该市即将兴建的古根海姆博物馆进行建筑设计。该建筑使用金属材料，呈船状，与该市长久以来的造船业传统遥相呼应，同时也象征着毕尔巴鄂市未来的发展前景。

重要日期

1991年	1993年	1994年	1997年
古根海姆博物馆的设计得到批准。	建筑师弗兰克·盖里展示了博物馆的设计模型。	开始建造古根海姆博物馆。	古根海姆博物馆对公众开放。

安赛乐米塔尔画廊 ›
这间画廊由于它的形状，以前被称作鱼廊，这是博物馆中最大的画廊。这里主要陈列着理查德·塞拉的铁雕塑作品：《蛇》和《时间的物质》。

▴ 正厅

▾ 从城市一角观看博物馆
古根海姆博物馆与周围传统的建筑形成强烈的反差。

狗雕塑
狗雕塑是由美国艺术大师杰夫·昆斯设计完成的。这只狗像用鲜花制成，内部有浇灌系统。原本只是临时的塑像，由于大家都很喜欢它，所以这只狗像得以长久地保存下来。

正厅
正厅空间开阔，内部高达60米（200英尺）。这里可以陈列大型的艺术品。

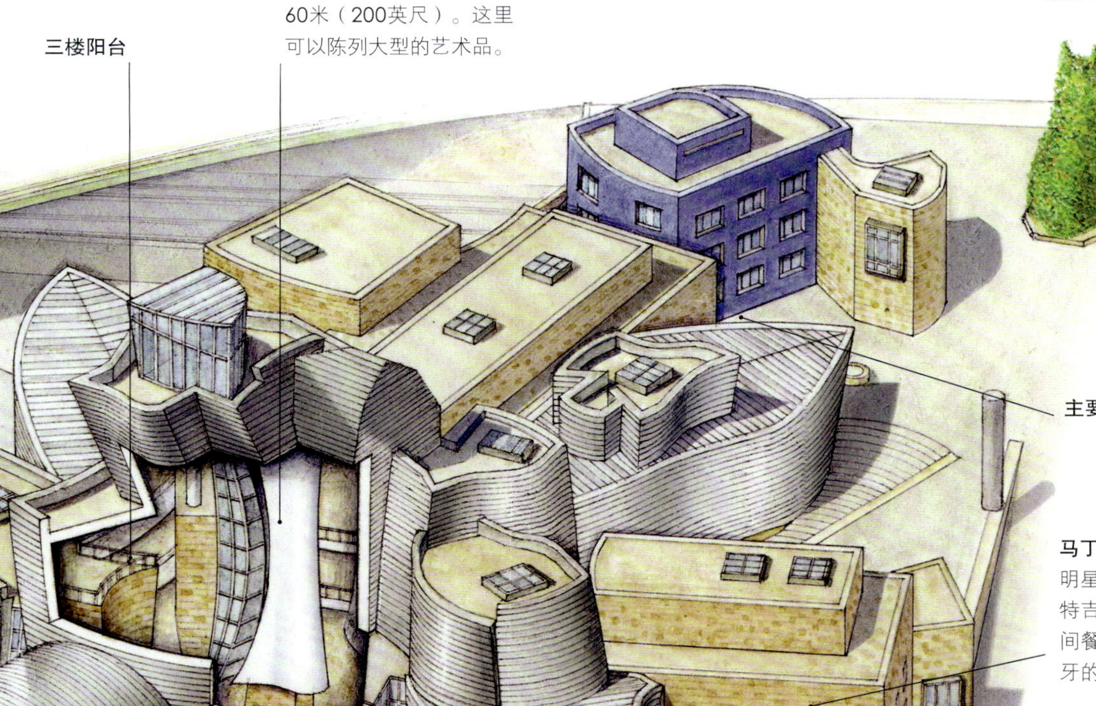

屋顶景色 ›

马丁餐厅
明星大厨马丁·贝拉塞特吉参与设计并拥有这间餐厅，主要提供西班牙的特色菜。

钛金属覆盖的表面 ›
钛金属主要用于飞机制造业，很少在建筑中使用。古根海姆博物馆大约使用了60吨的钛金属，但是博物馆的钛金属表层只有3毫米的厚度。

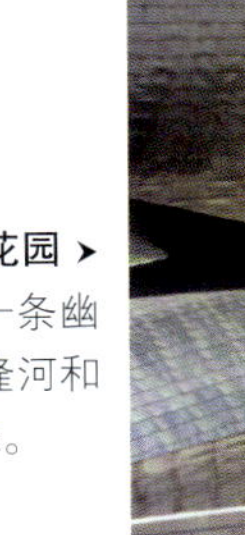
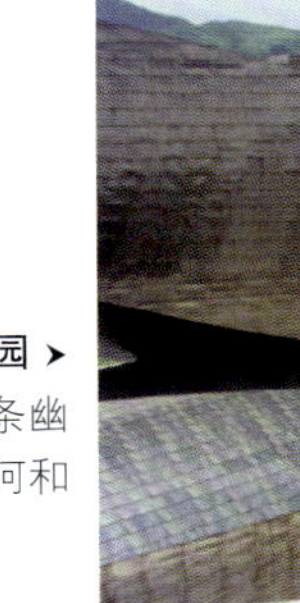

水上花园 ›
博物馆的西侧，一条幽静的长廊把内维隆河和水上花园连接起来。

钛金属覆盖的毕尔巴鄂古根海姆博物馆

现代主义

19世纪晚期，一种新的建筑艺术形式在巴塞罗那诞生。现代主义成为加泰罗尼亚民族主义的一种表达方式，并在马德里的统治下重建地方认同感。现代主义以曲线线条为主，大量使用彩色瓷砖和镶嵌瓦片。杰出的现代主义建筑巨匠包括多蒙尼克和普伊赫・卡达法尔克以及安东尼奥・高迪，在巴塞罗那可以看见这些建筑大师的优秀建筑，这些建筑每年都吸引很多游人。

安东尼奥・高迪

安东尼奥・高迪（1852—1926年）生于一个工匠家庭，后在巴塞罗那建筑学校学习。由于受中世纪浪漫主义的影响，高迪崇尚自然。他的作品也反映了他的纯净、抽象和粗犷的设计理念。巴塞罗那圣家族大教堂是他一生中最主要、最伟大的建筑。1883年，高迪接受大教堂的设计工作。之后高迪把他毕生的心血都奉献给了大教堂。大教堂的建筑资金全部都是依靠捐助的。晚年的高迪陷入资金困境，曾挨家上门乞讨。直到现在，秉承宗教奉献的精神，工程资金也只来源于门票和捐助。1926年高迪被电车撞伤后死亡。圣家族大教堂是一座宏伟的天主教教堂，整体设计以大自然为主，诸如洞穴、山脉、花草、动物为灵感。高迪曾经说：“直线属于人类，而曲线归于上帝。”圣家族大教堂的设计完全没有直线和平面，而是以螺旋、锥形、双曲线、抛物线各种变化组合成充满韵律动感的神圣建筑。

象征意义

圣家族大教堂的设计中，高迪把宗教与自然紧密地融合起来。高迪分别将教堂的3个立面以隐喻的手法象征耶稣一生的3个阶段：诞生、受难与复活。高迪将诞生面安排在教堂东方，每天早晨由东方升起的太阳照耀着**诞生面**，代表着耶稣的降生和生生不息的奇迹。西侧**复活面**代表着耶稣受难和死亡，立柱上雕刻着由于耶稣的死亡而变成恐怖世界的场景。南侧的荣耀面现今还没有完工，荣耀面是面积最大的一面。高迪从森林得到了教堂内部的设计灵感，立柱代表树干，斑驳的阳光从天窗照射到大厅里。

巴塞罗那圣家族大教堂

圣家族大教堂位于西班牙加泰罗尼亚地区的巴塞罗那市区中心，是巴塞罗那的标志性建筑。初期设计人是教区建筑师维拉，教堂风格是新哥特式。1883年由年轻的安东尼奥・高迪接手设计，这是他一生中最主要、最伟大的建筑，也可以说是他心血的结晶、荣誉的象征，同时它也成为高迪的毕生代表作。1926年高迪去世，他的遗体被安葬在圣家族大教堂的地下墓室。从1884年大教堂始建，到1926年高迪逝世，43年间仅完成一个耳堂和四个塔楼之一，但是这座传奇般的教堂至今没有停工，已经成为了世界近代建筑史上耗时最长的建筑。教堂后期的设计反映了高迪创作思想的进一步发展，造型趋向纯净、抽象和粗犷，可惜高迪并没有将设计最终完成，未完成的教堂依然成为了建筑艺术上的重要里程碑。直到现在，秉承宗教奉献的精神，教堂的工程资金也只来源于门票和社会捐助。

大教堂中的彩色玻璃窗

建成后的大教堂

高迪最初的梦想随着岁月的流逝正在逐步实现，他的设计依然令人充满神往。高迪的设计中，四座巨型的塔环绕着中央塔。4座塔代表着圣经四福音书的四位作者。南侧荣耀面的4座塔与西侧复活面已建成的四座塔及东侧诞生面的塔相对。建成后的大教堂外围将有流动般的回廊环绕。

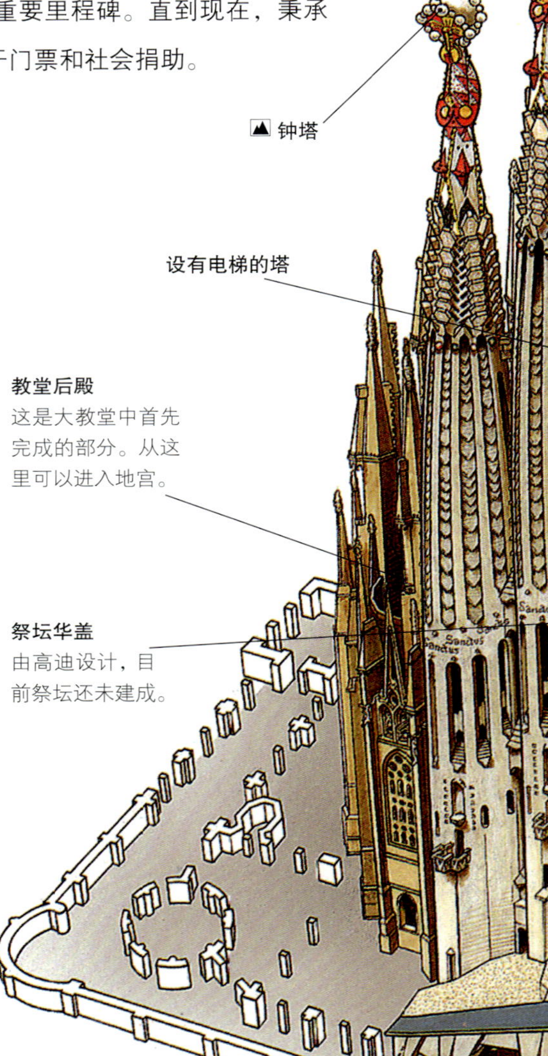

钟塔

设有电梯的塔

教堂后殿
这是大教堂中首先完成的部分。从这里可以进入地宫。

祭坛华盖
由高迪设计，目前祭坛还未建成。

地宫博物馆入口

复活面
这一立面由约瑟夫・萨巴拉奇斯于20世纪80年代完成。这面的雕塑争议比较大，这些雕塑表现了耶稣的疼痛和牺牲，画面比较生硬，同时也比较凶险。

西班牙内战

1936年，圣家族大教堂在西班牙内战（1936—1939年）中遭到袭击，地宫和高迪的工作室被大火摧毁。烧坏了的教堂模型和大量的设计图现今陈列在地宫博物馆中。

重要日期

1882年	1884年	1893年	1954年
开始建造传统的新哥特式教堂。	高迪接手首席建筑师的职位，并更改了建筑设计。	高迪开始设计建造诞生面，诞生面反映了他对大自然的热爱。	大教堂的建筑工作在内战结束之后继续开展，建造工作今天依然在进行中。

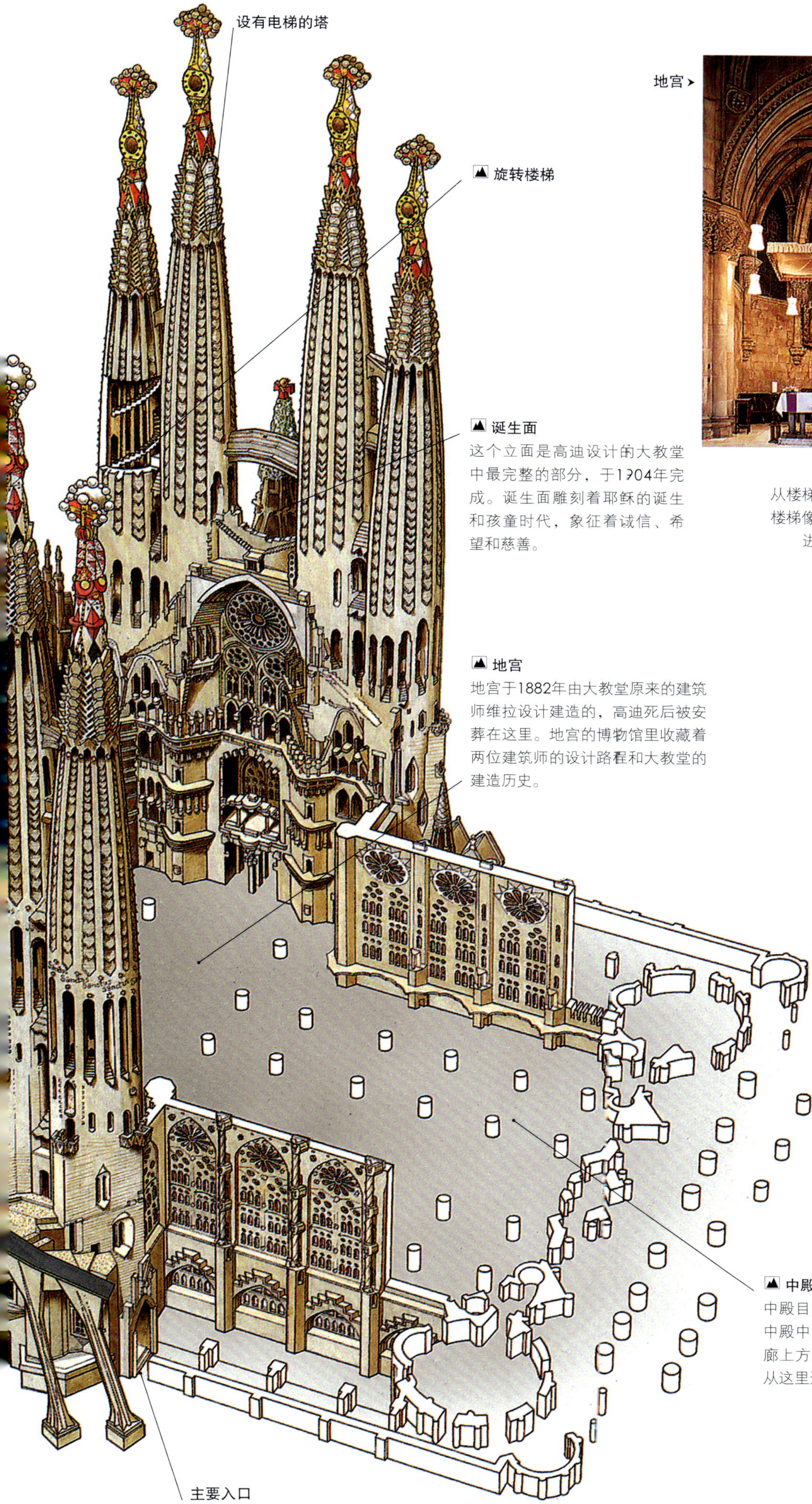

设有电梯的塔

旋转楼梯

诞生面

这个立面是高迪设计的大教堂中最完整的部分，于1904年完成。诞生面雕刻着耶稣的诞生和孩童时代，象征着诚信、希望和慈善。

地宫

地宫于1882年由大教堂原来的建筑师维拉设计建造的，高迪死后被安葬在这里。地宫的博物馆里收藏着两位建筑师的设计路程和大教堂的建造历史。

中殿

中殿目前还在建造中。建成的中殿中的凹槽支柱将支撑着侧廊上方的四条走廊，阳光可以从这里进入殿内。

主要入口

地宫

旋转楼梯

从楼梯的顶点往下看，这些楼梯像蜗牛壳。从这里可以进入钟塔和上层画廊。

中殿

诞生面

复活面

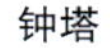

钟塔

现已建成12座小尖塔中的8座，每个小尖塔代表一个信徒，小尖塔用马赛克装饰。

埃斯科里亚尔修道院

埃斯科里亚尔修道院全称“埃斯科里亚尔圣洛伦索王家修道院”，位于西班牙马德里市西北部的瓜达拉马山南坡，是世界上最大最美的宗教建筑之一。修道院于1563年动工，1584 年竣工。为了纪念殉难的基督教徒圣劳伦斯，整个修道院的设计采用长方形格子结构，这种简朴的、与以往截然不同的建筑风格影响了西班牙半个多世纪。这里还曾是一位神秘国王的隐居之所。在菲利普二世统治后期，这里成为了当时最强大的政治力量中心。该建筑名为修道院，实为修道院、宫殿、陵墓、教堂、图书馆、慈善堂、神学院、学校八位一体的庞大建筑群，气势磅礴，雄伟壮观，并珍藏许多欧洲艺术大师的名作。

壁画由卢卡・焦尔达诺完成

艺术博物馆

博物馆坐落在二楼，馆中展列着佛兰德斯、意大利和西班牙的名画，其中最引人注目的是《耶稣受难像》，出自佛兰德斯15世纪的艺术家罗吉尔・范德维登之手。

教堂

圣劳伦斯

1557年8月10日，国王菲利普二世在与法国的战争中获得胜利。为纪念圣劳伦斯，这一天也是他的宗教节日，菲利普二世决定修建一座修道院。整个修道院的设计采用长方形格子结构，这样的设计是为了纪念殉难的圣劳伦斯，因为他当年就是被这样的刑具折磨致死的。

建筑博物馆

战争大厅

波旁宫

主要入口

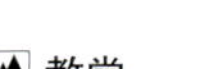

教堂

教堂的祭坛装饰精美绝伦，小礼拜堂中的白色大理石制作的《耶稣受难像》出自切利尼之手。

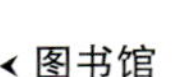

图书馆

牧师会礼堂

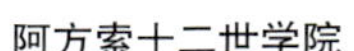

阿方索十二世学院

这所学院是在1875年由修道士建立的寄宿学校。

皇陵

西班牙君主的陵墓呈八角形分布在整个皇陵中。

图书馆

图书馆中藏有4000份手稿和4万册书籍，其中一部分是菲利普二世的私人收藏，馆中还收藏着阿方索十世所作的诗。图书馆中的壁画出自佩莱格里诺・蒂巴尔迪之手。

西班牙的荣耀君主，由卢卡・焦尔达诺完成

埃斯科里亚尔修道院远景 ➤
1567年修道院的总设计师胡安·包蒂斯塔逝世，之后由胡安·德·艾雷拉继续负责设计。修道院这种朴实无华的设计风格影响了西班牙半个多世纪。

比斯开湾
法国
毕尔巴鄂
埃斯科里亚尔修道院
巴塞罗那
马德里
葡萄牙
西班牙
地中海
塞维利亚
大西洋
阿尔及利亚

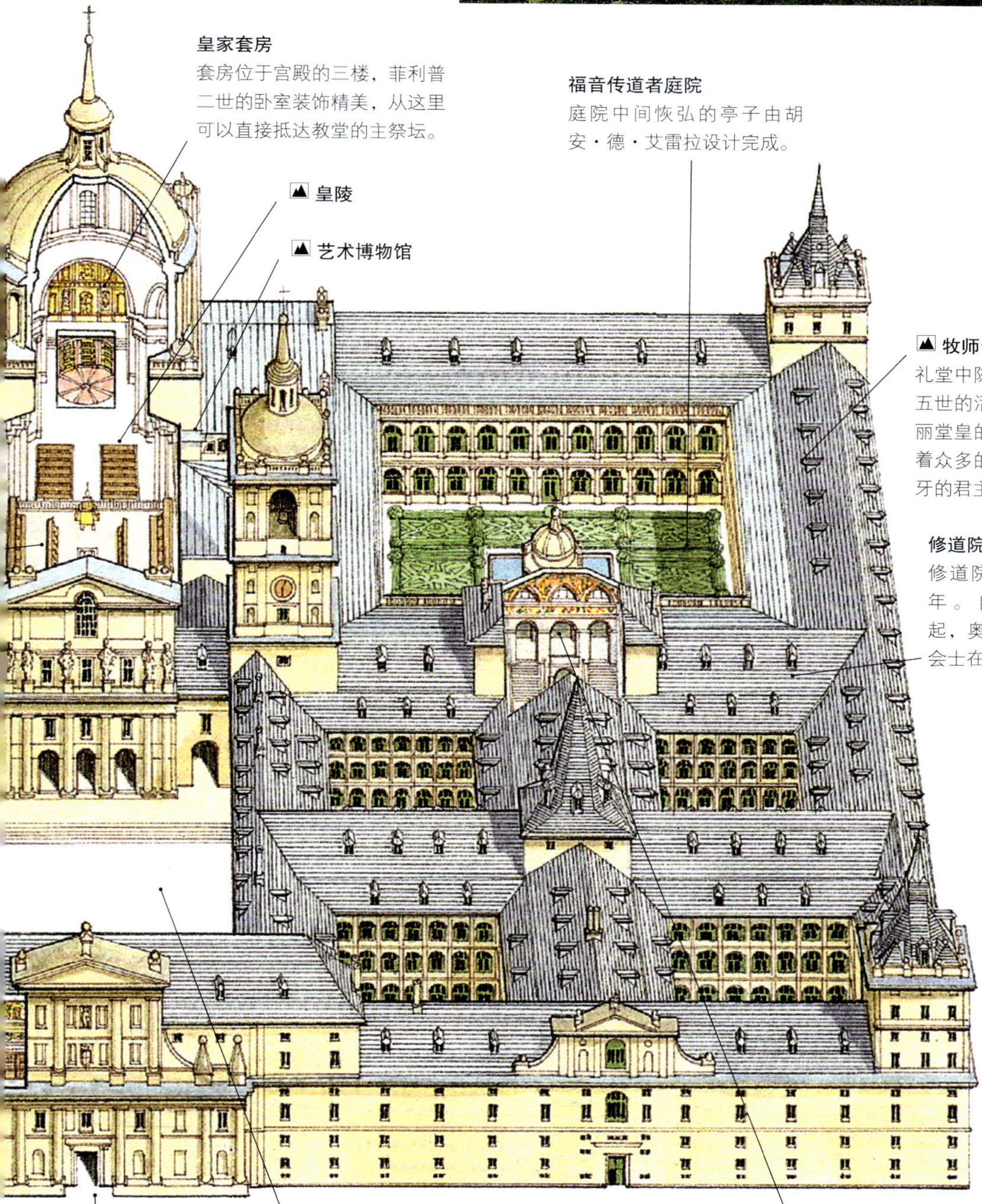

皇家套房
套房位于宫殿的三楼，菲利普二世的卧室装饰精美，从这里可以直接抵达教堂的主祭坛。

福音传道者庭院
庭院中间恢弘的亭子由胡安·德·艾雷拉设计完成。

皇陵

艺术博物馆

牧师会礼堂
礼堂中陈列着查尔斯五世的活动祭坛，富丽堂皇的壁画中描画着众多的天使和西班牙的君主。

修道院
修道院建于1567年。自1885年起，奥古斯丁修会会士在这里静修。

进入教堂的唯一入口

三王庭院

西班牙的荣耀君主，由卢卡·焦尔达诺完成
这幅巨大的精美的壁画位于主楼梯的上方，壁画中描画了查尔斯五世和菲利普二世以及西班牙建立君主制的场景。

重要日期

1563年	1581年	1654年	1984年
修道院奠基。	修道院长方形教堂完工。	修道院中皇陵建成。	埃斯科里亚尔修道院被联合国教科文组织列入《世界遗产名录》。

图书馆

图书馆由菲利普二世（1556—1598年在位）建立，这是西班牙第一座公共图书馆。图书馆是埃斯科里亚尔修道院中最富丽堂皇的大厅，馆内的彩绘天花板是绘有科学和艺术寓意内容的图案，而图书馆内收藏了许多极其珍贵的图书和手稿。自1619年起，西班牙出版的新刊物的复制本都要求送往图书馆，馆中藏有4万册书籍和大量的手稿。木制的书架由胡安·德·埃雷拉（1530—1597年）设计完成。图书馆中的四个主要支柱上装饰着哈普斯堡王朝四位国王的画像：卡洛斯一世（神圣罗马帝国皇帝查理五世）、菲利普二世、菲利普三世和卡洛斯二世。

皇陵

皇陵位于修道院主祭坛的下方，这里埋葬着从16世纪中期到20世纪初期即从卡洛斯一世到阿方索十三世的大多数国王的遗骨。皇陵用黑色大理石、意大利镀金的青铜和红碧玉装饰，并于1654年建成。国王安葬在祭坛的左侧，皇后则安葬在右侧。距今最近的是2000年，胡安·卡洛斯一世的母亲死后安葬在皇陵中。皇陵中还安葬着菲利普二世同父异母的弟弟，他在1571年勒班陀战役中打败土耳其，成为西班牙的英雄。皇陵中值得一看的兰塔托，这是一个用白色大理石建成的多角形的陵墓，皇家的孩童死后安葬在这里。

教堂

教堂是修道院内的主体建筑，位于整个建筑群的中央，是一座50米边长的方形建筑。历史上只有贵族才可以进入教堂，平民是不允许靠近前厅入口的。教堂内建有45个祭坛。教堂内比较引人注目的是《耶稣受难像》，是由意大利雕塑家本韦努托·切利尼用白色大理岩制成，雕像现安放在教堂旁边的小礼拜堂中。主祭坛的两侧，门的上方通向**皇家套房**，这里有两组铜铸雕像群，这是意大利米兰的艺术家们创作的艺术精品，一组是卡洛斯国王和他家人的雕像，另一组是菲利普二世国王与他的三位妻子和一个儿子的雕像。祭坛周围挂满了著名绘画大师绘制的圣像、宗教画和各种精美的雕饰。

比斯开湾
法国
毕尔巴鄂
巴塞罗那
马德里
葡萄牙
西班牙
地中海
塞维利亚
阿尔罕布拉宫
大西洋
阿尔及利亚

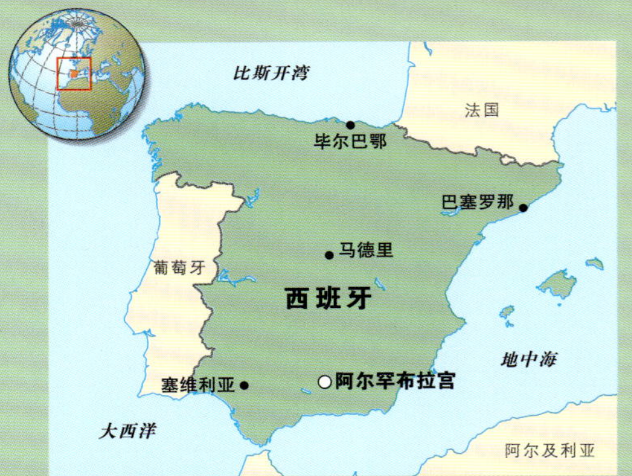

纳斯利德王朝

711年后，在与基督教王国的战争中，摩尔人取得了胜利，开始统治格拉纳达。1236年奈斯尔王朝建立。奈斯尔王朝的缔造者——穆罕默德一世，于1238年起着手进行阿尔罕布拉宫的建造，这里一直是王朝统治的政治和军事中枢。作为一个重要的文化中心，格拉纳达营造了浓郁的艺术环境。1492年，基督教国王接管了格拉纳达，标志着奈斯尔王朝的终结和伊斯兰世界对西班牙统治的结束。

格内拉里弗

格内拉里弗有“建筑师之园”的含义，它与阿尔罕布拉宫接壤，只需通过一座架设于溪谷之上的桥梁就可从阿尔罕布拉宫抵达。它是苏丹的夏宫，其内的设施略感凉爽，包括数个非同寻常的园庭。这些园庭建造于13世纪初，迄今仍保持其原有形态，包括若干对称种植的花园。这些可爱的花园内，有着不计其数的小水渠、喷泉和喷射水流。

摩尔式建筑

摩尔人设计的建筑内部奢华，外观朴素耐用，将外围空间、水源利用和装饰和谐地融合在一起。阿尔罕布拉宫拥有所有摩尔式建筑的共性：不加装饰的拱顶和阿拉伯文或者几何图形的装饰；如**拉赫斯厅**中图案的灵感来自毕达哥拉斯定理。另一个特点是开放空间中水的运用，通常花园中会有喷泉或水道，而建筑物前的水池则有创造倒影并结合光线运用的作用。水源经常来自宫殿的下方，如**狮庭**是一个经典的阿拉伯式庭院。摩尔人对釉的掌握及所制成的光瓷，举世范围仅次于中国人，可以在阿尔罕布拉宫欣赏这些铺砌釉面砖的壁板。

阿尔罕布拉宫

阿尔罕布拉宫被誉为世界上最美丽的建筑之一，这座宫殿具有浓厚的摩尔文化特点，代表了西班牙摩尔艺术的顶峰。它由一系列的庭院、天井和宫殿组成，里面错综复杂的镶嵌式墙壁和天花板设计使得整个宫殿显得极其奢华。710年，摩尔人来到西班牙，修建了一座要塞，标志着摩尔人统治格拉纳达的时代开始了。到了13世纪晚期，只有纳斯利德王朝还在摩尔人的控制之下，阿尔罕布拉宫是这一时期保存下来的最璀璨的建筑。在经过几个世纪以来的洗劫和忽视之后，19世纪晚期开始修复阿尔罕布拉宫。

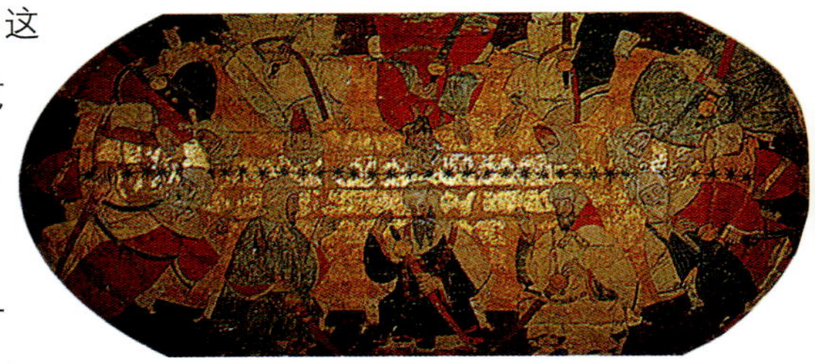
国王厅

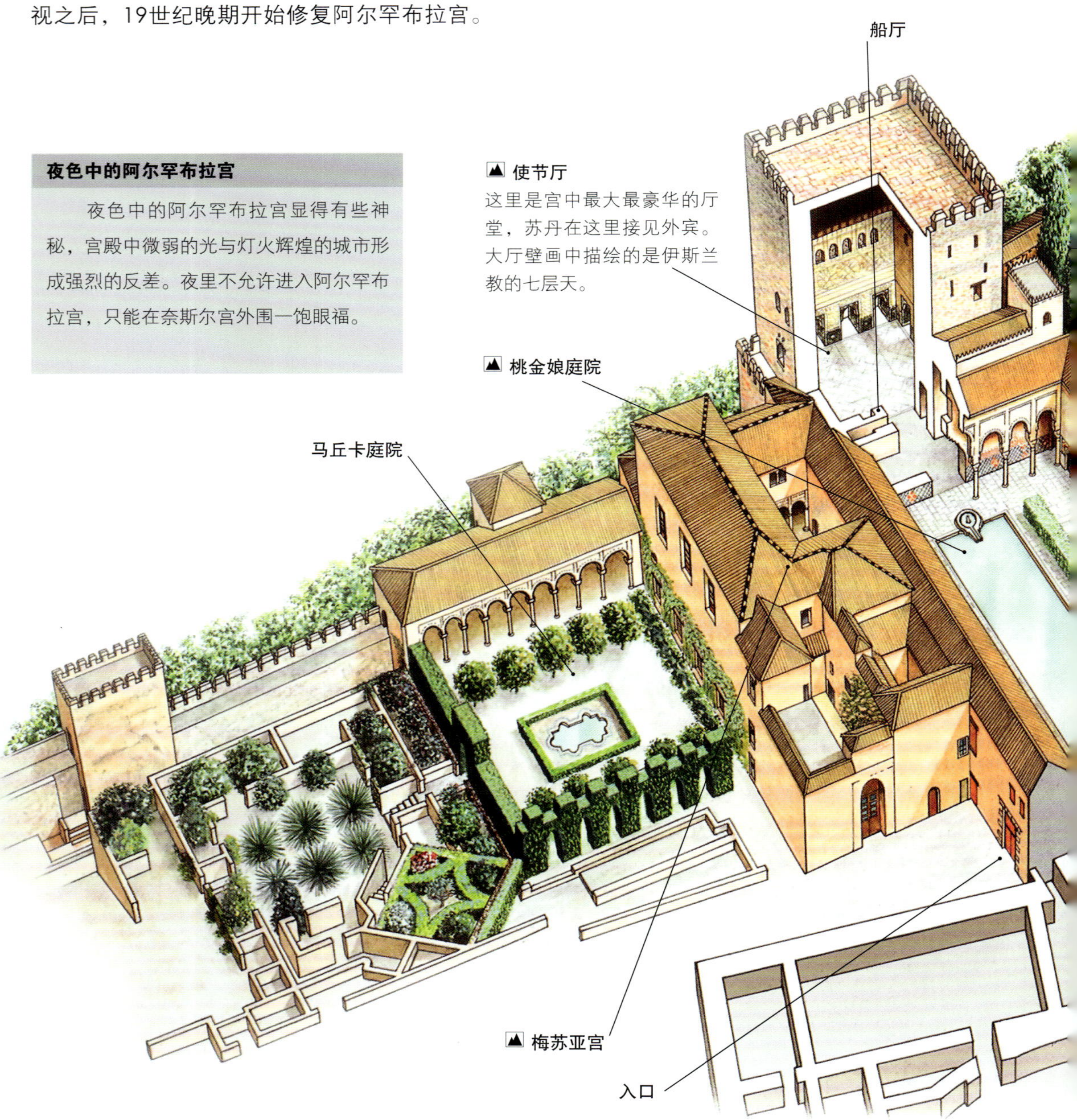
船厅
使节厅
这里是宫中最大最豪华的厅堂，苏丹在这里接见外宾。大厅壁画中描绘的是伊斯兰教的七层天。
桃金娘庭院
马丘卡庭院
梅苏亚宫
入口

夜色中的阿尔罕布拉宫

夜色中的阿尔罕布拉宫显得有些神秘，宫殿中微弱的光与灯火辉煌的城市形成强烈的反差。夜里不允许进入阿尔罕布拉宫，只能在奈斯尔宫外围一饱眼福。

重要日期

1236年	1238年	1492年	1984年
奈斯尔王朝建立，格拉纳达王国开始统治西班牙最后一块伊斯兰势力区域。	穆罕默德一世开始着手进行阿尔罕布拉宫的建造。	德托洛萨战役中，基督教国家战胜了奈斯尔王朝，奈斯尔王朝终结。	阿尔罕布拉宫和格内拉里弗被联合国教科文组织列入《世界遗产名录》。

▲门亭

拱形门廊的门亭中，建有一座塔楼，这是阿布罕布拉宫中年代最久远的建筑。

▲狮庭

狮庭是穆罕默德五世（1354—139[illegible]年）下令建造的。124根修长的大理石石柱形成环绕庭院的拱廊。庭院中心处，12只强劲有力的白色大理石狮子托起一个巨大的喷泉。

▲格内拉里弗中的水渠庭院

▼桃金娘庭院

庭院中间是一个浅而平的矩形映射水池，水池旁侧面排列着两行桃金娘树篱，这也是该庭院得名的原因。

华盛顿·欧文的住所

美国作家华盛顿·欧文来到这里访古探幽，写出了集随笔与传奇于一体的文学巨著《阿尔罕布拉宫》。

皇家浴室

巴尼奥斯宫

林达拉加庭院

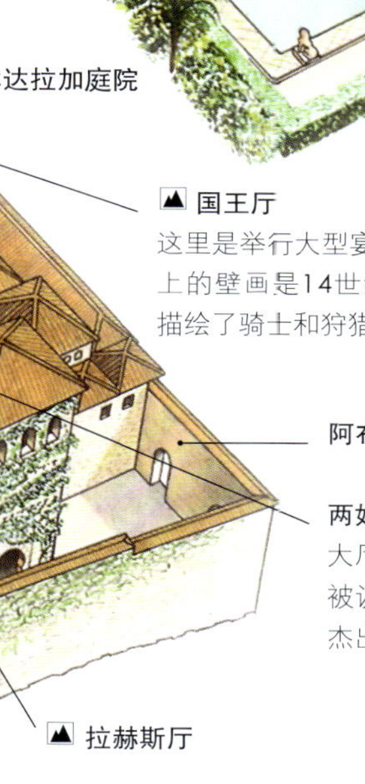

国王厅

这里是举行大型宴会和舞会的场所。天花板上的壁画是14世纪在皮革上创作的，主要描绘了骑士和狩猎的传奇故事。

阿布达塔

两姐妹厅

大厅是蜂巢状的圆顶，两姐妹厅被认为是西班牙伊斯兰建筑中最杰出的一个。

拉赫斯厅

狮庭

拉赫斯厅 ▸

拉赫斯厅的名字来源于一个贵族家族，这个家族是奈斯尔王朝的苏丹布阿卜迪勒的敌人。传说中，他们来这里参加晚会时，苏丹下令把他们全部杀死。大厅中的这个几何图形来源于毕达哥拉斯定理。

使节厅 ▸

查尔斯五世宫殿

建于1526年，宫殿中收藏着大量的西班牙伊斯兰艺术品，其中比较引人注目的是阿尔罕布拉花瓶。

阿尔罕布拉宫平面图

阿尔罕布拉宫分为两个部分，其一是阿尔罕布拉宫，其中包括卡萨斯宫、建于13世纪的阿尔卡萨瓦和建于16世纪的查尔斯五世的皇宫；另一部分是平面图上没有显示的格内拉里弗。

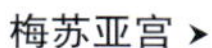

梅苏亚宫 ▸

这里是会议室，于1365年建成。奈斯尔王朝的苏丹在这里办公，并和大臣在这里开会。

意大利 威尼斯圣马克大教堂

精美绝伦的圣马克大教堂在布局上是希腊的十字形，并建有五个巨型的圆顶，从建筑风格上可以看出，它明显受到拜占庭式风格的影响（拜占庭式，见第148页）。由于威尼斯处在东西方交汇的位置上，拜占庭式风格被带到了威尼斯，并从这里传播出去。现在的圣马克大教堂是这个位置上建起的第三座教堂。第一座教堂是为了安葬圣马克的尸骨，后在火灾中被毁坏。11世纪，为了建造一座能够反映威尼斯共和国地位的建筑，第二座教堂被拆除。1807年圣马克大教堂取代圣彼得大教堂成为威尼斯的主教教堂，很多国家仪式直到现在还在这里举行。

▲圣马克和天使像
雕像位于中央拱顶的上方，建于15世纪早期。

圣灵降临圆顶
这应该是第一座使用马赛克图案装饰圆顶的教堂。这里用鸽子的降落象征圣灵的降临。

圣马克和天使像

马西昂博物馆

圣马克的马
现在这里的四匹马是原来镀金铜马的复制品，真品收藏在马西昂博物馆。

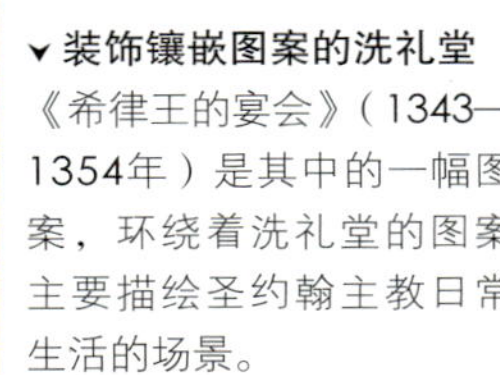

◂圣马克的坐骑

▾装饰镶嵌图案的洗礼堂
《希律王的宴会》（1343—1354年）是其中的一幅图案，环绕着洗礼堂的图案主要描绘圣约翰主教日常生活的场景。

▴中央大门上的雕刻
中央拱门上雕刻于13世纪的《劳动者》。

▾装饰品，珠宝镶嵌的金色屏风

◂祭坛华盖

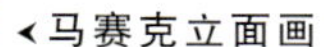

◂马赛克立面画
创造于17世纪的画显示了他们是如何把圣马克的遗骸带出亚历山大港的，传说中是把圣马克的遗骸放在猪肉下躲过了穆斯林教徒的搜查。

东西方风格的相融

圣马克大教堂黑暗而神秘，这里陈列着很多十字军从君士坦丁堡掠夺来的战利品。大教堂的建筑风格明显受到了东、西方的影响，融合了哥特式、拜占庭式和伊斯兰式等建筑风格。大教堂仿照君士坦丁堡的圣徒教堂（已不存在）而建，在装饰上大量使用马赛克图案、大理石和雕刻。为纪念威尼斯的殉教徒圣马克而建，并以他的名字命名。

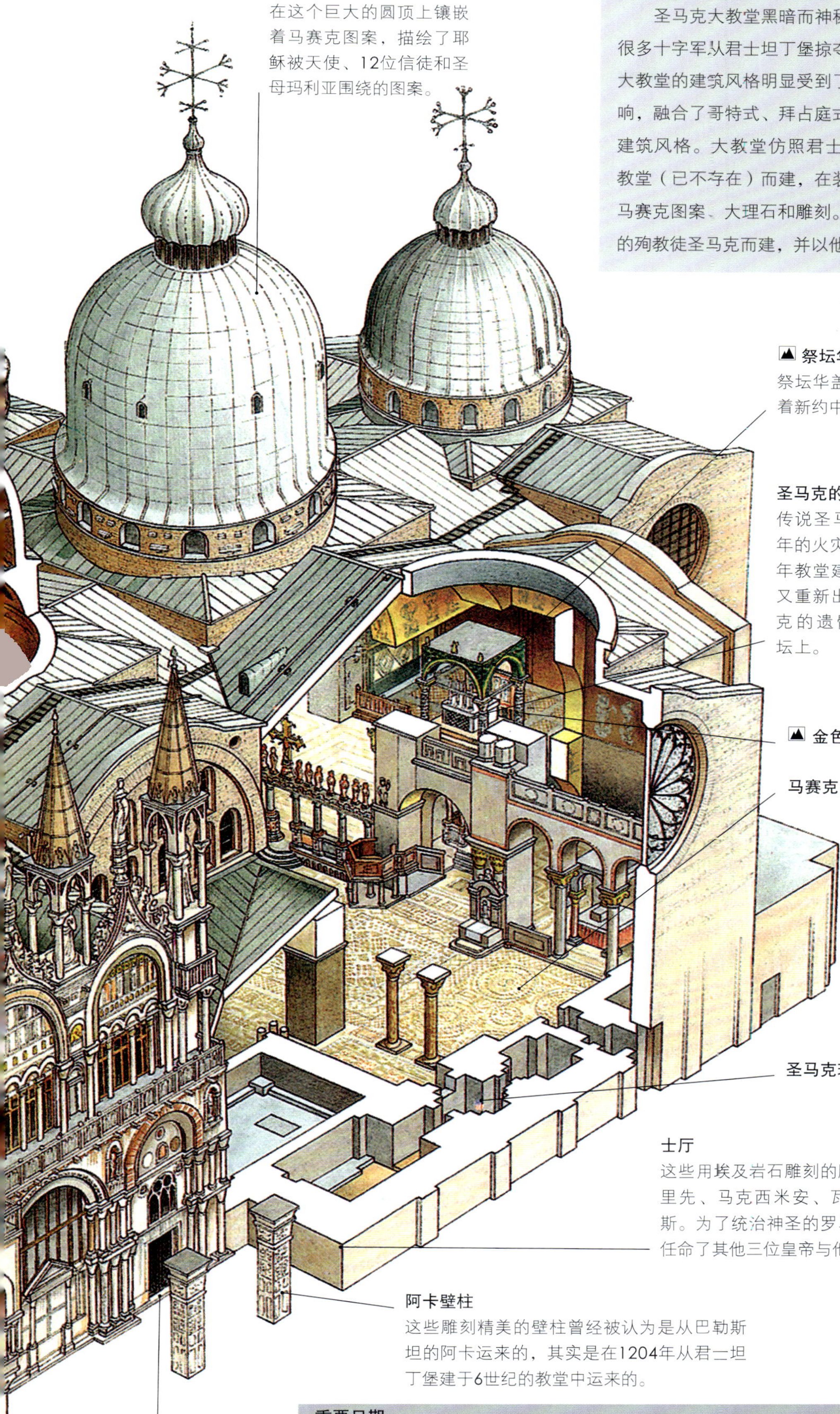
耶稣升天圆顶
在这个巨大的圆顶上镶嵌着马赛克图案，描绘了耶稣被天使、12位信徒和圣母玛利亚围绕的图案。
祭坛华盖
祭坛华盖雪白的柱子上雕刻着新约中的故事场景。
圣马克的遗骸
传说圣马克的尸体在976年的火灾中被烧毁，1094年教堂建成时，他的遗骸又重新出现了，现在圣马克的遗骸被安葬在主祭坛上。
金色屏风
马赛克寓言图案
圣马克珍宝室
士厅
这些用埃及岩石雕刻的雕像分别代表戴克里先、马克西米安、瓦莱里安和康斯坦斯。为了统治神圣的罗马帝国，戴克里先任命了其他三位皇帝与他共同执政。
阿卡壁柱
这些雕刻精美的壁柱曾经被认为是从巴勒斯坦的阿卡运来的，其实是在1204年从君士坦丁堡建于6世纪的教堂中运来的。
洗礼堂

重要日期

832年	1063—1094年	1345年	1987年
从埃及亚历山大港的陵墓中带回圣马克的遗骸，并修建了一座圣坛安放圣马克遗骸。	在原址上建造起第三座教堂，也就是我们今天看到的教堂。	金色屏风建成，它是从976年开始修建的。	威尼斯及其潟湖被联合国教科文组织列入《世界遗产名录》。

瑞士
奥地利
法国
威尼斯
圣马克大教堂
意大利
罗马
那不勒斯
第勒尼安海
地中海
伊奥尼亚海

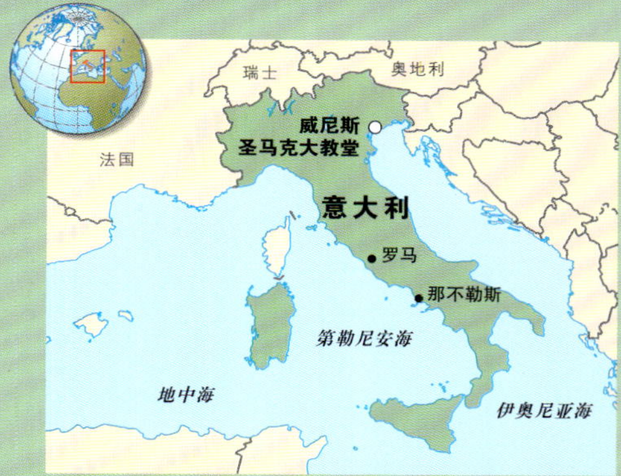

金色屏风

圣马克教堂中最珍贵的宝物应该是**金色屏风**（祭坛黄金围屏）。闪闪发光的金色屏风安放在祭坛的后方——圣克莱门特礼拜堂的另一侧处。这个金色屏风由镀金的哥特式框架围绕，250幅金箔绘画组成。屏风中的绘画主要描画耶稣和圣马克的生平事迹。自976年拜占庭时起，几个世纪以来祭坛上的装饰品不断增加，直至1797年威尼斯共和国覆灭。拿破仑取走了屏风上一些珍稀的宝石，但是金色屏风在留下的珍珠、红宝石、蓝宝石和紫水晶中依然熠熠生辉。

圣马克珍宝室

尽管18世纪晚期拿破仑洗劫了**圣马克珍宝室**，19世纪早期为了募集资金又销售了一批珠宝，但是珍宝室依然收藏着很多拜占庭的银器、金器和玻璃制品。现在珍宝室共珍藏着283件艺术品，集中收藏在一间有很厚的墙壁的屋中，据说这是9世纪总督的房间。这些由拜占庭和威尼斯的工匠制作的艺术品包括圣餐杯、高脚杯、圣物箱和两幅精美的大天使米歇尔的画像，以及制作于11世纪的镀金圣物箱，圣物箱的形状与大教堂的外形相似。

圣马克博物馆

从圣马克大教堂的正厅有楼梯可以通往**马西昂博物馆**，也可以称为教堂博物馆。教堂正面的雕塑**圣马克的坐骑**在安放了几个世纪后，制作了复制品安放在原来的位置，真品现在收藏在教堂博物馆中。这些马像是在1204年从君士坦丁堡（今天的伊斯坦布尔）的竞马场中盗出来的，它们的起源究竟是罗马还是希腊，依然是个谜。博物馆中还陈列着保罗・维纳齐亚诺创作于14世纪的画，这些画主要描述的是圣马克的生平事迹。博物馆中还珍藏着中世纪珍贵的手稿、古代的马赛克图案以及独特的挂毯。博物馆的画廊中陈列着很多大师的杰出作品，从教堂的走廊上可以观看圣马克广场的盛况。

威尼斯雄伟富丽的圣马克大教堂

十人会议厅

十人会议厅是威尼斯共和国最高法院的会议厅，于1310年建成，危害共和国的人会在这里受到调查和起诉；被审判者带着战栗和恐惧在旁边的**罗盘厅**等待审判结果；罪犯从这里途经**叹息桥**被押往监狱；这里还有众所周知的投放报告和告密信的“狮子嘴”。会议厅中的彩画天花板是绘画艺术中的瑰宝。拿破仑把保罗·维罗内塞的一些绘画作品从会议厅中取走，其中最好的两幅作品《老年和青年》和《朱诺》在1920年已经归还意大利。

叹息桥

叹息桥建于1600年，因桥上死囚的叹息声而得名。叹息桥两端连接着威尼斯总督府和威尼斯监狱，是古代由法院向监狱押送罪犯的必经之路。叹息桥造型属早期巴洛克式风格，桥呈房屋状，上部穹隆覆盖，封闭得很严实，只有向运河的一侧有两个小窗，在总督府接受审判之后，重罪犯被带到地牢中，在经过这座密不透气的桥时，只能透过小窗看见蓝天，从此失去了自由，不由自主地发出叹息之声。威尼斯一位极具传奇色彩的冒险家和作家卡萨诺瓦在1755年被关押在监狱中，却聪明地成功越狱。

总督选举

威尼斯总督府是威尼斯政府机关与法院所在地，也是威尼斯总督的住处。新的总督是从大议会议员中推选出来。为了防止候选人通过贿赂当选，总督选举采用当选计票制度，这是一个漫长而复杂的过程。一旦当选为总督，将终身任职，但是又有很多限制措施以防总督滥用权力。尽管已经采取了很多预防措施，但是还是有很多总督不免死于滥用职权，或是因为密谋叛国而被流放；也有一些总督安全执政，如莱昂纳多·罗雷丹总督顺利执政了20年。

威尼斯总督府

威尼斯总督府又称威尼斯公爵府，是欧洲中世纪最美丽的建筑物之一，是强盛而富庶的威尼斯共和国时代总督的住宅、办公室及法院的所在地，也是当时政治的中枢机构。总督府的第一座建筑始建于9世纪。今天看到的总督府始建于14世纪，并在15世纪早期装饰了精美的绘画和雕像。到16世纪，这座宫殿曾多次扩建，无数才华横溢的杰出人才的劳动创造了这座无与伦比的建筑。总督府属于哥特式建筑，但立面的席纹图案显然是受到伊斯兰建筑的影响。

战神雕像，由意大利雕塑家桑索维诺完成

叹息桥，远处的是稻草之桥

门廊

巨人阶梯

巨人阶梯
台阶顶端有两个雕塑，是由雅各布·桑索维诺创作的战神和海神的雕像，这里历来是总督加冕的地方，是威尼斯权力的象征。

佛斯卡里门
代表凯旋的大门装饰着15世纪安东尼奥·雷多制作的亚当和夏娃大理石雕像，这些雕像是复制品。

卡尔门
卡尔门是15世纪的哥特式风格，这里是进入宫中的正门。拱形的走廊可以直达佛斯卡里门和总督府庭院。

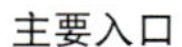
主要入口

拷问室

大会议厅
这间富丽堂皇的大厅是威尼斯大议会的议会厅。丁托列托的大型绘画《天堂》装饰在厅中。

卡尔门

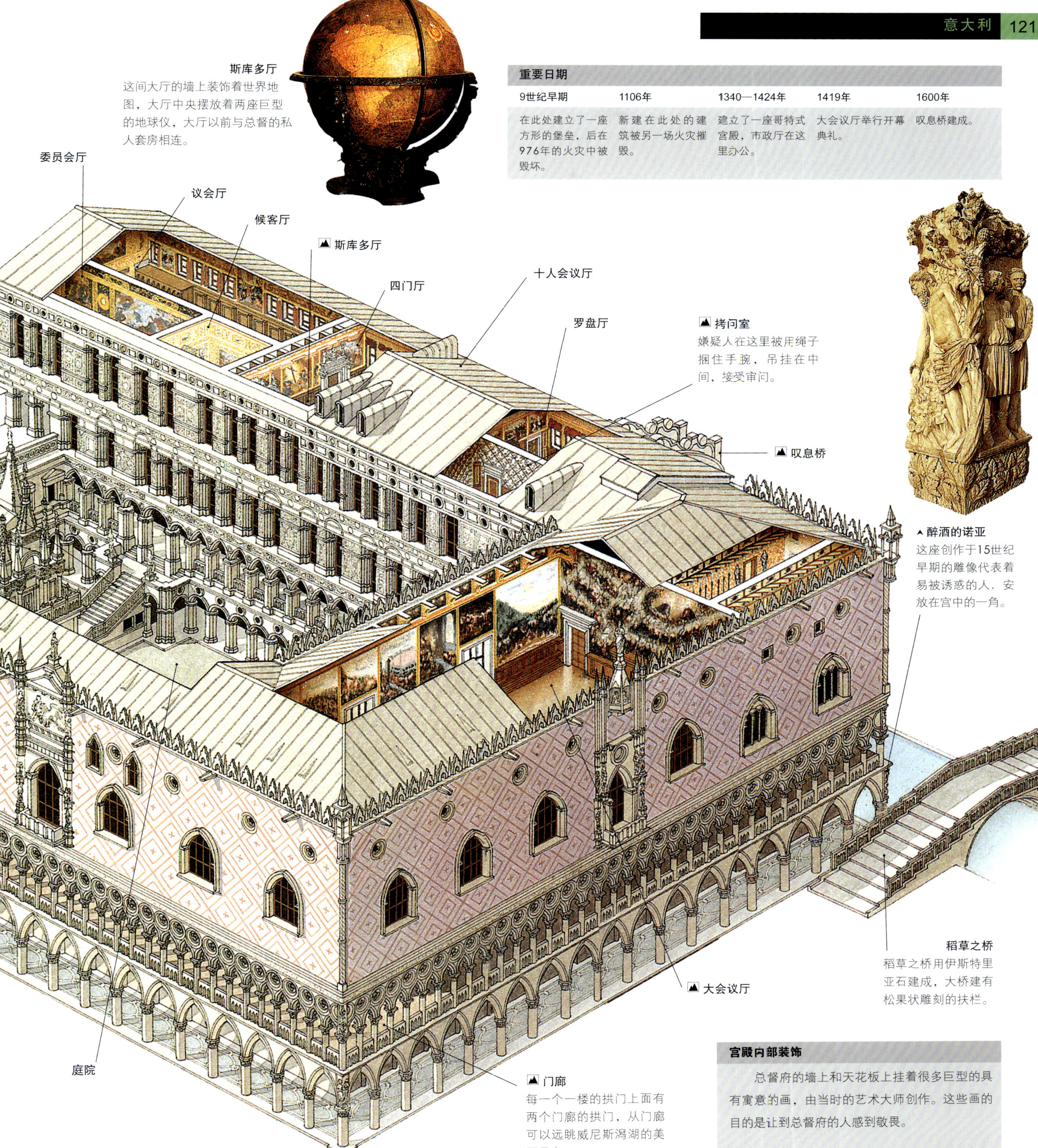

斯库多厅
这间大厅的墙上装饰着世界地图，大厅中央摆放着两座巨型的地球仪，大厅以前与总督的私人套房相连。

重要日期

9世纪早期	1106年	1340—1424年	1419年	1600年
在此处建立了一座方形的堡垒，后在976年的火灾中被毁坏。	新建在此处的建筑被另一场火灾摧毁。	建立了一座哥特式宫殿，市政厅在这里办公。	大会议厅举行开幕典礼。	叹息桥建成。

拷问室
嫌疑人在这里被用绳子捆住手腕，吊挂在中间，接受审问。

醉酒的诺亚
这座创作于15世纪早期的雕像代表着易被诱惑的人，安放在宫中的一角。

稻草之桥
稻草之桥用伊斯特里亚石建成，大桥建有松果状雕刻的扶栏。

门廊
每一个一楼的拱门上面有两个门廊的拱门，从门廊可以远眺威尼斯潟湖的美丽风光。

宫殿内部装饰

总督府的墙上和天花板上挂着很多巨型的具有寓意的画，由当时的艺术大师创作。这些画的目的是让到总督府的人感到敬畏。

罗马式

800年，查理曼大帝加冕为神圣罗马帝国皇帝。他在欧洲西部掀起一股兴建教堂建筑的热潮。当时大量的拱顶和拱门成为古罗马建筑的特点，罗马建筑的风格融合了拜占庭、中东、德国和凯尔特人以及其他北方部落的建筑风格，这种融合的风格被称为罗马式，意思是“罗马的影子”。罗马式建筑的特点是拉丁十字布局，交错拱顶，墙体巨大而厚实，墙面用连列小券，门窗洞用同心多层小圆券，以减少沉重感。窗口窄小，在较大的内部空间造成阴暗神秘的气氛。朴素的中厅与华丽的圣坛形成对比，中厅与侧廊较大的空间变化打破了古典式建筑的均衡感。

卡拉拉大理岩

马萨卡拉拉省托斯卡纳区出产质量较高的乳白色大理石。卡拉拉大理岩是文艺复兴时期很多意大利雕刻家和建筑师的最佳石材选择。米开朗琪罗极其喜欢使用卡拉拉大理岩，他的很多著名的作品都是使用卡拉拉大理岩创作而成。卡拉拉大理岩采石区从罗马时期开始开采，现在还在持续开采。今天卡拉拉省建有展览室和工作间，在这里可以观看大理石制成薄板或是装饰品。现在米开朗琪罗购买石材的商店挂匾表明大师曾光顾这里。

比萨斜塔

比萨斜塔并不是这一地区唯一倾斜的建筑，这一地区由于砂质淤泥地基造成众多建筑的倾斜，但都没有像**比萨斜塔**这样倾斜得举世闻名。比萨斜塔早在建到第三层时就出现了倾斜，尽管如此，工程并没有停工，继续兴建并于1350年建成。添建钟楼后，整个建筑高达54.5米（179英尺）。近年来采取了一些工程干预措施，其中包括使用平衡物，并引入了10个锚。由于倾斜程度过于危险，比萨斜塔有一段时间曾停止向游客开放，经过修缮，斜塔被扶正38厘米（15英寸）。2001年再次向游人开放。

比萨奇迹广场

奇迹广场位于比萨城的北面，举世闻名的比萨斜塔就坐落在这里，还有其他的建筑坐落在这里，包括大教堂、洗礼堂和墓园，它们的外墙都用白色大理石砌成，各自相对独立但又形成统一的罗马式建筑风格。广场周围还保留着古代的城墙和城门。意大利著名诗人邓南遮把这一美丽的广场称为“奇迹”广场。

教堂布道坛上的雕像

奇迹广场的建筑

比萨奇迹广场的建筑是统一的罗马式风格，乳白色大理石背景下是多层的开放的连拱式柱廊。这种建筑设计对意大利的建筑艺术产生了极大的影响。在意大利甚至扎达尔的克罗地亚都可以看到这种风格的建筑。

圆塔

1594年兴建了这座圆塔礼拜堂。

墓地

回廊式的墓地建于1278年，环绕着中央的圣地。后装饰了大量的精美壁画，几个世纪以来这里一直都是比萨富人的墓地。

《死亡的胜利》

这些14世纪晚期创作的壁画都富有深意，其中还有一幅壁画讲述的是一位骑士和一位少女被一座打开的墓穴中的气味熏倒的故事。

洗礼堂

上层画廊

由尼古拉·皮萨诺设计完成的洗礼池

大理石洗礼池上的雕刻栩栩如生，主要雕刻的是耶稣的生平事迹，1260年完成。

▲《死亡的胜利》壁画节选

重要日期

1064年	1152年	1173年	1260年	1311年	1987年
奇迹广场大教堂奠基。	开始建造洗礼堂。	开始建造斜塔。	尼古拉·皮萨诺设计完成的洗礼池	乔万尼·皮萨诺完成教堂布道坛的雕刻工作。	比萨奇迹广场被联合国教科文组织列入《世界遗产名录》。

比萨斜塔

钟塔是比萨罗马式风格，1350年，塔顶安装上七座大钟，斜塔正式完工。

壁画

1595年教堂遭遇火灾，之后在教堂圆顶内部装饰上了壁画。

大理石地板

教堂中的大理石地板是在11世纪装饰的。

圣拉涅利门

雕带

1173年开始创作斜塔上的雕带。

教堂布道台

乔万尼·皮萨诺雕刻设计的教堂布道坛象征着艺术和美德。

教堂正面

卡拉拉大理岩

教堂的墙面从底部就开始用白色和灰色的大理石装饰。

12世纪的墙式墓碑

教堂原来的建筑师布切托死后被安葬在教堂左侧的假拱中。

教堂正面▼

教堂的正面建筑修建于12世纪，伦巴第风格，装饰着彩色砂岩、玻璃和珐琅板。建筑表面嵌进的大理石图案中雕刻着花结、花朵和各种动物，栩栩如生。

回廊式墓地 ▶

洗礼堂 ▶

洗礼堂于1153年开始施工，是罗马式结构，但建有一个巨大的哥特式圆顶。洗礼堂内部建有哥特式的布道坛和雕刻精美的洗礼池。

墓地纪念碑 ▶

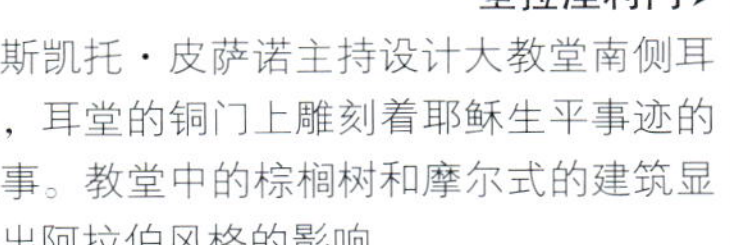

圣拉涅利门 ▶

布斯凯托·皮萨诺主持设计大教堂南侧耳堂，耳堂的铜门上雕刻着耶稣生平事迹的故事。教堂中的棕榈树和摩尔式的建筑显示出阿拉伯风格的影响。

佛罗伦萨大教堂和洗礼堂

佛罗伦萨大教堂位于意大利佛罗伦萨市中心，是意大利文艺复兴时期建筑的瑰宝。整座教堂装饰华美，被誉为世界上最美的教堂，也是佛罗伦萨的标志性建筑。教堂大圆顶是世界上第一座大圆顶，佛罗伦萨大教堂也是世界第四大教堂，意大利第二大教堂。大教堂精美的雕刻、马赛克镶嵌图案和石刻花窗，呈现出非常华丽的风格，洗礼堂的大铜门也是佛罗伦萨最古老的建筑之一。1334年，教堂钟楼由乔托负责设计，并最终在1359年乔托死后22年完工。

圣约翰·霍克伍德像，由乌切洛·保罗创作完成

教堂艺术博物馆

佛罗伦萨博物馆中收藏着许多文艺复兴时期的艺术珍品，而且博物馆中很多收藏都见证了教堂的历史。一楼的陈列室中珍藏着阿诺尔弗·迪·坎比奥的作品，旁边楼梯附近的是多纳泰罗的《圣约翰像》和米开朗琪罗的《圣母怜子像》。二楼的唱诗班席位上的浮雕出自意大利雕刻家戴拉·罗比亚和多纳泰罗之手。大教堂内陈列着各种绘画，许多画家在此学习人体的透视画法和各种姿势，这些绘画被称为"人体的百科全书"。

洗礼堂的东大门

洗礼堂的青铜东大门是洛伦佐·吉尔博蒂的倾心之作，被米开朗琪罗赞为"天堂之门"。圣乔瓦尼洗礼堂是整个佛罗伦萨最受尊崇的建筑之一。1401年，商人工会决定为洗礼堂铸造一对新的青铜大门，以慰黑死病带来的伤痛。当时包括布鲁内列斯基、雅各布·奎尔奇亚和多纳泰罗在内的七名雕塑家参加了竞争，洛伦佐·吉尔博蒂在评选竞争中胜出。他的作品与当时的佛罗伦萨哥特式不同，具有精湛的青铜铸造工艺，使用材料最少，铸造得最薄，人物形象高雅优美。洛伦佐·吉尔博蒂在洗礼堂**北门**创作了21年后，从1424年到1452年创作完成了**东门**。现在最原始的浮雕板陈列在教堂歌剧博物馆中。

布鲁内列斯基设计的大圆顶

佛罗伦萨大教堂整个建筑群中最引人注目的是中央穹顶（**圆顶**），仅穹顶本身的工程就历时14年，在经过漫长的计划和模型构建后开始施工，是佛罗伦萨文艺复兴式建筑的灵魂所在（文艺复兴式，见第131页），由当时意大利著名的建筑师布鲁内列斯基（1377—1446年）设计。建筑施工期间，中央圆顶的建筑师菲利浦·布鲁内列斯基（1377—1446年）精心设计研究，并努力说服那些怀疑论者使他们相信圆顶工程的可行性。他甚至曾一度在河边建造了一座大比例的模型，来证明中央圆顶的技术的可操作性。圆顶直径达43米（140英尺），并未建有支撑建筑，而是通过石链来加固螺旋式砌砖的双层墙。尽管布鲁内列斯基拥有惊人的建筑才能和机械设计天赋，但是直到1445年，他才被任命为教堂首席设计师。1446年，布鲁内列斯基逝世，被安葬在大教堂内。

▲ **钟楼**
钟楼高85米（278英尺），比大圆顶低6米（20英尺）。外墙用白色、绿色和粉色的托斯卡纳大理石装饰。

◂ **东侧的礼拜堂**
教堂的三个后殿建有较小的圆顶。每一个后殿建有五个小礼拜堂。这些后殿的彩色玻璃是15世纪吉尔博蒂设计安装的。

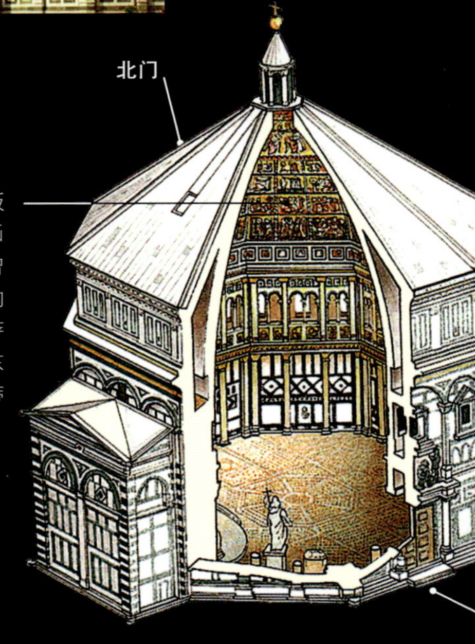

◂ **洗礼堂**
洗礼堂圆顶呈八字形，天花板上镶嵌着多彩的马赛克画《最后的审判》，但丁曾在这里受洗。洗礼堂的南门由安德里亚·皮萨诺设计完成，北门和东门由洛伦佐·吉尔博蒂设计完成。

重要日期

1059—1150年左右	1294—1302年	1334—1359年	1875—1887年	1982年
开始建造今天看到的佛罗伦萨罗马式的洗礼堂。	开始建造由阿尔诺沃·迪卡姆比奥设计的大教堂。	钟楼建成，由乔托、安德里亚·皮萨诺和弗朗西斯科·泰伦提共同指导。	新建新哥特式的正面建筑，由埃米利奥·迪·法布里斯和奥古斯丁·科尼设计。	佛罗伦萨大教堂和洗礼堂被联合国教科文组织列入《世界遗产名录》。

古典风格的影响

布鲁内列斯基深受罗马古典式建筑（古典式，见第137页）的影响。他的第一件作品，佛罗伦萨育婴院中优雅的拱廊就是这种简单的古典风格。

在穹顶的最高处可以眺望佛罗伦萨的街景

圆顶
圆顶由布鲁内列斯基设计，于1436年建成，是当时最大的圆顶。圆顶在建造过程中并没有使用脚手架。圆顶分为内外两层构成，构造合理，受力均匀。

圆顶上的壁画
16世纪晚期，圆顶内部装饰上壁画《最后的审判》，这些壁画开始由乔治·瓦萨里创作，后由费德里科·卡利绘画完成。

砖块
这些砖块砌在大理石肋骨之间以支撑鱼骨状的结构，这是布鲁内列斯基仿照罗马万神殿而创造的一种新的建筑技术。

▲ 钟楼

▲ 朗读《神曲》的但丁

哥特式窗户

新哥特式大理石正面建筑
正面建筑与哥特式的钟楼相呼应，是于1871年到1887年新建的。

▲ 东侧的礼拜堂

朗读《神曲》的但丁 ▼
多米尼克·迪·米克列诺1465年所著的画中表现了身在炼狱、地狱和天堂中的诗人。

高坛
大理石的高坛环绕在祭坛周围，由巴乔达·班迪内利在1555年设计完成。

进入大圆顶的入口

▲ 大理石地板

主要入口

东门

南门

▲ 钟楼上的浮雕

▼ 钟楼上的浮雕
钟楼中的第一层浮雕是安德里亚·皮萨诺创作的《创世纪》和《艺术和工业》，这些浮雕是复制品，真品现收藏在教堂歌剧博物馆中。

大门上的画中描绘了《亚伯拉罕》和《以撒的祭祀》►

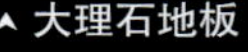

▲ 大理石地板
16世纪镶嵌的复杂的图案、多彩的地板由巴乔达·尼奥洛和弗朗西斯科·达桑格罗设计完成。

阿西西圣弗朗西斯科大教堂

圣弗朗西斯科大教堂是世界上最重要的基督教圣殿之一，也是世界闻名的宗教和艺术中心之一，每年都有很多来自世界各地的朝圣者前来朝圣。圣弗朗西斯科大教堂是为纪念圣弗朗西斯而建造的，于1226年始建，是阿西西最重要的建筑物。教堂分为上下两层，当时意大利很多著名的艺术大师参与教堂壁画绘制，如乔托、西蒙尼·马尔迪尼、契马布埃、洛伦泽蒂。

▲远观大教堂和修道院
几个世纪以来，阿西西代表着圣弗朗西斯科，他的信徒在这个小镇建造很多教堂、修道院和圣殿。

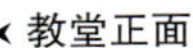

◂ 教堂正面
教堂正面的玫瑰花窗是意大利早期的哥特式建筑的代表。

◂ 下层教堂
13世纪，随着信徒人数的增多，为了安置这些信徒，在这里修建了很多侧堂。

◂ 圣马丁礼拜堂
礼拜堂中的壁画《圣马丁之死》由锡耶纳的艺术家西蒙·马提尼创作完成，这幅镶嵌画展示了圣马丁的死亡。礼拜堂中的彩色玻璃窗也出自马提尼之手。

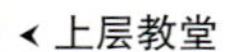

◂ 上层教堂

◂ 洛伦泽蒂的壁画
无畏的艺术家彼得·洛伦泽蒂在1323年创作的壁画《放下》，描绘把耶稣遗体从十字架上放下的画面。

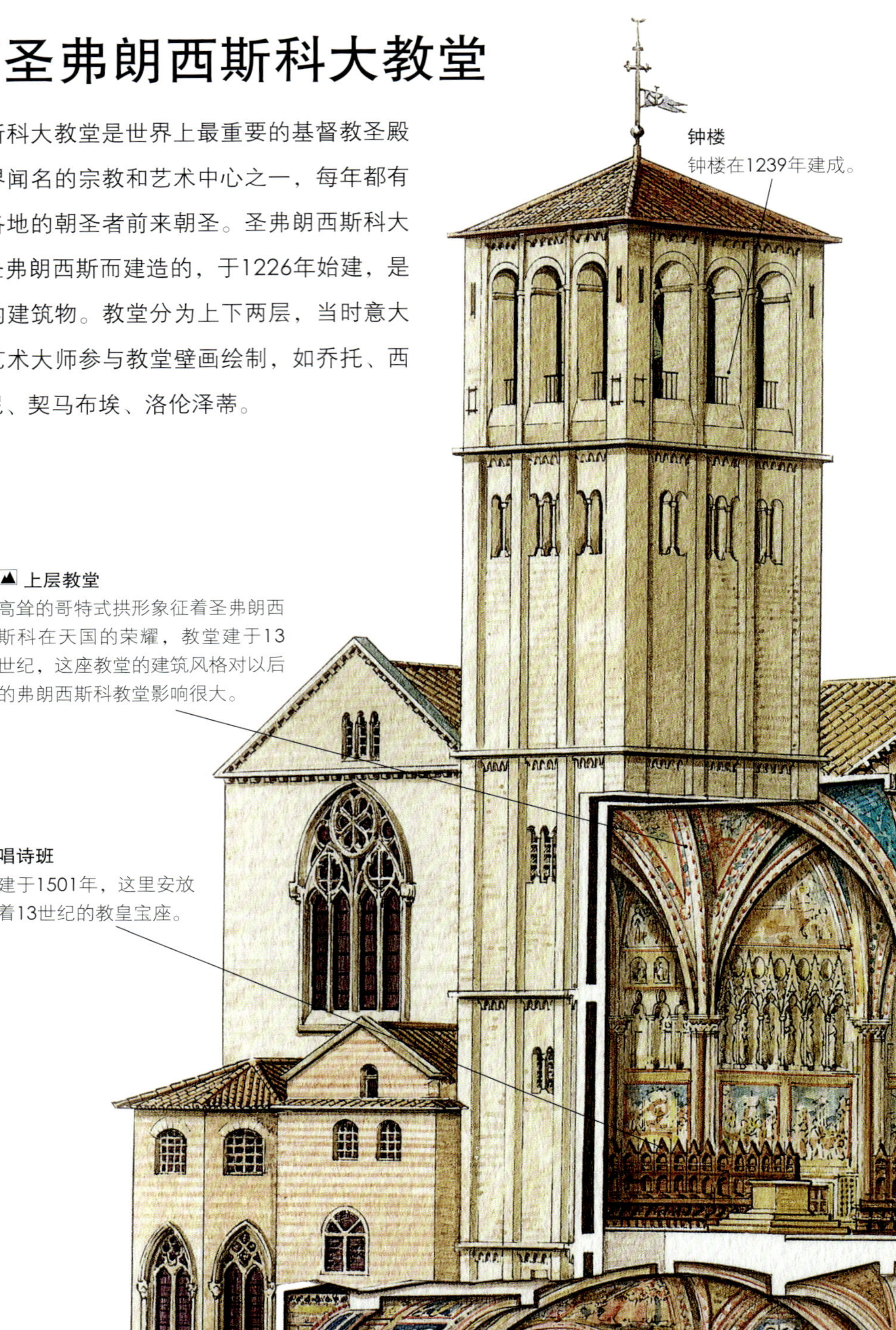

钟楼
钟楼在1239年建成。

▲ 上层教堂
高耸的哥特式拱形象征着圣弗朗西斯科在天国的荣耀，教堂建于13世纪，这座教堂的建筑风格对以后的弗朗西斯科教堂影响很大。

唱诗班
建于1501年，这里安放着13世纪的教皇宝座。

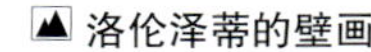

▲ 洛伦泽蒂的壁画

从这里进入珍宝室

▲ 下层教堂

地宫
圣弗朗西斯科于1230年安葬在这里。

▲ 圣弗朗西斯科像
契马布埃于1280年左右创作的圣弗朗西斯科像，描绘了受人崇敬的朴素的圣弗朗西斯科。

圣弗朗西斯科的诗作

为了让教义浅显易懂，圣弗朗西斯科自己重新组织语言讲道，而不是使用罗马教堂通用的拉丁文文本。他写的道义简单并且讲究韵律，听众能够更好地了解教义。圣弗朗西斯科写的《赞美圣灵》一诗是意大利白话文诗作的里程碑。

▲乔托的壁画
乔托创作的《圣弗朗西斯科生平》连环画共28幅，《欢喜的圣弗朗西斯科》是其中一幅壁画。

契马布埃创作的圣弗朗西斯科像 ➤

瑞士
奥地利
威尼斯
意大利
法国
阿西西圣弗朗西斯科大教堂
罗马
那不勒斯
第勒尼安海
地中海
伊奥尼亚海

圣弗朗西斯科

1182年，弗朗西斯科出生于阿西西的一个富裕家庭。在他20岁那年，弗朗西斯科决定放弃继承家族的财富，去过贫穷、朴素和清修的生活。他帮助弱者甚至是鸟和其他动物。弗朗西斯科这种朴素的精神追求吸引了很多追随者。1209年，弗朗西斯科创立了圣方济各会。同年圣方济各会获得教皇英诺森三世的批准，正式成立。1215年，方济女修会成立。1226年，弗朗西斯科在阿西西逝世，两年后他被尊封为圣徒。1939年，圣弗朗西斯科被尊称为意大利的保护圣徒。

1997年地震

1997年，翁布里亚发生了两次强震，造成11人死亡，十万多人无家可归。很多年代久远的建筑在地震中荡然无存。翁布里亚东部是最靠近震源的地方，阿西西的圣弗朗西斯科大教堂遭受了有史以来最严重的结构变形。**上层教堂**的窗柱间的拱顶塌落，撞落了一些由契马布埃和乔托创作的古老而珍贵的壁画。但圣弗朗西斯科组画（**乔托的壁画**）得以幸存，彩色玻璃窗也在大地震中幸存了下来。经过艰难的修复，1999年11月，圣弗朗西斯科大教堂重新对公众开放。

乔托的壁画

托斯卡纳艺术大师乔托（1267—1337年）是中世纪最后一位画家，也是新时代第一位画家。乔托被认为是文艺复兴的先驱与佛罗伦萨派的始祖。乔托不喜欢华丽、僵硬的拜占庭式绘画风格，他尊崇自然和人类的情感，将过去平板的金或蓝色背景改为透视画法。乔托在圣弗朗西斯科教堂的墙壁上，把圣弗朗西斯科动人的故事、可爱的圣母与耶稣、先知者与使徒一组一组地描绘下来，都像当时记载这些宗教故事的传略一样，使十三四世纪的民众感到为富丽的拜占庭式绘画所没有的热情与信仰。乔托在艺术上开创的人文主义思想和写实主义的表现方法为绘画的发展奠定了基础。乔托的绘画影响意大利长达一个世纪之久。

重要日期

1228年	1997年9月	1997年10月	2000年
开始建造圣弗朗西斯科大教堂的上层教堂和下层教堂。	大教堂遭遇地震，拱顶坍塌，上层教堂中的壁画毁坏严重。	开始修复教堂工作，并于1999年11月完成。	圣弗朗西斯科大教堂被联合国教科文组织列入《世界遗产名录》。

罗马圆形大剧场

▲ 圆形大剧场的外墙

罗马圆形大剧场又称作罗马竞技场、罗马角斗场、罗马斗兽场，是古罗马时期最大的圆形角斗场。公元72年，罗马皇帝韦斯帕西恩下令建造竞技场，现仅存遗迹位于现今意大利罗马市的中心。大剧场建在另一个罗马皇帝尼禄的“金宫”原址上。大剧场是古罗马举行人兽表演的地方，专为罗马国王和富有的奴隶主观看角斗而造。参加的角斗士要与一只动物搏斗直到一方死亡为止，也有人与人之间的搏斗。罗马圆形大剧场是罗马的标志性建筑，其不但拥有极具美观的开放空间，而且还非常稳定。每层的80个拱形成了80个开口，可容纳五万多人，并且可以快速疏散。古典风格的斗兽场在建筑史上堪称典范的杰作和奇迹（古典式，见第137页），以庞大、雄伟、壮观著称于世。尽管由于多年的忽视和损坏，角斗场只剩下大半个骨架，但其雄伟之气魄、磅礴之气势犹存。

罗马皇帝韦斯帕西恩，圆形剧场的创始人

◀ 内部通道

◀ 圆形竞技场的下方

19世纪晚期，挖掘出圆形大剧场下方的房间，这里以前用来关押动物。

▲ 越过古罗马广场远眺圆形大剧场

◀ 尼禄巨像

圆形大剧场可能是从巨大的镀金尼禄铜像得名，铜像屹立在竞技场的附近。

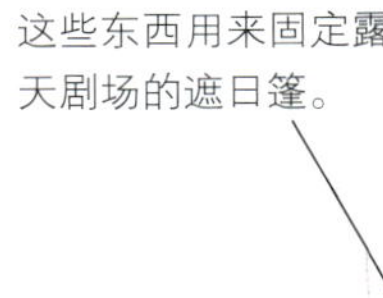

出入通道

作为层叠的下方或后方建有宽大的出入口，观众可以从这里快速地撤离。

外墙

文艺复兴时期，为了建造宫殿、桥梁和圣彼得大教堂，大剧场的部分石墙被拆除。

双柱系缆桩

这些东西用来固定露天剧场的遮日篷。

遮篷

这些巨大的遮篷可以抵挡阳光的照射。剧场上层的竖杆撑起遮篷，遮篷用绳索固定在剧场外侧的系缆柱上。

重要日期

公元72年	81—96年	248年	1980年
罗马皇帝韦斯帕西恩下令建造圆形大剧场。	在罗马皇帝图密善统治时期，圆形大剧场建成。	为庆祝罗马成立1000周年，在竞技场举行盛大的欢庆表演。	古罗马废墟被联合国教科文组织列入《世界遗产名录》。

角斗士

角斗士是经过训练的职业杀手，他们为了取悦皇帝和当地的领主而搏杀到死。角斗士们在类似于军事训练营的地方一起训练，经常随团到帝国的各个地方进行巡回表演。

▲角斗士的涂鸦

如圆形大剧场中的石头涂鸦所示，角斗士比赛是一对一打斗。一个角斗士担任圆盾手的角色，与执网角斗士展开格斗。

内部通道

这些通道可以使观众快速抵达自己的座位，也可以快速撤离。

内墙

内墙用砖块砌成。

入口路线

从这里进入，观众可以找到自己的座位，也可以通过不同的楼梯到达目的地。

隔离墙

这面巨大的墙把皇帝和上层贵族的座位与观众坐席隔开。

科林斯式圆柱

埃尔尼克式圆柱

多立克柱

拱门入口

每层建有80个拱门，观众入场时可以按照自己的座位编号，首先找到自己应从哪个底层拱门入场，然后再沿着楼梯找到自己所在的区域，最后找到自己的位子。

罗马圆形大剧场的植物群

19世纪时，圆形大剧场的植被郁郁葱葱，剧场废墟的不同部分拥有不同的微气候，这造就了丰富的植物群，如药草、牧草和各种各样的野花。很多生物学家前来研究并把这些植物分类，并且出版了两本关于这里的植物的书，其中的一本书中列举了这里的420种不同的植物。

紫草，一种药草

竞技场上的角斗士格斗

首先，竞技场上进行有趣或是惊险的马戏团表演，然后角斗士们上场，他们之间进行搏斗，直到一方死亡。这些角斗士大多是奴隶、罪犯或是战俘。如果一方被杀死，扮成冥府渡神的侍从会把死者的尸体搬走，并擦干地上的血迹，以免影响下一场角斗表演。受伤严重的角斗士的命运将由观众决定，如果皇帝做出拇指朝上的姿势，代表他可以活下来。胜利的角斗士将迅速地成为英雄般的人物，有时会得到自由身份的奖励。

罗马皇帝韦斯帕西恩

提图斯·弗拉维·韦斯帕西恩（圆形大剧院的创始人）从公元69年统治罗马，在位十年。那个时期，由于刚刚结束尼禄的残暴统治，整个罗马混乱不堪。韦斯帕西恩为了庆祝他给罗马带来的和平和安定，提高新王朝在公众中的地位，下令建造了一系列的建筑，包括在西里欧山建造的为纪念克劳迪亚斯的神殿、罗马广场附近的和平神殿，以及其中最著名的圆形大剧场。公元79年，韦斯帕西恩逝世，圆形大剧场还没有建成。他的儿子和之后的继任者，提图斯和图密善最终完成了圆形大剧场的建筑。

圆形大剧场内部

罗马圆形大剧场是古罗马时期最大的圆形角斗场，大剧场在地上有4层，地下有3层。大剧场的平面呈椭圆形，相当于两个罗马剧场的观众席相对合一，中央是竞技场。大剧场的座位有着明显的等级划分，国王和领事都有自己单独的出口和包厢。竞技台下（**圆形竞技场的下方**）分布着一些复杂的房间、通道和台阶，角斗士、动物和表演道具从这里进入竞技台。凶猛的动物被关押在竞技场下最底层的笼子中。需要这些动物出场时，转动绞盘可以把笼子提升上来，然后打开笼子，这些动物在走过一段斜坡和活板门之后进入竞技场中。

罗马圣彼得大教堂

圣彼得大教堂是罗马基督教的中心教堂，欧洲天主教徒的朝圣地与梵蒂冈罗马教皇的教廷，是世界第一大圆顶教堂。圣彼得教堂中珍藏着很多艺术瑰宝，有些是从君士坦丁大帝建于4世纪的教堂中抢救出的艺术品，其他的是文艺复兴式大师和巴洛克大师的心血之作。圣彼得大教堂殿堂的中央，是“巴洛克艺术之父”贝尔尼尼的最伟大的杰作——青铜华盖，它被置于米开朗琪罗最伟大的杰作——宏伟的穹顶之下，闪烁着金色耀眼的光芒。殿堂尽头是贝尔尼尼的不朽杰作：彼得宝座，据说这是圣彼得使用过的木制传教座椅。

洞窟中收藏着乔托于13世纪完成的马赛克画

▲ 圣彼得广场
圣彼得广场是建筑大师贝尔尼尼一生中最伟大的建筑艺术品。在礼拜日或重大的宗教节日，教皇会出现在祝福阳台上，为来到广场上的教徒祈福。

◂ 教皇亚历山大七世纪念碑
这是贝尔尼尼在1678年完成的圣彼得大教堂中的最后一件作品，教皇被代表诚信、正义、友善和谨慎的雕像环绕。

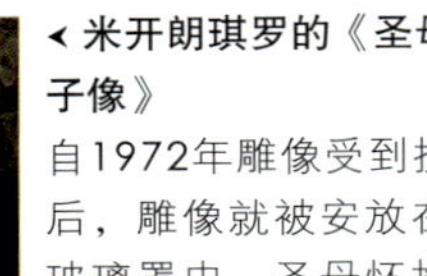

◂ 米开朗琪罗的《圣母怜子像》
自1972年雕像受到损坏后，雕像就被安放在了玻璃罩中。圣母怀抱死去的儿子的悲痛感和对上帝意旨的顺从感被刻画得淋漓尽致，这尊雕像于1499年创作完成。

▾ 洞窟中的教皇庇护十一世的陵墓

▾ 圣彼得大教堂雄伟的穹顶

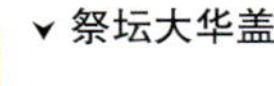

▲ 圣彼得大教堂的大圆顶
文艺复兴风格的大圆顶高136.5米（448英尺），由米开朗琪罗设计，在他有生之年，大圆顶并未建成。

楼梯
537级狭窄的台阶可以通向大圆顶的最高点。

维尼奥拉（1507—1573年）设计的两个小圆顶

▲ 祭坛大华盖
1624年教皇乌尔班八世任命贝尔尼尼设计祭坛华盖。贝尔尼尼设计的巴洛克式的青铜华盖下方则是教皇祭坛和圣彼得的陵墓。

▲ 教皇亚历山大七世纪念碑

▲ 教皇祭坛

历史艺术博物馆和圣器收藏室的入口

圣彼得大教堂长186米（610英尺）

中殿
中殿地板上标刻着以前教堂的长度。

▾ 祭坛大华盖

◂ 教皇祭坛
传说祭坛下面就是圣彼得被埋葬的地方。

圣彼得

彼得是耶稣的大圣徒，也是第一个承认耶稣为基督的人，耶稣赐予他“彼得”之名。耶稣遇难后，彼得作为圣徒的首领开始创建基督教会。公元44年，彼得创建了罗马教会，两把钥匙传说是基督给圣彼得的，象征把天上和地上的一切权力都交给他。

重要日期

公元64年	324年	1506年	1546年	1980年
圣彼得被钉死于十字架上，后被安葬在罗马。	君士坦丁大帝在圣彼得的墓上修建了一座教堂。	教皇朱利叶斯二世为新教堂奠基。	米开朗琪罗被任命为教堂首席建筑师。	圣彼得大教堂被联合国教科文组织列入《世界遗产名录》。

圣彼得大教堂平面布局图

公元64年，圣彼得被尼禄皇帝钉死于十字架上。死刑就是在现在的教堂所在地执行的，当时那里还是尼禄的跑马场，他的遗体就埋葬在这里。324年 君士坦丁大帝在圣彼得墓上建造了一座教堂。15世纪，由于旧教堂存在重大安全隐患后被拆除。16世纪和17世纪教堂完成重建。

关键词

- 尼禄的跑马场
- 君士坦丁大帝的教堂
- 文艺复兴式建筑
- 巴洛克式建筑

▲ 洞窟
洞窟中收藏着乔托创作于13世纪的马赛克画，以及一些老教堂中的艺术品。很多教皇都安葬在这里。

圣彼得像
几个世纪以来，由于众多教徒的抚摸，铜像已经被磨损得闪闪发亮。

教堂正面雕像
这里安放着13尊雕像：基督、施洗者圣约翰和11位信徒。

▲ 米开朗琪罗的《圣母怜子像》

卡洛·马代尔诺设计的教堂正面（1614年）

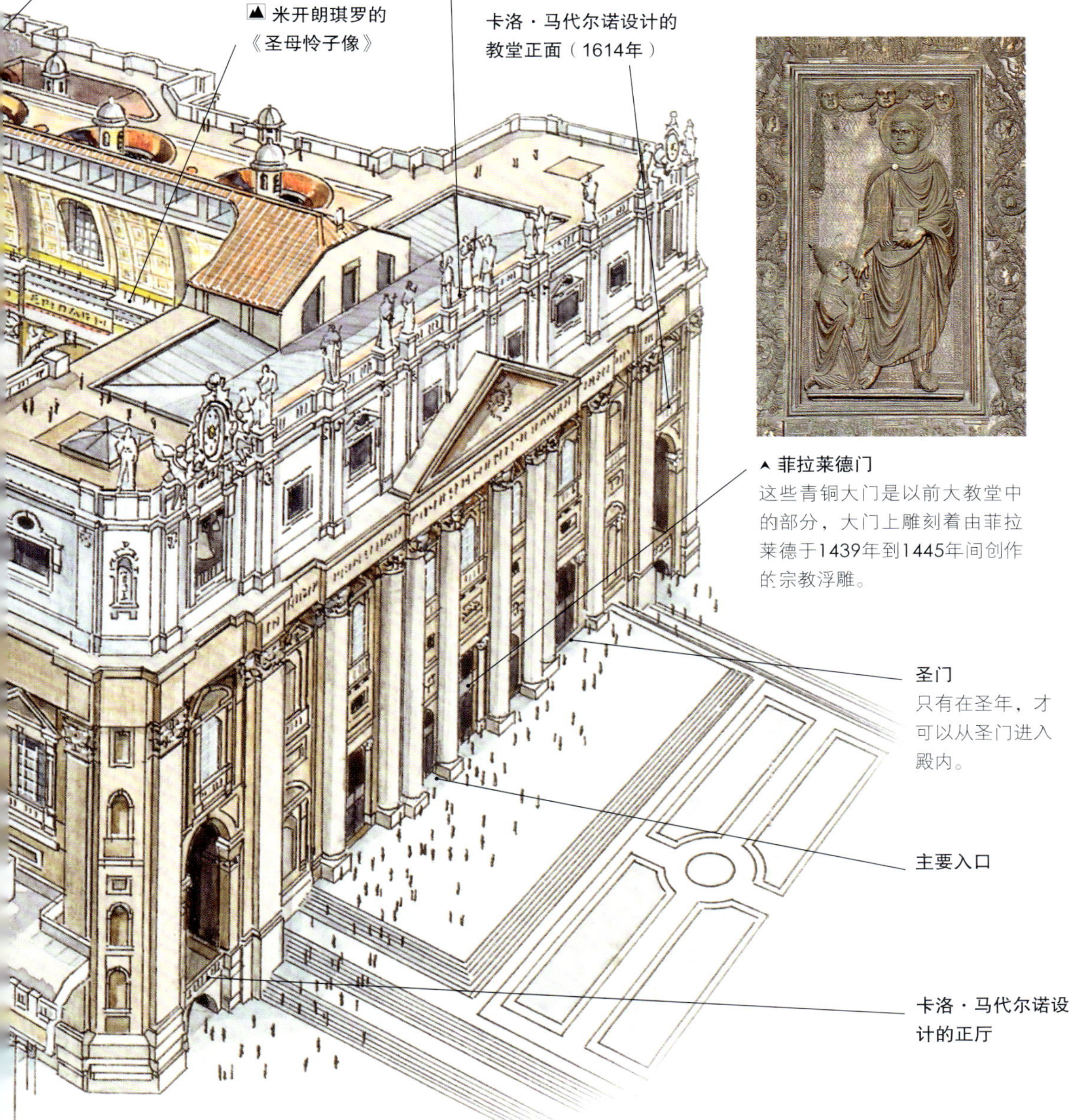

▲ 菲拉莱德门
这些青铜大门是以前大教堂中的部分，大门上雕刻着由菲拉莱德于1439年到1445年间创作的宗教浮雕。

圣门
只有在圣年，才可以从圣门进入殿内。

主要入口

卡洛·马代尔诺设计的正厅

米开朗琪罗

米开朗琪罗（1475—1564年）是意大利文艺复兴时期伟大的绘画家、雕塑家、建筑师和诗人，文艺复兴时期雕塑艺术最高峰的代表，与拉斐尔和达·芬奇并称为“美术三杰”。25岁的米开朗琪罗为圣彼得教堂创作了《圣母怜子像》，这件作品的问世使米开朗琪罗扬名罗马。1508年，米开朗琪罗接受教皇朱利叶斯二世的邀请，前往西斯廷教堂创作天顶壁画，米开朗琪罗以超凡的智慧和毅力完成了世界上最大的壁画《创世纪》。1546年，已过了古稀之年的米开朗琪罗被任命为圣彼得大教堂的首席建筑师，他人生的最后时光都奉献给了这座教堂。

济安·贝尔尼尼

贝尔尼尼是意大利雕塑家、建筑家，巴洛克艺术的主要代表人物之一，是巴洛克艺术的创始者。1598年贝尔尼尼生于拿波里，他的父亲也是一位雕塑家。贝尔尼尼非常具有天赋，大理石在他的手中好像失去了重量，他的作品给人以轻快和活泼的感觉。贝尔尼尼得到三位继任教皇的赏识，成为罗马的设计者，他创作的一件件杰作如教堂、宫殿、广场、雕像和喷泉等，把罗马点缀成了一座巴洛克式的城市。贝尔尼尼在圣彼得大教堂中倾注了他57年的心血，教堂内精巧的设计无不体现着贝尔尼尼的艺术创造。

文艺复兴式

佛罗伦萨育婴院是早期的文艺复兴式建筑，由布鲁内列斯基设计。育婴院修建的科林斯柱和圆拱结构，加速了意大利建筑新风格时代的到来。之后的数年里，文艺复兴式风格在意大利其他城市迅速传播开来。15世纪晚期16世纪早期，佛罗伦萨大教堂的建成标志着意大利文艺复兴建筑史的开始。之后文艺复兴式建筑风格迅速在欧洲盛行，甚至通过威尼斯传播到遥远的莫斯科。文艺复兴式建筑师认为古典柱式建筑与人体美有相通之处。文艺复兴式建筑提倡复兴古罗马时期的建筑形式，特别是古典柱式比例、半圆形拱券，以穹顶为中心的建筑形体。

神秘别墅

庞培古城墙外围的规模较大的别墅建于公元前2世纪早期。最初这里是庞培人在郊外的住所，之后逐渐发展成幽雅的乡村别墅。这座别墅装饰奢华，在这里还发现了保存完好的壁画。其中最著名的客厅中的壁画，在鲜红背景下，29个色彩艳丽、栩栩如生的人物画像呈现在人们面前。一般认为这是新娘加入酒神节的神秘仪式，或是加入赫尔默斯新教的神秘仪式；一些学者认为这座别墅属于一位女祭司，壁画描绘的是酒神节仪式，因为那个时期酒神节在意大利南方比较盛行。

阿庞达札街和斯塔比亚大街

阿庞达札街是庞培城中最繁忙的街道。街道两侧挤满了私人住宅和销售货物的商铺。毡制品和皮革品在瓦利康达斯店铺中销售，远处有一家保存完好的干洗店。酒吧中最著名的应该是艾斯琳娜酒吧，这里墙上的壁画描绘着文质彬彬的外国服务生，酒吧在公元79年这历史性的一天中也记录下进账683塞斯特斯的场景。斯塔比亚大街主要是货物运输大街，货物在庞培城、港口和沿岸区之间中转、运输。西侧的是斯塔比亚浴场。

庞培古城的生活

1世纪，庞培成为繁华的商业中心。巨大的城墙把这个有两万多居民的城市包围起来。住宅内有自来水，城市里设有公共浴场、供娱乐的露天剧院、繁华的市场、人行道、商店和政府建筑。**利斯·费利克斯庄园**几乎占据了一个街区，把业主的住处、出租住宅和商铺隔开。庄园中建有浴场并对公众开放。庞培古城的最高处是长方形的**广场**，是全城的宗教、政治和经济中心。这里曾经是市场。建于公元前80年的**圆形剧场**主要用来举行角斗士表演，圆形剧场是世界上最古老的剧场。

庞培古城

在意大利那不勒斯海湾，维苏威火山下，有一座美丽的古城，它始建于公元前8世纪，曾经繁华一时。但是，公元79年8月，维苏威火山大爆发，滚滚的岩浆埋葬了这座美丽的城市。16世纪时，一位建筑师在挖河时发现了庞培的遗迹，但是直到1748年才真正开始挖掘这座古城。庞培古城最动人心魄之处在于：它真实地保留着灾难来临前庞培人的样子。半毁的竞技场、面包房、酒吧、公共浴场、步行街、斗兽场和商铺等，再现了古罗马人的生活情况。庞培古城被称为“天然的历史博物馆”。

收藏在那不勒斯考古博物馆的庞培花瓶

维提园

农牧神园

浴场

维苏威火山和庞培古城

那不勒斯考古博物馆中一位母亲和一个孩童的铸像

在维苏威火山爆发后几乎两千年的现在，庞培古城的发掘工程至今尚未全部完成，但是城市主体结构已经十分清晰，它向人们展示了令人惊讶的古罗马辉煌的文化。火山喷发的炽热的岩浆和火山灰将南侧的庞培古城和赫库兰尼姆城深深地埋在了地底下，泥石流将房屋压塌，北侧的赫库兰尼姆城则被海泥湮没，它们的历史就此戛然中断。很多建筑在火山喷发中幸存下来，在火山灰中保持着原貌。大约2000名庞培居民随同城市被埋葬，赫库兰尼姆城居民由于海啸，更多地葬身海边。

庞培古城和赫库兰尼姆城的发现，让我们能够更好地了解古罗马人的生活情况。挖掘出来的很多物品现在收藏在那不勒斯考古博物馆。尽管自1944年后，维苏威火山一直没有再喷发，但地下火山经常会活动从而引起小型的地震。

◂ 神秘别墅中著名的壁画

农牧神园
这些贵族富商的别墅群以右侧雕像的名字命名。《战斗中的亚历山大》这幅镶嵌壁画现收藏在那不勒斯考古博物馆。

◂ 食品市场
庞培古城的市场前建有一排门廊，并有两间专门负责货币兑换的店铺。

◂ 拉列斯神殿
拉列斯神殿紧挨着韦斯帕西恩神殿，这里安放着庞培古城的守护神拉列斯神雕像。

◂ 圆形剧场和运动场

▾ 阿庞达札街

神秘别墅方向

庞培古城西部

如图中所示区域，这里是庞培古城的西部，也是古罗马遗址保存最完好的部分。庞培古城东部区域是大片的别墅群，贵族富商在这里定居，这里仍然有很多建筑还未挖掘。

庞培古城平面图

神秘别墅
利斯·费利克斯庄园
诺拉路
阿珊丹札路
庞培西区
马利纳门
圆形剧场
关键词
下图区域所示

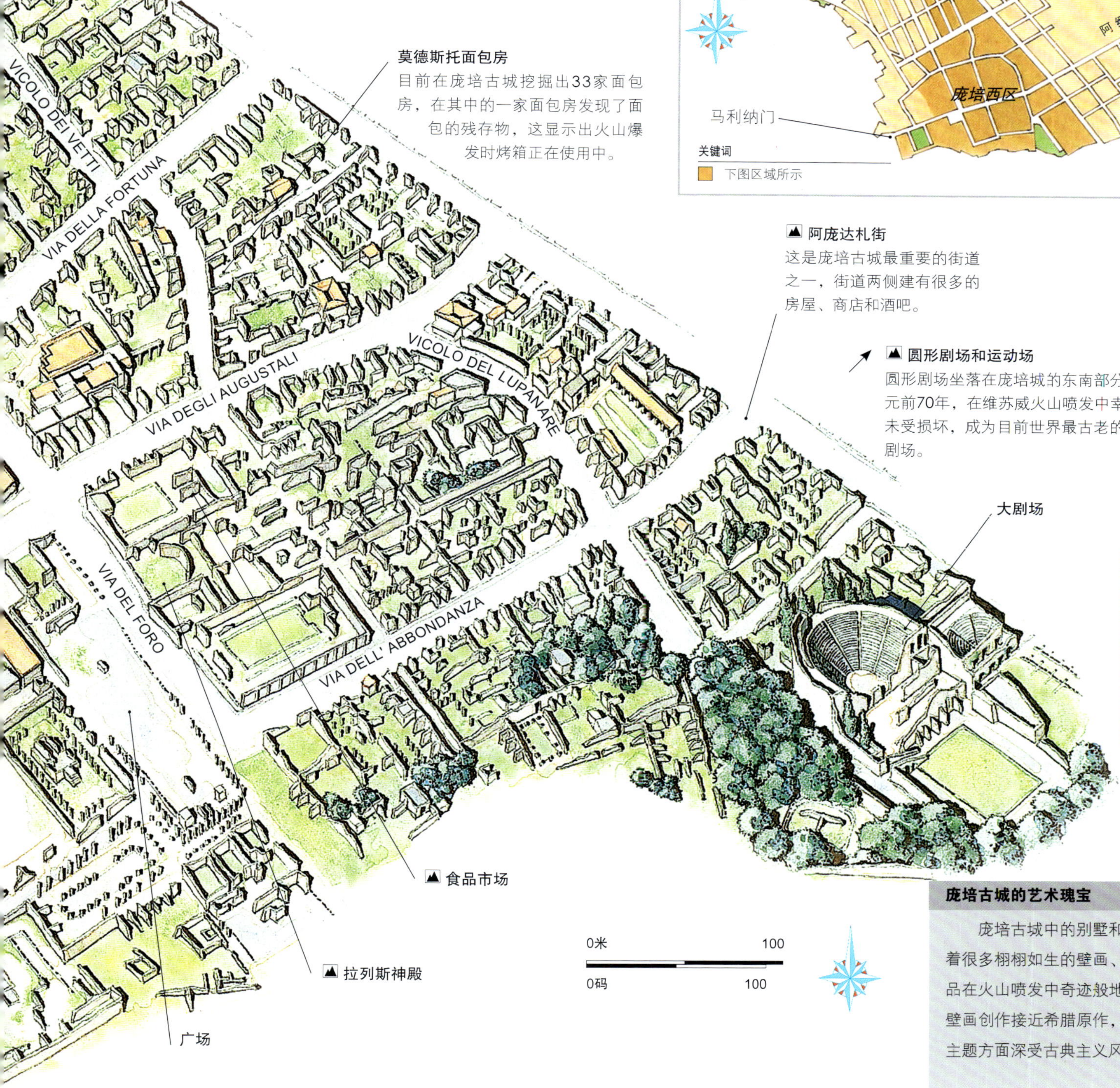

莫德斯托面包房
目前在庞培古城挖掘出33家面包房，在其中的一家面包房发现了面包的残存物，这显示出火山爆发时烤箱正在使用中。

VICOLO DEI VETTI
VIA DELLA FORTUNA
VIA DEGLI AUGUSTALI
VICOLO DEL LUPANARE
VIA DEL FORO
VIA DELL' ABBONDANZA

阿庞达札街
这是庞培古城最重要的街道之一，街道两侧建有很多的房屋、商店和酒吧。

圆形剧场和运动场
圆形剧场坐落在庞培城的东南部分，建于公元前70年，在维苏威火山喷发中幸存，几乎未受损坏，成为目前世界最古老的罗马圆形剧场。

大剧场

小心恶犬
这幅马赛克画装饰在庞培古城内一家大门的门口。

食品市场

拉列斯神殿

广场

0米 100
0码 100

庞培古城的艺术瑰宝

庞培古城中的别墅和一些公共场所，如剧场装饰着很多栩栩如生的壁画、马赛克画和雕塑，一些艺术品在火山喷发中奇迹般地幸存了下来。客户经常要求壁画创作接近希腊原作，所以这些艺术瑰宝在设计和主题方面深受古典主义风格和希腊艺术的影响。

维提园
这里可能是富商奥卢斯·维提乌斯·康威和奥卢斯·维提乌斯·路斯提斯建造的别墅，别墅中装饰着很多精美的壁画。

重要日期

公元前8世纪左右	公元79年8月	1594年	1860年	1997年
从意大利来的人们在交通要道上建造了庞培城。	维苏威火山喷发，庞培古城和斯塔比亚被淹没于火山灰下。	工人在被称为维塔的地方挖壕沟，发现了古城的遗迹。	朱塞佩·菲奥雷利被任命为挖掘总管，在考古学家的努力下，庞培古城逐渐被挖掘出来。	庞培古城被联合国教科文组织列入《世界遗产名录》。

克罗地亚 波雷奇尤弗拉西苏斯大教堂

建于6世纪的尤弗拉西苏斯大教堂是波雷奇拜占庭式建筑的典范（拜占庭式，见第148页）。尤弗拉西苏斯大教堂内装饰着大量的马赛克镶嵌图案。大教堂是在4世纪的圣毛鲁斯小教堂的基础上扩建而成的，圣毛鲁斯小教堂是世界上最古老的基督教遗址之一。教堂扩建工程由主教尤弗拉西苏斯主持，建于539年到553年。几个世纪以来，尤弗拉西苏斯大教堂经历了无数次的改建，但是教堂最早的马赛克镶嵌地板保存了下来，在19世纪教堂修复期间发现了这些保存完好的马赛克地板。

教堂壁龛上的马赛克图案

圣毛鲁斯和尤弗拉西苏斯主教

现在关于波雷奇的第一任主教圣毛鲁斯和尤弗拉西苏斯主教的生平事迹流传下来的很少。4世纪，为了早期的基督教徒的秘密祈祷和仪式活动，圣毛鲁斯在这里建造了一座小教堂。传说他被神圣罗马皇帝戴克迫害殉教而死。6世纪，他的遗骨被安葬在小教堂附近的**感恩礼拜堂**中。为了安葬圣毛鲁斯，尤弗拉西苏斯主教找到了当时最杰出的工匠和艺术家，他们共同建成了当时最雄伟的尤弗拉西苏斯大教堂。

拜占庭式图案镶嵌技术

马赛克艺术尤其是教堂中的马赛克镶嵌艺术，在拜占庭式建筑风格时期发展到顶峰。马赛克最早是一种镶嵌艺术，以小石子、贝壳、瓷砖、玻璃等有色嵌片应用在墙壁面或地板上以绘制成图案。6世纪，为了让镶嵌图案更加闪耀，在图案镶嵌设计中开始使用金、银镶嵌物。那个时期的马赛克镶嵌图案主要是描写宗教故事和圣人画像，也有很少的描绘建筑者画像的图案。尤弗拉西苏斯主教下令在大教堂装饰中使用大量的马赛克镶嵌图案。其中最精美的是祭坛上的圣母和圣子像，另一侧的则是圣毛鲁斯和尤弗拉西苏斯主教的画像（**祭坛马赛克图案**）。

教堂内部

从教堂**中庭**可以进入教堂，中庭保存着很多19世纪修复过的马赛克镶嵌图案。中庭附近的是木顶的**洗礼堂**，建于5世纪。洗礼堂在尤弗拉西苏斯大教堂建造期间进行重建。15世纪以前，基督教徒都在洗礼堂中央的洗礼池前接受洗礼。教堂中装饰很多精美绝伦的马赛克镶嵌图案，这些图案由半宝石和贝壳镶嵌而成。现在在教堂的壁龛和**祭坛华盖**上可以看到这些精美的镶嵌图案。几个世纪以来，尤弗拉西苏斯大教堂经历了数次地震和火灾，教堂的形状已经有了很大的变化。中殿的南墙在15世纪时被毁坏，之后改建成哥特式的玻璃窗（哥特式，见第54页）。教堂西侧的圣十字礼拜堂中，装饰着由安东尼奥·维瓦利尼创作的屏条画。

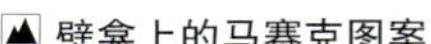

壁龛上的马赛克图案

这些马赛克图案创作于6世纪。中央拱门上的图案描绘的是耶稣和他的信徒们；拱顶上描绘的是加冕的圣母玛利亚手抱圣子，被天使环绕着；左侧的则是圣毛鲁斯、主教尤弗拉西苏斯、执事克劳德和他儿子的画像。

祭坛华盖

教堂内殿是精美绝伦的制作于13世纪的祭坛华盖，用四个大理石立柱支撑着华盖，立柱上装饰着精致的马赛克图案。

圣器室和感恩礼拜堂

穿过圣器室左侧的墙就到了三一礼拜堂，礼拜堂装饰着制作于6世纪的马赛克图案地板。圣毛鲁斯和尤弗拉西苏斯主教的遗骸安葬在这里。

马赛克图案地板

在教堂庭院中可以看到残存的建于4世纪的小教堂中的马赛克图案地板。

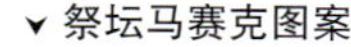

▾ 祭坛马赛克图案

▾ 壁龛上的圣母和圣子马赛克图案

重要日期

539—553年	1277年	19世纪	1997年
在圣毛鲁斯小教堂原址上开始兴建尤弗拉西苏斯大教堂。	雄伟的大理石圣器室建成，由波雷奇的主教欧图主持建造。	开始修复大教堂几个世纪以来被毁坏的部分。	尤弗拉西苏斯大教堂被联合国教科文组织列入《世界遗产名录》。

波雷奇博物馆

博物馆位于尤弗拉西苏斯大教堂附近，在1884年开馆运作。博物馆中收藏着2000多件艺术品，其中甚至有3世纪的马赛克镶嵌图案，还收藏着十字架、祭坛装饰品和唱诗班席位等珍贵艺术品。

▲ 教堂内部

▲ 教堂中庭

中庭大体上是正方形柱廊，每侧柱廊建有两个支柱。现在这里陈列着一些墓碑和考古发现的一些中世纪的工艺品。

▲ 汔礼堂

▼ 教堂内部

从入口处可以到达教堂的中殿和两侧走廊。中殿的支柱顶上雕刻着拜占庭式和罗马式的动物图案。这些雕饰都是与尤弗拉西苏斯大教堂字母的组合图案。

圣器室和感恩礼拜堂 ▸

▼ 洗礼堂

呈八角形的洗礼堂建于6世纪。洗礼堂中央的是洗礼池，这里还保存着一些残留的马赛克图案。洗礼堂后方的是建于16世纪的钟塔。

教堂中庭 ▸

祭坛华盖 ▼

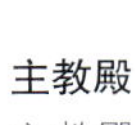

主教殿

主教殿建于6世纪，建有三条通道。现在这里收藏着安东尼奥·达巴萨诺创作的几幅画、安东尼奥·维瓦利尼创作的屏条画以及帕尔马·利·吉奥瓦尼创作的一幅画。

希腊 雅典卫城

公元前5世纪中叶，雅典政治家伯里克利说服雅典公民大会，开始建造一些能够代表希腊政治、文化辉煌成就的建筑。于是，希腊城中建起了三座风格完全不同的神庙，并修建了一座纪念门，公元前4世纪在城南建成狄奥尼索斯剧院，2世纪兴建了阿提库斯剧院。雅典卫城是希腊最杰出的古建筑群，也是希腊的宗教、政治中心。

▲ 现在的雅典卫城
雅典卫城是欧洲最古老且保存最完整的古典文明遗迹，被认为是欧洲文明诞生地之一。作为古希腊文明的标志，现在它是希腊最著名的旅游胜地。2500多年来，雅典卫城历经地震、战争和数次火灾，现在空气污染正逐渐侵蚀着这些残存的大理石建筑。

《扛小牛的年轻人》，现收藏在雅典卫城博物馆中

◀ 女像柱廊

▼ 卫城山门

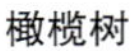

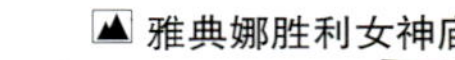

◀ 雅典娜胜利女神庙
雅典娜胜利女神庙位于卫城山门的西侧，建于公元前426年到421年。

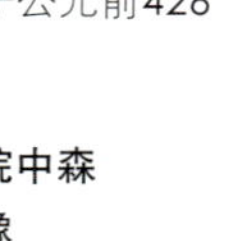

◀ 狄奥尼索斯剧院中森林之神西勒诺斯像

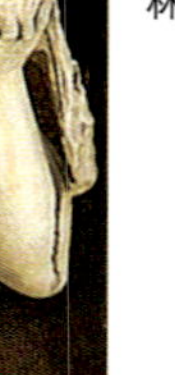

▼ 帕特农神庙东部山形墙上的雕像

女像柱廊
伊瑞克提翁神殿内有一排6尊女像柱，其中的4尊女像柱真品现收藏在卫城博物馆中，这里摆放的是复制品。

橄榄树
希腊神话中，雅典娜胜利女神和海神波塞冬争夺雅典的归属权，最后雅典娜以一株繁盛的橄榄树获得胜利。现在在雅典娜胜利女神长出橄榄树的地方可以看到一株枝叶繁茂的橄榄树。

卫城山门
山门建于公元前437年到公元前432年，这里是进入卫城的新入口。

雅典娜胜利女神庙

卫城入口
这是进入卫城的老入口。

◀ 阿迪库斯音乐厅
这座户外音乐厅建于161年，1955年进行过大规模的修复。现在这里仍在举行音乐会。

定位器地图

NILEOS　古安哥拉遗址　APOSTOLOU PAVLOU　普尼克斯山　卫城　Akropoli　泽女神山　STISIKLEOUS　ROVERTOU GALLI　卫城博物馆　菲罗帕波斯山　PANAITOLIOU　VEIKOU

关键词

图中区域所示

埃尔金石雕

埃尔金第七世勋爵托马斯·布鲁斯从1801年到1805年从帕特农神庙中运走很多大理石石雕，并把这些石雕卖给了英国。现在这些精美无比的埃尔金石雕收藏在大英博物馆中，关于埃尔金大理石雕的归属问题比较有争议，很多人认为应该把这些石雕归还希腊。

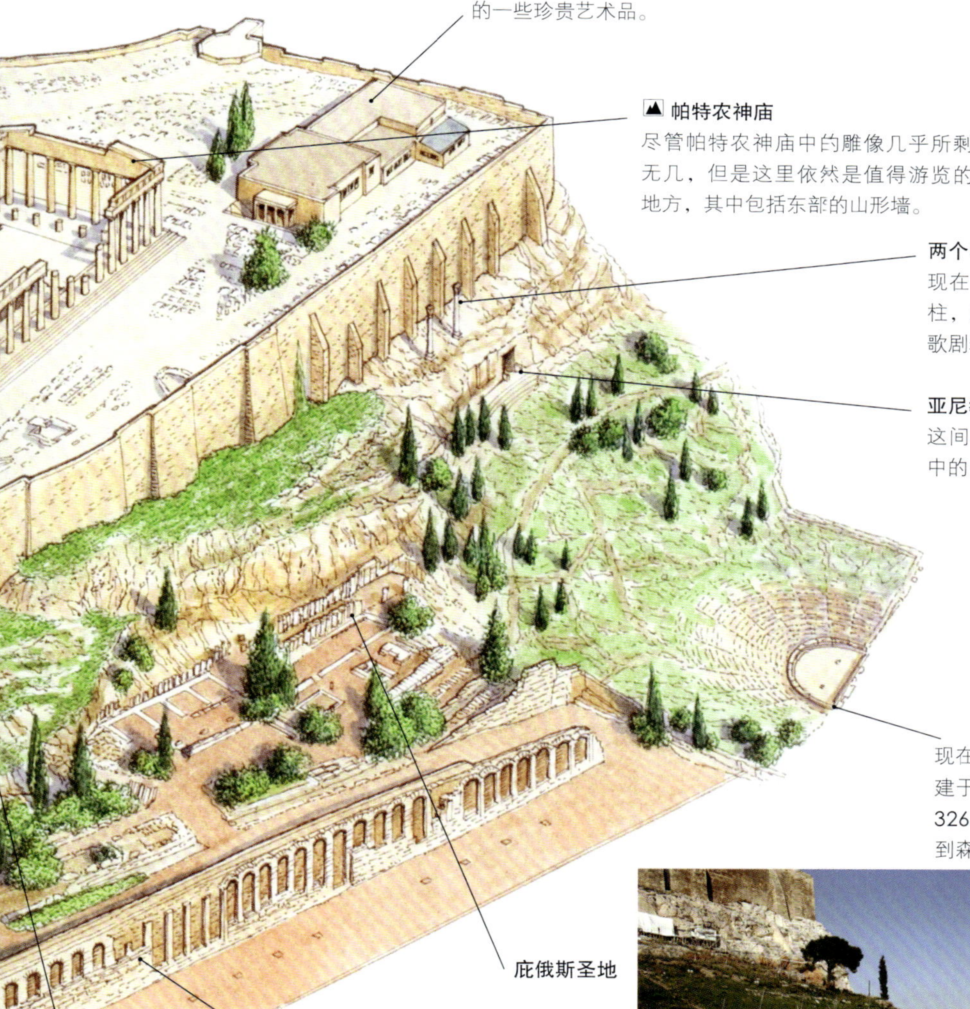

雅典卫城博物馆
卫城博物馆位于卫城的东南角，建于1878年。这里陈列着卫城中的一些雕像和挖掘出来的一些珍贵艺术品。

帕特农神庙
尽管帕特农神庙中的雕像几乎所剩无几，但是这里依然是值得游览的地方，其中包括东部的山形墙。

两个科林斯式柱
现在可以看到残存的科林斯柱，这两个立柱是由优秀的歌剧表演家赞助的。

亚尼教堂
这间小教堂位于卫城岩石中的山洞中。

狄奥尼索斯剧院
现在看到的狄奥尼索斯剧院建于公元前342年到公元前326年。现在剧院中可以看到森林之神西勒诺斯雕像。

庇俄斯圣地

尤米尼斯柱廊

雅典卫城的岩石
这些岩石位于卫城的最高点，是早期的防御遗址。这些岩石在这里已经安放了五千多年。

重要日期

公元前3000年	公元前510年	公元前451年—公元前429年	267年	1987年
第一批居民开始在希腊定居。	特尔斐神谕中称希腊是神的圣所。	伯里克利主持的雄伟建筑计划开始执行。	伯里克利主持建造的大部分建筑被德国赫卢利骑兵毁坏。	希腊卫城被联合国教科文组织列入《世界遗产名录》。

雅典卫城博物馆

博物馆中大部分的收藏品来自雅典卫城。这些收藏品按年代顺序排列，最古老的收藏品是公元前6世纪山花饰的雕像碎片，如创作于公元前570年的雕像《扛小牛的年轻人》。博物馆中的两间大厅收藏着一群独一无二的雕像群：《雅典娜女神的女仆们》，创作于公元前500年左右。从拘谨的《穿大披肩的科莱女神》到身体语言自然流露的《大眼睛的科莱女神》，这些雕像群充分显示了古希腊雕塑技术的进步。博物馆中浓墨重彩的最后一笔是伊瑞克提翁神殿中（**女像柱廊**）的4个女像柱。

帕特农神庙

帕特农神庙是希腊全盛时期建筑与雕刻的主要代表，有“希腊国宝”之称，也是人类艺术宝库中一颗璀璨的明珠。女神像高12米（40英尺），由著名雕刻家菲迪亚斯创作完成。神庙外观整体协调、气势宏伟，给人以稳定坚实、典雅庄重的感觉。从公元前447年开始兴建，9年后神庙封顶，并最终于公元前438年奉献给雅典娜胜利女神。神庙长70米、宽30米，顶盘呈红色、蓝色和金色，十分耀眼。帕特农神庙特别讲究“视觉矫正”的加工，使本来是直线的部分略呈曲线或内倾，因而看起来更有弹力，更觉生动。几个世纪以来，帕特农神庙历经劫难，它的建筑职能也在不断变化，曾被用作教堂、清真寺和军械库。

古典式

纵观希腊建筑，其精髓就是古典主义的运用：在建筑设计中以古典柱式为构图基础，突出轴线，强调对称，注重比例，讲究主从关系。最早的古典柱式为多利安柱式，主要特征是比较粗大雄壮，没有柱础，柱头也没有装饰。爱奥尼柱式是从多利安柱式中发展出来的一种新的结构，爱奥尼柱通常竖在一个基座上，柱头由一对标志性的涡形装饰。科林斯柱式则是爱奥尼克柱式的一个变体，两者各个部位都很相似，只是科林斯柱比例比爱奥尼克柱更为纤细，柱头以毛莨叶纹装饰，而不用爱奥尼亚式的涡卷纹。此外，古典式建筑外观经常使用三角墙饰、女像柱（雕像式立柱）和浮雕装饰。

雅典卫城中厄瑞克提斯南侧走廊中的雕像

帕特摩斯岛圣约翰修道院

圣约翰修道院是东正教和西方基督教徒最重要的朝圣地之一，建于1088年，由一位名为克里斯托多洛斯的僧人，为向《圣经启示录》的作者圣约翰致敬而修建的。圣约翰修道院是希腊最珍贵和最具影响力的修道院之一，它独特的塔和扶壁使修道院更像是座童话城堡，尽管它的建筑目的是为了保护宗教圣物。修道院每年都吸引众多的朝圣者和游人前来瞻仰。

圣约翰和天启洞穴

天启洞穴位于安吉·安娜教堂中，圣约翰修道院的下方。传说耶稣的门徒圣约翰在帕特摩斯岛登陆，并在这里的洞穴中受到神的感召，创作出《启示录》和《福音书》。现在洞穴中保存着传说中圣约翰书写的石头桌和每晚休息的枕石。传说枕石上的裂痕是耶稣从这里向圣约翰传递的福音。洞穴中现保留着12世纪的壁画和由克里特岛画家托马斯·瓦萨斯创作于1596年的圣约翰像、圣克里斯托多劳像。

圣克里斯托多劳

基督教修道士克里斯托多劳（意思是基督的仆人）在1020年左右生于小亚细亚。他一生致力于修建希腊岛屿上的修道院，重申基督精神。拜占庭科穆宁王朝的皇帝亚历克斯一世（1081年左右—1118年）任命克里斯托多劳以纪念圣约翰的名义建造一座修道院。克里斯托多劳为圣约翰修道院奠基，但他在1093年逝世，并没有看到修道院完工。帕特摩斯岛在每年的3月16日和10月21日都要举行活动以纪念克里斯托多劳的贡献。

珍宝室

修道院的藏书楼是全希腊公认的**珍宝室**。藏书楼收藏着很多重要的神学作品和拜占庭时期的作品，还包括古老的手写本和绘有袖珍圣像的经册。中央房间中装饰着涂着厚厚灰泥的圆拱，建有石柱支撑着圆拱，其他房间展列着宗教类手工艺品。在珍宝室中可以看到珍贵无价的圣像，以及一些神圣的宗教艺术品包括法衣、圣餐杯和十字架。书架从地板直抵天花板，是建在墙里，与墙一体的；其中收藏着宗教手稿和一些传记材料，很多文字是写在羊皮纸上的；其中手稿笔记包括《约伯记》，神学家圣·乔治的布道笔记，《紫色代码》；14世纪的经卷中包括标题为《福音四》的福音传道者画像。珍宝室还收藏着15世纪到18世纪的绣花凳子和镶嵌细工，以及17世纪精致美丽的家具。此外还珍藏着以前主教穿过的衣服，其中有的衣服是用金线缝制的。

▲ 热情好客的亚伯拉罕
在亚尼礼拜堂中发现了这幅创作于12世纪的壁画。

◂ 天启洞穴、圣约翰曾在这里生活和工作

▲ 圣约翰像
这幅创作于12世纪的圣像是修道院中最受推崇的圣物，现收藏在修道院的主教堂中。

厨房

修道士餐厅
餐厅中有两张大理石石桌，石桌来自以前建在这里的阿耳特弥斯神庙。

▲ 羊皮纸书卷

▾ 主庭院

▾ 霍拉小镇上的圣约翰修道院

▾ 圣十字礼拜堂

克里斯托多劳礼拜堂
克里斯托多劳墓和银制圣骨箱安放在这里。

庭院内部

圣约翰礼拜堂

圣十字礼拜堂
这是修道院十间礼拜堂中的其中一间，建造礼拜堂的原因是，当时基督教律法规定，一天中在同一座礼拜堂中不能做两次弥撒。

羊皮纸书卷
这幅创作于1088年的羊皮纸书卷是修道院的根基，这是拜占庭科穆宁王朝的皇帝亚历克斯一世给克里斯托多劳的带有金印的旨令。

船石

在帕特摩斯岛附近有一块巨大的像船一样的石头。传说有一天克里斯托多劳发现了一条正在向帕特摩斯岛驶来的海盗船，克里斯托多劳捡起一块圣约翰占卜石扔向海盗船，船突然倾覆，帕特摩斯岛得以安全。

珍宝室
这里收藏着200多幅圣像，300多件银器和很多珍贵的珠宝。

主庭院
修道院主教堂中装饰着18世纪的壁画，主教堂的拱廊与其他拱廊共同组成了主庭院。

圣徒礼拜堂
这间礼拜堂坐落在修道院大门外侧。

圣约翰像

重要日期

1088年	1999年
圣约翰修道院建成，修道院建有良好的防御城墙。	圣约翰修道院和天启洞穴被联合国教科文组织列入《世界遗产名录》。

主要入口
建于17世纪的大门通向鹅卵石铺装的修道院主庭院。掠夺者来袭时从城墙上往下倾倒滚烫的热油以赶跑袭击者。

洗礼仪式

希腊帕特摩斯岛上的复活节是东正教一个非常重要的节日。复活节这一天，很多人观看洗脚仪式。这一天圣约翰修道院的院长要学习耶稣基督在最后的晚餐前，为他的12位门徒洗脚，院长也要为12位修道士举行洗脚仪式。这一仪式曾经由拜占庭帝国皇帝完成，以示谦逊。

刺绣中描绘了耶稣为12位门徒洗脚的场景

罗德岛大统领宫

罗德岛的骑士在1309年到1522年间占领罗德岛，并建造了大统领宫。这座堡垒曾是19位罗德岛大统领的住所，堡垒中心驻扎着骑士营，这里是罗德岛人民危机时刻最后的避难所。1856年大统领宫在一次意外爆炸事故中被毁坏。20世纪早期，意大利人修复了大统领宫，并成为墨索里尼和国王维克多·伊曼纽尔三世的住所。大统领宫中收藏着很多珍贵的从科斯岛遗址上带回的马赛克镶嵌图案，宫中很多房间都以马赛克图案的名字命名。大统领宫中还有两间陈列馆——罗德岛远古陈列馆和罗德岛中世纪陈列馆。

大统领宫中持火炬的镀金天使像

美杜莎大厅 希腊晚期风格的马赛克图案中心装饰着希腊神话中的蛇发女怪美杜莎，大厅中还装饰着中国风格和伊斯兰风格的花瓶。

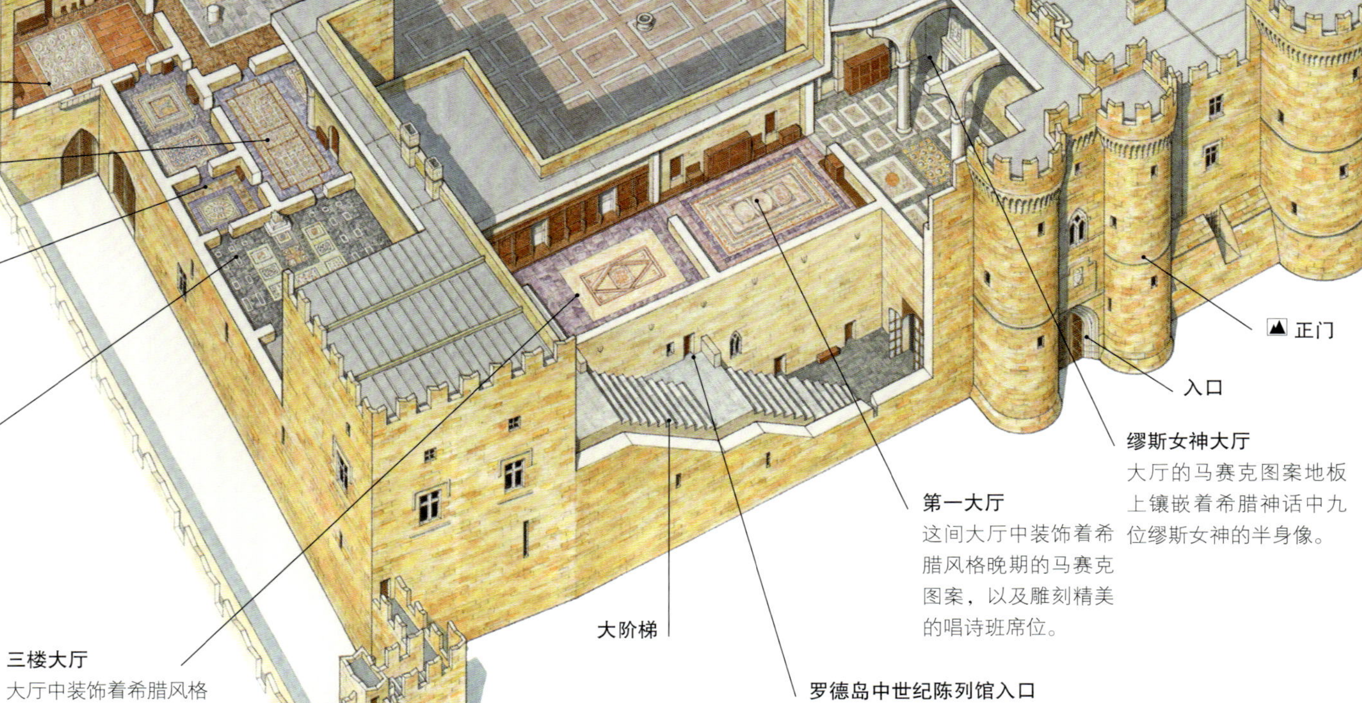

骑士团

这些年轻人都是来自欧洲的贵族罗马天主教家族，他们一起组成圣约翰骑士团。但是无论哪个时期，骑士团从来没有超过600名骑士。骑士加入组织时，要发誓遵从三大规定：守贞、受贫和服从。

正门 >

大统领宫雄伟的大门由骑士共同建造完成，大门由两个马蹄形的塔和燕尾状的炮台组成。大统领宫的徽章上刻的是德维尔，他在1319年到1346年间统治希腊。

第一位大统领

福克斯·德·维拉尔特（1305—1319年）是一位来自法国的骑士，他是罗德岛的第一位大统领。1306年，福克斯从多德卡尼斯勋爵手中购得罗德岛。之后福克斯征服了罗德岛的居民，他被称为罗德岛骑士。1522年，罗德岛的居民被驱逐出岛。维拉尔特这个名字取自维利尔，维利尔是罗德岛的一种白葡萄酒。

福克斯·德·维拉尔特

∨ 城垛

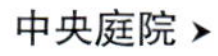

中央庭院 >

中央庭院中希腊风格的雕像是从科斯岛的剧场带回来的。庭院北部铺装着呈几何图形的大理石瓷砖。

骑士大道 >

铺有鹅卵石的大道可以直通大统领宫，街道两侧是由骑士建造的重要的公共建筑和一些私人建筑。

∧ 柱廊大厅

∧ 拉奥孔大厅

重要日期

14世纪	1856年	1937—1940年	1988年
罗德岛的骑士建成大统领宫。	大统领宫在一次意外的爆炸事故中被毁坏。	意大利建筑师维托利奥·马斯图诺着手修复大统领宫。	罗德市和大统领宫被联合国教科文组织列入《世界遗产名录》。

来自科斯岛的马赛克地板和雕像

在大统领宫修复期间，从附近的科斯岛的建筑中取来很多精美的希腊风格、罗马风格和基督教早期风格的马赛克图案，用来重新铺装大统领宫的地板，其中包括**柱廊大厅**和**美杜莎大厅**。**中央庭院**中气势恢弘的雕像也来自科斯岛，这些雕像可以追溯到古希腊和罗马时期。

罗德岛骑士

圣约翰骑士团由11世纪阿马尔菲镇的商人组织成立，他们负责守护圣墓教堂并保护来到耶路撒冷朝圣的基督教徒的安全。在第一次十字军东征（1096—1099年）后，骑士团成为军人组织。1291年，耶路撒冷被穆斯林占领，骑士团隐蔽到塞浦路斯。1309年，他们从热那亚人手中购得罗德岛，并征服了罗德岛居民，随后选举出大统领，来统治已经分裂为七个国家级的骑士团（法国、意大利、英国、德国、西班牙、普鲁旺斯和奥弗涅）。每个骑士团负责保护一个区域的安全。这些骑士团在辖区内建造了很多杰出的中世纪军事建筑，其中包括希腊多德卡尼斯群岛上的30座城堡。

陈列馆

罗德岛远古陈列馆坐落在大统领宫的北翼，与中央庭院相邻。陈列馆中的收藏是考古学家45年来在罗德岛上不断发现的成果。这里收藏着史前的花瓶和雕刻工艺品，以及在克里特岛挖掘出来的珍贵艺术品；同时还收藏着从公元前8世纪和公元前9世纪的卡密罗斯、林度斯和菲雷莫斯古迹中发现的珠宝、陶器和墓碑。大统领宫南翼和西翼则是**罗德岛中世纪陈列馆**。这里的收藏品记录着罗德岛从4世纪到1522年被土耳其人征服这段历史。这些收藏品同时展示了罗德岛人在拜占庭时期和中世纪时的日常生活和商品交易情况。这里还收藏着拜占庭式圣像、意大利和西班牙陶器以及盔甲等一些军事用具。

土耳其 伊斯坦布尔托普卡帕宫

宏伟壮丽的托普卡帕宫作为奥斯曼帝国苏丹的官邸达400多年之久。苏丹穆罕默德二世在征服拜占庭帝国君士坦丁堡（今天的伊斯坦布尔）后，下令兴建托普卡帕宫，建于1459—1465年。托普卡帕宫并不是我们所想的一座独立的建筑，而是由四座大型庭院构成的一系列凉亭和如帐篷般围绕皇宫的石墙组成，游牧的奥斯曼人从中崛起。托普卡帕宫最初是政府所在地，其中还建有一所学校，负责培训文职人员和士兵。16世纪，政府搬至伊斯坦布尔的高门。与托普卡帕宫相比，苏丹阿卜杜勒·迈吉德一世更偏爱杜马波切宫，1853年他把皇宫迁至杜马波切宫。1924年，在苏丹被废除两年后，托普卡帕宫被改成博物馆，对公众开放。

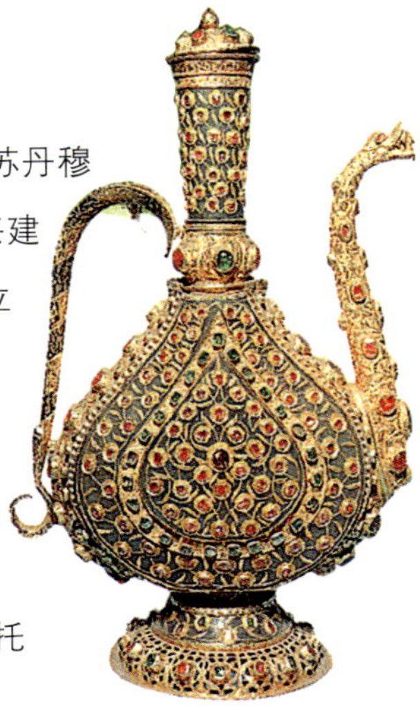

珍宝室中7世纪的珠宝镶嵌水壶

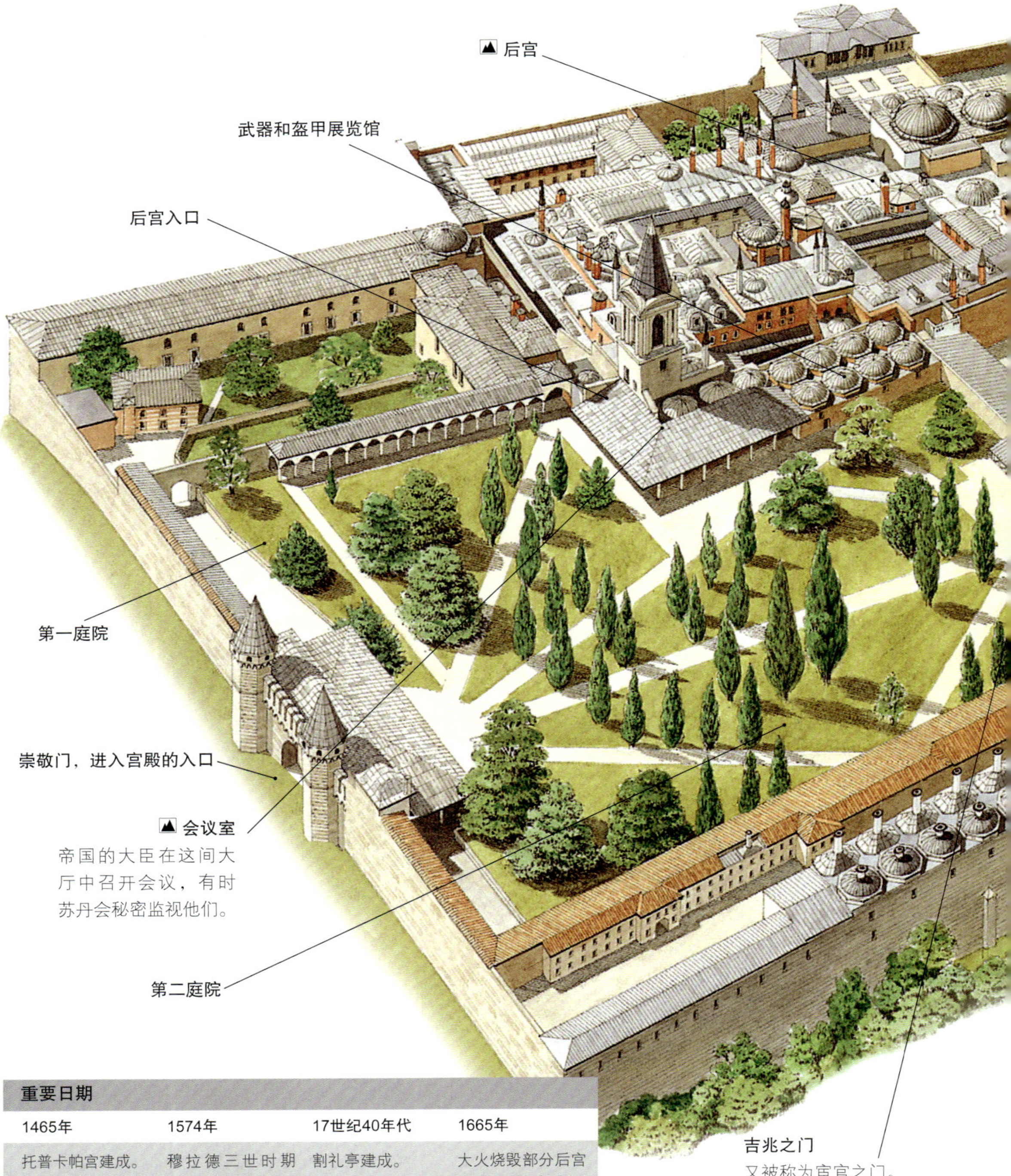

▲ 后宫

武器和盔甲展览馆

后宫入口

第一庭院

崇敬门，进入宫殿的入口

▲ 会议室

帝国的大臣在这间大厅中召开会议，有时苏丹会秘密监视他们。

第二庭院

吉兆之门

又被称为宦官之门。

重要日期

1465年	1574年	17世纪40年代	1665年
托普卡帕宫建成。	穆拉德三世时期建立了庞大的后宫建筑。	割礼亭建成。	大火烧毁部分后宫建筑和枢密院建筑。

后宫中的生活

“后宫”这个词来源于阿拉伯语，意思是“禁止”。苏丹的妻妾、子女和母亲（最有权势的女人）居住在后宫，由黑人奴隶宦官充当护卫。苏丹和他的儿子们是唯一允许进入后宫中的男人。苏丹的妾大部分是来自奥斯曼帝国偏远地区的奴隶，她们生存的目标便是成为最受宠的一个，并能为苏丹孕育男婴。后宫中女人们的竞争非常残酷，苏丹妻妾最多时达到1000多人。托普卡帕宫的**后宫**建筑由穆拉德三世在16世纪下令建造。1909年，托普卡帕宫的后宫中的最后一位女人离开这里。

穆罕默德二世

1453年，征服拜占庭帝国最重要的城市君士坦丁堡是穆罕默德二世最重要的成就之一，也是奥斯曼帝国的转折点。穆罕默德是穆拉德二世和一个女奴隶的儿子，他就是众所周知的“征服者穆罕默德”，这个称号的原因并不仅仅是他率军征服君士坦丁堡，更重要的是他取得在巴尔干半岛、匈牙利和克里米亚半岛等地的战争的胜利。在穆罕默德二世统治30年中，他重建了首都，采取改革措施，并重组奥斯曼政府；穆罕默德二世重视发展文化教育事业，在伊斯坦布尔等地建立了多处学校、图书馆、医院及清真寺，以他的名义颁布的法典是帝国最早的法典。

托普卡帕宫博物馆

托普卡帕宫博物馆中的收藏品是苏丹统治奥斯曼帝国470年收集到的所有奇珍异宝。这些帝国的宝物大抵都是礼品、战利品及皇宫工匠的作品。托普卡帕宫的**厨房**内的大锅和厨房用具可以给宫中12000人提供食物。中国的瓷器沿着丝绸之路也来到了这里。博物馆的**珍宝室**中珍藏着很多宝石，其中包括镶有绿宝石的1741年的宝剑和86克拉的造匙者之钻。**战争大厅**中陈列着很多奥斯曼帝国的各类服饰，其中包括穆罕默德二世奢华的丝绸长袍。**圣袍厅**中陈列着一些伊斯兰教最神圣的物品，如先知穆罕默德曾穿过的斗篷。

牢房

新苏丹上位后为避免出现王位继承权的争夺，会下令处死他的兄弟。自17世纪后，这种做法得到改变，苏丹的兄弟可以存活，但是必须关押在后宫中一间房屋中，这就是众所周知的牢房。

▲ 开斋亭

开斋亭建有金色的屋顶，苏丹艾哈迈德三世在节日期间，会在这里向群臣散发金币，作为特别的恩赐。

◂ 后宫

苏丹的妻妾住在这些精美的房间中。

▾ 会议厅

割礼亭

钟表陈列馆

圣袍厅

皇宫觐见室

巴格达亭

彩画和手稿陈列馆

第四庭院中建有一些亭楼、宫殿和花园等

第三庭院

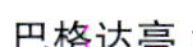

珍宝室

巴格达亭 ▸

1639年，为了庆祝征服巴格达，穆拉特四世下令建造了巴格达亭。巴格达亭的墙上镶嵌着蓝白相间的瓷砖。

艾哈迈德三世的图书馆 ▸

图书馆建于1719年，是大理石建筑。中间拱形厅堂之下有一个精巧的饮用喷泉，四边都有壁龛。

战争大厅

厨房

这里现在陈列着一些瓷器、玻璃器皿和银器。

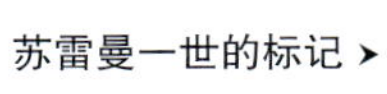

苏雷曼一世的标记 ▸

后宫中的帝王厅，在这里观看娱乐表演 ▸

富丽堂皇的伊斯坦布尔托普卡帕宫

عثمان
رضي الله عنه

教堂底层

步入大教堂，它的雄伟和庄严一览无余地展示在来者面前，震人心魄。教堂回廊中保存着许多珍贵的拜占庭式**马赛克图案**。这些图案可以追溯到9世纪或是更晚些。教堂底层中这些引人注目的装饰大都是在1453年奥斯曼苏丹征服伊斯坦布尔后，圣索菲亚大教堂转变为清真寺的时期兴建的。如米哈拉布，指示麦加方向的小拱门；敏拜尔，清真寺的讲经坛；**苏丹的包厢**，在这里苏丹可以安心地祈祷；**苏丹的宝座**，伊玛目朗读《古兰经》时的座位。

教堂圆顶马赛克图案

圣索菲亚大教堂的拱顶上装饰着巨大的、震人心魄的马赛克图案，图案中圣母怀抱着膝上的圣子；还有两幅于867年问世的马赛克图案，图案中描绘了大天使加百利和米歇尔，尽管现在这两幅图案只剩下残存的片段，却依然不失为马赛克艺术的珍品。圆顶底部的凹处，装饰着一个马赛克**六翼天使**像。教堂墙壁上显眼的地方悬挂着8个直径约10米的**大圆盘**，绘以阿拉伯文字“万物非主，唯有真主”，据说是伊斯兰教主穆罕默德和他弟子的象征。

拜占庭式

君士坦丁大帝（306—337年在位）选择拜占庭作为他新建国家的首都，并重新命名为君士坦丁堡。之后君士坦丁大帝召集全国著名的艺术家、建筑师和能人巧匠来建造他的新帝国。这些艺术巨匠主要来自罗马，随之而来的是早期的基督教风格，再加上东方风格的影响，新的建筑风格——拜占庭式产生。最早的拜占庭建筑以意大利长方形教堂的平面设计为蓝本，采用巨大的圆顶和拱顶，圣像装饰、壁画或马赛克图案覆盖了教堂的圆顶、墙壁和拱顶，使建筑与绘画的表达语言充分地融为一体。拜占庭工匠将马赛克艺术发展到了新高度。很多马赛克图案都以金色或蓝色为背景，并经常将圣母子置于具有高度装饰性的正式场景。圣索菲亚大教堂是拜占庭建筑最光辉的代表。

圣索菲亚大教堂

19世纪中叶印刷报刊中的圣索菲亚大教堂

圣索菲亚大教堂，又被称为圣智大教堂，是世界上十大令人向往的教堂之一。圣索菲亚大教堂恢弘无比，因其巨大的圆顶而闻名于世，充分体现出了卓越的建筑艺术，它是世界历史长河中遗留下来的最精美的建筑物之一。圣索菲亚大教堂最初是由君士坦丁大帝下令建造的。6世纪查士丁尼大帝下令重建圣索菲亚大教堂，它作为基督教的宫廷教堂，持续了9个世纪。1453年，君士坦丁堡被占领，并被改建成伊斯兰教的清真寺。1935年，这座历经血雨腥风见证了数个帝国兴盛衰亡的建筑重新以博物馆的身份对世人开放。

哭泣柱

哭泣柱位于圣索菲亚大教堂一楼柱廊的西北角，早在拜占庭时期，人们就对这根廊柱表面所聚集的潮湿水分惊奇不已，认为这些水珠具有治愈疾病的功能。

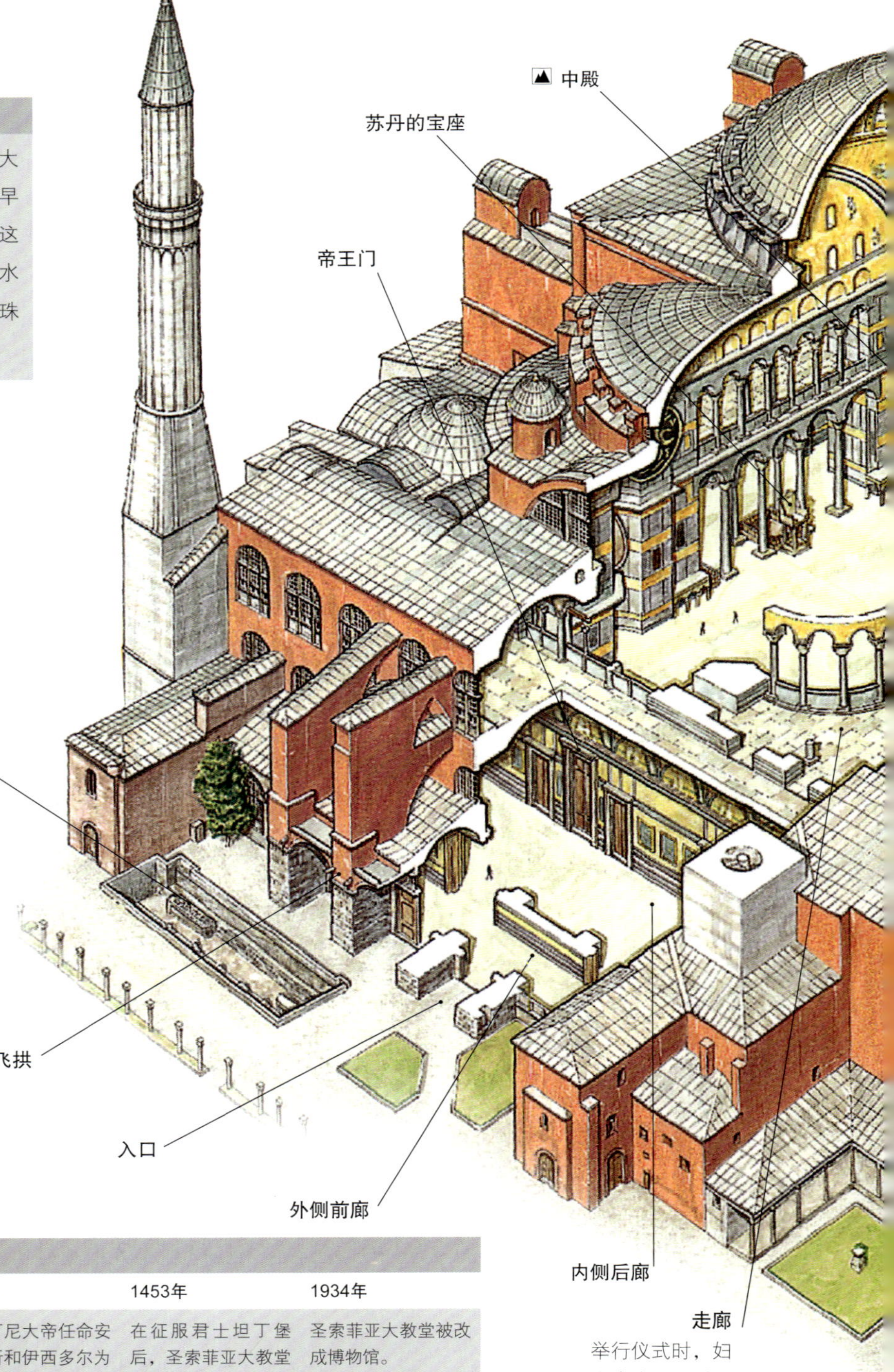

重要日期

360年	532年	1453年	1934年
第一座圣索菲亚大教堂建成，415年，这个位置上的第二座教堂建成，532年第二座索菲亚大教堂被毁坏。	查士丁尼大帝任命安提莫斯和伊西多尔为建筑师，负责建造第三座圣索菲亚大教堂。	在征服君士坦丁堡后，圣索菲亚大教堂被改建成伊斯兰教的清真寺。	圣索菲亚大教堂被改成博物馆。

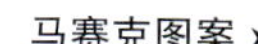

马赛克图案 ▸
大教堂中装饰着很多精美绝伦的马赛克图案，这幅画是南侧回廊中的一个，画中基督坐在中央，两侧的是君士坦丁九世和佐伊女皇。

▲ 塞利姆二世的陵墓

▲ 中殿
这里是游客不容错过的地方，中殿的中央圆顶高达56米（184英尺）。

大圆盘 ▸
这8个木制的大圆盘是在19世纪添加的。

六翼天使
在支撑圆顶的三角形区域发现了马赛克的六翼天使图案。

大圆盘

苏丹的包厢

祈祷席位

马赛克图案

砖砌的小尖塔

加冕广场
广场上铺装着大理石图案地板，拜占庭国王的宝座放置在地板上，并作有标记。

迈哈穆德一世的图书馆

洗礼喷泉 ▸
喷泉建于1740年，是典型的土耳其洛可可式风格。喷泉屋顶的外檐装饰着植物图案浮雕。

穆罕默德二世的陵墓

塞利姆二世的陵墓
这座陵墓是三座陵墓中最古老的一座，于1577年由奥斯曼帝国的建筑师锡南设计建成。陵墓内部装饰奢华。

拜占庭式雕带 ▲

穆拉特三世的陵墓
穆拉特三世于1599年被安葬在这里。他生前共有103位孩子。

出口

洗礼堂
由建于6世纪的教堂构成，现在这里是陵墓，安葬着奥斯曼帝国的两位苏丹。

洗礼喷泉

圣索菲亚大教堂的历史变化图

这幅平面图上，建于4世纪的第一座教堂没有留下一丝痕迹；建于5世纪并于532年毁于火灾中的第二座教堂现可以看出遗留的残迹。第三座教堂在地震中毁坏严重，之后不断加固和扩建。

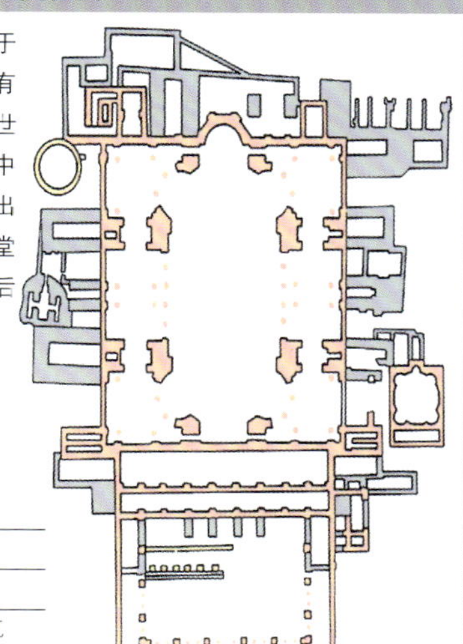

关键词
- 5世纪的教堂
- 6世纪的教堂
- 奥斯曼帝国扩建的建筑

圣母玛利亚教堂

圣母玛利亚教堂在土耳其的基督教发展历史中占据着特殊的位置，教堂坐落在古城入口附近。据说以弗所的圣母玛利亚教堂是世界上第一座圣母教堂，建于431年。在罗马统治时代，教堂曾经被用作仓库。这座教堂在时间的历史长河中，经过多次改建，也曾一度用作培训牧师的学校。4世纪，教堂扩建了一个中央的中殿和两条走廊。随后在东墙附近建了祭坛，并修建了拥有中央洗礼池的洗礼堂。6世纪，在祭坛和老教堂入口之间新建了一座圆顶的礼拜堂。

以弗所考古博物馆

以弗所考古博物馆位于离古城挖掘现场3公里的塞尔柱，塞尔柱是土耳其最重要的城市之一。博物馆中收藏着自第二次世界大战之后从以弗所古城中挖掘出来的很多精美的艺术品。其中的一整间大厅的陈列品都来自月亮与狩猎女神阿耳特弥斯神庙；还有其他的陈列品如大理石像、铜像、古代壁画、珠宝、迈锡尼花瓶、金币和银币等；以及从**图密善神庙**中挖掘出来的科斯林柱、墓碑、铜像雕带、象牙雕带和祭坛。

利西马科斯将军

公元前323年，亚历山大大帝逝世。在他死后，马其顿帝国包括以弗所被他的将军们分割。利西马科斯（公元前360年—公元前281年）被指派到色雷斯，不久自立为王并占领小亚细亚的大部分土地。公元前286年，利西马科斯占领以弗所，以弗所的新时代到来。当时的以弗所已经是一座地理位置优越的贸易港口，但是不断后退的海岸线和淤泥拥堵却严重威胁着港口的生存。利西马科斯下令把以弗所搬迁到了我们今天看到的地方，修建了高大的城墙，并把这座城重新命名为阿尔西诺（他的第三任妻子的名字）。不久这座新城便迅速繁盛了起来。

以弗所古城

以弗所是基督教早期最重要的城市之一，也是世界上保存最完好的古代城市之一。以弗所古城是古典式建筑的典型代表（古典式，见第137页）。公元前1000年，第一座希腊城市在这里建立，不久以弗所成为自然女神西布莉敬拜中心。现在看到的古城是由利西马科斯在公元前4世纪建造的。在罗马统治时期，以弗所成为爱琴海的主要港口，现在看到的大部分幸存下来的建筑都是这个时期建造的。港口被拥堵后，以弗所古城开始衰退，但它仍是基督教传播的重要中心。传说圣约翰在这里照顾即将死去的圣母玛利亚。早期教会的两次教皇会议曾在这里举行，分别是在431年和449年。

以弗所考古博物馆中的阿耳特弥斯雕像

▼ 柱廊街

私人房屋 ▲

哈德良神庙对面房屋中的精美壁画，这些房屋是以弗所富人的住宅。

◀ 哈德良神庙

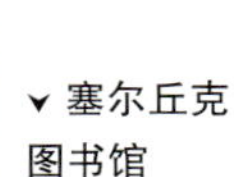

▼ 塞尔丘克图书馆

赫拉克勒斯门 ▼

从这里可以进入库瑞忒斯街。大门的两侧浮雕上雕刻着身披狮子皮的赫拉克勒斯，所以称为赫拉克勒斯门。大门原来是两层的构造，建于4世纪。中央大拱门上雕刻着胜利女神像。库瑞忒斯街上安放着以弗所名人的雕像。

集会广场
这里是以弗所的主要集市。广场的三面建有柱廊，这些柱廊中都是商铺。

剧场背景建筑
剧场舞台装饰非常精美。

露天剧场
剧场建于希腊化时期，依附皮昂山开凿而成，这里主要进行剧场表演，后罗马统治者在这里举行角斗士表演。经过罗马统治数百年的不断扩建，剧场才到达到今天的规模。

塞尔丘克图书馆
图书馆建于114年到117年，是领事盖乌斯·朱利尔斯·阿奎拉为他父亲建造的。图书馆之后被哥德人毁坏，随后在1000年遭受地震。图书馆壁龛中的雕像分别是代表智慧的索菲亚像、代表正义的阿莱蒂像和代表知识的艾皮斯特姆像。

大理石街
这条街道较短，街道两侧都曾建有立柱。大理石街铺设着粗糙的大块石块。

妓院
这里安放着普里阿波斯像，他是希腊神话中的繁殖之神。

哈德良神殿
为了纪念123年哈德良大帝拜访此地而修建了这个大理石浮雕，浮雕正面描绘了神话中的众神。

赫拉克勒斯门

私人房屋

小剧场
这间室内小剧场建于150年，在这里主要举行会议和音乐会。

图密善神庙
这是以弗所古城中建造的第一座纪念国王的建筑，建于1世纪。

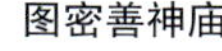

柱廊街
街道两侧是爱奥尼亚式立柱和科斯林式立柱。柱廊街从瓦留斯浴室延伸到图密善神庙。

瓦留斯的浴室

◀ 露天剧场

鱼和野猪的故事

传说中，安德克鲁斯询问特尔斐的神使，他应该把城建在哪里。神使告诉他：一条鱼和一只野猪将会告诉你要把城建在哪里。当安德克鲁斯穿过爱琴海在岸上做鱼时，灌木丛开始着火，一只野猪从中跑了出来。以弗所城的位置就是这样发现的。

圣母玛利亚之屋

根据《圣经》记载，耶稣遵嘱圣约翰，在他死后照顾他的母亲。公元37年，约翰和玛利亚来到了以弗所城。玛利亚在以弗所的一间简朴的石屋中度过了她人生的最后时光。圣母玛利亚的石屋坐落在离以弗所城中心8公里的小山谷中。圣母玛利亚之屋被基督教和伊斯兰教尊奉为圣地，也是著名的朝圣之地。

圣母玛利亚的石屋

重要日期

公元前1000年	公元前133年	4世纪	1869年
以弗所城由雅典国王克罗德斯的儿子安德克鲁斯建成。	罗马帝国统治以弗所，成为亚细亚省的首府。	以弗所港口淤泥拥堵严重，贸易下降，以弗所城衰落。	以弗所古城第一次挖掘工程开始，现在挖掘工程仍在进行。

埃及阿布辛贝奈菲尔塔利神庙中巨大的拉美西斯二世和皇后奈菲尔塔利雕像

非洲

摩洛哥 卡萨布兰卡哈桑二世清真寺

哈桑二世清真寺位于摩洛哥王国的卡萨布兰卡市区西北部，坐落在伊斯兰世界最西端。整个清真寺可同时容纳10万人祈祷，是世界第三大清真寺，排在沙特阿拉伯的麦加和麦地那清真寺之后，占地面积9公顷，其中三分之一面积建在海上，以纪念摩洛哥的阿拉伯人祖先自海上来。清真寺的宣礼塔高200米（656英尺），是世界最高的宣礼塔。夜晚自宣礼塔顶有激光束射向圣地麦加。清真寺由米歇尔·品诚梅森设计，1987年8月正式动工。3万多名工人和技术人员日夜奋战，于1993年8月30日建成启用。哈桑清真寺从此成为卡萨布兰卡的新标志。

哈桑二世

1961年穆罕默德五世去世，他的儿子穆雷·哈桑继承王位。哈桑二世是一位杰出的政治家。在他的主持下，摩洛哥颁布了第一部宪法。哈桑二世对国有企业实行私有化，为摩洛哥的经济发展注入了活力。在政治领域内实行改革，先后两次修改宪法。在外交上，他努力在国际事务中，特别是在中东和平进程中发挥作用。1975年，为迫使西班牙放弃对西撒哈拉地区的控制，大约35万摩洛哥平民响应哈桑二世的号召，打着代表伊斯兰教的绿色旗帜（“绿色进军”由此得名），越过摩洛哥和西撒哈拉之间的分界线。最后，西班牙同意从西撒哈拉全面撤军。但是西撒哈拉人民要求民族独立的呼声愈高，与摩洛哥的斗争就愈加激烈。双方在1991年协议停火。哈桑二世于1999年去世。

鲁普莱希特三世

滨海的清真寺是哈桑二世的梦想，为了实现国王的梦想，摩洛哥举国捐赠，最终建成清真寺。殿内的大理石地板可以自动调温，巨型的威尼斯风格的吊灯照耀着**祈祷大厅**，尽显富丽堂皇。摩洛哥中特拉斯山中的杉木被工匠门制成**门**或围屏，又或是镶嵌圆顶，这些艺术品体现了阿拉伯人精湛的建筑、绘画以及雕塑艺术。**大浴室**位于祈祷大厅的下方。

伊斯兰教的信仰和五功

伊斯兰教相信只有一个神，那就是真主。尽管伊斯兰教的圣书《古兰经》与基督教的《圣经》中的很多故事和先知都相通，但是伊斯兰教相信穆罕默德是真主派遣的最后使者。穆斯林认为所有经典的作者都出自于真主，再启示给其使者宣导开去，而不是人为创作，《古兰经》会被真主保护。伊斯兰教每天祈祷五次，即念、礼、斋、课、朝五项宗教功修。进入清真寺的祈祷人都要求脱掉鞋子，必须保持手、脚和头发的清洁；女士和男士在不同的地方祈祷。做礼拜时，要面向沙特阿拉伯的麦加城方向。在清真寺的祈祷厅中，米哈拉布（清真寺正殿纵深处墙正中间的小拱门或小阁）指示麦加方向。祈祷者双手双脚和头部着地以表达对真主的虔诚和敬畏。

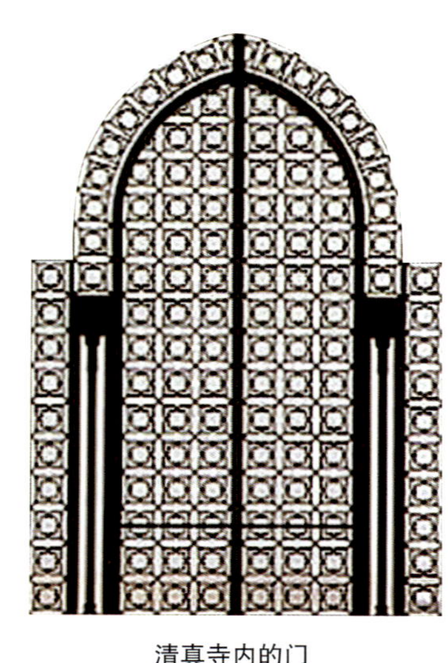
清真寺内的门

精美的大理石
清真寺内，大理石随处可见，祈祷大厅的立柱、大门、喷泉和楼梯都使用大理石，一些建筑物也使用花岗岩和缟玛瑙装饰。

宣礼塔
宣礼塔坐落在祈祷大厅的西部尾端。塔身装饰精美绝伦，并用《古兰经》的诗文装饰。

祈祷大厅
祈祷大厅长200米（656英尺），宽100米（328英尺）。大厅屋顶的中央部分可以打开通风。

重要日期

1980年	1986年	1993年
哈桑二世宣布要建造一座举世瞩目的清真寺。	哈桑二世清真寺开始施工。	哈桑二世60岁生日过后四年，清真寺建成。

拜访哈桑二世清真寺

摩洛哥的哈桑二世清真寺非常独特，它不仅向全世界的穆斯林敞开大门，而且向游人免费开放。拜访清真寺时，无论男女一定要穿戴整齐洁净，脱掉鞋子；男士必须摘掉帽子，女士的头发一定要用头巾包住。

女士走廊
走廊位于两间中厅上方，位置比较隐蔽。走廊总面积达5300平方米，可容纳5000名女士。

大圆顶

国王门

立柱

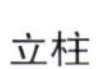

门

窗户
窗户上的格子栅阻止了那些窥探的眼睛，寺内的一切充满神秘感。

通向女士走廊的楼梯
楼梯用木雕、连拱、大理石柱、花岗岩和缟玛瑙装饰，形成一幅和谐的画面。

▲ 寺门
从外部看，双扇门是用立柱支撑的尖拱构成，大门用切割钲包覆。

◂ 宣礼塔
这是世界上最高的宣礼塔，精致的外部装饰使它格外引人注目。

▾ 从海上观看大清真寺

▲ 喷泉
喷泉由大理石拱和石柱构成，外部用瓷砖装饰。

精美的大理石 ▸

国王门 ▸
大门用传统的图案装饰，表面用黄铜和钛合金包覆。

▾ 大圆顶
祈祷大厅上方的圆顶用杉木板镶嵌而成。精致的雕刻，明亮的图案，使得整个大厅富丽堂皇。

▾ 讲经坛

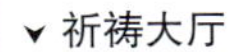

▾ 祈祷大厅

▾ 通向女士走廊的楼梯

突尼斯 凯鲁万城大清真寺

奥克巴清真寺位于凯鲁万城东北隅，又被称为“大清真寺”。它不仅是北非历史最悠久、规模最大的清真寺，而且是与麦加、麦地那、耶路撒冷齐名的世界四大清真寺之一。该寺最初的设计、建造者是奥克巴·本纳菲，这位阿拉伯第三次远征军的统帅。670年，他在这里建造了一座小清真寺。随着凯鲁万城的繁盛，清真寺经历了多次扩建，9世纪末，大清真寺建成现在的规模。几个世纪以来，它有过一些很小的变化，但这并没有改变这一祈祷之地的整体布局。大清真寺不仅是伊斯兰教的主要遗址，也是一项世界性的建筑杰作。

祈祷大厅中立柱上的精致雕刻

▲ 大清真寺的入口
从这里进入寺内，有两条路可以通往祈祷大厅。非伊斯兰教徒禁止入内，但可以通过敞开的大门观看。

◂ 庭院入口

▲ 回廊
回廊环绕着庭院的三侧，这里比较阴凉。

◂ 宣礼塔
宣礼塔建于724年到728年，这是大清真寺中最古老的建筑，依然保持着原貌。宣礼塔分为三层，每层逐渐减小，最上面建有大圆顶。建造宣礼塔所用的砖是从罗马建筑上取下来的。穿过129级台阶，可以抵达宣礼塔的最高点。

▾ 大圆顶

◂ 蓄水池
庭院从中心呈倾斜状态。中心是一个格子状的蓄水池，这些格子不仅美观，而且可以起到沉淀水质以保持水清洁的作用。

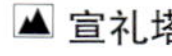

立柱
祈祷大厅中400多根大理石和花岗岩立柱支撑着整间大厅，这些立柱是从罗马建筑和拜占庭建筑上取来的，立柱上的精美雕刻出自当地工匠之手。

日晷
日晷安置在庭院的柱基上，主要用于观看祈祷的时间。

水井
从蓄水池引来的水保存在这里，这些水主要用于洗礼仪式。

蓄水池

宣礼塔

庭院入口
庭院周围共建有六扇门，其中庭院正门上建有一座圆顶。

寺内装饰 ▸
寺内装饰着大量的瓷器，其中图案装饰以植物和几何图形为主。

祈祷大厅 ▴

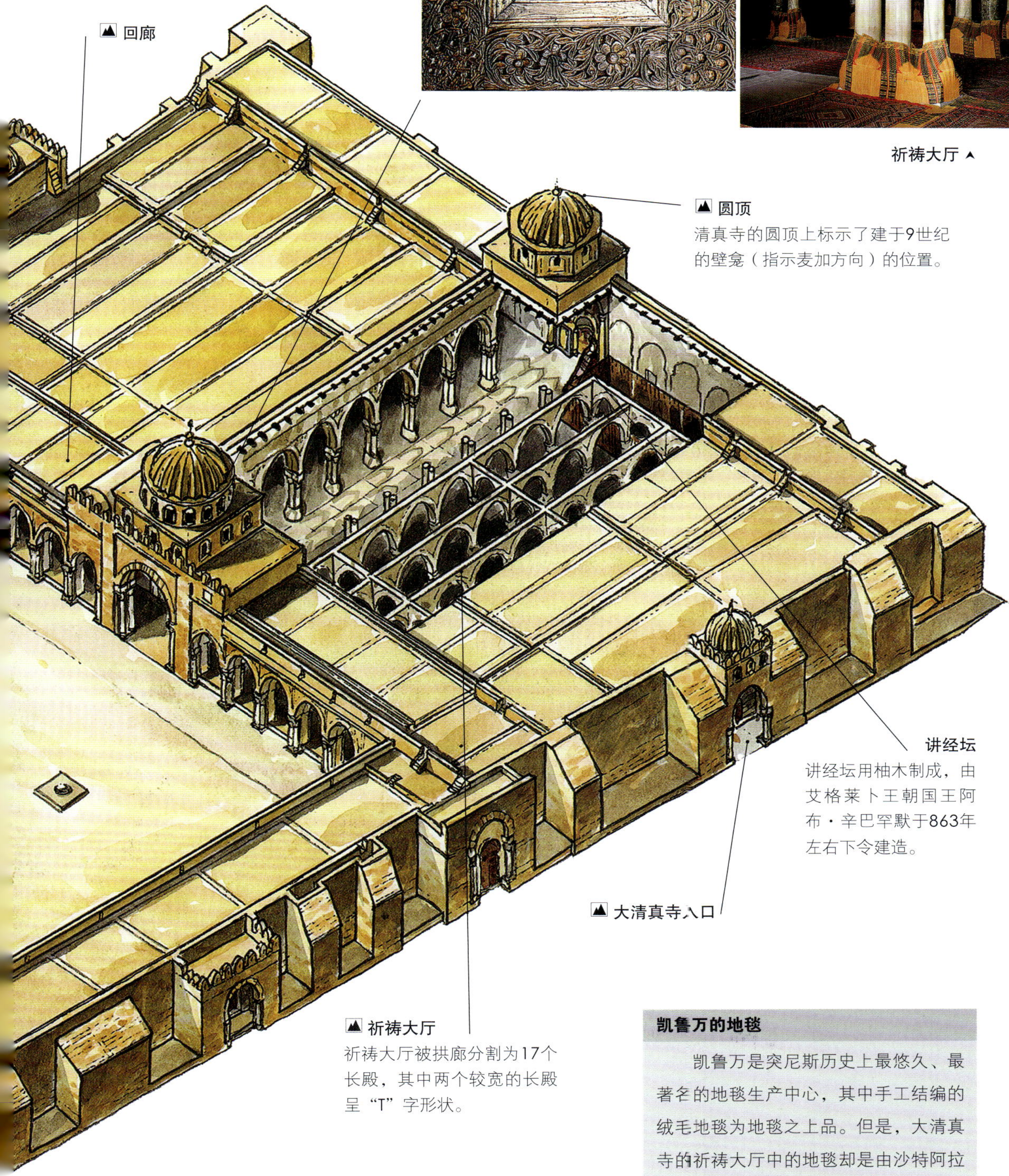

回廊

圆顶
清真寺的圆顶上标示了建于9世纪的壁龛（指示麦加方向）的位置。

讲经坛
讲经坛用柚木制成，由艾格莱卜王朝国王阿布·辛巴罕默于863年左右下令建造。

大清真寺入口

祈祷大厅
祈祷大厅被拱廊分割为17个长殿，其中两个较宽的长殿呈“T”字形状。

凯鲁万的地毯

凯鲁万是突尼斯历史上最悠久、最著名的地毯生产中心，其中手工结编的绒毛地毯为地毯之上品。但是，大清真寺的祈祷大厅中的地毯却是由沙特阿拉伯制作，送给清真寺的礼物。

重要日期

670年	836年	9世纪中叶	1988年
奥克巴·本纳菲建立了凯鲁万城，并设计建造了一座小清真寺。	艾格莱卜王朝统治时期修复大清真寺，大清真寺达到今天看到的规模。	大清真寺成为伊斯兰教圣地。	凯鲁万城被联合国教科文组织列入《世界遗产名录》。

奥克巴·本纳菲和凯鲁万城

632年，先知穆罕默德去世，当时伊斯兰教主要在阿拉伯半岛盛行。但是到750年，伊斯兰教已经成为历史上最盛行的宗教之一，统治着中东、亚洲中部和北非。670年，伊斯兰教领袖奥克巴·本纳菲从埃及出发，穿过沙漠，前往征服北非的路上，建立了一些军事据点。奥克巴·本纳菲下令在今天凯鲁万城的位置上驻扎军营，传说在这里的沙土中找到了麦加丢失多年的金杯，金杯捡起来的那一刻，一股清泉从地里冒出。传说这眼泉水与麦加城中的渗渗泉来自同一处水源。奥克巴下令在凯鲁万建城，之后率军征服摩洛哥。

伊斯兰教的第四圣城

9世纪，阿格拉比德王朝定都凯鲁万城，凯鲁万城自此名声大噪，迅速发展成为重要的政治和商业中心。909年，法蒂玛王朝执政后，把都城迁往别处。11世纪，凯鲁万城的经济和政治地位下降，但它的圣城地位从未被动摇。凯鲁万城作为宗教中心吸引着伊斯兰世界包括北部和撒哈拉以南非洲的信徒前往朝觐。伊斯兰教徒前往凯鲁万朝觐，饮圣泉水并朝觐大清真寺。现在，凯鲁万与麦加、麦地那和耶路撒冷并称为“伊斯兰四大圣地”。

祈祷大厅内部

祈祷大厅位于庭院南端，大厅的木门雕刻精美绝伦，制作于19世纪。大厅内部呈八角形，建有圆顶和拱廊。伊玛目（清真寺内率领穆斯林做礼拜的人）在**讲经坛**上引领信徒做礼拜。大清真寺的讲经坛是从巴格达带来的，被认为是阿拉伯世界中最古老的讲经坛。米哈拉布（指示麦加方向的小拱门，**圆顶**）后面的中央走廊上装饰着9世纪的瓷砖，这些瓷砖同样来自巴格达，与周围的大理石雕刻形成一幅美妙的图画。厅内坐落在**凯鲁万的地毯**上的木屏风可以追溯到11世纪。

利比亚 大莱普提斯

大莱普提斯遗址位于利比亚科姆斯地区，被认为是北非保存得最好的古罗马城市遗址。1世纪，在塞普提米斯·塞维鲁斯皇帝的统治下，这座城市进入鼎盛时期，并成为当时非洲最宏伟壮观的城市，同时也是古罗马帝国最繁荣的城市之一。6世纪，游牧部落袭击大莱普提斯，大莱普提斯城遭到敌人的蹂躏后被遗弃。今天这座被人们从沙砾中唤醒的城市，称得上是地中海的一颗闪亮的明珠。

柱廊大厅中的精致立柱

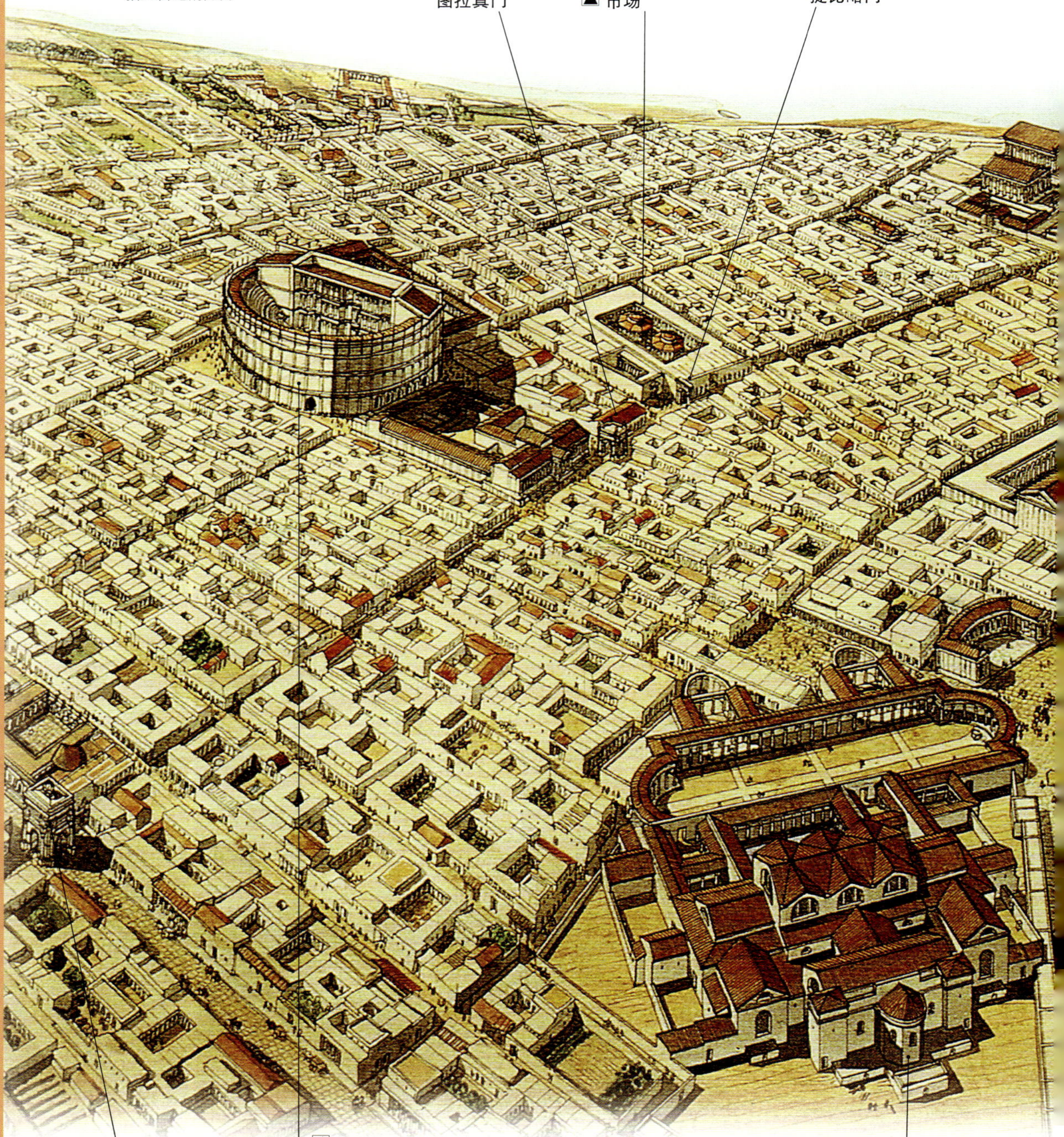

古城港口

大莱普提斯港口位于莱卜达河出海口。公元前7世纪腓尼基人在这里定居。他们探寻肥沃的土地，并在迦太基帝国境内和地中海区域进行橄榄油、象牙和动物皮毛的销售贸易。3世纪早期，在罗马帝国皇帝塞普提米斯·塞维鲁斯统治时期，重建并扩建港口，在海岬上建立了新码头（长1公里）、仓库、神庙、瞭望塔和**灯塔**。码头上系泊锚区在建成后不久被沙土湮没，现在保存得很好。

塞普提米斯·塞维鲁斯皇帝

罗马帝国的皇帝塞普提米斯·塞维鲁斯于146年出生在北非的大莱普提斯。作为一名出色的军人，塞维鲁斯不久成为罗马的执政官。190年，他被任命为潘诺尼亚省的军团首领。193年，罗马皇帝佩蒂纳科斯被谋杀，在击败两名竞争对手后，塞维鲁斯成为罗马皇帝。塞维鲁斯皇帝拥有强硬的手腕，并以奢侈的生活闻名。他人生的最后一次战争是在208年，为保卫罗马北部边境线哈德良墙，他与英格兰进行决战。211年，塞维鲁斯去世，当时他正准备率军入侵苏格兰。

国王的新建筑

在罗马皇帝的统治下，大莱普提斯成为重要的商业中心，但在3世纪初，塞普提米斯·塞维鲁斯的统治下，大莱普提斯开始转变，成为连接非洲与欧洲贸易的门户。塞维鲁斯统治时期，修建了很多建筑。其中大理石是从小亚细亚、希腊和意大利进口、花岗岩石柱从埃及进口。200年，塞维鲁斯下令建造了**塞维鲁斯广场**，并在广场东北侧建成这座城市里最重要的公共建筑——**柱廊大厅**，大厅里有成排高达27米的圆柱，圆柱上雕刻着赫拉克勒斯像、狄奥尼索斯像以及他家族的保护神；还有气势恢弘的**塞维鲁凯旋门**，用白色的大理石建成。

← 猎人营地的方向

图拉真门

市场

提比略门

塞维鲁凯旋门

露天剧场

剧场也是由艾纳贝尔·鲁弗斯资助建立的。剧场中那些宽大、低矮的石椅是贵宾的座位。从剧场的最高处，可以看到雄伟的大莱普提斯城全貌。

哈德良浴场

重要日期

公元前600年	公元前23年	523年	1982年	1994年
在大莱普提斯遗址上建造了腓尼基贸易港口。	大莱普提斯成为新建立的罗马帝国的一个省份。	北非柏柏尔人洗劫了大莱普提斯，650年，该城被遗弃。	大莱普提斯被联合国教科文组织列入《世界遗产名录》。	在大莱普提斯遗址开展新的考古工程。

猎人营地

在大莱普提斯城的西部发现了一些保存完好的圆顶建筑。墙上的壁画显示出这里是猎人的住所。这些猎人在这里狩猎，为皇帝的圆形剧场提供动物。

重建大莱普提斯

这幅图显示了这些皇帝统治时期兴建的一些雄伟的建筑，其中一直到最后一位皇帝塞普提米斯·塞维鲁斯皇帝。

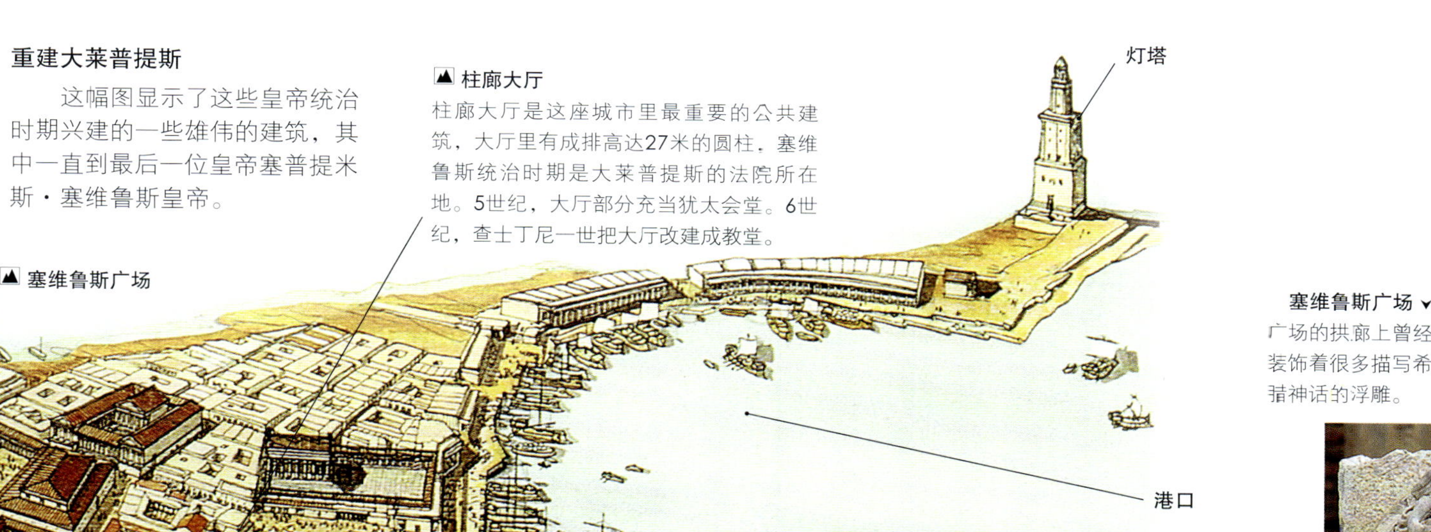

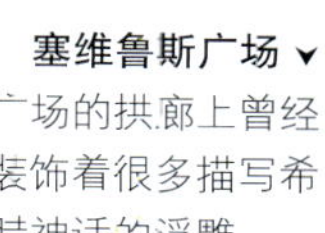

柱廊大厅
柱廊大厅是这座城市里最重要的公共建筑，大厅里有成排高达27米的圆柱，塞维鲁斯统治时期是大莱普提斯的法院所在地。5世纪，大厅部分充当犹太会堂。6世纪，查士丁尼一世把大厅改建成教堂。

塞维鲁斯广场

塞普提米斯·塞维鲁斯皇帝半身像

塞维鲁斯广场
广场的拱廊上曾经装饰着很多描写希腊神话的浮雕。

市场
市场建于公元前9世纪到前8世纪，周围曾建有拱廊环绕，中央建有两个凉亭。市场是大莱普提斯的贸易交集地，是由一位名为艾纳贝尔·鲁弗斯的富商资助建立的。

哈德良浴场
浴场设施包括室外运动场地、热水浴和温水浴，浴室下用火烧水；还有两个冷水池，现在其中一个池内还可蓄水。

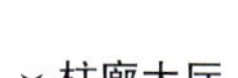

柱廊大厅

露天剧场

埃及 吉萨金字塔

吉萨金字塔是一个群体的总称，而不是一座单独的金字塔。吉萨金字塔中三座最大、保存最完好的金字塔分别是胡夫金字塔、海夫拉金字塔和门卡乌拉金字塔。其中以胡夫金字塔最为著名，是吉萨金字塔中规模最大、建筑水平最高、保存最完好的一座。吉萨金字塔大约由200多万块石块砌成，其中最重的石块达到15吨重。在四千多年前生产工具很落后的中古时代，埃及人是怎样采集和搬运数量如此之多、每块又如此之重的巨石，垒成如此宏伟的大金字塔，令人十分难解。

胡夫像（基奥普斯）

▲法老墓室

墓室在建成600年后，就已经空无一物了，尽管只有一具没有盖的石棺，盗墓者还是会经常闯进墓室。

劳工的涂鸦

压力缓解室

用巨大的花岗岩石建成，其中有的岩石重达80吨。

墓室用平衡花岗岩的石板来密封

法老墓室

在外面可以用盖子把通风道关上

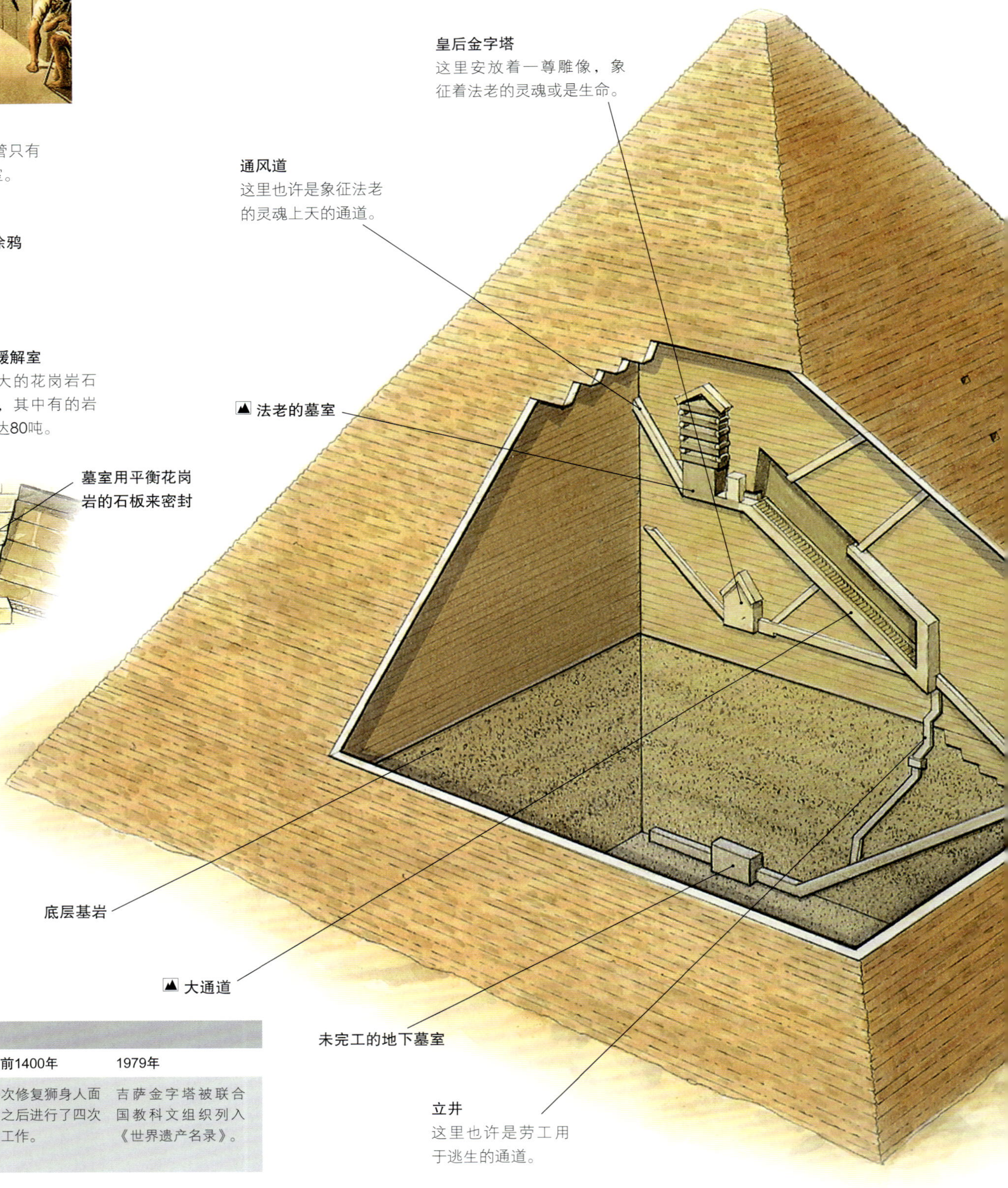

皇后金字塔

这里安放着一尊雕像，象征着法老的灵魂或是生命。

通风道

这里也许是象征法老的灵魂上天的通道。

法老的墓室

底层基岩

大通道

未完工的地下墓室

立井

这里也许是劳工用于逃生的通道。

重建法老墓室

为了保护法老墓室，建造了压力缓解室。在吉萨金字塔中，只有法老胡夫墓室建有压力缓解室。建造金字塔的劳工在墙上刻着：法老的白色王冠是多么的威严！

重要日期

公元前2589年—公元前2566年	公元前2555年—公元前2530年	公元前1400年	1979年
法老胡夫建造了大金字塔。	在吉萨地区建造海夫拉金字塔和门卡乌拉金字塔。	第一次修复狮身人面像，之后进行了四次修复工作。	吉萨金字塔被联合国教科文组织列入《世界遗产名录》。

▲ 皇后金字塔
这里有三座法老家人的小金字塔，他们真实的身份目前还未知。

入口 ▶

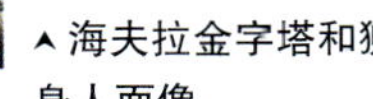

▲ 海夫拉金字塔和狮身人面像

大通道 ▶
通道高9米（30英尺），一般认为这里是运送巨石的滑道。

太阳船博物馆

博物馆位于埃及吉萨胡夫大金字塔南侧的古太阳船挖掘现场。一般认为太阳船是法老胡夫的殡葬船。太阳船在1954年出土，船身共1200多片，花费了考古学家14年的时间把它还原。

入口
金字塔原来的入口已经被堵死，现在使用的是哈里发·马姆恩在820年新打开的入口。

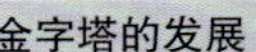

金字塔的发展

古埃及人的陵墓从泥砖平顶墓穴发展到斜面光滑的金字塔，历时了400多年。金字塔发展的最后阶段即从阶梯状的金字塔发展到斜面光滑的尖椎体金字塔仅用了65年。在这个阶段中建造的金字塔，都是古埃及人对未知世界的勇敢尝试。

平顶墓室
公元前3000年左右，古埃及人主要建造这种长方形、平顶、四侧斜坡的呈盒子状的墓室。

阶梯状的金字塔（公元前2665年左右）
这一阶段的金字塔更为壮观，每座金字塔由六块相互叠加的石块构成。

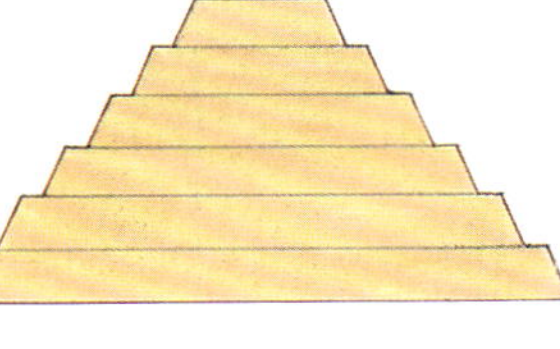

尖椎体金字塔（公元前2605年左右）
第一座斜面光滑的金字塔是在阶梯状的金字塔的基础上建成的，后逐渐发展成现在看到的椎体金字塔。

狮身人面像

狮身人面像坐落在胡夫金字塔的入口处，它的历史可以追溯到公元前2500年，是埃及已知的最古老的雕像。狮身人面像高约20米（66英尺），它的身体细长，佩戴法老头饰，狮爪前伸。整座像是在一块露出地表的天然岩石上雕刻成功的。在历史长河中狮身人面像经过多次修复，某次修复过程中，在其底座周围添建了一些形状规则的石块，使整个狮身人面像扩大。关于狮身人面像失踪的鼻子，有传说是被拿破仑的法国军队用炮弹轰掉的，但是事实上早在15世纪以前，它的鼻子就已经不见了。

吉萨高地

吉萨高地位于古埃及首都孟菲斯西侧，是埃及第四世纪（公元前2613年—公元前2498年）王朝的墓地。在不到一百年的时间里，古埃及人在这里为他们的法老建立了三座金字塔，分别是胡夫金字塔、海夫拉金字塔（2558年—2532年在位）和门卡乌拉金字塔（2532年—2530年在位）。狮身人面像是后添建的，法老的家人和其他王室成员埋葬在附近的卫星金字塔和**平顶墓室**里，其中比较引人注目的是建于第六王朝（公元前2345年—公元前2181年）的加尔墓，墓室中装饰着精美的浮雕。

胡夫

胡夫又名基奥普斯，是古埃及第四王朝的第二位法老。胡夫20岁时执掌大权，统治埃及24年之久。希腊的历史学家希罗多德认为胡夫是一位残暴、专治的君主，这些在他死后被金字塔的光芒掩盖，让人误以为他是一位明君。一般认为胡夫即是胡夫金字塔——世界古代七大奇迹之一的建造者。另一种声音认为这些巨大的建筑群并不是由奴隶建造，而是由征召的劳动力建造。庞大的金字塔建筑显示了胡夫高超的调度劳动力和利用材料的手段和能力。胡夫的陵墓早在考古学家发现前就已经被盗墓者洗劫，后在吉萨南部的阿比多斯发现了**胡夫雕像**（类似象牙雕刻的小雕像）。

阿布辛贝神庙

面向尼罗河的阿布辛贝神庙和哈索尔神庙建于公元前13世纪，因为整座神庙不是土石所建，而是在山岩中雕凿而出，它本身就是一座巨大而精美的雕刻作品。神庙是献给阿蒙拉神、拉·哈拉凯悌和哈索尔神的，并且还纪念拉美西斯二世本人，实际上是神庙和祭庙的结合体。神庙正面高33米（108英尺），门前刻有四座巨型的佩戴上下埃及皇冠的拉美西斯二世坐像，展示了拉美西斯二世的威严，让人不禁充满敬畏。神庙内由众神雕像和拉美西斯二世像构成。

神庙中的狒狒像

神庙迁移

由于阿斯旺大坝不能有效地控制尼罗河河水，埃及政府决定建筑一条更高的大坝，大坝建成后形成了作为水库的纳赛尔湖。纳赛尔湖水位的上涨威胁到阿布辛贝神庙的存在，为了保护文物免遭水淹，联合国教科文组织决定展开国际救援古迹工程，把两座神庙迁移至安全的地方。1964年，雄心勃勃的四年搬迁神庙工程开始行动。神庙和其中的古器物被分割成950块，运送到离原址不远、地势较高的人工山上重新装嵌（**神庙的迁移**），现今古老的神庙巍然地矗立在波光粼粼的纳赛尔湖之上。

雄伟的雕像

阿布辛贝神庙绝非一块块巨石的堆砌物，而是在尼罗河西岸粉红色砂岩悬崖的山体上，用人工劈凿出的宏伟建筑。神庙门前四座巨型石质**拉美西斯二世巨像**，每尊像高近20米（65英尺），雕像展示了拉美西斯二世君临天下的气势，象征着拉美西斯如神般至高无上的地位。拉美西斯二世像旁还精心雕刻且有序散落着其母亲、奈菲尔塔利皇后和子女的小雕像，无不栩栩如生。在伟大神庙入口上方的是**太阳神阿蒙拉**的鹰首像。雕像历经3000多年的风风雨雨，仍完好无损，可见其石质之坚硬，以及古埃及人3000多年前所具有的选料水平，都会世代令后人惊叹不已。

墙上的文字

在阿布辛贝神庙和**哈索尔神庙**的墙壁上，发现了图形状的壁画和浮雕。在描绘战争的浮雕中，这些艺术品分别展示了士兵、埃及人安营扎寨、战斗的场面以及被俘的士兵。当然，其中占突出地位的还是拉美西斯二世，在画面中，他只身一人击溃敌军。哈索尔神庙入口墙上是拉美西斯二世杀敌和端庄的奈菲尔塔利皇后抬起双臂祈祷的浮雕。浮雕和壁画周围是成排的象形文字，这些形象化的文字被认为在公元前3200年使用，是世界上最古老的文字。“象形文字”的意思是“神圣的符号”，是古埃及人为了书写名字，表达他们的信仰，而发明的包括6000多个符号的复杂书写系统。阿布辛贝神庙中也雕刻着拉美西斯二世和奈菲尔塔利皇后的事迹。

哈索尔神庙

哈索尔女神代表爱和美丽。这座规模较小的神庙是拉美西斯二世为他的妻子奈菲尔塔利修建的。哈索尔神庙入口墙上是拉美西斯二世杀敌和端庄的奈菲尔塔利皇后抬起双臂祈祷的浮雕。在神殿中，哈索尔从天国现身，她的乳汁带给亡灵以生命；而神庙正面，奈菲尔塔利与拉美西斯二世的出现代表着朝阳。

哈索尔神庙

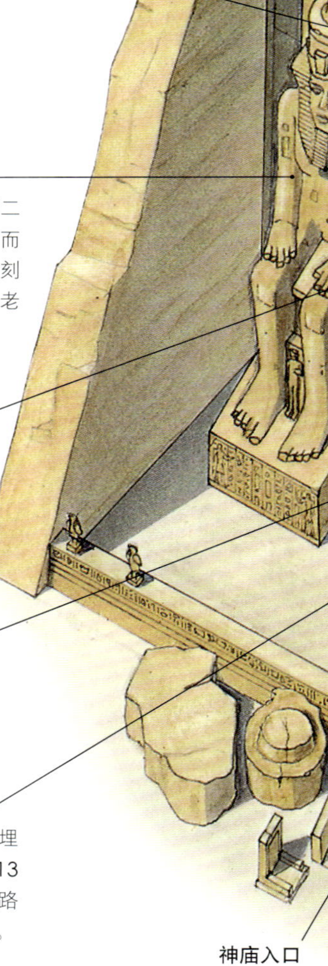

狒狒像
神庙正面上方雕有22个狒狒像，这些狒狒双手举起，一般认为它们是向太阳祈祷。

太阳神阿蒙拉像

拉美西斯二世巨像
神庙门前的四座拉美西斯二世巨像面向东方，倚山而坐，保持着古埃及人像雕刻的传统姿势，展示这位法老不同时期的真实面容。

毁掉的巨像
左侧第二座拉美西斯二世巨像在公元前27年的地震中毁掉，部分躯体和头部横卧地上。

王室成员雕像

神庙正面
在许多个世纪里，神庙被深埋在沙土中，被人们遗忘。1813年，一位瑞士旅行家约翰·路德博格·布尔卡德发现了神庙。

神庙入口

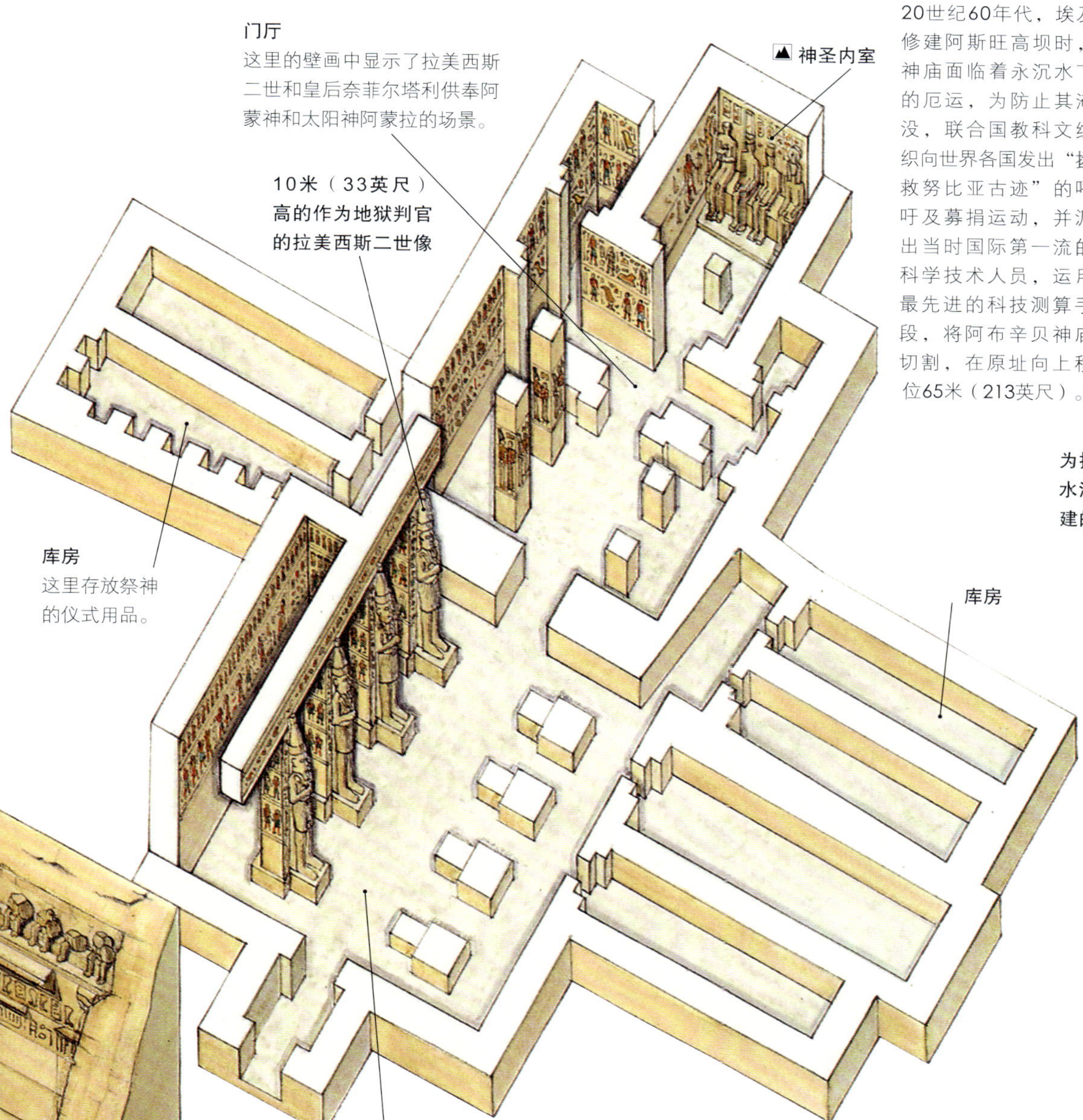

门厅
这里的壁画中显示了拉美西斯二世和皇后奈菲尔塔利供奉阿蒙神和太阳神阿蒙拉的场景。

神圣内室

10米（33英尺）高的作为地狱判官的拉美西斯二世像

库房
这里存放祭神的仪式用品。

库房

柱廊大厅
柱廊大厅中的石柱承受着洞顶极为沉重的压力。身着盔甲的勇士群雕整齐对称分立在石柱旁，大厅四周刻满壁画，记述着拉美西斯二世远征古努比亚所建树的卓著战功。

神圣内室

内室内从左到右依次排放着冥神普塔哈、太阳神阿拉蒙、神化了的拉美西斯二世、天空之神坐姿塑像。内室中大部分时间都是漆黑的，一年之中只有两天，阳光会照亮太阳神阿拉蒙、拉美西斯二世、天空之神拉哈拉赫梯三尊塑像，阳光并不会照射到冥神普塔哈的塑像上。

阿布辛贝神庙的迁移 ➤
20世纪60年代，埃及修建阿斯旺高坝时，神庙面临着永沉水下的厄运，为防止其淹没，联合国教科文组织向世界各国发出“拯救努比亚古迹”的呼吁及募捐运动，并派出当时国际第一流的科学技术人员，运用最先进的科技测算手段，将阿布辛贝神庙切割，在原址向上移位65米（213英尺）。

为控制尼罗河的洪水泛滥，1902年修建的阿斯旺大坝 ➤

神庙正面 ▲

太阳节 ➤
古埃及人认为太阳是万物之源。神庙只有在拉美西斯二世的生日（2月22日）和登基日（10月22日），旭日的霞光金辉才能从神庙大门射入，穿过庙廊，洒在神庙尽头的太阳神阿拉蒙、拉美西斯二世、天空之神拉哈拉赫梯的三尊塑像上，神庙熠熠生辉，而最左边的冥界之神却永远躲在黑暗里。

卡叠什战役 ➤
柱廊大厅中的浮雕描述了公元前1275年左右，拉美西斯二世与他的敌人——另一个强大帝国赫梯在卡叠什进行的战争。

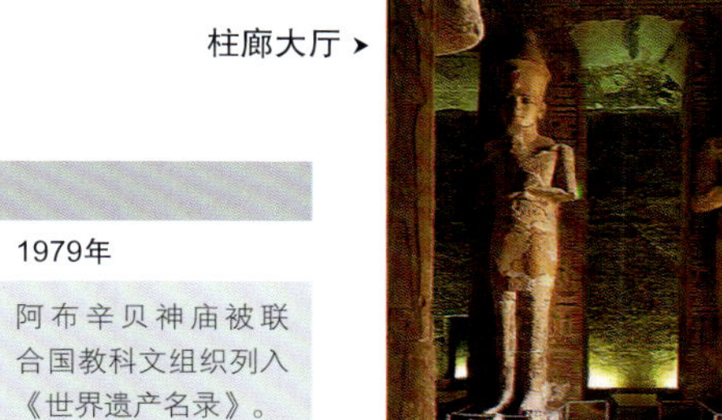

柱廊大厅 ➤

重要日期

公元前1257年	1817年	1822年	1968年	1979年
拉美西斯二世下令凿刻阿布辛贝神庙和哈索尔神庙。	埃及古物学者乔万尼·巴蒂斯塔·贝尔佐尼进去神庙。	简·弗朗索瓦·商博良破解了古埃及象形文字结构。	阿布辛贝神庙成功迁移。	阿布辛贝神庙被联合国教科文组织列入《世界遗产名录》。

马里堡垒式的杰内大清真寺

马里 杰内大清真寺

杰内大清真寺以其引人注目的外貌和独一无二的建筑风格跻身世界最独特和最美建筑行列。这座大型的泥砖结构建筑是典型而又独特的非洲—伊斯兰风格融合的结果，在这片陆地上，非洲社会塑造着伊斯兰文明，以便适应他们传统的信仰、教条和价值观。建造一座清真寺一般要使用最好的建筑材料，而杰内大清真寺却是使用晒干的泥土（也称土砖）砌成。这些泥土在马里泥匠大师灵巧的双手中，变成了举世无双的杰内大清真寺，它也是最能彰显非洲大陆信仰的象征之一。

▲ 黏土大清真寺动人心魄的正面

清真寺内部

▼ 清真寺的底座

木梁 ▲

◀ 寺前市场
每周一是大清真寺前的集市日，吸引着附近各行各业的商人，杰内地区著名的泥布也在这里销售。

◀ 木梁和屋顶

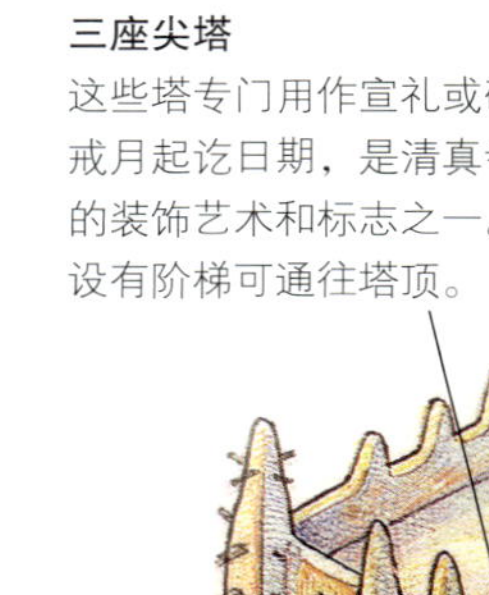

三座尖塔
这些塔专门用作宣礼或确定斋戒月起讫日期，是清真寺建筑的装饰艺术和标志之一。塔内设有阶梯可通往塔顶。

木梁
这些外露的木梁让清真寺外表呈独特的钉状。这些木梁不仅起到支撑泥墙的作用，在修缮时期，还可以当作脚手架使用。当然，它们还起着固定结构的作用。

重要日期

1250—1300年左右	1300—1468年	1468年	1591年	1819年	1907年	1988年
在尼日尔河畔建立杰内城，第一座清真寺在此建成。	杰内人抵抗马里帝国的袭击，杰内仍是一个独立的城邦国家。	非洲历史上最大的帝国之一桑海帝国占领杰内城。	摩洛哥在桑海帝国的战争中夺取杰内城，并把桑海帝国的统治者驱赶出杰内城。	阿赫马杜·洛博放弃老清真寺，并在另一地点修建了一座新清真寺。	在13世纪的清真寺基础上，建筑了第三座清真寺。	杰内大清真寺被联合国教科文组织列入《世界遗产名录》。

春天的修复工程 ›
杰内城每年春天都要维修大清真寺，全城男女老少都加入维修工程，杰内城的居民将清真寺的维修工作看得比建筑本身还重要，与其说这是维修清真寺，不如说它是杰内城精神支柱的铸造场。

木梁和屋顶
90根木梁支撑着整个屋顶，屋顶上密密麻麻排列着气洞，阳光和空气可以流通。雨季时，这些小孔被用瓷盖盖上。

清真寺底座
清真寺的底座比市场区域高3米（10英尺），底座把市场世俗的活动与神圣庄严的清真寺区分开来。

阶梯入口

钟塔

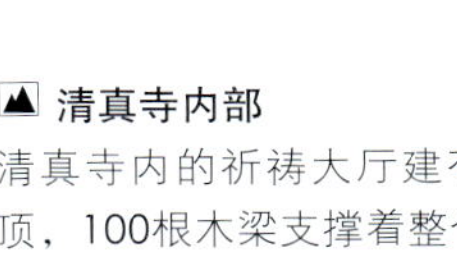

清真寺内部
清真寺内的祈祷大厅建有木顶，100根木梁支撑着整个大厅，大厅的地面是沙土地面。

风、阳光和雨水

影响杰内大清真寺的因素中，雨水的冲刷会减弱墙面和建筑结构；高温和潮湿也会给这座黏土建筑带来影响。每年杰内雨季过后，城内男女老少们都会从尼日尔河里挖来泥土，用双手维护着这些古老建筑。

杰内清真寺的发展历史

1280年，杰内第二十六任国王科伊·康博罗成为伊斯兰教徒，并下令修建杰内城的第一座清真寺。为了彰显他对伊斯兰教的虔诚，国王下令拆除了他的宫殿，并在这里建造了一座清真寺。在19世纪早期前，康博罗建造的清真寺一直屹立在这里。之后阿赫马杜·洛博国王比较重视本地区伊斯兰教的祈祷仪式，下令拆除老清真寺，并在附近（现在这里建有一所伊斯兰教学校）兴建了一座更加简单的清真寺。1907年，杰内的法国总督批准重建大清真寺，杰内的建筑工人依照老图纸最终建成我们今天看到的独特的泥砖清真寺。

清真寺的设计

杰内清真寺的独特之处在于，整座建筑见不到一砖一石，是用一种特殊的黏土和**木梁**修建的。清真寺从外表看更像一座沙堡，而不像一座宗教建筑。面向繁华大街的寺院正门主墙上高耸着**三座尖塔**，塔高10米（33英尺），还有一些**钟塔**和一个巨大的**清真寺底座**，可以通过一些**阶梯入口**进入。这里的泥瓦匠都是世家，他们的祖先早在15世纪就从尼日尔河的支流巴尼河中挖掘黏土来修建房屋，卓越的技艺代代相传。现在杰内的泥匠依然遵循他们祖先的方法，用脚把泥灰搅合在一块；一把简单的泥刀是他们唯一的工具，用来砌平墙面。清真寺被视为非洲建筑史上的一大杰作，也是西非伊斯兰教的象征。这里只允许伊斯兰教徒入内。

杰内城

杰内城位于古代撒哈拉商队路线上，建于1250年，并迅速发展成为商业贸易中心，吸引着大量商客穿过非洲来到这里。杰内商人从南撒哈拉地区用船运来黄金、象牙、奴隶等转卖到南撒哈拉地区，然后再将从北非、中非运来的岩盐、烟草、衣服、皮革制品等转售到南撒哈拉地区。杰内古城在黄金贸易以及苏丹地区其他商品贸易中发挥了重要作用。黄金帝国马里的名声甚至传到了欧洲。13世纪晚期，从北非来的穆斯林商客把伊斯兰教带到了杰内，随之杰内第一座清真寺修建。14世纪，杰内城成为重要的伊斯兰教传播中心，同时也是撒哈拉以南非洲地区最富有的城市之一。

南非 开普敦好望堡

好望堡是南非历史最悠久的殖民建筑，由荷兰东印度公司于1666年到1679年间在开普敦建造。好望堡的建立成功地替代了古老的由简·范·瑞比克在1652年建筑的土木碉堡。好望堡俯瞰着开普敦大阅兵场，以前是荷兰总督的官邸，现在是军事博物馆、艺术博物馆和宴会大厅，也是开普敦的军事中心。

荷兰东印度公司（VOC）的标志

威廉·费尔艺术品收藏馆

好望堡中的**威廉·费尔艺术品收藏馆**中收藏着大量的绘画、装饰艺术品和家具。威廉·费尔（1892—1968年）是南非当地的一位商人，他开始收藏一些殖民地色彩的照片，和一些他认为与众不同的物件。现在费尔的收藏品成为了了解从东印度公司在好望角成立殖民地到19世纪晚期，开普敦社会生活和政治生活的珍贵记录。费尔的收藏品还包括英国画家托马斯·贝恩斯和威廉·哈金斯描绘的开普敦风景画，以及17世纪的日本瓷器和18世纪的印度尼西亚家具。

简·范·瑞比克站长

1652年，荷兰人简·范·瑞比克带领80名男女在开普敦登陆，并在这里为东印度公司建立了一座海事补给站。补给站主要为在亚洲与欧洲之间进行巨额收益贸易的荷兰船只进行补给。尽管曾遇到困难（到开普敦的第一个冬天，20名男士丧生），补给站最终坚持下来并逐渐繁盛，开始为船只补给肉类、牛奶和蔬菜。但是由于补给站与当地的克瓦桑人展开水源和牧草的竞争，不久，由于两者矛盾不可开交，残酷的战争随之而来。

好望堡

好望堡的设计深受法国军事工程师沃邦的影响，他在国王路易十四的王宫任命。好望堡呈五角形，这样就形成了五个防御性的堡垒，可以交叉攻击，保护城堡外墙。1684年，新的入口大门替代了那个面朝大海的**以前的入口**。最初建造城堡的目的是为东印度公司提供在开普敦的基地，数十年来，城堡的作用也在不断变化。期间在城堡的庭院中兴建了一些建筑，其中包括横跨庭院的防御**内墙**，墙高12米（39英尺）。好望堡中建有整套的社区配套设施，其中包括住宅区、教堂、面包房、事务所和监狱，监狱还建有审问室。20世纪30年代，城堡上层的房间被改建成宴会大厅。

▲ **城堡护城河**
护城河的一部分在1992年进行重建，是城堡修复工程的一部分。

◀ **海豚池**

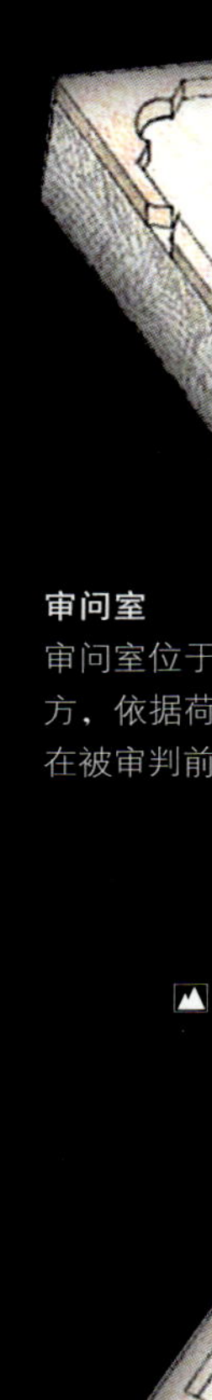

拿索壁垒

审问室
审问室位于拿索壁垒的下方，依据荷兰法律，犯人在被审判前需要口供。

旧石板路

卡特兹尼伦伯艮壁垒

◀ **旧石板路**
石板是17世纪从罗本岛的采石场取来的，用来铺装城堡的地面。

▼ **城堡入口**
1697年，在阿姆斯特丹铸造的钟现在还挂在钟塔上，大门上的三角墙上装饰着荷兰共和国的徽章。

▲ 利丹壁垒

▼ 卡特阳台

重要日期

1652年	1666—1679年	1795年	1952年
第一批荷兰殖民者在简·范·瑞比克的带领下，在开普敦登陆。	殖民者建立了一座石堡，取代了简范·瑞比克的土木碉堡。	荷兰东印度公司在开普敦的统治结束，英国武力占领开普敦。	部分威廉·费尔艺术品收藏馆的收藏移往好望堡。

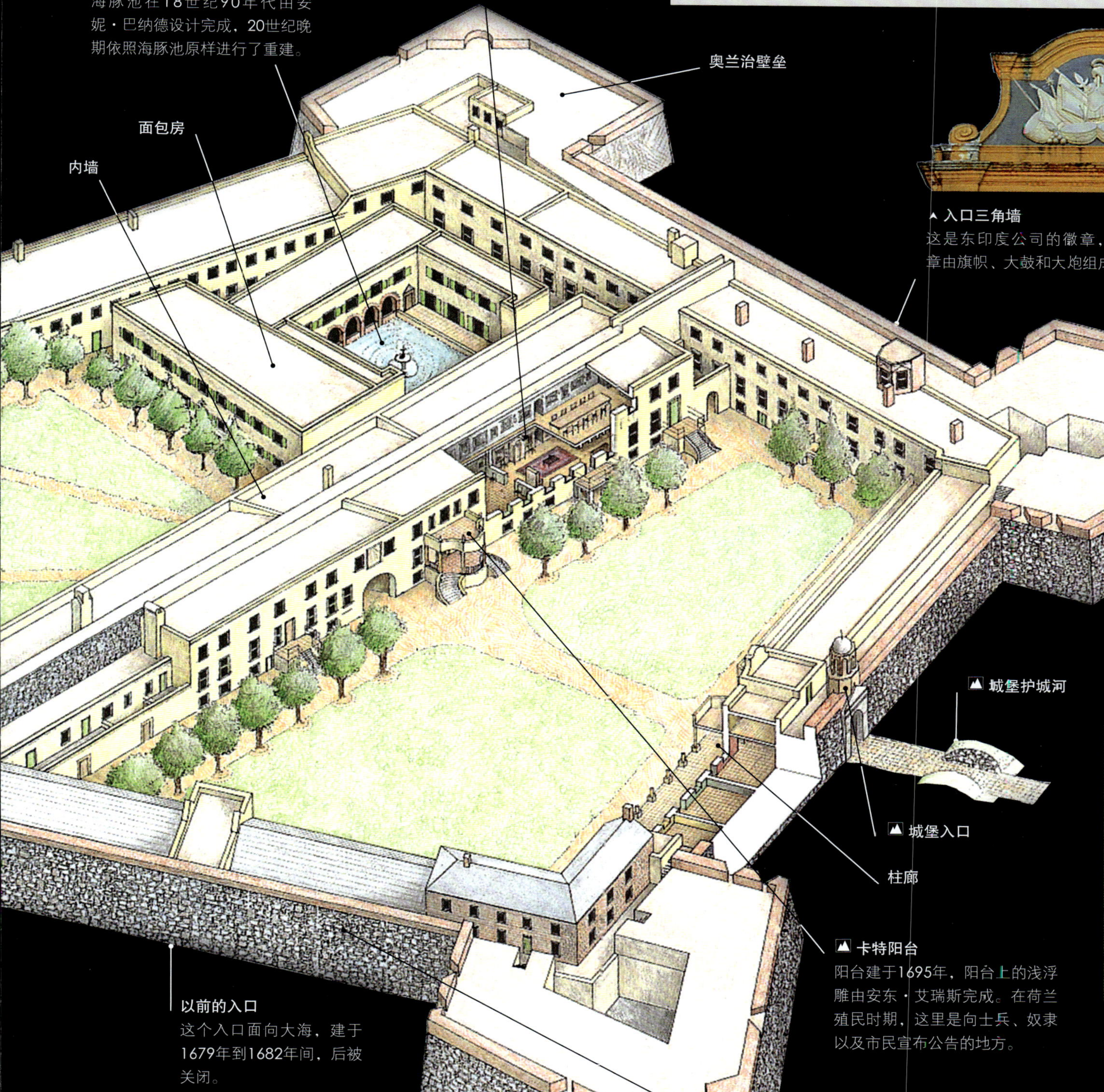

威廉·费尔艺术品收藏馆
从卡特阳台可以到达收藏馆，馆中收藏着一些具有重要意义的绘画和富有时代特色的家具，另一些艺术品向我们展现了早期殖民者的生活。

海豚池
海豚池在18世纪90年代由安妮·巴纳德设计完成，20世纪晚期依照海豚池原样进行了重建。

奥兰治壁垒

面包房

内墙

入口三角墙
这是东印度公司的徽章，徽章由旗帜、大鼓和大炮组成。

利丹壁垒
壁垒以奥兰治·拿索·利丹家族的威廉三世王子的名字命名。

城堡护城河

城堡入口

柱廊

卡特阳台
阳台建于1695年，阳台上的浅浮雕由安东·艾瑞斯完成。在荷兰殖民时期，这里是向士兵、奴隶以及市民宣布公告的地方。

简·范·瑞比克站长，开普敦的建立者

以前的入口
这个入口面向大海，建于1679年到1682年间，后被关闭。

城堡军事博物馆
在这里陈列的物品中，有一列是史前军事古器物，其中包括武器和制服，这些制服中有来自VOC和英国期间的披肩。

阿曼凡布伦堡垒

威廉·费尔艺术品收藏馆

荷兰商人

1602年，荷兰东印度公司（联合东印度公司，简称VOC）开始与亚洲开展贸易，主要是进行香料交易。到了1669年时，荷兰东印度公司已经是世界上最富有的私人公司，拥有超过150艘商船、40艘战舰、五万名员工。

泰姬陵，莫卧儿建筑艺术的典范

亚洲

城堡内部

克拉克城堡（骑士城堡）坐落在霍姆斯峡谷海拔650米（2133英尺）的山上。它所处的位置具有十分重要的战略意义：扼守着安提俄克到贝鲁特的要道。12世纪中叶，圣约翰骑士团对城堡进行了大规模的扩建，新建了30米（98英尺）厚的外墙，以及七座防御塔和可容纳500匹马的**马厩**。城堡内建有一个蓄水池，可以从外部的**水渠**引水。蓄水池可以为4000名卫戍士兵提供用水。城堡的库房中贮藏着当地村民制作的食物，城堡内建有独立的油坊和面包房。伊斯兰教徒占领骑士城堡后，把**教堂**改建为清真寺，并兴建了**浴室**和水池。

最后一次征战

十字军在12世纪到13世纪期间，持续在中东地区进行战争，克拉克城堡固若金汤般坚不可摧。1163年，十字军骑士击退大马士革苏丹次子努拉丁的进攻。1188年，伊斯兰教领袖萨拉丁试图包围骑士城堡，后发现靠蛮攻、围困夺取骑士城堡，简直是白日做梦。因为规模不大的一支卫戍部队足以防御外来入侵，再加上城中有条件大量储藏食品，使他们的“耐力”能得到长效保证。1271年，马穆鲁克苏丹拜巴尔一世为了诱骗这些死守城堡的骑士从掩体、工事中出来，苏丹伪造了一封出自骑士团大首领之手、命令下属开城相让的御函。最终，拜巴尔一世成功占领骑士城堡。

安提俄克王子坦克雷德

1096年，奥特维尔城的坦克雷德（1078—1112年）和他的叔叔博希蒙德以及其他一些诺曼贵族追随第一次十字军东征。当时由于塞尔柱王朝突厥部族的进攻威胁到拜占庭帝国的统治，他们的目的是制止塞尔柱王朝的进攻，并从伊斯兰教手中夺回耶路撒冷。坦克雷德从土耳其手中夺取塔尔苏斯后，坦克雷德一战成名。他在包围安提俄克城和征战耶路撒冷（1099年）的战争中起到了重要的作用。一年后，他的叔叔博希蒙德被土耳其人俘虏。不久，坦克雷德掌控安条克公国，并取得叙利亚最高统治权。坦克雷德不断发起对土耳其和拜占庭帝国的战争。1110年，坦克雷德率军占领了高山上的堡垒，后十字军团把它改建为克拉克城堡。

叙利亚 骑士城堡

骑士城堡是叙利亚最负盛名的堡垒，也是公认的保存最好、规模最宏伟的十字军城堡，这一宏伟要塞是全世界城堡建筑艺术的巅峰之作。这座城堡兴建于12世纪中叶的十字军东征时代。骑士城堡是一个坚不可摧、固若金汤的要塞。它复杂的、迷宫般的防御工事，简直可以说是无法攻克。在经过无数次的袭击和包围后，1271年，十字军团最终放弃骑士城堡，后城堡被阿拉伯人占领。20世纪30年代，在清理和修复骑士城堡时，发现很多村民居住在城堡里。

骑士城堡中残存的12世纪的哥特式教堂

骑士城堡的重建

这幅图展示了800年前骑士城堡的面貌。骑士城堡鼎盛时期，可容纳4000名士兵的卫戍部队。

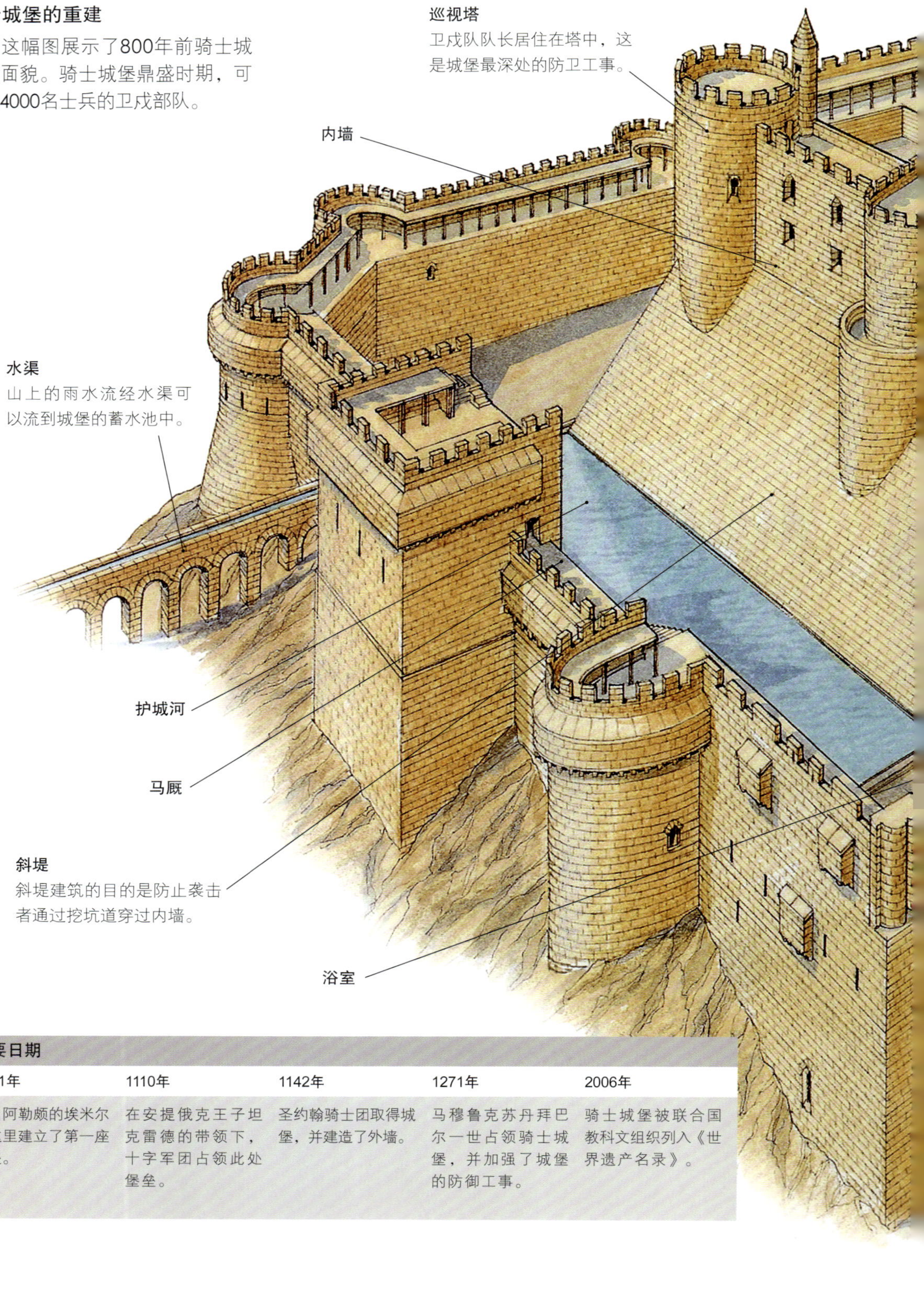

巡视塔
卫戍队队长居住在塔中，这是城堡最深处的防卫工事。

内墙

水渠
山上的雨水流经水渠可以流到城堡的蓄水池中。

护城河

马厩

斜堤
斜堤建筑的目的是防止袭击者通过挖坑道穿过内墙。

浴室

重要日期

1031年	1110年	1142年	1271年	2006年
来自阿勒颇的埃米尔在这里建立了第一座堡垒。	在安提俄克王子坦克雷德的带领下，十字军团占领此处堡垒。	圣约翰骑士团取得城堡，并建造了外墙。	马穆鲁克苏丹拜巴尔一世占领骑士城堡，并加强了城堡的防御工事。	骑士城堡被联合国教科文组织列入《世界遗产名录》。

骑士城堡全视图 ›

骑士城堡，由十字军团建造的雄伟的堡垒 ›

城内壁垒

门廊

公主塔

外墙

公主塔 ›

公主塔的北面建有巨大的向外伸出的走廊，如果城堡外墙缺口被打开，可以在走廊投掷石块，袭击侵略者。公主塔的一楼建有三座假拱。

教堂

教堂由十字军建造，城堡被伊斯兰教占领后，被改建为清真寺。现在在教堂中仍可看到清真寺的讲经坛。

主要入口

门廊 ›

骑士城堡最深处的庭院中，庭院一侧的门廊是一处优雅的哥特式拱廊（哥特式，见第54页）。门廊上雕刻着植物和动物浮雕。越过门廊是大厅，这里是城堡的餐厅。

主要入口 ›

城堡的吊桥处建有一条石阶通道可通往城堡上层，通道的顶上建有小孔，光亮可以进入，这些小孔设计的最初目的是从孔中倾倒热油袭击侵略者。通道又高又宽，骑手也可以从这里通过。

入口通道

通道如迷宫般的构造，这样建筑的目的是扰乱进入城堡的袭击者。

完美的骑士城堡

英国军官劳伦斯——也就是众所周知的“阿拉伯的劳伦斯”，称骑士城堡为“世界最完美的城堡”。1272年，英国国王爱德华一世在观看了骑士城堡后，深受启发，回去后在英格兰和威尔士建立了他自己的城堡。

城中城

骑士城堡中有两个部分比较特别：被护城河隔开的外墙和内墙。外墙建有13座防御塔，内墙围绕一座高大的石台而建。因此，事实上，袭击城堡的人必须打开两座城堡的缺口，才可以战胜骑士城堡。

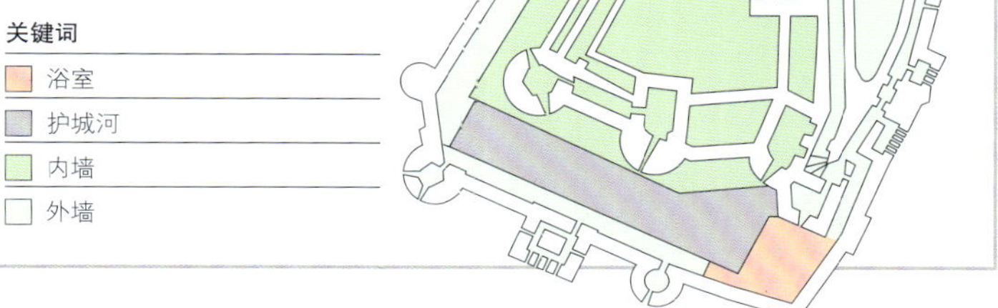

各各他

各各他，取自希伯来语，意思是骷髅地，相传为耶稣死难地。圣墓大教堂内建有两处楼梯可通往各各他。各各他的左侧是一座希腊东正教礼拜堂。礼拜堂的祭坛安放在一块裸露的岩石上，据说耶稣当年就是在这块巨石上被钉死在十字架的（**各各他石**）。在**亚当礼拜堂**后殿的下方，可以看到各各他的裂缝，据说是在耶稣死后的地震中形成的。各各他的右侧是罗马天主教礼拜堂。礼拜堂中装饰着红衣主教斐迪南·德·美第奇捐赠的银、铜祭坛，祭坛制作于1558年。两个祭坛之间的圣母悼歌纪念坛，以纪念圣母站在十字架下的悲痛。

现状

由于历史上宗教分裂因素，现在耶路撒冷只有不到17座教堂。关于圣墓大教堂的归属问题，基督教徒与其他教派进行了长期的暴力争夺，直到1852年，《奥斯曼法令》的签署，争夺才暂时停止。现在圣墓大教堂被希腊人、亚美尼亚人、科普特人、罗马天主教徒、埃塞俄比亚人和叙利亚人划分管理，其中一些区域是共同管理。作为“中立”的中间宗教，每天由伊斯兰教的持钥匙人打开教堂大门。打开大门这个仪式性的任务由同一家族的人员代代传承下去。

基督墓

在建造第一座圣墓教堂时期，建造者把墓旁的山坡夷平，以确保**基督墓**的周围有足够空间来建造一座教堂。为了建造圣墓教堂，老教堂被拆除。在建造过程中，发现了**各各他石**，这是基督被钉在十字架上的地点。后新建的圣墓教堂取代了建于四世纪的教堂。现在的圣墓教堂是在1809年火灾之后重建的，内部建有两座小教堂。外侧的天使礼拜堂壁柱较低，教堂内有一块石头据说是天使从基督墓中取出来的。穿过一扇矮门，可通往内部的圣墓教堂，这里是基督埋葬的地方。

以色列 耶路撒冷圣墓大教堂

教堂圆顶

圣墓大教堂，又称“复活大堂”，是耶稣基督遇难、安葬和复活的地方，是耶路撒冷基督教大教堂之一。大教堂位于以色列东耶路撒冷旧城，是基督教的圣地。4世纪初，罗马君士坦丁大帝的母亲希拉娜太后巡游至耶路撒冷，下令在耶稣蒙难和埋葬处，建造一座教堂，即后来的圣墓大教堂。11世纪40年代，君士坦丁九世重建了一座规模较小的教堂。1009年，教堂被法蒂玛王朝苏丹哈基姆下令毁坏。1114年到1170年间，十字军团又重建并扩建了大教堂。1808年，圣墓大教堂遭遇火灾，1927年，教堂遭受地震，圣墓大教堂急需得到细致的修复。

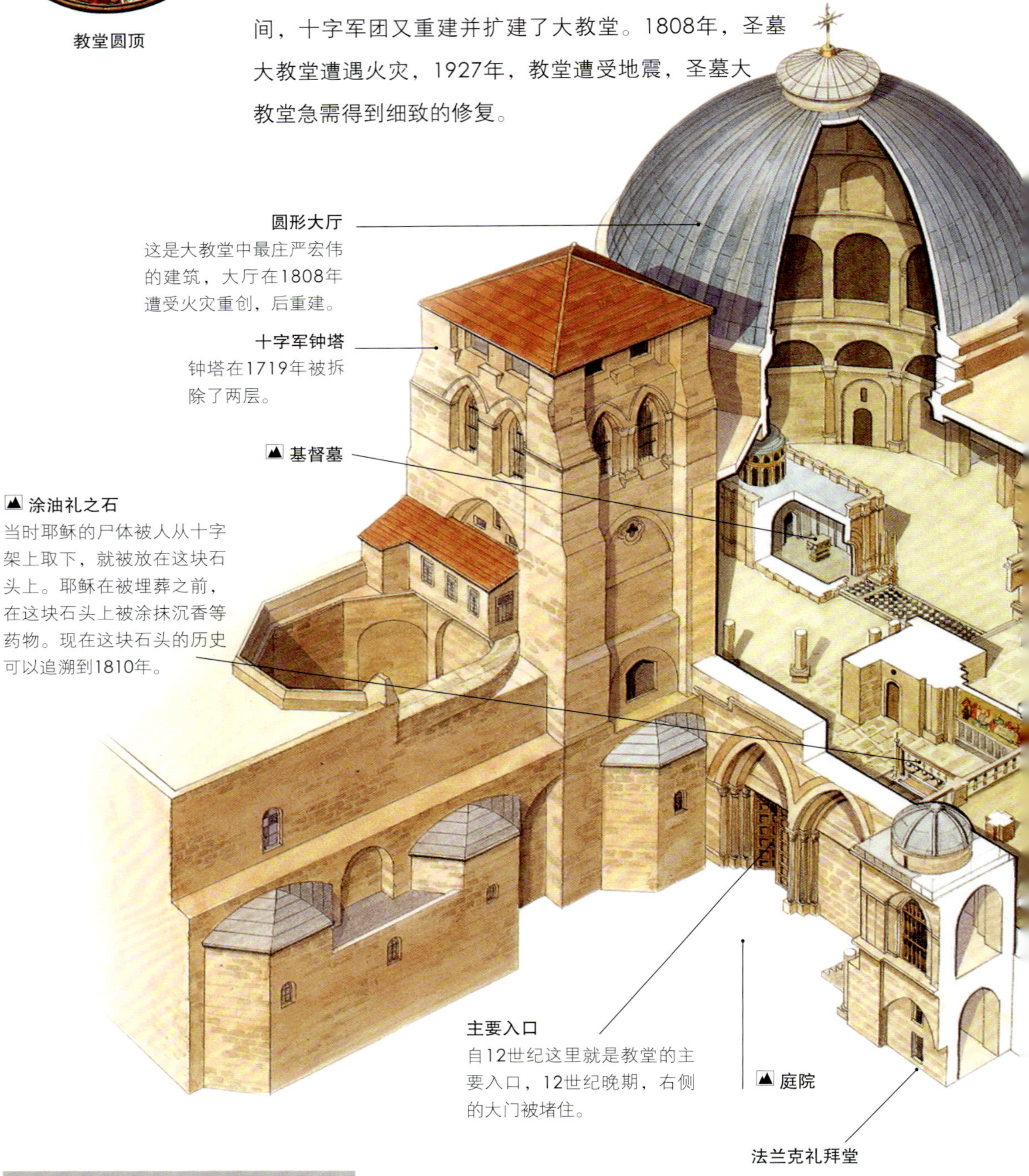

圆形大厅
这是大教堂中最庄严宏伟的建筑，大厅在1808年遭受火灾重创，后重建。

十字军钟塔
钟塔在1719年被拆除了两层。

基督墓

涂油礼之石
当时耶稣的尸体被人从十字架上取下，就被放在这块石头上。耶稣在被埋葬之前，在这块石头上被涂抹沉香等药物。现在这块石头的历史可以追溯到1810年。

主要入口
自12世纪这里就是教堂的主要入口，12世纪晚期，右侧的大门被堵住。

庭院

法兰克礼拜堂

第一座教堂

4世纪，基督教成为圣地的主导宗教，这一时期，建造了很多令人瞩目的教堂。在这之间，由于基督教是罗马教皇未授权的宗教，这意味着基督教徒必须秘密集会和祈祷，他们集会的秘密场所被称为“家庭教会”。

重要日期

326—335年	1114—1170年	1981年
罗马君士坦丁大帝和希拉娜太后下令建造第一座教堂。	十字军把教堂扩建为罗马式建筑，并新建了一座钟塔。	耶路撒冷古城被联合国教科文组织列入《世界遗产名录》。

▴ 圣墓大教堂的马赛克屋顶和大圆顶

▴ 从圣希拉娜礼拜堂看到的圣墓大教堂

◂ 庭院

主要庭院的两侧都是礼拜堂。现废弃不用的台阶与钟塔相对，以前从这里可以通往法兰克礼拜堂，是十字军团进入各各他的仪式入口。

▾ 埃塞俄比亚修道院

礼拜堂圆顶

这是圣墓大教堂中殿的圆顶。圆顶在1927年地震后重建，装饰了巨大的耶稣像，现在中殿部分属于希腊东正教礼拜堂。

圣母七拱门

这是建于11世纪的柱廊庭院残留下来的建筑。

世界的中心

耶路撒冷在当时被认为是世界精神中心，在耶稣墓前面的礼拜堂中，有一个卵形的大石杯，这就是当时的“世界的中心”。

▾ 涂油礼之石

基督墓 ▸

对基督教徒来说，这里是世界上最神圣的地方。在这座建于1810年的纪念遗址上，安放着一块石板，据说当时耶稣的尸体被人从十字架上取下，就被放在这块石头上。

埃塞俄比亚修道院

修道院位于圣希拉娜礼拜堂的上层。

▴ 各各他石

突出地面的岩石就是各各他石，耶稣当年就是在这块巨石上被钉死在十字架的。

亚当礼拜堂

各各他石

圣希拉娜礼拜堂

礼拜堂现在供奉圣格雷戈里，他是亚美尼亚人的守护圣人。

通向十字架礼拜堂的台阶

圣火

在东正教的复活节上，教堂中所有的灯都要熄灭，信徒站立在黑暗中——象征着耶稣在黑暗中受难。耶稣的墓前首先点起第一支蜡烛，随后一支接一支，直到整座教堂和庭院都充满烛光，这象征着耶稣的复活。传说这些火光来自于天堂。

东正教复活节上的圣火仪式

震撼人心的耶路撒冷圆顶清真寺

耶路撒冷圆顶清真寺

圆顶清真寺坐落在耶路撒冷老城区，是伊斯兰教最著名的清真寺之一，也是伊斯兰教的圣地。为了彰显伊斯兰教在耶路撒冷的统治地位，哈里发·阿布杜勒·马里克于688年到691年下令建造圆顶清真寺，它成为耶路撒冷最著名的标志之一。清真寺结构和谐，汲取古典主义建筑和拜占庭式建筑的精华，成为叙利亚式建筑的典范。

南门上的瓷砖

▲ 圆顶清真寺八角形的拱廊，拱廊上雕刻着《古兰经》中的词句

◀ 圆顶清真寺和背后的清真寺广场

▼ 独立式的拱廊，拱廊下的台阶可通往圆顶清真寺

◀ 灵魂之井
这里有楼梯通往灵魂之井下方的房间。据说死者的灵魂每个月要到这里两次集会祈祷。

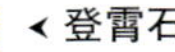

◀ 登霄石

▼ 内部拱廊
内部拱廊和外部拱廊之间形成环绕登霄石的走廊。寺内的两侧走廊朝向麦加城内的“克尔白”方向。

◀ 大圆顶和新月顶饰
大圆顶原来是铜制的，后来已故的约旦国王侯赛因出资为圆顶覆盖上了金箔，所以现在的大圆顶是金色的。

圆鼓石
圆顶下方的即是圆鼓石。圆鼓石上装饰着精美的瓷砖，以及《古兰经》中描写穆罕默德夜行登霄的篇章。

《古兰经》篇章

大理石板

八角形拱廊
这里装饰着最初的马赛克图案（692年），图案上描绘着邀请基督教徒前来了解伊斯兰教的事迹。

▲ 内部拱廊

南门

▲ 圆顶内部

圆顶内部富丽堂皇，装饰着精美的植物花纹图案以及铭文，其中最大的是穆斯林苏丹萨拉丁的题词，他积极支持清真寺的修复工程。

马赛克图案

圆顶下的墙上装饰着绿色和金色的马赛克图案，整个墙面光彩闪烁。

外部拱廊

重要日期

691年	16世纪	1981年
圆顶清真寺建成。	苏莱曼一世下令在清真寺外部装饰上耀眼的瓷砖。	圆顶清真寺被联合国教科文组织列入《世界遗产名录》。

圣地

圆顶清真寺是世界上最古老和最完美的伊斯兰建筑之一，耶路撒冷也是继麦加、麦地那之后伊斯兰教第三大圣地。圆顶清真寺对犹太教同样也很重要，清真寺是在两座犹太会堂的原址上建成的，第一座会堂由所罗门王建成，第二座由希律王建成。

▲ 瓷砖

清真寺外表装饰着五彩缤纷的波斯风格的瓷砖，是苏莱曼一世在1545年下令取代之前毁坏的马赛克图案而重建的。

彩色玻璃窗

▲ 登霄石

据说在这里亚伯拉罕牺牲了他的儿子以撒，在这里穆罕默德登上登霄石来到天堂见到真主，这里是希律王会堂中最神圣的地方。

外墙

八角形的外墙每面长20.4米（67英尺）。外墙与圆顶的直径及高度相协调，整体结构和谐。

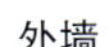
灵魂之井

穆罕默德夜行登霄

伊斯兰教认为《古兰经》是真主神圣的语言，《古兰经》是世界上现存的、唯一的真主的启示录。伊斯兰教不提倡翻译《古兰经》，他们认为翻译的《古兰经》不能等同于真主的话语，通常只能称为《古兰经译解》而不能称为《古兰经》。《古兰经》共有114章，包括很多主题，其中的一个主题讲述的就是穆罕默德夜行登霄。根据《古兰经》记载，穆罕默德被从麦加带到耶路撒冷，是为“夜行”；从耶路撒冷登上登霄石来到天堂见到真主，黎明时分，穆罕默德即重返麦加，是为“登霄”。现在圆顶清真寺的**圆鼓石**上图文并茂地展现了穆罕默德夜行登霄的事迹。

阿克萨清真寺

阿克萨清真寺坐落在耶路撒冷老城区西南方向，是伊斯兰教第三大圣寺，仅次于麦加大清真寺和麦地那先知寺。阿克萨清真寺内建有很多建筑，其中包括圆顶清真寺。阿克萨清真寺地下原是犹太人祖先所罗门皇帝建造的犹太会堂，后希律大帝扩建会堂，但被罗马人毁坏。691年，圆顶清真寺建成后，阿克萨清真寺成为伊斯兰教圣地。

圆链条清真寺和大金门

小圆链清真寺坐落在圆顶清真寺的东侧，接近阿克萨清真寺的中心地带。建造这座小清真寺的原因有很多，其中之一是这里是至圣圣所（圣殿中最神圣的处所），依照犹太教教义，这里是宇宙的中心。圆链条清真寺的结构较简单，只建有一个圆顶和17根立柱。圆链条清真寺以寺内装饰于13世纪的大面积精美的瓷砖而闻名，这些装饰的精美程度甚至超越了圆顶清真寺中的瓷砖。圆链条清真寺的名字来源于一个传说，传说中被认为说谎的人手抓着屋顶上悬挂的链子，如果确实说谎了，将会被闪电击死。东侧的大金门，这是希律王朝时期建造的大门。犹太教徒认为弥赛亚（犹太人所期待的救世主）是从这扇大门进入耶路撒冷的。

马察达内部

马察达是一座位于高耸在浩瀚沙漠里的巍峨要塞，向下即可俯瞰死海，要塞两侧被两条长1400米（4593英尺）、宽4米（13英尺）的城墙包围。它是希律王修建的一座宫殿要塞，希律王在马察达内建造了宫殿、营房和仓库，北侧是希律王壮丽的**悬宫**。悬宫临悬崖而建，与陡峭的阶梯相连。悬宫中的房间装饰奢华，地面装饰着马赛克图案地板，墙上和天花板用与大理石相仿的颜色装饰，阳台上和庭院中处处可见精致的立柱。希律王在马察达的另一处住所**大西宫**，是王国的行政中心。正殿和皇家套房也在大西宫内。

奋锐党

公元前4世纪希律王死后，马察达的居民开始反抗罗马人统治。奋锐党的建立者加利利的犹大在巴勒斯坦地区起义，反抗罗马政权，最终罗马军队镇压了起义，并占领马察达。公元66年，第一次在反抗罗马人的大起义之初，犹太起义军重新夺取了马察达，把马察达当作反抗罗马人的军事据点。在罗马人**围困马察达**时期，马察达中有1000名居民。

大希律王

希律生于公元前73年，他的父亲是犹太人安提帕特，他的母亲是阿拉伯人塞浦路斯。同他的父亲一样，希律也是犹太教徒。他的父亲安提帕特是犹太国王和大祭司的得力助手。在希律16岁时，他得到了人生的第一份任命，他被任命为加利利的政府官员。由于希律为人精明、正直，他的政治生涯发展得很好。不久，希律迎娶了国王的女儿，得到罗马国王的青睐，并最终在公元前37年，成为犹太国王。希律王统治时期，兴建了一大批建筑，其中包括凯撒利亚港口、马察达堡垒和耶路撒冷的重建圣殿。但正统派犹太教信徒认为希律王不是正统的犹太人，而且对他的横征暴敛深恶痛绝。

马察达

马察达是一座位于以色列东南部的著名古堡，建于死海旁一座海拔440米（1300英尺）的高山上，这里是历史最古老的犹太教会堂。马察达的历史可以追溯到公元前1世纪和2世纪，最早是一座堡垒。后希律王进行扩建。兴建了两座宫殿，并加强了城堡防御工事。希律王死后，罗马人占领马察达。在第一次反抗罗马统治起义期间，公元66年，奋锐党占领马察达。公元70年耶路撒冷被罗马军占领后，马察达成为当时犹太人在巴勒斯坦地区的最后军事据点。在被罗马军队包围两年多后，马察达被攻破。

▲ 蛇行路
游人可以通过山上东侧的蛇行路抵达马察达，也可选择缆车登上马察达。

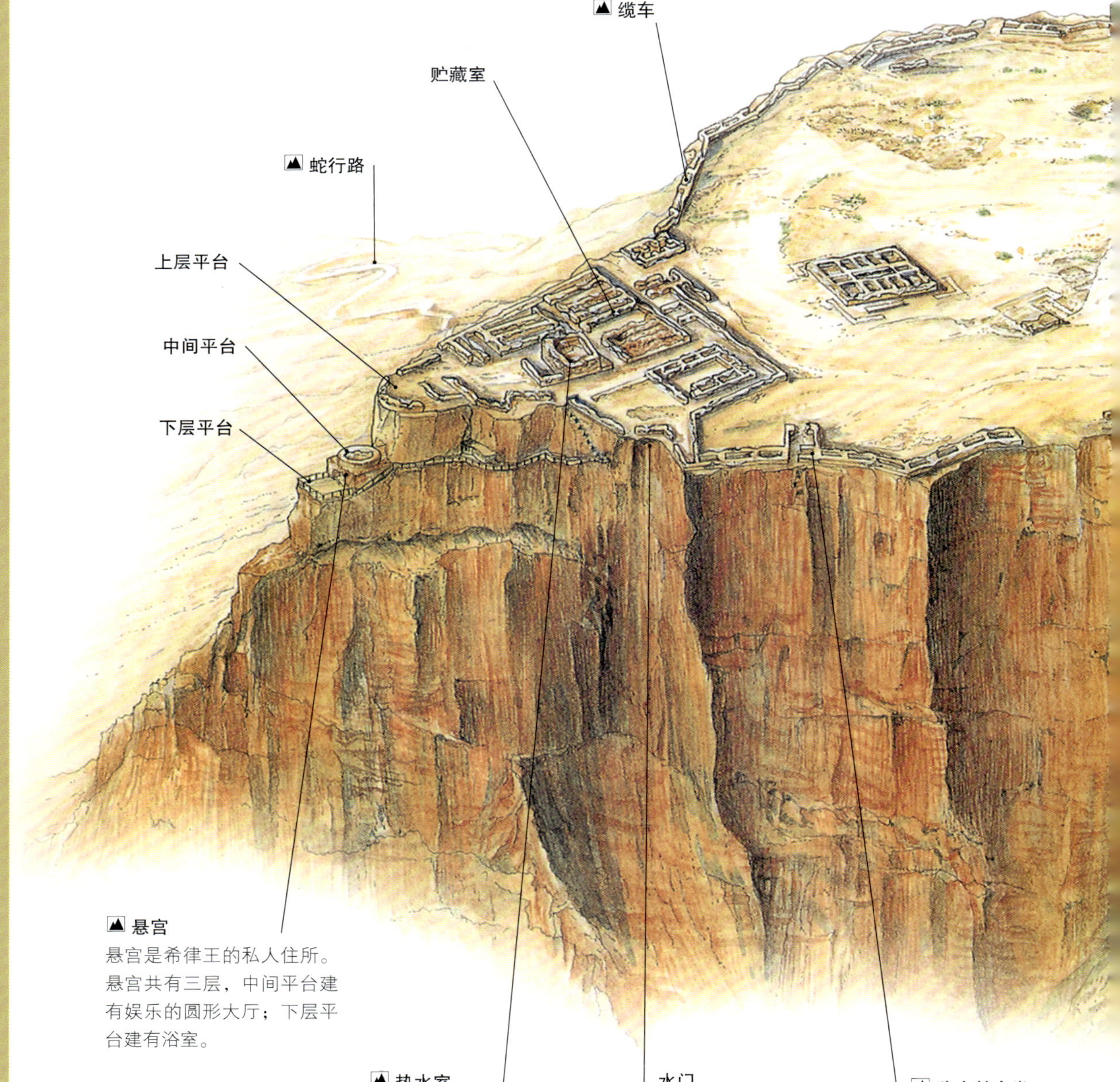

缆车

贮藏室

蛇行路

上层平台

中间平台

下层平台

悬宫
悬宫是希律王的私人住所。悬宫共有三层，中间平台建有娱乐的圆形大厅；下层平台建有浴室。

热水室
马察达的热水室是其中保存最完好的建筑之一。浴室地板上的立柱被抬高，这样热气可以在底部循环，进而使整个房间热起来。

水门
水门位于曲折的山路的起点，这条路可以通往下方的蓄水池。

犹太教会堂

幸存者

罗马人围困马察达以及犹太人集体自杀的事件是由两名妇女幸存者讲述的。她们逃过了最后一个犹太人的“自杀”和火烧，最后这两名妇女和她们的孩子藏在洞中，幸存了下来。

▲ **缆车**

每年都有很多朝圣者到这里朝拜，缆车可以减轻他们长途行走的疲惫。

◀ **蓄水池**

在山脚下，希律王建筑了堤坝和水渠以贮存季节性的雨水，然后由驴把雨水运往马察达内部的蓄水池，如图中这个高原南部的蓄水池。

▼ **热水室**

▲ **骨灰安置所**

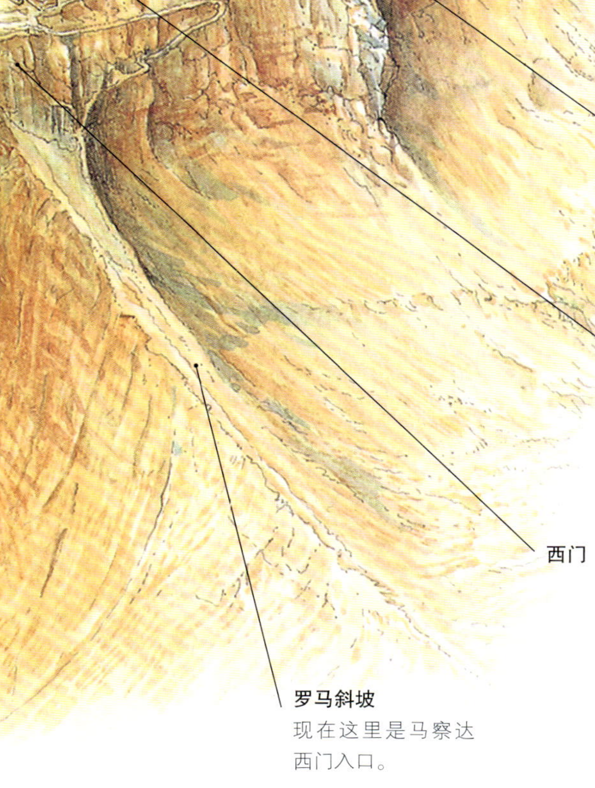

▲ **犹太教会堂**

这座会堂可能是希律王建造的，是世界上最古老的会堂。会堂中的石座是奋锐党人后建的。

悬宫▲

重要日期

公元前37年—公元前31年	1963年	2001年
希律王开始建造他的宏伟建筑。	开始发掘马察达要塞。	马察达被联合国教科文组织列入《世界遗产名录》。

围困马察达（70—73年）

根据1世纪的历史学家弗拉维奥·约瑟夫斯的记载，为了防止犹太反叛者逃跑，罗马不惜派出1万名士兵包围马察达。罗马军队依墙划分为八个营包围马察达，现在依然可以看到这些营部的驻扎地。为了袭击踞堡而居的犹太人，罗马军队建了一座巨大的陶制斜坡。斜坡建成后，罗马人又依墙建了一座塔，以便使用攻城槌。犹太人慌忙建了一面防御内墙，但这并没有阻挡住罗马军队的脚步。不久，马察达被攻破。城破前，马察达内的犹太人已经决定宁死不降，并选择集体自杀。约瑟夫斯记载了犹太人自杀的细节：每一个男人负责杀死他的全家人。由于犹太法律不容许自杀，最后一人便成了唯一触犯自杀罪的人。

其中一个罗马营地的底座，从这里可以看到堡垒的顶部。

约旦 佩特拉古城

佩特拉古城隐藏在一条连接死海和阿卡巴海峡的狭窄的峡谷内，是世界保存最完好和最美丽的古迹之一。早在史前时期，人类就开始在佩特拉居住，但在纳巴泰人居住之前，佩特拉还只是一个海滨。公元前3世纪到1世纪，纳巴泰王国把佩特拉建为首都，由于易守难攻、水源丰富并处于东西方商贸通道而十分强盛。106年，罗马吞并佩特拉，佩特拉作为商路要道盛极一时。4世纪，基督教传播到佩特拉城。7世纪，伊斯兰教传播到这里。12世纪，十字军曾到达佩特拉，之后被人遗忘，直到19世纪早期，一位瑞士人重新发现了古城。

▲ 剧场拱顶

佩特拉古城的建筑

纳巴泰人是大胆的建筑师，他们的建筑总是拥有独特的外表。佩特拉古城中的阶梯式山形墙出自早期定居者之手，纳巴泰的古典式建筑则是后期居住者设计建造的。佩特拉古城的正面建筑建造的历史比较复杂，因为一些建于后期古典式时期或是更晚期的建筑中的前期建筑风格出现在正面建筑中。

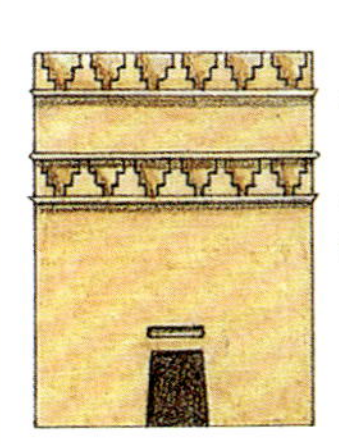

早期的设计风格很可能是受亚述人建筑的影响。

单分的阶梯式山形墙、古典式的上楣和希腊风格的门，这种居中的样式在佩特拉古城中很常见。

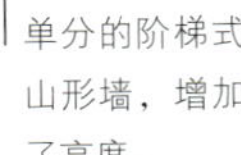

单分的阶梯式山形墙，增加了高度。

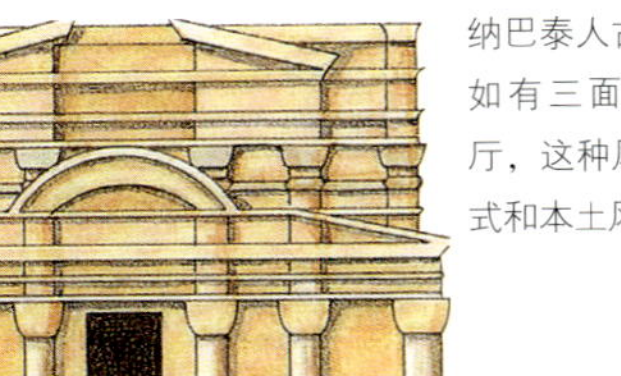

纳巴泰人古典式的设计，如有三面躺椅餐桌的餐厅，这种风格可能是古典式和本土风格的融合。

纳巴泰人偏爱这种叠加式的建筑外表。

重要日期

公元前3世纪	12世纪	1812年	1985年
纳巴泰人在佩特拉定居，并把佩特拉定为首都。	十字军离开佩特拉后，这里开始荒芜。	约翰·路德维格·贝克哈特是第一个参观佩特拉古城的欧洲人。	佩特拉古城被联合国教科文组织列入《世界遗产名录》。

鹰状标饰，是纳巴泰男性神的象征

阁楼墓室
这是为了应对动物侵袭和盗墓者而设计的墓室。

单分山形墙
这是纳巴泰人为了与古典的上楣相应对而想出来的设计。

穆萨峡谷中的设计

垂直的立脚点
这可能是为了帮助雕塑师工作而建筑的。

宝库圆顶

骑马人物像
宙斯的双生子卡斯托耳和波卢克斯装饰在大门的两侧。

穆萨峡谷

佩特拉古城的主要建筑位于穆萨峡谷的左侧，其中包括从宝库卡兹尼神殿到剧场这一部分建筑。峡谷中的道路非常曲折，道路两侧有很多的坟墓，是纳巴泰人独特的风格。

神殿内部
庞大的大门通往12平方米的内室。内室后面是圣地，这里放着洗礼盆，显示出这里事实上只是一座神庙。

台阶通往高处祭祀的地方

临街面建筑

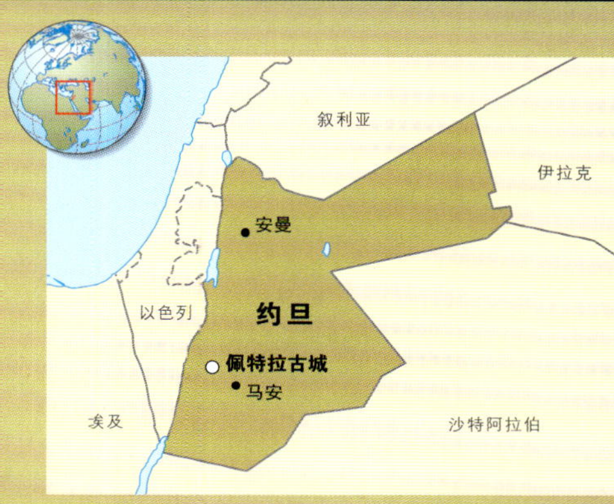

▲ 宝库卡兹尼神殿的圆顶
神殿中央的雕像是象征带来新生命的阿尔乌扎女神，雕像上有子弹的印记。卡兹尼名为“宝库”是因为传说这是历代佩特拉国王收藏财富的地方。

◀ 穆萨谷中的设计
佩特拉古城坐落在穆萨谷中。建筑主要是居中的设计风格，其中包括宝库卡兹尼神殿和开凿于岩石中的坟墓，其中的一座独立的坟墓建有阶梯式山墙，这里可以当作防卫墙。

▼ 皇宫陵墓，共有三层是仿照罗马宫殿式的建筑

临街面建筑 ▶
这些叠加的墓被凿刻成四层，这里可能是佩特拉古城中历史最悠久的建筑，其中大部分建筑顶部都建有阶梯式山形墙。

◀ 宝库卡兹尼神殿内部及外院的大门

罗马剧场

墓室
剧场的后墙把墓室截开，只剩下了墓室内部建筑。

剧场拱顶
为了方便通行，舞台的两侧都建有通道。剧场内部用石膏和大理石装饰。

舞台后墙
后墙把观众席与穆萨峡谷隔开。

寻找佩特拉古城

12世纪十字军离开佩特拉城。古城被荒废、遗忘了500多年。直到1812年，瑞士探险家约翰·路德维格·贝克哈特被迷失古城的传说吸引，说服一位当地的向导，把他带到这里，并最终发现了佩特拉古城。

西克峡谷

西克峡谷素有“玫瑰峡谷”之称，长约1.5公里，最宽处7米，最窄处仅容一辆马车战战兢兢地通过。这是通往佩特拉的必经之路，这条天然通道蜿蜒深入，直达山腰的岩石要塞。进入峡谷，甬道回环曲折，险峻幽深，路面覆盖着高低深浅的卵石。两面峭壁上的岩石，在长年风侵雨蚀下变得平整光滑，似刀削斧砍的镜面。岩石上的雕塑充满了神秘主义色彩，有的是人和骆驼的脚，有的是神龛，有的则是莫名其妙的诡异符号，是风化的结果还是某种神秘的象征，不得而知。转过山峡，则是另一番景观，世上最令人惊叹的建筑**宝库卡兹尼神殿**就呈现在眼前。过了卡兹尼，地势豁然开阔。这就是佩特拉古城了，该城处在山峦环绕的**穆萨峡谷**之中。

皇家陵墓

佩特拉古城内约有700多个墓茔，而最著名的，要算是皇家陵墓群了，其中规模最大的是厄恩墓室。从厄恩墓室顺势向右，是皇族墓室、科林斯式墓室、宫殿墓室和六瓣花墓室。这五座沿山凿成的墓室是几代国王和皇族的墓室，它居高临下、宏伟壮观，体现了国王至高无上的权力。这些墓室都雕筑在红色和粉色的岩壁里。阳光照耀下，沙石壁闪闪烁烁，神奇无比。

纳巴泰人

公元前6世纪，纳巴泰人从阿拉伯半岛东北部迁移到西部，并最终在佩特拉定居。佩特拉位于中东到地中海的香料贸易要道上，纳巴泰人充分利用佩特拉优越的地理位置发展商业。公元前1世纪，在纳巴泰人的发展下，佩特拉成为北至大马士革、南至红海的重要经济中心，人口可容纳2万—3万。佩特拉城成为商业中心的很重要的因素是纳巴泰人可以控制用水。西克峡谷中可以看到佩特拉城的部分用水系统——陶土管道。在罗马人统治下，佩特拉曾一度繁荣昌盛，随着海上贸易的发展，佩特拉城开始衰落。

撒马尔罕广场的建造

撒马尔罕广场上的三座神学院的建造跨越了230年。广场上的第一座建筑**兀鲁伯**神学院建于1417年。与兀鲁伯神学院相对的是**希尔多尔**神学院，建于两个世纪之后，它完全仿照兀鲁伯神学院而建。希尔多尔神学院的正面建筑非常独特，描绘着栩栩如生的动物和人类头像（《古兰经》禁止）。17世纪中叶，兴建了**季里雅卡利**神学院。神学院的顶，表面看是圆顶，但事实上却是平顶，这是由于从顶中心图案逐渐减小的视觉效果造成的。季里雅卡利神学院明显受到早期帖木儿建筑风格的影响。

科技学术中心

兀鲁伯神学院内共有100多名学生和老师，学院庭院中共有52间宿舍。兀鲁伯神学院实质上是一所大学，与传统的神学院不同，兀鲁伯神学院并不是只教授伊斯兰教知识的学校，学生在这里还可以学习数学和科学知识。这也许就是兀鲁伯精神的延续。兀鲁伯被称为“皇位上的学者”，在他的支持下，撒马尔罕建成了世界上最早的研究中心之一：在山上建成了一座两层的天文研究中心，现在只有研究中心的圆形地基保存了下来。

金色的撒马尔罕

亚洲的中部曾被称作河间地带（大部分属于乌兹别克斯坦，还有一部分属于哈萨克斯坦和土库曼斯坦），在近代几乎被与世隔绝。但是在中世纪，这里是世界闻名的伊斯兰教中心，建有很多举世瞩目的宫殿和清真寺。其中最雄伟的建筑都建在撒马尔罕。撒马尔罕早在亚历山大大帝统治时期就已经蜚声海内外，撒马尔罕因传奇色彩的帖木儿帝国的帖木儿大帝而声名显赫。随着帖木儿帝国的兴起，帖木儿大帝的大军横扫波斯、印度、高加索、阿塞拜疆和蒙古，他把从亚洲各地劫掠来的珍宝堆积在撒马尔罕，把每个城市的最精巧的工匠带到撒马尔罕，在城里修建起最辉煌的宫殿和清真寺。撒马尔罕成为当时世界最有影响力的政治、宗教、文化和商业都城之一。

乌兹别克斯坦 撒马尔罕广场

撒马尔罕广场上三座气势恢弘的建筑组成了世界上最壮观的建筑群之一。15世纪，征服者帖木儿的孙子兀鲁伯下令在撒马尔罕广场建造了一组清真寺建筑群，其中包括大旅舍（商队旅馆）和兀鲁伯神学院。除了兀鲁伯神学院，其他建筑在17世纪被两座神学院取代，分别是季里雅卡利神学院（意为镶金的）和希尔多尔神学院（意为藏狮的）。

季里雅卡利神学院中富丽堂皇的大厅

祈祷大厅

季里雅卡利神学院
朝向麦加方向的宣礼塔上装饰着奢华的金箔。

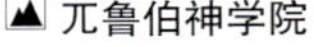
兀鲁伯神学院
神学院正面建筑由中央拱形门廊和两侧宣礼塔组成。瓷砖上的星星图案彰显了兀鲁伯对天文学的热情。

庭院
这里建有两侧拱门的房间，学生和老师在这里居住。

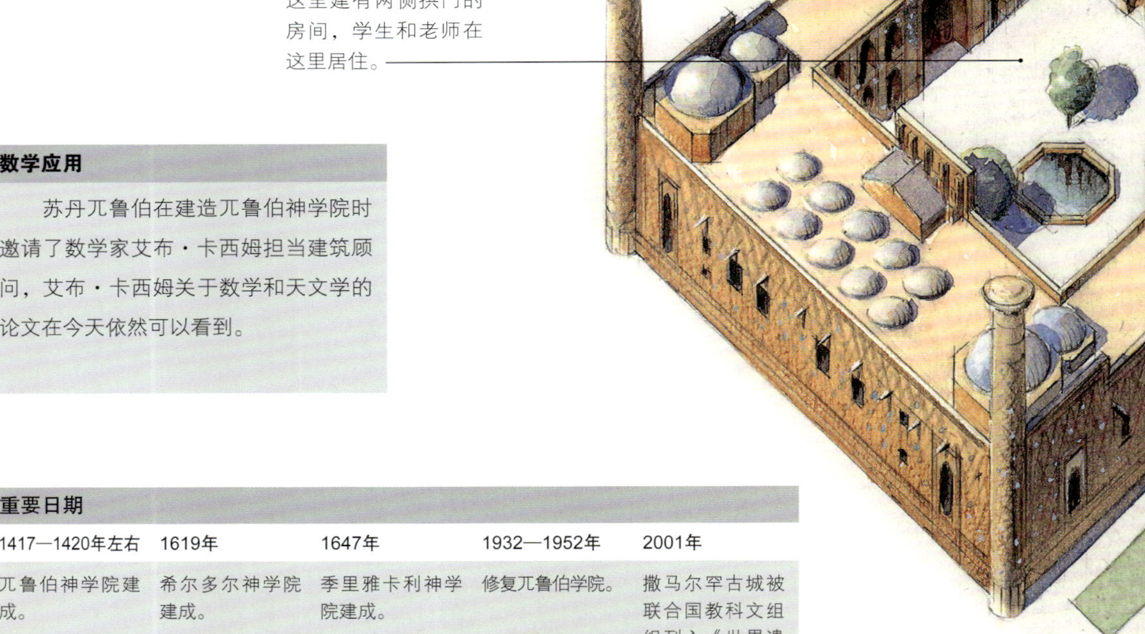

数学应用

苏丹兀鲁伯在建造兀鲁伯神学院时邀请了数学家艾布·卡西姆担当建筑顾问，艾布·卡西姆关于数学和天文学的论文在今天依然可以看到。

重要日期

1417—1420年左右	1619年	1647年	1932—1952年	2001年
兀鲁伯神学院建成。	希尔多尔神学院建成。	季里雅卡利神学院建成。	修复兀鲁伯学院。	撒马尔罕古城被联合国教科文组织列入《世界遗产名录》。

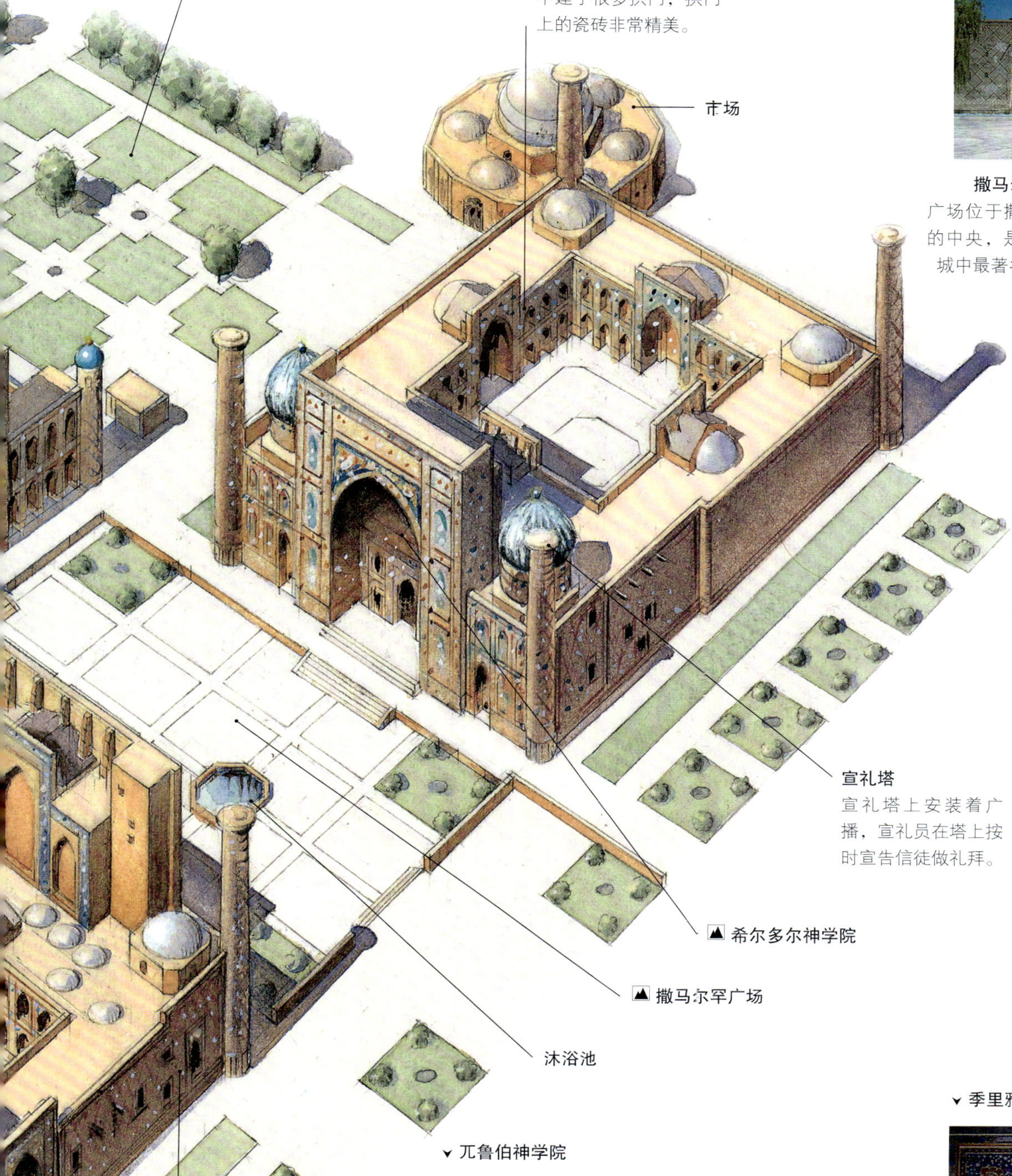

花园
花园取代了以前的只有一层的建筑群。

拱门
希尔多尔神学院的庭院中建于很多拱门，拱门上的瓷砖非常精美。

市场

撒马尔罕广场
广场位于撒马尔罕城的中央，是撒马尔罕城中最著名的古迹。

希尔多尔学院
神学院门廊的瓷砖上描绘着两头狮子追捕瞪羚的画面，每头狮子的后面是一个人脸的太阳画。

宣礼塔
宣礼塔上安装着广播，宣礼员在塔上按时宣告信徒做礼拜。

希尔多尔神学院

撒马尔罕广场

沐浴池

兀鲁伯神学院上的精美瓷砖

兀鲁伯神学院的瓷砖
神学院明亮闪耀的瓷砖上装饰着植物、金色的叶子和色彩鲜艳的花朵图案，这些都是典型的帖木儿式建筑装饰。

兀鲁伯神学院

季里雅卡利神学院

拱门

中国 拉萨布达拉宫

布达拉宫被称为“世界屋脊明珠”，它是拉萨乃至青藏高原的标志。布达拉宫主体建筑分为白宫和红宫，主楼13层，共有1000多个房间。布达拉宫是历世达赖喇嘛的冬宫，也是过去西藏地方统治者政教合一的统治中心。1959年后布达拉宫成为博物馆。这座世界上海拔最高最雄伟的宫殿里，收藏着极为丰富的文物和工艺品，同时也珍藏着独一无二的雪域文化遗产。布达拉宫始建于641年松赞干布时期，现今人们看到的是清代建筑，是17世纪以来的历代达赖不断扩建的结果。主体建筑白宫建于五世达赖喇嘛时期，红宫在1693年建成。

天王壁画
东门入口装饰着华丽的四大天王壁画，他们是佛教中的保护神。

金色屋顶
金色的屋顶（事实上是铜）好像飘浮于达赖的灵堂之上。

西大殿
西大殿是红宫内最大的宫殿，位于红宫一楼，这里收藏着六世达赖喇嘛的圣座。

十三世达赖喇嘛的灵塔
灵塔中供奉着十三世达赖喇嘛的法体。灵塔内部庄严肃穆，达赖喇嘛的法体安放在精美的圣龛中。塔内高达13米（43英尺）。

3D曼陀罗

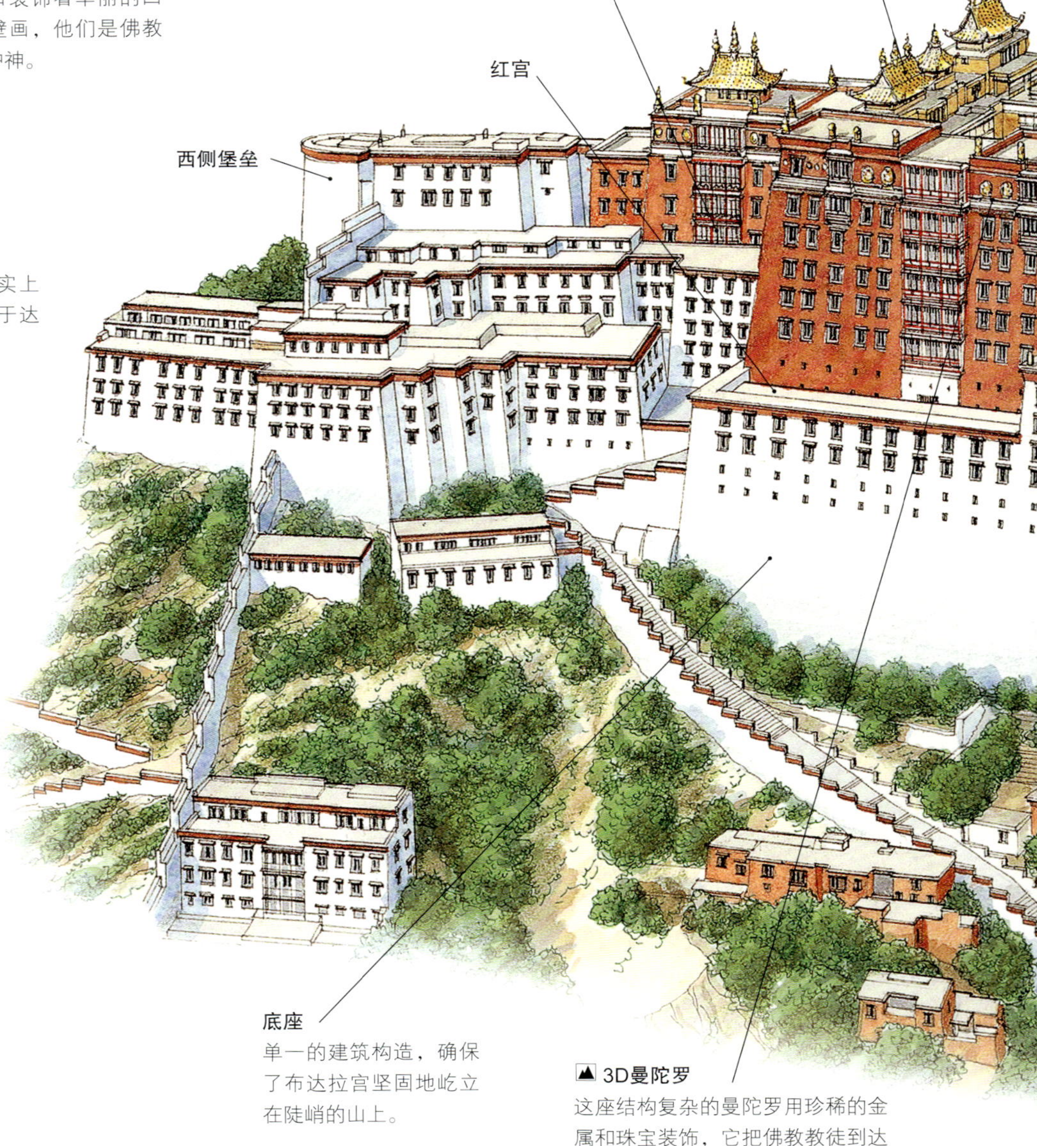

底座
单一的建筑构造，确保了布达拉宫坚固地屹立在陡峭的山上。

3D曼陀罗
这座结构复杂的曼陀罗用珍稀的金属和珠宝装饰，它把佛教教徒到达涅槃彼岸的道路具体化。

重要日期

641年	9世纪	1642年	1922年	1994年
吐蕃国王松赞干布始建布达拉宫。	吐蕃王国瓦解，布达拉宫几乎被毁坏殆尽。	五世达赖成为西藏政教合一的领袖，并重建布达拉宫。	十三世达赖喇嘛修复白宫，并在红宫上新加了两层。	布达拉宫被联合国教科文组织列入《世界遗产名录》。

从屋顶观看到的风景
在晴朗的天气游览布达拉宫，远处的群山美得让人窒息，尽管与拉萨现代化的部分有点不协调，却依旧美不胜收。

白宫
白宫的入口建有三部分台阶，中间的台阶是达赖喇嘛的专用通道。

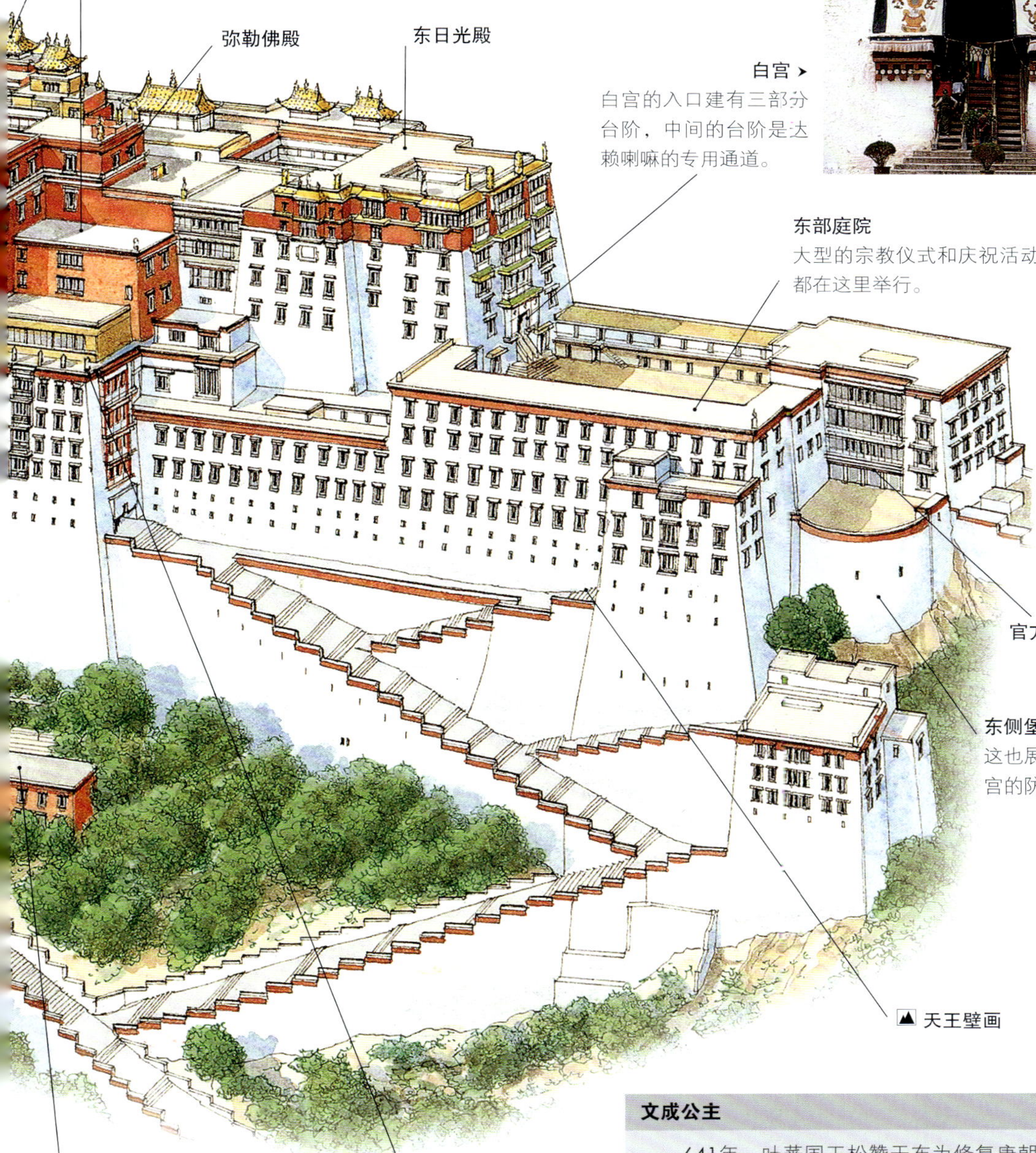

金色塔顶

西大殿

弥勒佛殿

东日光殿

东部庭院
大型的宗教仪式和庆祝活动都在这里举行。

官方的宗教学家

东侧堡垒
这也展示了布达拉宫的防御功能。

天王壁画

唐卡仓库

屋顶瞭望点

文成公主

641年，吐蕃国王松赞干布为修复唐朝（618—907年）与吐蕃的关系，请求联姻。唐太宗把文成公主嫁给松赞干布。文成公主在西藏备受尊敬，据说是她把佛教带到了西藏，文成公主还参与主持了西藏很多寺庙的建筑。

白宫

白宫是原西藏地方政府的办事机构所在地，因外墙为白色而得名。它是达赖喇嘛生活、起居的场所，共有七层。最顶层是达赖的“**东西日光殿**”，由于这里终日阳光普照，因此得名。东西日光殿是达赖的寝宫，也是他们处理政务的地方。殿内包括朝拜堂、经堂、习经室和卧室等，陈设均十分豪华。白宫的第六层和第五层都是生活和办公用房。第四层有白宫最大的东大殿，面积达700平方米，布达拉宫的重大活动如达赖坐床典礼、亲政典礼等都在此举行。白宫底部的建筑起着支撑整座建筑的作用。正门的门厅中装饰着很多描绘布达拉宫和文成公主抵藏的大型壁画。

红宫

红宫位于布达拉宫的中央位置和最高点，外墙为红色。红宫最主要的建筑是历代达赖的灵塔，共有五座，分别是五世达赖喇嘛、七世达赖喇嘛、八世达赖喇嘛、九世达赖喇嘛和**十三世达赖喇嘛的灵塔**。各塔形状相同，但规模不等。其中最大的是**五世达赖喇嘛的灵塔**，通高12米（40英尺），高三层，内有16根柱。塔身包裹的黄金，据说共用了4吨；塔面上镶嵌着各种宝石有上万颗之多，价值连城。五世达赖喇嘛灵塔中还收藏其他珍宝，其中包括手写的佛教经典和一些精美绝伦的雕塑——其中最珍贵的是顶层东侧的弥勒佛像。

松赞干布

松赞干布是西藏历史上最重要、最广为人知的藏王，他在西藏高原实现了统一，正式建立吐蕃王朝。松赞干布生于617年，并为他的妻子文成公主建造了布达拉宫。建于7世纪的布达拉宫大部分建筑已经毁于火灾中——除了达摩洞和圣人殿，这些残存的古老建筑位于红宫的北部。据说达摩洞是松赞干布静修之所，这里供奉着松赞干布、文成公主以及大臣们的塑像。圣人殿供奉着一些重要的佛像和七世达赖、八世达赖与九世达赖的主尊佛像。藏族历来十分敬重松赞干布，他不仅被视为观音的化身，而且是有口皆碑的三大法王之一。

长城的历史

根据历史记载，长城始建于战国时期（公元前475—公元前221年），最早是为防御北方游牧民族或敌国，开始营建长城。随后，齐、燕、魏、赵、秦等国基于相同的目的也开始修筑自己的长城。秦朝（公元前221—公元前207年）统一六国后，秦始皇派著名大将蒙恬北伐匈奴，把各国长城连起来，绵延万余里，遂称万里长城。长城持续不断地修建和扩建反映了每个朝代的危机感。汉代（公元前206—公元220年）继续对长城进行修建。统一的地域辽阔的唐朝（618—907年）没有重视对长城的修建。到了明代则从未间断过长城的修建。现存的长城主要是明长城（1368—1644年）。

建筑在沙土上

秦长城的结构比较简单，只是单一的夯实土构造。汉代采用了一种更为先进的建筑技术，能够在戈壁沙漠上建筑城墙。他们先在地面上支起一排木框结构，再在地面上铺上一层树枝和芦苇，然后把泥土、碎石和水的混凝土填到木制的构造中，这样可以保证整个结构的坚固。混凝土干了以后，就可以把木框去掉，于是剩下巨大的厚实的泥块，可以依照同样的方法继续向上建造。这个方法与我们现在的钢筋混凝土的建筑方法很相似。

蔡凯将军

关于长城还有一段传说：明朝派大将军蔡凯修筑黄花城长城（位于北京北部55公里处），蔡凯听取能工巧匠的建议，以石灰加江米汤调制成黏合剂砌墙，筑出的城墙坚固无比，但朝中奸佞却以"工期过长，投资太大"状告蔡凯，结果蔡凯被斩首。后来，蒙古人发动突然袭击，蔡凯将军的心血没有白费，黄花城长城是唯一一处成功阻挡敌人的要塞。后来皇帝意识到自己的错误，便把蔡凯的尸体重新埋葬在黄花城长城附近，又为蔡将军平了反，并在城下极显著的岩石上以颜体刻下了"金汤"二字，所以，此段长城又名"金汤长城"。

中国的万里长城

长城是中国古代劳动人民创造的伟大奇迹，是中国悠久历史的见证，被世人视为中国的象征。长城好像一条巨龙，翻越巍巍群山，穿过茫茫草原，跨过浩瀚的沙漠，奔向苍茫的大海。长城始建于春秋战国时期，历史达2000多年。尽管看起来坚不可摧，但事实上长城并没能阻止敌人的进攻。13世纪，蒙古人突破长城防守；17世纪满族人越过长城，加速了明朝的灭亡。现在，长城由于长年饱受风雨侵袭以及人为破坏，部分城墙已毁坏，但其中几段保存得很好，是当今世界上著名的游览胜地。

中国第一位皇帝秦始皇

中国的长城（明朝时期）

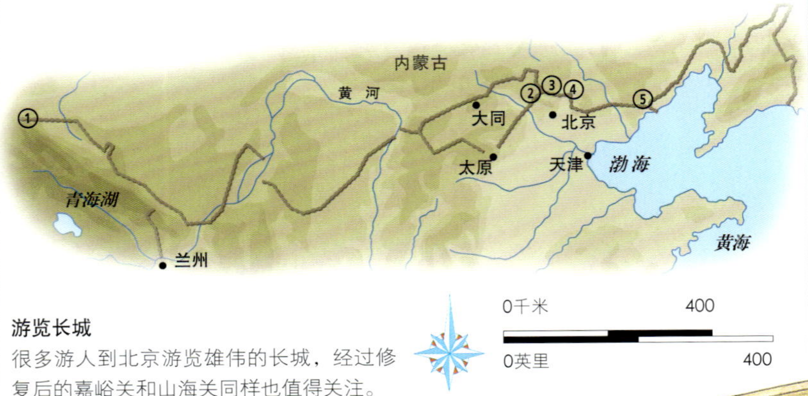

内蒙古
黄河
大同
北京
太原
天津
渤海
青海湖
兰州
黄海
0千米 400
0英里 400

游览长城

很多游人到北京游览雄伟的长城，经过修复后的嘉峪关和山海关同样也值得关注。

旅游景点

1 嘉峪关
2 居庸关和八达岭长城
3 黄花城长城
4 司马台长城
5 山海关

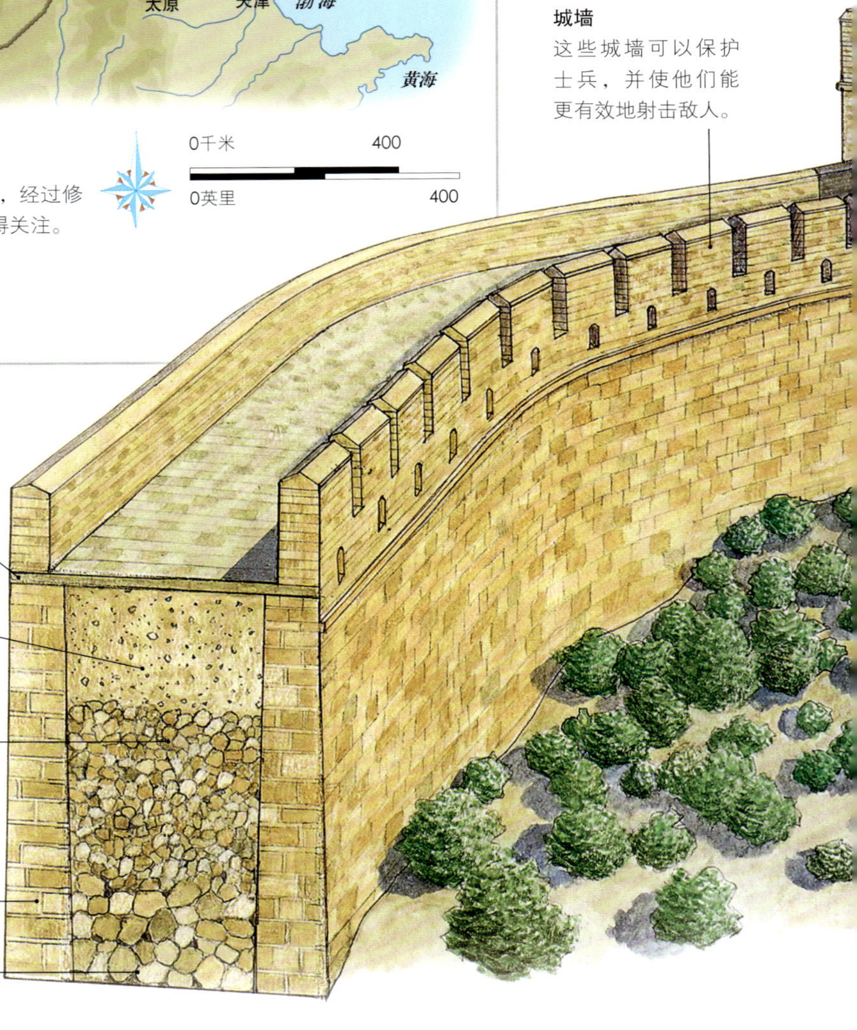

城墙

这些城墙可以保护士兵，并使他们能更有效地射击敌人。

石板和砖铺砌而成的长城

泥土和碎石混合层

石块层

窑烧制砖，用石灰和糯米汤浇筑而成

大块的石头，取材于当地的采石场

重要日期

公元前5世纪	公元前119年	589年	1215年	1644年	1987年
个别的国家用夯实的泥土，建筑防御性的墙。	在把匈奴人赶往戈壁沙漠后，汉朝开始加大力度建筑长城。	经过几个世纪的冲突后，杨坚建立隋朝统一中国，并开始重建长城。	在不得靠近长城这个政令下达四年之后，蒙古人占领北京。	满族人从东北越过长城，最终建立了清朝。	中国的万里长城被联合国教科文组织列入《世界遗产名录》。

长城的扩建

这幅图展示了使用建筑者最多的一段明长城。北京北部70公里处的八达岭长城建于1505年，与这段长城的结构相同。在20世纪50年代到80年代期间，对这段明长城进行了修复。

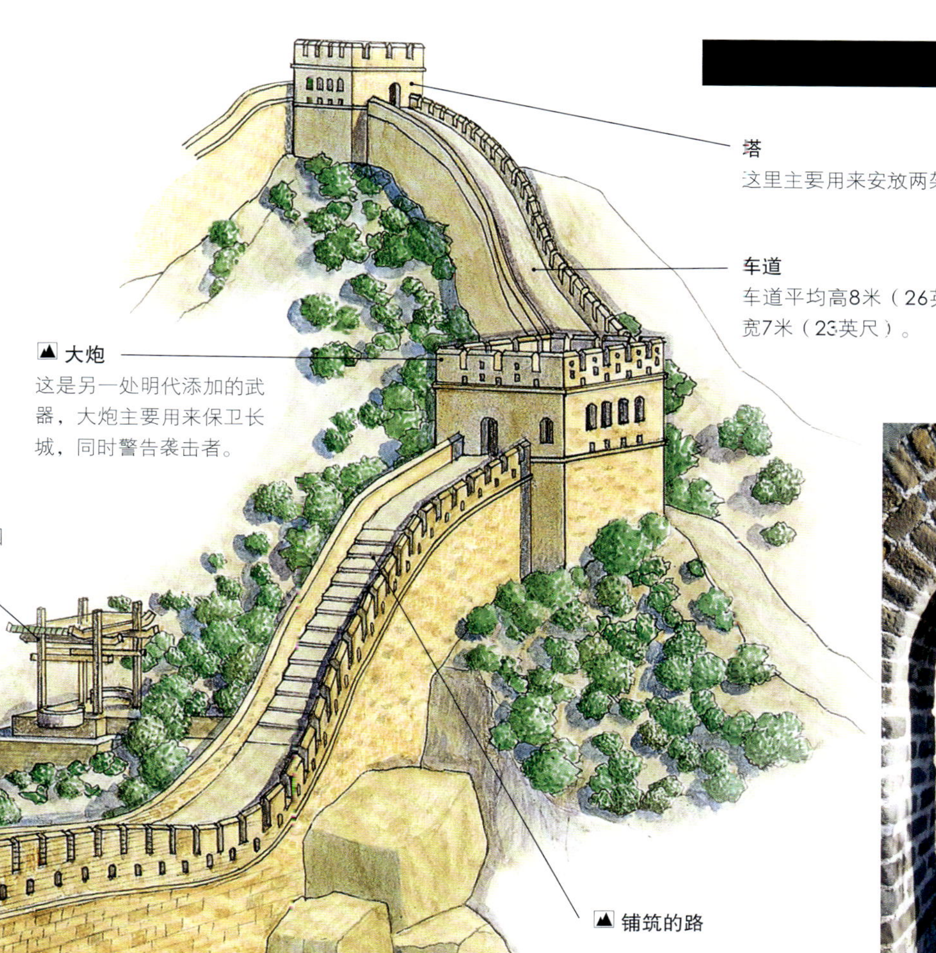

塔

这里主要用来安放两架投箭器。

车道

车道平均高8米（26英尺），宽7米（23英尺）。

大炮

这是另一处明代添加的武器，大炮主要用来保卫长城，同时警告袭击者。

信号台

主要用燃烧干狼粪形成的浓烟来告知其他守卫者敌人来袭。

铺筑的路

瞭望塔

这是明代建筑的，瞭望塔的主要功能是作为信号塔和堡垒，这里同时贮藏着很多生活供应物、火药和武器。

瞭望塔

长城的作用

在汉语中，"城"的意思也是墙。长城的实际用途依然是墙，象征着把文明、安全的社会和野蛮、动荡的社会分开。

大炮

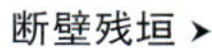

断壁残垣

那些远离北京区域的长城，由于年代久远和人类的破坏，并没有得到有效的修复，只剩下残破的核心建筑。

铺筑的路

关隘可以通过烽火、狼烟、大鼓和钟声传递消息，铺筑的路可以使军队快速通过那些艰难的地形。

长城全景图

凡是修筑隘口都是选择在两山峡谷之间，或是河流转折之处，或是平川往来必经之地，这样既能控制险要，又可节约人力和材料，修筑城墙，更是充分地利用地形，一些地方完全利用危崖绝壁、江河湖泊作为天然屏障。

在崇山峻岭间蜿蜒盘旋的万里长城

设计原理

中国建筑的设计一般都以“阴阳和谐”为前提。故宫位于北京都城正中，南北向中轴线穿过皇城正中，故宫宫殿都位于这条中轴线上，并向两旁展开，左右对称。宫殿的大门都朝向南面，以避免“阴”的恶性作用，如从北面来的冷风、恶灵和野蛮的人。中国古代数字也有阴阳之分，奇数为阳，偶数为阴。故宫中外朝部分宫殿数量皆为阳数，而内廷后宫部分宫殿数量则皆为阴数。阳数中九为最高，五居正中，因而古代常以九和五象征帝王的权威，称之为“九五之尊”。故宫宫殿门的门钉通常都是每扇九路，每路九颗。“九”在故宫的建筑中频繁出现，“九”的谐音为“久”，意为“永久”，所以又寓意为江山天长地久，永不变色。

在故宫中服务

紫禁城的双重身份——帝王的宫殿同时也是中央行政机构所在地，决定了宦官的出现。宦官是唯一在紫禁城中服务的男性，所以宦官在宫中的地位很特别，他们可以接近皇帝的家人，甚至一些影响力较大的宦官的权力很大，他们不断地捞取国库中的财物。不过大部分的宦官的命运比较悲惨，如同奴隶一样，卑微地工作。皇帝的妃嫔居住在**内廷**，这些妃嫔的社会地位也比较高。晚上，由皇帝决定哪一个妃嫔可以侍寝，妃嫔侍寝的次数决定了她的社会地位。

内廷

故宫建筑的后半部叫内廷，是皇帝及嫔妃生活娱乐的地方。**外朝**与内廷宫殿的分界线是乾清门，乾清门以南为外朝，以北为内廷。乾清门左右有琉璃照壁，是清朝“御门听政”的所在地。外朝是皇帝办理政务，举行朝会的地方，举凡国家的重大活动和各种礼仪，都在外朝举行。内廷在建筑风格上不同于外朝。外朝的建筑形象是严肃、庄严、壮丽、雄伟，以象征皇帝的至高无上。后半部内廷则富有生活气息，建筑多是自成院落，有御花园、书斋、亭台馆榭等。宫城内还有禁军的值房和一些服务性建筑以及太监、宫女居住的矮小房屋。

北京故宫

故宫位于北京市中心，旧称紫禁城。于1420年建成，是中国明、清（1368年—1911年）两代24个皇帝的皇宫。故宫占地72万平方米，建筑面积约15万平方米，是世界上现存规模最大、最完整的古代皇家高级建筑群。故宫是中国五个多世纪以来的最高权力中心，是明清时代中国文明无价的历史见证，它标志着中国悠久的文化传统，显示着500多年前匠师们在建筑上的卓越成就。1949年，故宫对公众开放。

故宫墙上装饰的琉璃彩画

末代皇帝

1908年，亨利（爱新觉罗）·溥仪初次登上了大清王朝皇帝的宝座，即位时年仅3岁。1912年2月12日溥仪宣布退位并支持中华民国，他短暂的统治结束。溥仪虽然退位，却依然在故宫中过着奢侈的监禁生活。1924年，溥仪逃进日本公使馆，此后他再也没有踏入过故宫。在北京植物园工作七年后，1967年，溥仪逝世，并未留下后代。

亨利·溥仪（男孩皇帝）

外朝

外朝是故宫的中心，这里是以前皇帝办理政务，举行朝会的地方。现在这里收藏着许多精美的珍贵文物。

铜狮

金水河

金水河自西向东流，河上建有五座造型别致、雕刻精美的汉白玉石桥，象征着儒家的“五常”（仁义礼智信），这五座桥在建造使用对象上各不同，依照封建等级制度排列。

午门

威严的午门是紫禁城的正门。皇帝每年在这里举行颁布次年历书的“颁朔”典礼，遇有重大战争，大军凯旋，要在午门举行向皇帝敬献战俘的“献俘礼”。

太和门

太和门在明代是“御门听政”之处，皇帝在此接受臣下的朝拜和上奏，颁发诏令，处理政事。清代初年的皇帝也曾在此赐宴。

明朝的灭亡

1644年，农民起义军攻入北京。明朝的最后一位帝王崇祯皇帝杀死了准备逃离故宫的女儿和妃嫔，最后缢死在煤山。

重要日期

1406年	1664年	1925年	1987年
明代永乐大帝下令营造紫禁城。	满族人（后来的清朝）进京，紫禁城大部分建筑被火焚毁。	紫禁城被改建为故宫博物院。	故宫被联合国教科文组织列入《世界遗产名录》。

故宫的大门，共有81颗门钉

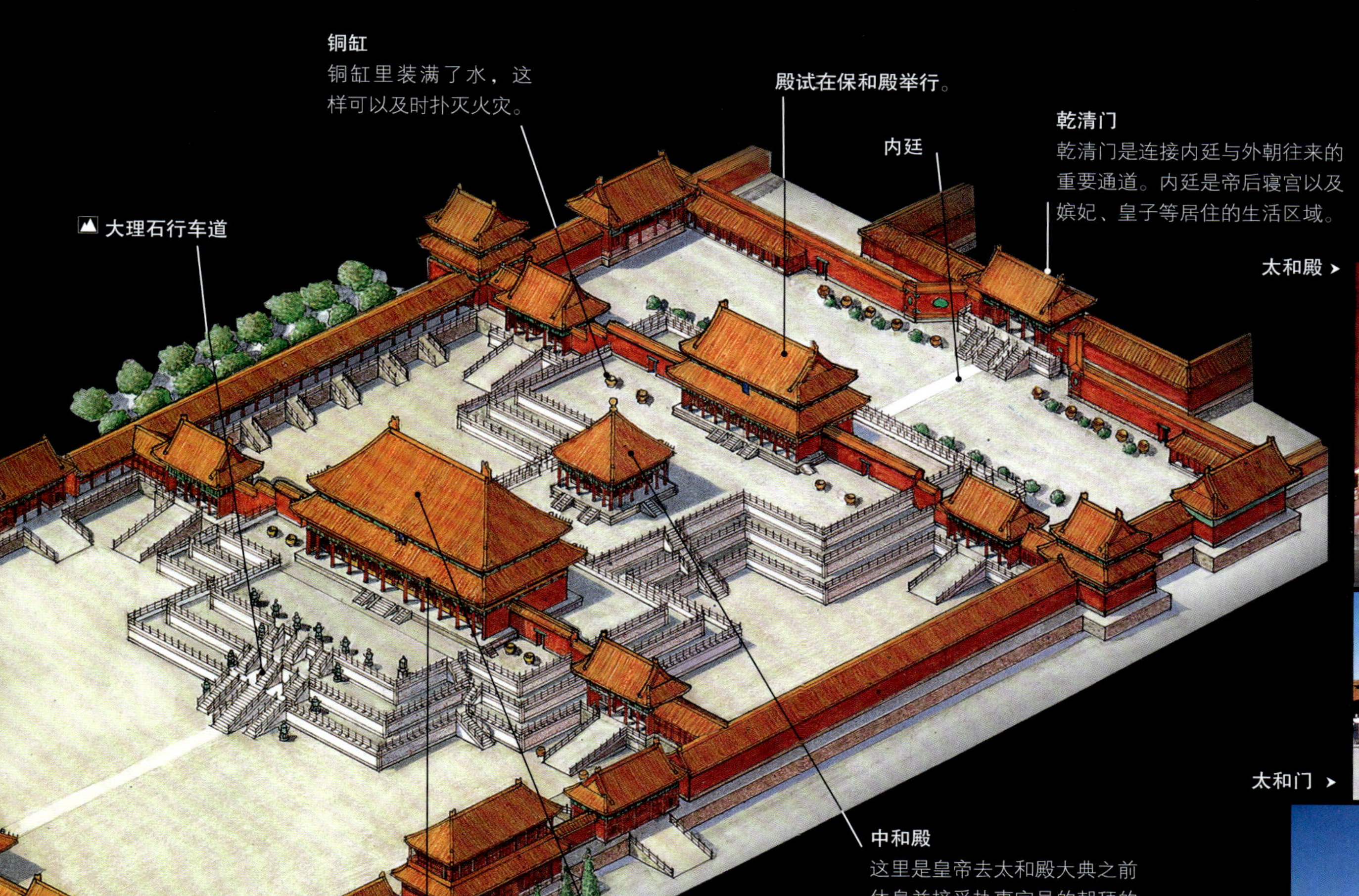

太和殿

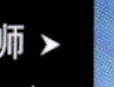

太和门

铜狮

这一对铜狮象征帝王的威严，与太和门的高大、华丽、雄伟协调相称，给太和门增加了壮丽严肃的气氛。左侧的雄狮，伸出右腿正在玩弄绣球；右为雌狮，伸出左腿爱护和逗弄幼狮。

屋顶上的守护者

屋顶上的雕像都与水有关，据说这样可以保护宫殿免于火灾。

大理石行车道

行车道中间的斜坡上雕刻着飞龙戏珠，这是皇帝专用的车道。

午门

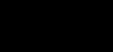

金水河

天坛的布局

天坛有两重垣墙，形成内外坛，主要建筑**祈年殿**、**皇穹宇**、**圜丘坛**建造在南北纵轴上。坛墙南方北圆，象征天圆地方。圜丘坛在南，祈谷坛在北，二坛同在一条南北轴线上，中间有墙相隔。圜丘坛内的主要建筑有圜丘坛、皇穹宇等，祈谷坛内的主要建筑有祈年殿、皇乾殿、祈年门等。天坛建筑的主要设计思想就是要突出天空的辽阔高远，以表现“天”的至高无上。古代中国将单数称作阳数，认为阳数能带来好运，认为九是阳数之极，表示至高至大，所以整个圜丘坛都采用九的倍数来表示天子的权威。圜丘坛的栏板望柱和台阶数等，处处是9或者9的倍数。

祭天仪式

中国历朝历代的帝王都十分重视祭坛仪式，都要来天坛举行祭天和祈谷的仪式。如果遇上少雨的年份，还会在圜丘坛进行祈雨。在祭祀前，通常需要斋戒。祭祀时，除了献上供品，皇帝也要率领文武百官朝拜祷告，以祈求上苍的垂怜施恩。皇帝祭天献上贡品，在经过隆重繁复的仪式后，通过“燔柴炉”“燎炉”焚化敬天。每当祭日来临之前，必须进行大量的准备工作，前三日皇帝开始斋戒；前二日书写好祝版上的祝文；前一日宰好牲畜，制作好祭品，整理神库祭器；祀日前夜，由太常寺卿率部下安排好神牌位、供器、祭品；乐部、乐队陈设就绪；最后由礼部侍郎进行全面检查。

天坛的最后一次典礼

在中国，祭天仪式起源于周朝（公元前1100年—公元前771年），自汉代以来，历朝历代的帝王都对此极为重视。在天坛举行的最后一次冬至祭天仪式是由中华民国第一任大总统袁世凯主持举行。袁世凯建立了中国第一支近代化新式陆军，作为统帅，他很轻易就得到了军队的支持。当选为中华民国大总统后，他悍然复辟，妄图恢复帝制。1914年冬至，袁世凯来到天坛举行祭天仪式，仪式按传统方式进行，其称帝野心昭然若揭。1916年，袁世凯被迫取消帝制，恢复“中华民国”年号。

北京天坛

天坛始建于明代，是世界上最大的古代祭天建筑群之一。天坛不仅是中国古建筑中的明珠，也是世界建筑史上的瑰宝。天坛是中国古代明、清两朝历代皇帝祭天之地。这个建筑综合体是帝王祭天的场所，它创造了一个象征性的联系，来加强孔子的社会等级制度。中国历代帝王自称“天子”，他们对天地非常崇敬。历史上的每一个皇帝都把祭祀天地当成一项非常重要的政治活动。祭祀建筑在帝王的都城建设中具有举足轻重的地位，必集中人力、物力、财力，以最高的技术水平、最完美的艺术去建造。在明清时期，平民是禁止靠近天坛的。现在天坛坐落在公园中，每天都有很多晨练者在公园中打太极拳。

进入圜丘坛的大门

天坛的结构

天坛建筑布局呈“回”字形，由两道坛墙分成内坛、外坛两大部分。天坛的主要建筑物集中在内坛中轴线的南北两端，其间由一条宽阔的丹陛桥相连接，由南至北分别为圜丘坛、皇穹宇、祈年殿和皇乾殿等；回音壁是天坛的圆形围墙，另有神厨、宰牲亭和斋宫等建筑和古迹。设计巧妙，色彩和谐，建筑艺术高超。

三座大门通向皇穹宇

祭天时使用的祭祀神牌都存放在这里

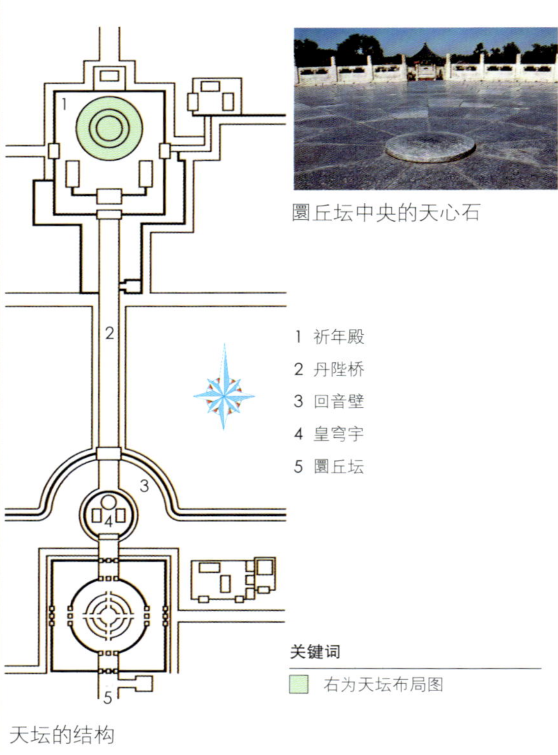

圜丘坛中央的天心石

天坛的结构

祈年殿

祈年殿是天坛中最著名的建筑，经常被认为是天坛。事实上，天坛不是一座建筑，而是整组建筑群。

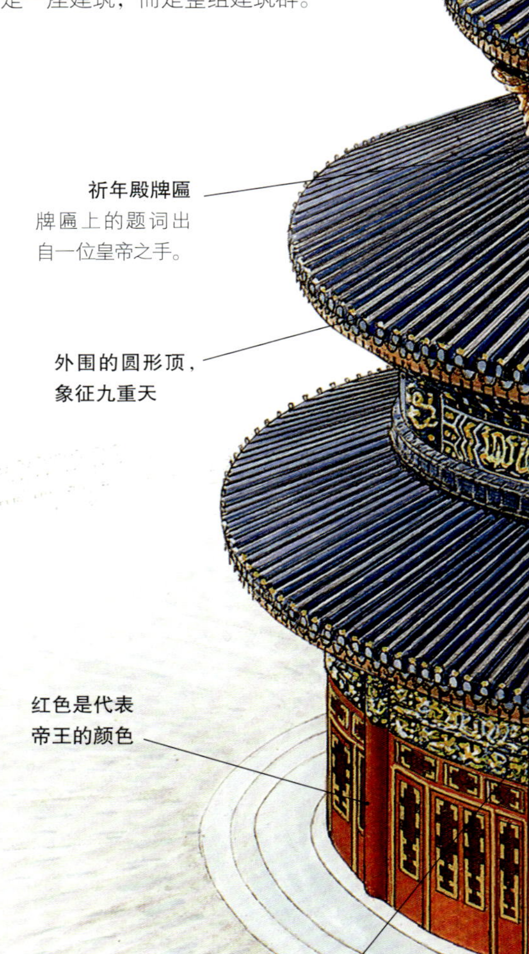

金色尖顶
尖顶坐落在祈年殿的顶部，高38米（125英尺），极易遭受雷击。

藻井顶棚
藻井顶棚中间为金色龙凤浮雕，结构精巧，富丽华贵。

蓝色象征着天空

龙井柱

帝王的宝座

象征性的祭品

中央的龙凤呈祥石

龙井柱
祈年殿中间4根“龙井柱”，象征着一年的春夏秋冬四季；中层十二根大柱比龙井柱略细，名为金柱，象征一年的十二个月；外层十二根柱子叫檐柱，象征十二个时辰。中外两层柱子共二十四根，象征二十四节气。

藻井顶棚

祈年殿在建造过程中未使用一根钉子

大理石平台
三层的大理石平台形成直径90米（300英尺）、高6米（20英尺）的圆坛。平台的栏杆上雕刻着龙，象征着帝王的威严。

永乐皇帝

明朝永乐皇帝自1403年到1424年在位。在他统治期间，明朝迁都北京，并开始建造紫禁城、天坛和明十三陵。

重要日期

1420年	1530年	1889年	1918年	1998年
祈年殿建成，曾经叫作天地殿。	圜丘坛始建于明朝嘉靖年间。	祈年殿被雷击中后发生火灾，毁于火灾中。	天坛对公众开放。	天坛被联合国教科文组织列入《世界遗产名录》。

日本 日光东照宫

日光的东照宫是世界著名的佛教中心，也是供奉日本最后一代幕府——江户幕府的开府将军德川家康的神社，建造于1617年，当时的风格还比较简明朴素，到幕府三代大将军德川家光时，日光东照宫扩大建筑规模，才形成现在东照宫的样子。为了彰显幕府将军的丰功伟绩，15000多名工匠花费了两年的时间在22座建筑上雕刻、镀金、绘画和上漆，使它成为现在所见到的这般绚烂豪华。尽管是一座神社，但东照宫内部有很多佛教元素。通往东照宫的一条大道，据说道路两侧的雪松是17世纪一位幕府将军种植的。

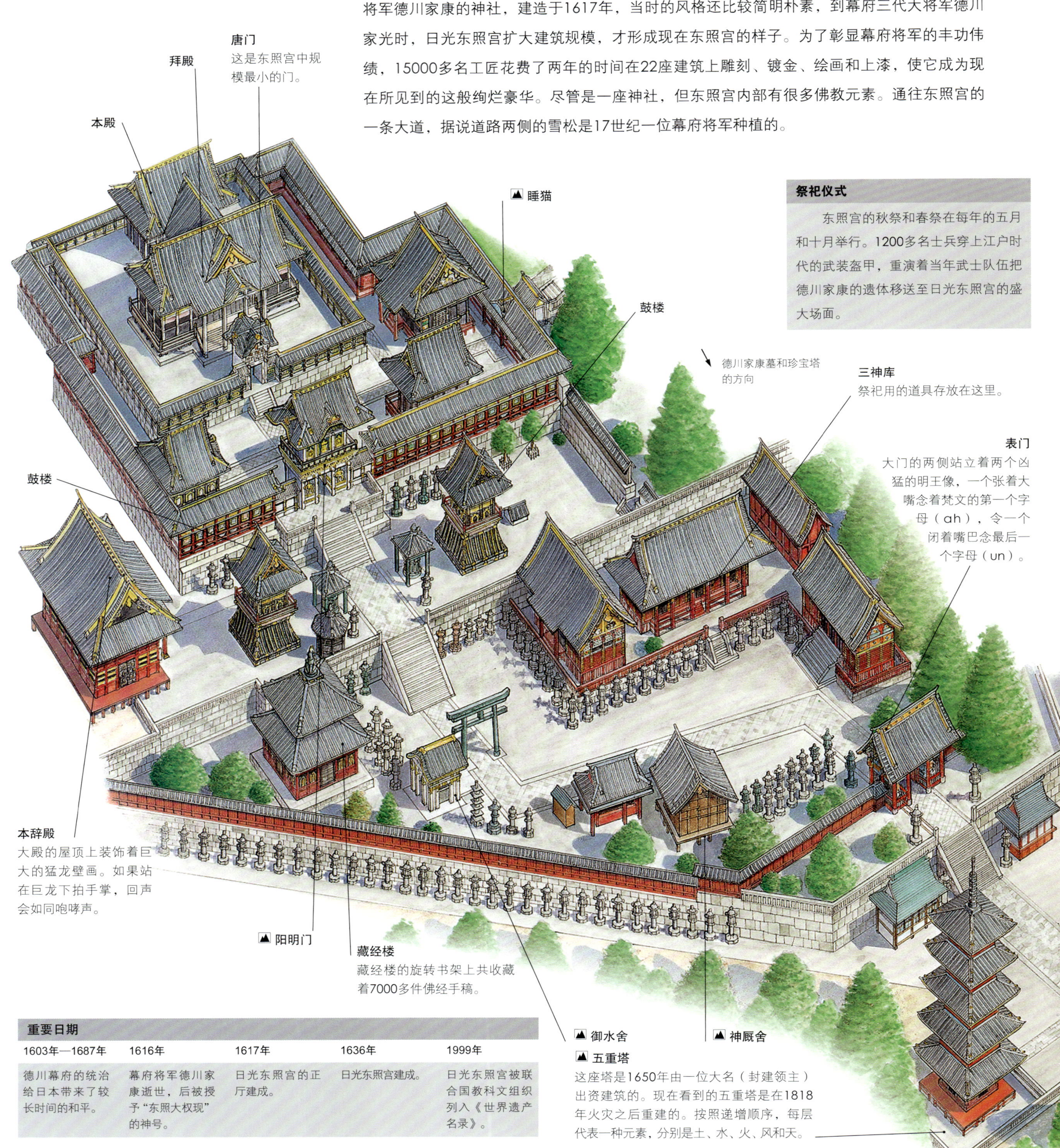

祭祀仪式

东照宫的秋祭和春祭在每年的五月和十月举行。1200多名士兵穿上江户时代的武装盔甲，重演着当年武士队伍把德川家康的遗体移送至日光东照宫的盛大场面。

重要日期

1603年—1687年	1616年	1617年	1636年	1999年
德川幕府的统治给日本带来了较长时间的和平。	幕府将军德川家康逝世，后被授予"东照大权现"的神号。	日光东照宫的正厅建成。	日光东照宫建成。	日光东照宫被联合国教科文组织列入《世界遗产名录》。

▲ 神厩舍
著名的三猿即是雕刻在神厩舍上，荷兰女王贝丽娅斯特赠送的荷兰马每天要在这里待上几个小时。

▲ 御水舍
亭中的巨大的花岗岩石盛满了水，在参拜神明前要先洗净双手，凉亭的顶上雕刻着精美的中国式图案。

五重塔 ▸

阳明门上绚丽的雕刻 ▸

▲ 阳明门
阳明门雕梁画栋，雕刻着无数的动物雕刻和大量的植物雕刻，工法高超卓绝，因为有12根圆柱支撑，所以也被叫作十二脚门。大门左右安放着两位将军的雕像。

▲ 睡猫
东照宫东部走廊的入口处雕刻着这只似睡非睡的守门猫。

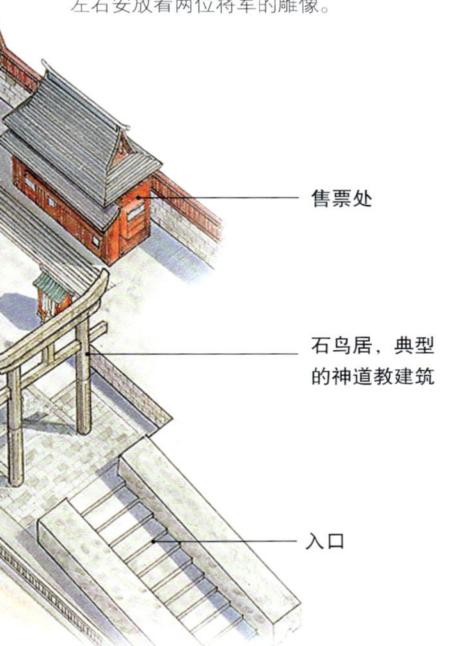

德川家康

德川家康是日本战国时代末期杰出的政治家和军事家，德川家康终结了战国时代，统一全日本。他建立的江户幕府其后统治日本达260年，史称"江户时代"。德川家康的父亲是一位小地主，德川家康的一生都在追寻权力，最终于1603年，成为江户（今东京）幕府的第一代将军，时年60岁，开启了江户繁荣文化的序幕。他死后，被追谥正一位，授予"东照大权现"的神号。

德川幕府的陵墓

神道教

神道教是日本传统的民族宗教，最初以自然崇拜为主，无论有无生命，视自然界万物为神祇；特别崇拜作为太阳神的皇祖神——天照大神，称日本民族是"天孙民族"，天皇是天照大神的后裔并且是其在人间的代表，皇统就是神统。明治维新后，为了巩固皇权，实行神佛分离，神道教成为国家宗教。第二次世界大战后，据日本新的宗教法令规定其为民间宗教。纵观普通日本人的一生，在他们的生活中，亦参与许多的神道教及佛教的庆典活动，混合着神道教及佛教的色彩，只有很少一部分日本人是真正的神道教教徒。

日光东照宫的特色

日光东照宫的建筑特色与神道教高度的责任意识和简洁化的教义并不完全相符，究其原因是因为在6世纪，佛教传入日本。由于佛教僧侣具有大陆先进的知识，天皇因此支持佛教，后佛教与神道教逐渐互相混合，佛教寺院和神道教的神社也逐渐混合成一体。日光东照宫中很多建筑都具有佛教建筑的特色。其中**五重塔**和**表门**就是佛教与神道教融合的完美见证。日光东照宫以精美绝伦的雕刻艺术在世界闻名遐迩。其中雕梁画栋、金碧辉煌的**阳明门**，是日光东照宫举世瞩目的建筑。据说其精美的雕刻，即使看到日落也不觉厌倦，因而又得名"日暮门"。

三猿

神厩舍上的三猿雕塑，象征着佛教中社会因果的道德律"三谛"。三只猴子分别用爪子捂住眼、耳、嘴，表示不看、不听、不说，取自论语"君子非礼勿言，非礼勿视，非礼勿听"，寓意不听小人谗言，不说不吉利不礼貌的话，不看会污染到自己的东西，个个栩栩如生，生动可爱。日本传说中认为猴子是守护神马的，所以神厩舍上刻满了猴子的雕像，这些猴子守护着神厩舍中献给神道教神灵的神马。

奈良东大寺

到奈良旅游就一定要到东大寺，有很多原因吸引着我们得到这里游览，其中最主要的原因是东大寺是世界上最大的木造建筑。东大寺是728年由信奉佛教的圣武天皇建立的，因木造建筑保存相当不容易，几个世纪以来由于火灾和国内动乱，东大寺几乎付之一炬。今日所见的东大寺大佛殿是1709年重建完成的，东大寺只有当初规模的三分之二，但它仍是世界上最大的木结构建筑。大佛殿内放置着日本最大的佛像——高16米（53英尺）的卢舍那佛。

奈良东大寺内的石塑灯笼

圣武天皇

8世纪圣武天皇（724—749年在位）统治时期，佛教在奈良盛行。圣武天皇皈依佛门，笃信佛法，下诏在每个省修建佛寺，利用国分寺这个庞大的系统巩固统治。但是圣武天皇最重要的成就即为743年，下诏修建东大寺和**卢舍那佛**像。大佛的铸造工程空前浩大，共用了七年时间，使用了日本当时大部分的青铜制品，国库几乎亏空。752年，大佛铸成，圣武天皇亲自为大佛开眼，以示他的虔诚。

东大寺的建筑

日本自古以来森林资源就很丰富，所以日本的很多古建筑都使用木材建造，尤其是寺庙，使用木材的主要原因是木材能够抵抗日本寒冷的冬季，但这也意味着这些建筑很容易遭受火灾的毁坏。**大佛殿**的建筑是传统的抬梁式构架，大殿呈矩形，把世俗世界和神圣的世界分隔开来，共有62个立柱支撑着宏大的、斜坡状的大殿。独特的屋顶（**重檐庑殿顶**）构造能够有效地对抗日本大大小小接连不断的地震。东大寺内还有南大门、二月堂、三月堂、正仓院等建筑。

佛教在日本

佛教发源于印度。6世纪，佛教从印度经中国和朝鲜传入日本。后圣德太子（573—621年）下诏传播佛教，贵族大臣竞造佛寺，从此佛教广传于日本。佛教在最初传到日本时，由于宗教信条的不同，与日本最古老的宗教——神道教的关系非常紧张。由于佛教僧侣具有先进的大陆知识，因此得到天皇的支持。1868年，明治政府宣布神道教成为国家宗教，此后佛教失去了官方的支持，直至第二次世界大战后，神道教成为民间宗教。今天，佛教的信条和道德观已经渗透到日本人的生活中，尤其是强调自制力和简朴的禅宗，它引发了茶道，对简朴的审美，强调极强的自制力，可以说，禅是日本的灵魂。典型的日本寺庙一般都建有一个正殿、简单质朴的内殿、保存佛祖遗骨的塔和一座陵墓。

二月堂修二会

二月堂修二会也叫取水节或松名节，东大寺自8世纪起，在每年的3月1日到14日举行。13日凌晨开始伴随着音乐进行取水，即从圣井中汲取供奉观音的“香水”的仪式，取水之后，很多人持着火把在内阵奔走舞动以净化水。修二会的法事就好像是宣告奈良春天来临的盛会。

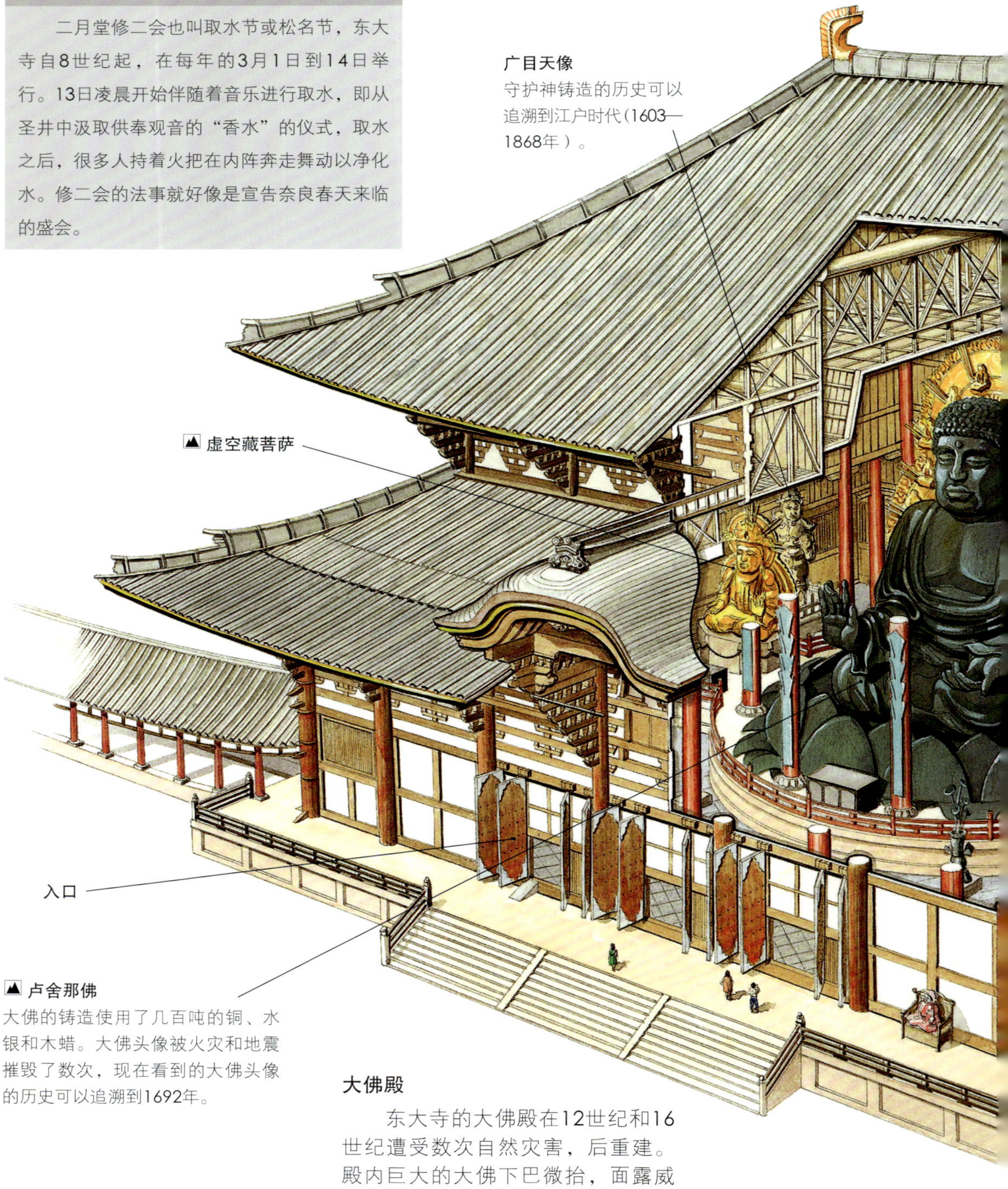

广目天像

守护神铸造的历史可以追溯到江户时代（1603—1868年）。

▲ 虚空藏菩萨

入口

▲ 卢舍那佛

大佛的铸造使用了几百吨的铜、水银和木蜡。大佛头像被火灾和地震摧毁了数次，现在看到的大佛头像的历史可以追溯到1692年。

大佛殿

东大寺的大佛殿在12世纪和16世纪遭受数次自然灾害，后重建。殿内巨大的大佛下巴微抬，面露威严。偶尔会看到工人爬上大佛的手掌进行清洗工作。

▲ 东大寺内19米（62英尺）的南大门

▲ **宗教圣地**

奈良东大寺位于日本当时的首都平城京以东，东大寺雕刻精美的屋顶几乎被周围的绿树淹没。

◀ **重檐庑殿顶**

大佛殿独特的梁架建于1688年到1709年，很可能是来自中国南方的工匠的杰作。

屋顶轮廓线 ▶

兴福寺，也是圣武天皇时期建造的建筑 ▶

▼ **虚空藏菩萨**

代表智慧和功德的虚空藏菩萨于1709年铸成。

▲ 卢舍那佛

屋顶装饰物

▲ 重檐庑殿顶

▲ **屋顶轮廓线**

屋顶装饰着18世纪的金角和雕刻精美的过梁。

大佛殿内部

木洞

卢舍那佛像后的木柱上有一个小洞，传说幸运者可以从中得到智慧。

多闻天像

这座天国的守护神像坐落在大殿的后方，和广目天像铸造于同一时期。

观世音菩萨

与大佛右侧的虚空藏菩萨相对，左侧的是代表光明的观世音菩萨像，铸造于1709年。

人行道

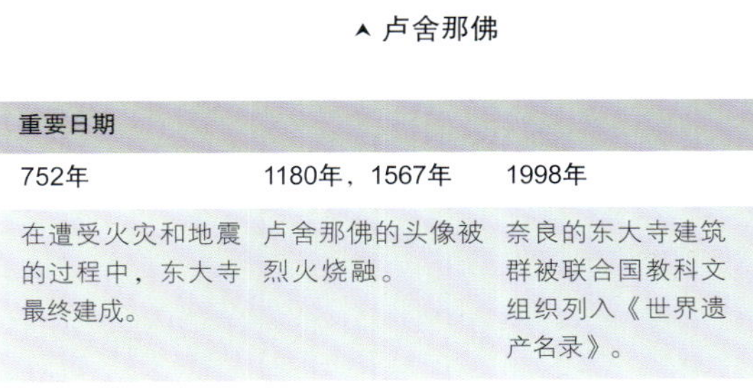

重要日期

752年	1180年、1567年	1998年
在遭受火灾和地震的过程中，东大寺最终建成。	卢舍那佛的头像被烈火烧融。	奈良的东大寺建筑群被联合国教科文组织列入《世界遗产名录》。

安放着日本最大的青铜佛像的奈良东大寺

中华人民共和国
阿姆利则金庙
巴基斯坦
德里
尼泊尔
孟加拉国
加尔各答
印度
孟买
孟加拉湾
阿拉伯海
金奈
印度洋
斯里兰卡

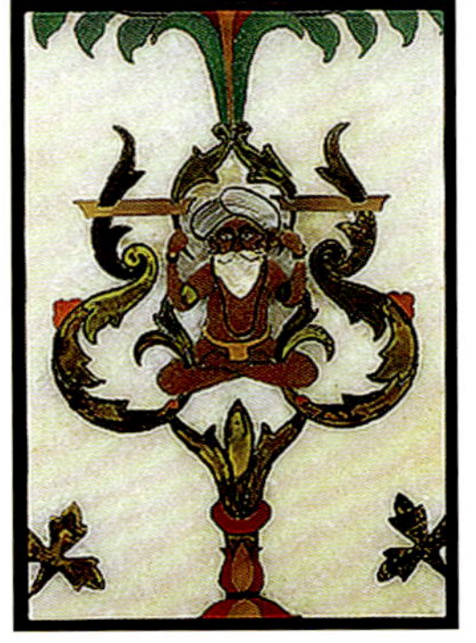

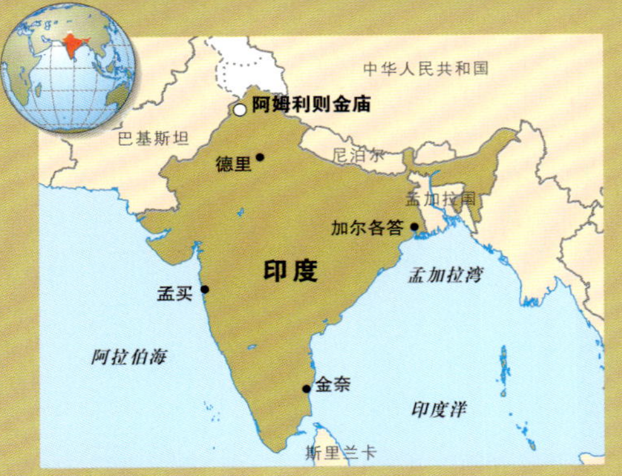

圣地

阿姆利则金庙是锡克教最神圣的地方，实际上它是一座城中城，共建有18座大门。从北侧通道可以进入金庙的正门，金庙内的锡克中央博物馆收藏着锡克教的绘画、手稿和武器。金庙内部呈方形，金色的圣殿立于一人工湖正中，这个湖也叫**“花蜜池”**，阿姆利则由此得名。有一座长50米的大理石桥跨湖连接**圣殿**，水岸都是大理石材料构成，围着人工湖整整一圈。绕拜圣地连接着**阿卡尔寺**。金庙内还建有食堂，每天24小时不断供应免费食物。

兰吉特·辛格国王

兰吉特·辛格（1790—1839年在位）是印度最杰出的封建统治者之一。1801年，他建立了旁遮普王国，随后他又取得了锡克教大宗师的称号，并率领锡克人组建了锡克联邦，开创了称雄印度的锡克王朝。兰吉特·辛格是一位军事奇才，他主持了锡克军队的现代化军事改革，使得锡克军队成为印度仅次于英印政府的最强大的军事力量，把英国军队和阿富汗侵略者阻挡出印度海湾。在他统治时期，旁遮普成为重要的贸易和工业中心。独眼的兰吉特·辛格是一位虔诚的锡克教教徒，也是一位开明的统治者，他经常说：“神希望我用一只眼睛观看世间的一切宗教的百态。”

锡克教

锡克教于15世纪末由古鲁那纳克创立，它是在印度教和伊斯兰教的交流中萌芽的，后来发展成为一个独立的宗教。锡克教主张一神论，认为世界上的任何现象都是神的表现。锡克教教徒非常尊重本教的首领和上师，尊称为“古鲁”，意为“上师”或“师尊”。从第一代上师那纳克（1469—1539年）起，到最后一位上师戈宾德·辛格（1666—1708年）为止，先后共有十位上师。戈宾德·辛格完成了锡克教军事化的任务，组成了一支强大的锡克军，并率领这支军队同莫卧儿军队展开了长期斗争。戈宾德·辛格要求教徒蓄长发、戴发梳、戴钢镯、穿短裤、佩短剑，分别象征神圣、清洁、决心、战斗和警觉。

印度 阿姆利则金庙

阿姆利则金庙是锡克教的圣地，建于1589年到1601年，这座被誉为“锡克教圣冠上的宝石”的建筑，风格典雅，造型优美，融合了印度教和伊斯兰教的风格。与那个时期宗教融合的传统相协调，金庙由伊斯兰教圣徒米安米尔奠基。1761年，金庙几乎被阿富汗侵略者毁坏殆尽，后艾哈迈德·沙阿布达力重建金宫。旁遮普的王公兰吉特·辛格统治时期，用黄金装饰金庙，因该庙门及大小19个圆形寺顶均贴满金箔，在阳光照耀下，分外璀璨夺目，一直以来被锡克人尊称为“上帝之殿”。

硬石图案

金庙建筑群

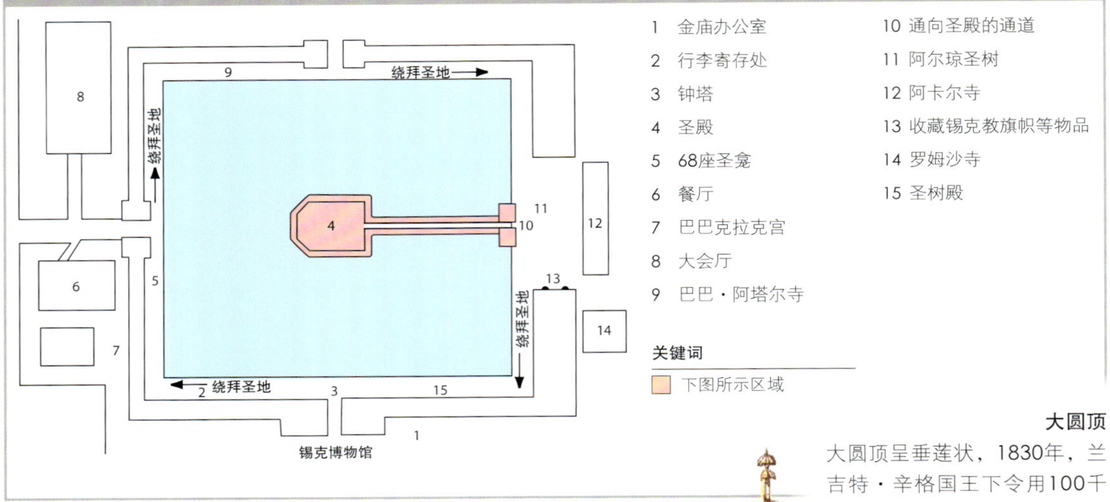
1 金庙办公室
2 行李寄存处
3 钟塔
4 圣殿
5 68座圣龛
6 餐厅
7 巴巴克拉克宫
8 大会厅
9 巴巴·阿塔尔寺
10 通向圣殿的通道
11 阿尔琼圣树
12 阿卡尔寺
13 收藏锡克教旗帜等物品
14 罗姆沙寺
15 圣树殿
关键词
下图所示区域
绕拜圣地
锡克博物馆

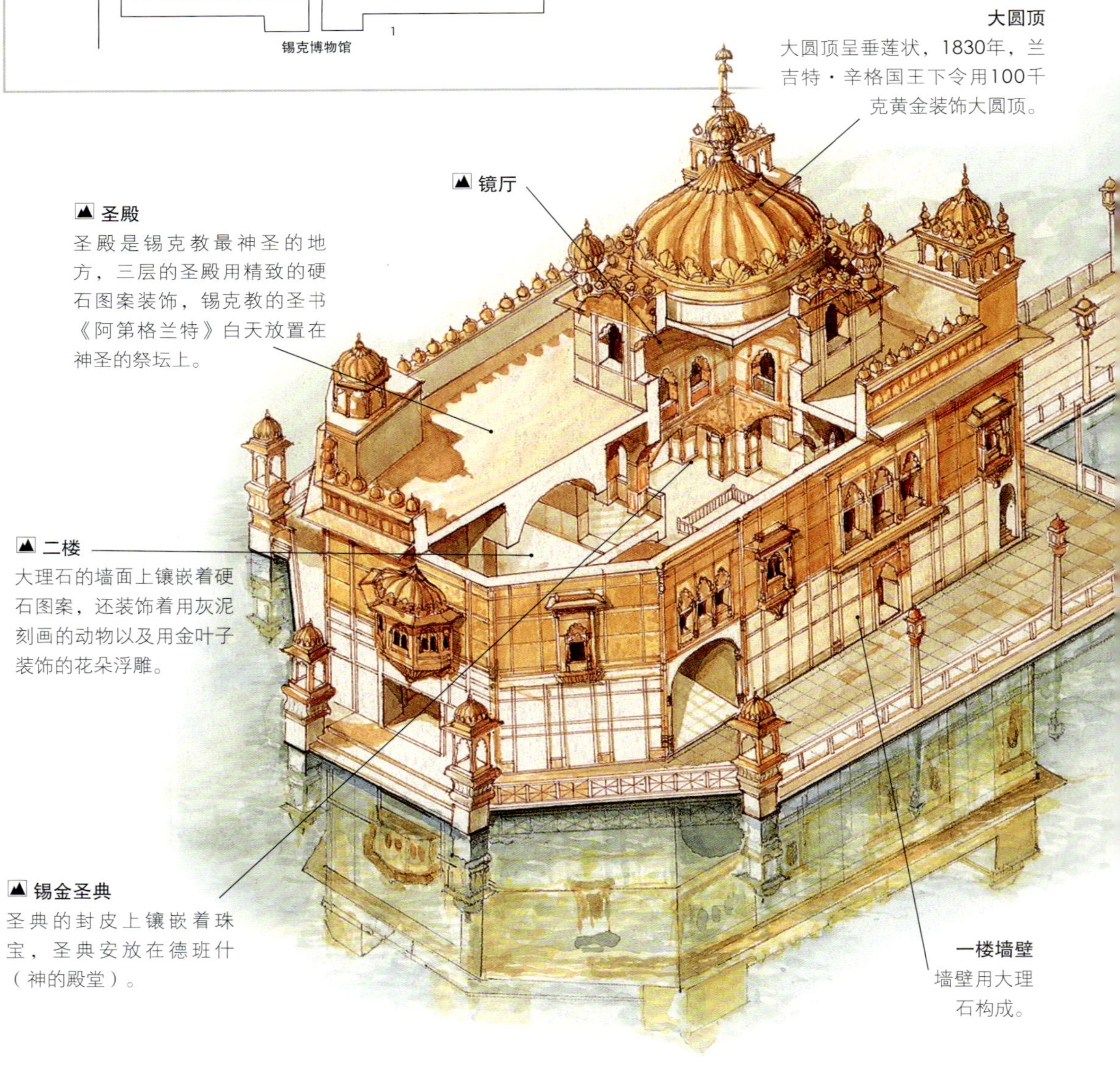
大圆顶
大圆顶呈垂莲状，1830年，兰吉特·辛格国王下令用100千克黄金装饰大圆顶。
镜厅
圣殿
圣殿是锡克教最神圣的地方，三层的圣殿用精致的硬石图案装饰，锡克教的圣书《阿第格兰特》白天放置在神圣的祭坛上。
二楼
大理石的墙面上镶嵌着硬石图案，还装饰着用灰泥刻画的动物以及用金叶子装饰的花朵浮雕。
锡金圣典
圣典的封皮上镶嵌着珠宝，圣典安放在德班什（神的殿堂）。
一楼墙壁
墙壁用大理石构成。

古鲁那纳克诞辰节

古鲁那纳克诞辰节在每年的10月末到11月初的月圆夜举行（日期不是固定的）。在金庙前的庆祝活动尤其盛大，节日时金庙前点亮千万盏灯。

圣殿 ➤

阿卡尔寺

通向圣殿的通道

在阿卡尔寺可以看到金庙的内殿，阿卡尔寺建有两座壮观的大银门，墙上刻着神圣的诗篇。

二楼 ➤

通向圣殿的通道 ➤

花蜜池

花蜜池由第四任古鲁拉姆·达斯在1577年主持修建，池水被锡克人奉为圣水。

堤道

大理石堤道长60米（200英尺），堤道两侧各有九盏镀金的灯，连接着金庙和花蜜池。

阿卡尔寺 ➤

阿卡尔寺是印度锡克教徒的教权中心，寺内珍藏了许多锡克英雄曾经使用过的武器，以表示对这些为锡克教做过贡献的教徒的尊重和纪念。锡克教的圣书《阿第格兰特》晚上放置在这里。

镜厅 ➤

镜厅位于三楼，大厅的天花板装饰非常独特，打扫镜宫的笤帚是用孔雀羽毛制成的。

锡金圣典

重要日期

1589—1601年	18世纪60年代	1776年	1830年	1984年	2003年
在锡克教第四代古鲁拉姆·达斯的主持下，金庙建成。	阿富汗的伊斯兰教教徒多次闯入金庙，并毁坏金庙。	锡克联邦重建金庙。	兰吉特·辛格国王用黄金装饰金庙的大圆顶。	金庙在蓝星行动期间被军队占领，并被毁坏。	旁遮普政府成立了一项大规模的工程，以美化金庙区域。

堤道 ▲

▲ 远观泰姬陵

泰姬陵四周被一道红砂石墙围绕。正中央是陵寝，在陵寝东西两侧各建有两座式样相同的建筑，这两座建筑对称均衡，左右呼应。西侧的建筑是泰姬陵清真寺。

泰姬陵

泰姬陵是世界上最著名的建筑之一，是莫卧儿王朝第五代皇帝沙贾汗为了纪念他已故的皇后阿姬曼·芭奴而建立的陵墓。泰姬陵是世界上完美艺术的典范，它展现了印度高超的建筑设计水平，体现了最佳的建筑艺术和风格，被喻为“一个梦，一首诗”。这座伊斯兰风格的建筑外形端庄宏伟，无懈可击，共花费4100万卢比、500千克黄金，动用了2万名工匠，历时12年，于1643年建成。泰姬陵是一座伟大的爱情纪念碑，它是一代君王爱情的见证，向世人讲述着他们的爱情故事。

大圆顶

主要入口

四座尖塔

每座尖塔高40米（131英尺），顶部建有一个八角亭，使泰姬陵整体的布局更加完善。

大圆顶

双层大圆顶高44米（144英尺），顶上建有小尖顶。

大理石屏风

金银透雕的大理石屏风是用整块大理石雕刻而成的，屏风环绕着沙贾汗和泰姬的两座大理石棺椁。

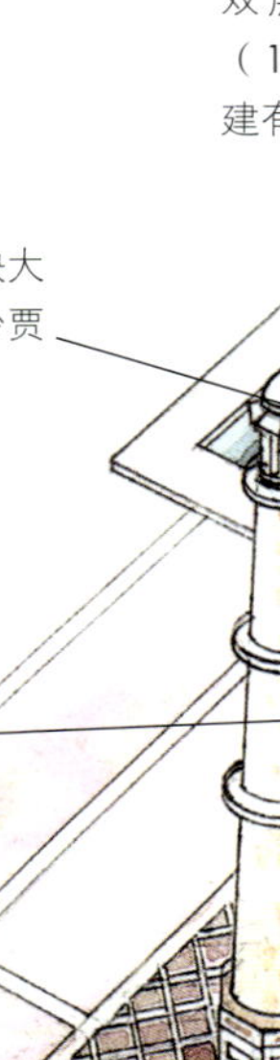

硬石图案

这里雕刻着用珠宝镶嵌的美丽的花朵，简单的白色大理石表面让它看起来犹如精致的珠宝箱。

墓室

沙贾汗和泰姬的两座大理石棺椁安放在大理石平台上。真正的陵墓安放在地宫中，不对公众开放。

亚穆纳河

书法嵌板

象征智慧之门的拱形大门上，刻着《古兰经》。

重要日期

1632年	1643年	1666年	1983年	2001年
在皇后阿姬曼·芭奴死后，泰姬陵开始施工。	在数万工匠和建筑师的努力下，泰姬陵建成。	沙贾汗逝世，并安葬在他的皇后身旁。	泰姬陵被联合国教科文组织列入《世界遗产名录》。	泰姬陵保护组织开始泰姬陵的修复工作。

▲ 墓室

▲ 莲花池

莲花池得名于莲花状的喷泉，泰姬陵倒映在水中，美轮美奂，几乎每一个到这里的游人都要在大理池旁拍照留念。

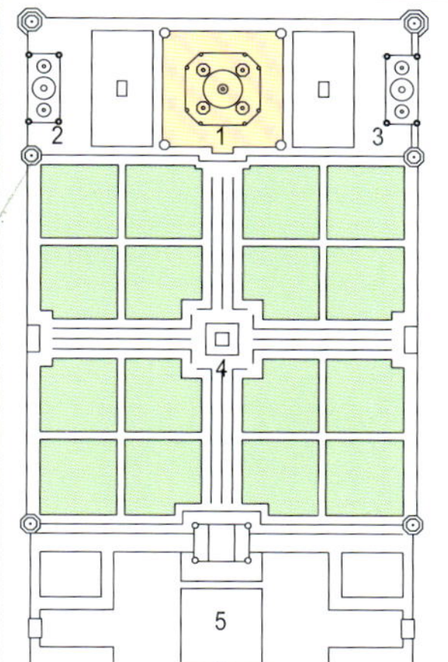

塞巴花园

四方形的塞巴花园从亚穆纳河饮水浇灌。

泰姬陵平面布局图

1 陵寝
2 清真寺
3 会客室
4 划分为4个区域的花园
5 出入口

关键词

左图所示区域

塞巴花园

入口 ▶

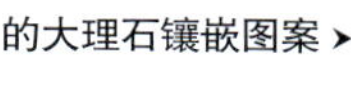

清真寺中央拱门上的大理石镶嵌图案 ▶

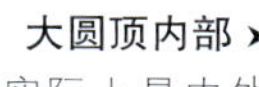

大圆顶内部 ▶

大圆顶实际上是内外两层构造，内层顶只有外层顶三分之一的厚度。

▲ 入口

照射在黑白大理石镶嵌大门上的光会反射到石棺上，随着晨曦、正午和晚霞三时阳光强弱的不同，照射在石棺上的光线和色彩就会变幻莫测，呈现出不同的奇景。

硬石图案 ▶

书法嵌板 ▶

阿姬曼·芭奴

阿姬曼·芭奴（后被封为泰姬·玛哈尔）是国王沙贾汗的爱妃，她跟随沙贾汗南征北战，同甘共苦。1631年，阿姬曼·芭奴在生产他们第14个孩子时因难产而死。他们共同走过了19年的婚姻生活。

莫卧儿式

莫卧儿风格的建筑，无论是使用红砂石还是白色大理石，都彰显了它们崇高的帝王地位。莫卧儿王朝的帝王都是伟大的艺术家、文学巨匠和杰出的建筑师，他们在印度这片神奇的土地上写下了传奇的历史。莫卧儿王朝统治时期，融合了伊斯兰教和印度教，形成了多元的文化。莫卧儿王朝在建筑领域最主要的成就就是建造了独特的花园式陵墓和台基宽阔的**塞巴花园**。莫卧儿时期的建筑风格主要吸收了伊斯兰建筑的风格，同时融合了印度传统建筑的因素，形成了一种既简洁明快又装饰富丽的莫卧儿风格。莫卧儿建筑熟练地运用了构图的对立统一规律，中央大穹顶和两侧小穹顶之间十分明确的主从关系保证了建筑的统一完整，莫卧儿建筑的另一个特点即是精美的镶嵌工艺和尖拱的运用，优雅的外形让庞大建筑带来的笨拙感无限缩小。

人间天堂

花园式建筑是莫卧儿王朝的标志性建筑，是由莫卧儿王朝的第一位君王巴布尔（1483—1530年）引进印度的。巴布尔大帝经常怀念他在中亚的家乡大宛的繁荣城市。基于伊斯兰几何图形和哲学的设计理念，塞巴花园被设计成一个被划分为四个区域的封闭式花园（“4”字在伊斯兰教中有神圣与平和的意思）、突出的通道和水道和凹落的花园。象征着生命之源的水是设计的中心元素，交叉的水道在国王的御亭处相交，象征着国王是人间的神。

泰姬陵的装饰

泰姬陵被誉为“完美建筑”，它全部用纯白色大理石建筑，用玻璃、玛瑙镶嵌，绚丽夺目，美丽无比，有极高的艺术价值，是伊斯兰教建筑中的代表作。泰姬陵展现了莫卧儿艺术的丰富多彩，可以从泰姬陵花园的设计、绘画、珠宝镶嵌和书法装饰上一览无余。泰姬陵的装饰包括墙上用珠宝镶嵌着的色彩艳丽的藤蔓花朵和拱形大门上刻的《古兰经》（**书法嵌板**）。泰姬陵毫无瑕疵，据说这种镶嵌技术是莫卧儿帝国的第四代皇帝沙贾汗季从国外引进的。

法地布尔·西格里古城

法地布尔·西格里古城意为“胜利之城”，是阿克巴大帝在1571年到1585年间精心设计建筑的，用以纪念回教苏菲派圣者沙利姆·奇斯蒂。法地布尔·西格里古城作为莫卧儿帝国的首都只有14年，后在1585年因为水源问题被遗弃，城中的很多珍宝被盗走。法地布尔·西格里古城是典型的莫卧儿风格的城墙都市建筑之一（莫卧儿风格，见第204页），融合了印度和伊斯兰教风格。法地布尔·西格里古城得以保存完好要归功于印度总督寇松，他是一位杰出的自然资源保护论者，他花费了很大的精力才使古城保存到我们今天看到的这么完美的面貌。

回纹装饰

达加清真寺和沙利姆·奇斯蒂

在法地布尔·西格里古城上空高高耸立的塔便是达加清真寺。清真寺建筑在很高的台阶上，进入大门是巨大的广场，可以通向南侧和东侧。54米（177英尺）高的布兰德门是阿克巴大帝在1573年为庆祝征服古吉拉特而建的凯旋门，又称“胜利之门”。清真寺中央是寺院的精神所在——沙利姆·奇斯蒂墓，他预言无子嗣的阿克巴大帝将在1568年获得子嗣，后果真应验。沙利姆·奇斯蒂墓吸引了很多人，尤其是没有孩子的妇女前来祈祷，希望先知显灵得到孩子。游人在墓前系绳许愿，信心满满地希望回到家后愿望会实现。

阿克巴大帝

阿克巴大帝被认为是莫卧儿帝国的真正奠基人和最伟大的皇帝。阿克巴大帝是一位开明的君主，也是一位杰出的统治者。阿克巴登基时只有14岁，他必须艰苦奋斗，扩充他羽翼未丰的国家。阿克巴人生的转折点就是与印度教的公主联姻，这个婚姻宗教同盟给了阿克巴很大的支持力量，帮助他征服印度，也是他的宗教宽容政策让阿克巴大帝名耀青史。阿克巴大帝对各种宗教都非常感兴趣，为此他在法地布尔·西格里城建造了宗教讨论庭，在这里，各大宗教人士会聚一堂，阿克巴大帝经常在这里与这些人士探讨宗教和人生的真理。

寇松侯爵

寇松侯爵是印度殖民地最耀眼的总督之一，寇松（1859—1925年）认为，英国对落后的印度的文明统治很有必要。为了巩固英国对印度的统治，他在教育领域采取了彻底的改革政策，强化了对学校的控制，但是人们更多地记住了他对印度文物的保护，他是一位文物保护者。寇松侯爵主持修复了很多印度教、伊斯兰教和莫卧儿建筑，其中包括锡根德拉的阿克巴大帝的陵墓大门、阿布山的耆那教寺庙和泰姬陵。1905年，由于与英国军事统帅基奇纳的政见的分歧，寇松侯爵返回英国。在他返回英国前，寇松侯爵已经在印度通过了保护历史性遗迹的法律，并建立一个组织以确保保护这些遗迹的安全。

法地布尔·西格里古城平面图

古城的皇家部分包括阿克巴皇宫的私人空间和公共场所，其中包括后宫和珍宝室。与皇家部分相邻的是达加清真寺、沙利姆·奇斯蒂墓和布兰德门，它们之间建有皇家大门将它们隔开。

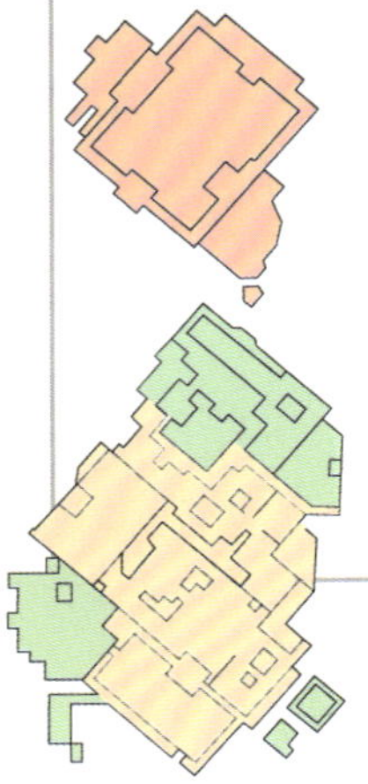

关键词
- 区域下列插图
- 其他建筑
- 圣地（沙利姆·奇斯蒂墓）

丹森

传奇的作曲家丹森是一位音乐天才，他是阿克巴大帝宫廷中的音乐师，也是宫廷“九颗珍珠”中的一颗。他创作了印度教的一种新的称为拉格的曲调。

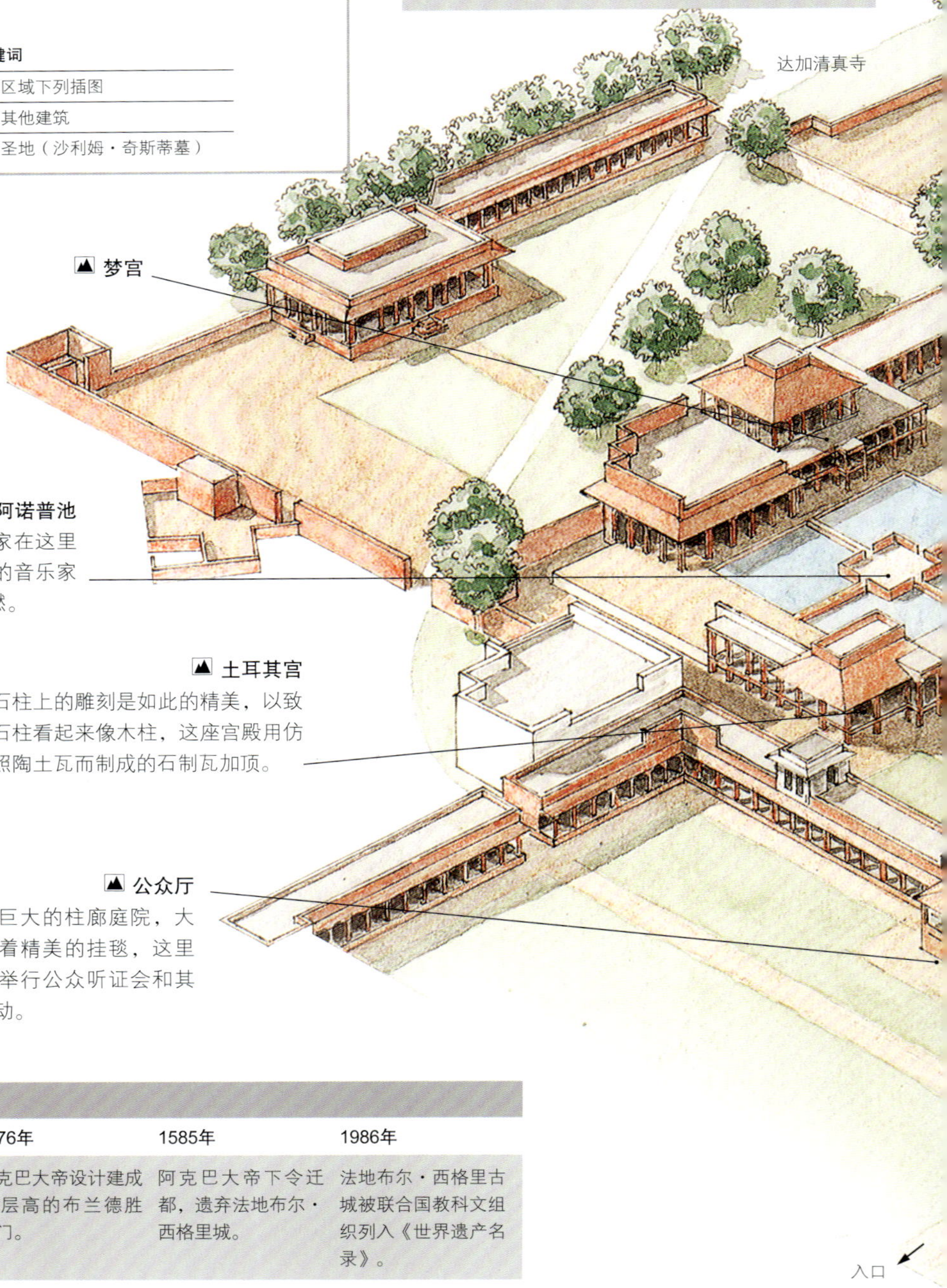

达加清真寺

梦宫

阿诺普池
阿克巴时期的著名音乐家在这里表演。根据传说，传奇的音乐家丹森的歌声能把油灯点燃。

土耳其宫
石柱上的雕刻是如此的精美，以致石柱看起来像木柱，这座宫殿用仿照陶土瓦而制成的石制瓦加顶。

公众厅
大厅建有巨大的柱廊庭院，大厅曾装饰着精美的挂毯，这里主要用来举行公众听证会和其他庆祝活动。

入口

重要日期

1571年	1576年	1585年	1986年
阿克巴大帝开始在法地布尔·西格里建筑新都城。	阿克巴大帝设计建成15层高的布兰德胜利门。	阿克巴大帝下令迁都，遗弃法地布尔·西格里城。	法地布尔·西格里古城被联合国教科文组织列入《世界遗产名录》。

▲ 迪旺·艾·凯汉斯宫中的立柱

凯汉斯宫是阿克巴王宫的中心，宫中雕刻着的精美的立柱支撑着大厅，立柱的雕刻风格受古吉拉特建筑风格的影响。

▲ 潘奇·马哈勒

这座砂石岩的五层开放式亭子是为皇后和妃嫔所建，因此都应有密洛状的透风的石头屏风，据说屏风可能是在古城遗弃后被盗走了。

珠宝殿 ▶

珠宝殿的立柱上雕刻着神话中的守护神兽。

◀ 迪旺·艾·凯汉斯宫

凯汉斯宫主要用来接见贵族和国外使节，这是一座糅合多种建筑风格的建筑，宫中装饰着很多宗教的浮雕。

公众厅 ▶

土耳其宫 ▶

梦宫 ▲

这里是阿克巴大帝的卧室，卧室旁有一个独特的通风口，这座宫殿因装饰豪华所以被称作梦宫。

沙利姆·奇斯蒂陵墓，用奢华的大理石砌成 ▶

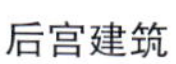

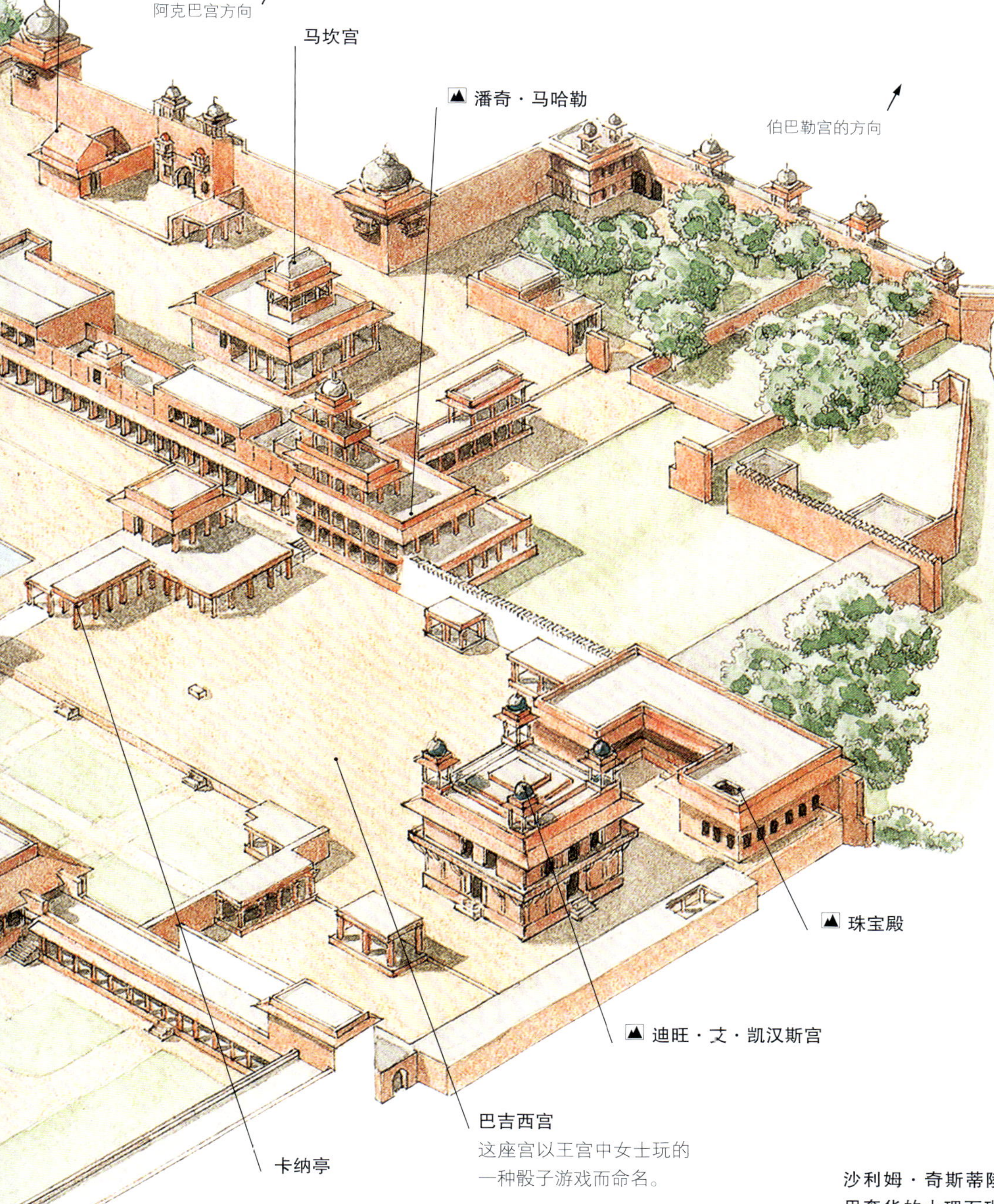

桑奇大塔

桑奇大塔建造于古代印度的孔雀王朝时期,原是为珍藏佛祖舍利而修建的土墩，后来又有扩建。它是印度早期佛教建筑的代表，也是现存历史最悠久、规模最大的窣堵坡。塔中心是半圆形的覆钵，代表着僧侣化缘用的钵，也象征着保护佛教追随者的大伞。桑奇大塔中最为耀眼的是四座建于公元前1世纪的砂石塔门牌坊，牌坊上飞浮雕嵌板的内容多为佛传故事和本生故事，展示了他们高超的木雕和象牙雕刻工艺。

桑奇大佛

▲ 桑奇大塔的西门
桑奇大塔原是公元前3世纪阿育王为埋藏佛骨而修建的土塔。后在顶上增修了一个方形平台和3层伞盖，象征着极乐世界。

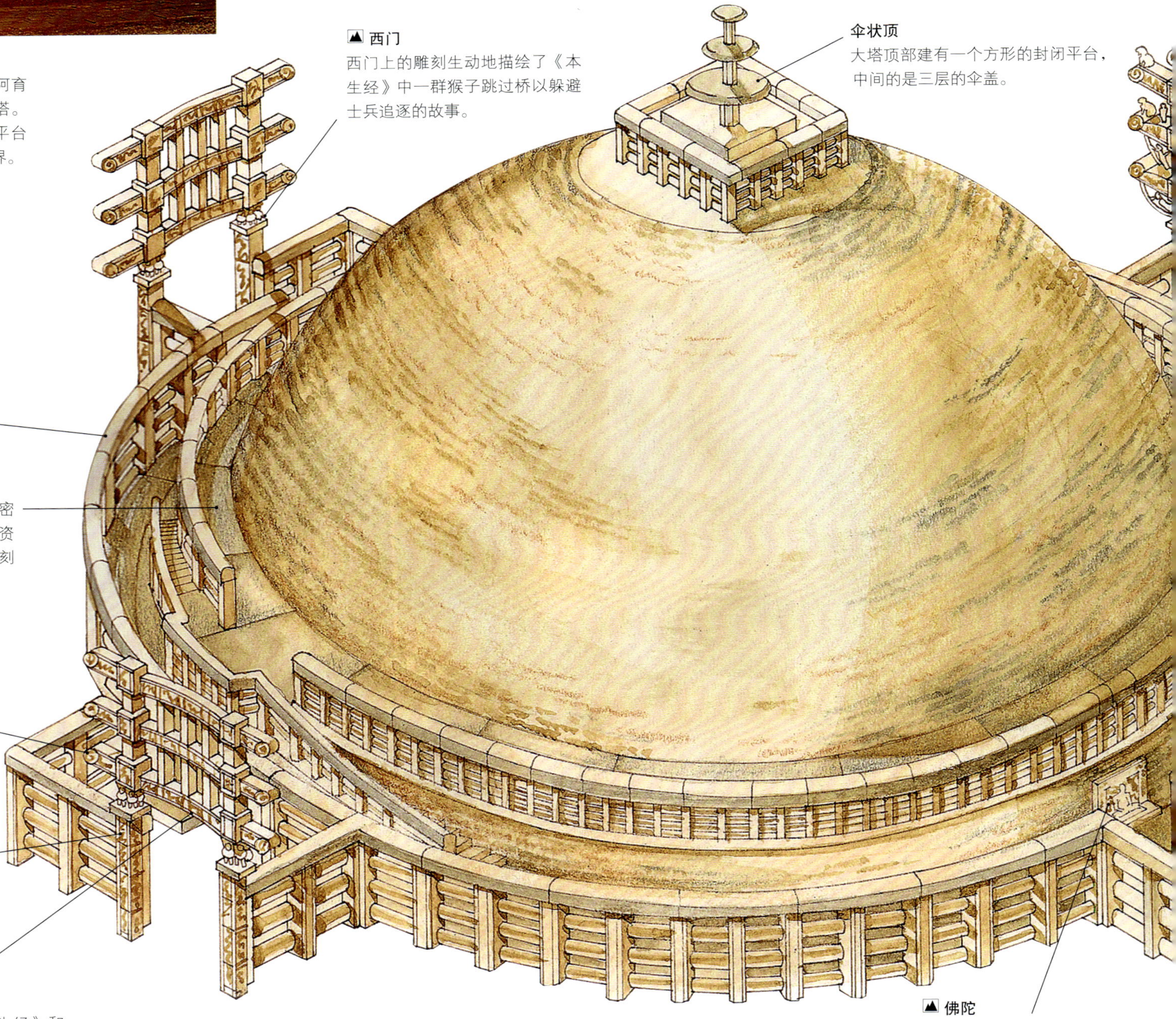

西门
西门上的雕刻生动地描绘了《本生经》中一群猴子跳过桥以躲避士兵追逐的故事。

伞状顶
大塔顶部建有一个方形的封闭平台，中间的是三层的伞盖。

大塔围栏
大塔上的围栏是典型的依据木雕设计的石雕，新德里国会大厦的围栏设计就是从这里得到的灵感。

环行道
环行道的围栏上雕刻着繁密的植物花纹和动物雕刻，资助修建大塔的人的名字也刻在这里。

框缘

南门

四座塔门
大门上的浮雕描绘了《本生经》和佛陀的故事。佛陀并不是本人的形象，而是用菩提树、法轮、台座、足迹等象征符号代表佛陀。

佛陀
四座塔门都建有佛陀冥想的雕像，兴建于5世纪。

重要日期

公元前2世纪	14世纪	1818年	1912—1919年	1989年
阿育王下令在桑奇建造大塔。	随着佛教在印度的衰落，桑奇大塔也被荒废。	孟加拉的泰勒将军重新发现桑奇大塔。	印度考古院院长指挥挖掘桑奇大塔并修复大塔。	桑奇大塔被联合国教科文组织列入《世界遗产名录》。

▲ 大塔西门上的浮雕

▲ 大塔东门上的浮雕

北门

北门上的浮雕主要描绘牧羊女苏耶妲为苦修的佛陀提供乳糜以补充体力，而恶魔玛拉却派美女引诱佛陀的故事。

树神药叉女 ▸

大塔南门上的雕刻 ▸

南门上雕刻着法轮，象征着佛法无边，具有摧邪显正的作用。

《本生经》

《本生经》认为释迦牟尼在成佛之前，经过了无数次的轮回转生。每一次转生，便有一个行善立德的故事，这些故事被称为“本生故事”，具有很高的宗教、道德、社会和文化价值。

▾ 大塔北门上的雕刻

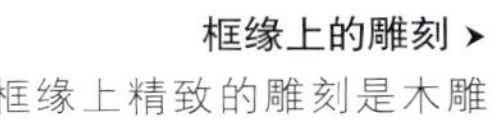

框缘上的雕刻 ▸

框缘上精致的雕刻是木雕工匠和象牙雕刻师的杰作。

东门

东门上的浮雕描绘了佛陀在迦毗罗卫国皇宫中的王子生活。

树神药叉女

东门的最低处的框缘雕刻着树神药叉女，双臂攀着芒果树枝，姿势优雅，被公认为桑奇乃至整个印度雕刻中最美的女性雕像之一。

环行道 ▸

佛教起源和佛教哲理

佛陀乔达摩·悉达多生于公元前566年，原为迦毗罗卫国的王子。悉达多王子在他30岁的时候决定放弃当时优越的生活条件，毅然离开皇宫，开始寻找人类生存和磨难的意义。他与隐士共同生活了六年，曾一连几年坚持行素和禁欲，企图做一名苦行僧，但最终发现这些并不是人生的真谛。在菩提树下冥想了49天后，光明最终降临，他发现一切苦难的根源是欲望。从自私欲望解脱出来的方法即是“八重经”：正观、正思、正语、正行、正坐、正求、正心和正省。佛教教导人们的本质是拒绝暴力，热爱和平。

佛教式建筑

桑奇大塔是印度早期的佛教建筑，佛陀和其他大师的舍利的圣骨箱曾安葬在这里。桑奇大塔的主体部分是一座半球体实心建筑，大塔本身并没有过多的装饰，庄严简朴的设计更能激发教徒的虔诚和膜拜。佛教在亚洲东南部有这样的传统，舍利塔的每一层高度都代表着修炼的一个境界。爪哇岛的婆罗浮屠以它独特的设计和含义深远的佛教意义成为佛教建筑的佼佼者。

阿育王

阿育王（公元前269年左右—公元前232年）是印度历史上最伟大的一位君王，是孔雀王朝第三任国王。他的祖父旃陀罗笈多创立了孔雀王朝，他的父亲宾头沙罗巩固了这个国家，站在祖父两代的肩膀上，阿育王有着有利的创造更大历史业绩的条件。公元前260年，阿育王在征服羯陵伽国时亲眼目睹了大量屠杀的场面，深感悔悟，于是停止武力扩张并皈依佛教，并宣布佛教为国教，将他的诏令和“正法”的精神刻在崖壁和石柱上，成为著名的阿育王摩崖法敕和阿育王石柱法敕。阿育王向佛教僧团捐赠了大量的财产和土地，还在全国各地兴建佛教建筑，其中包括桑奇原来的砖塔。阿育王要求他的官员必须公正并且富有同情心，对动物的生命也要尊重。阿育王强调宽容和非暴力主义，他的这种宗教宽容政策，也成为了以后印度君主的传统。

玉佛寺

1434年，清莱的玉佛寺被雷击到后裂开，在翠绿的翡翠上显出玉佛的形象。清迈的国王听说后派出一群大象去运送佛像，但是后来的路上大象拒绝走向清迈的方向，而要走向南邦的方向。佛像在经过一系列的辗转后，1552年被带到老挝，直到1778年拉玛一世把玉佛请回泰国郑王庙，1785年，玉佛被迎往大王宫中的玉佛寺。小巧玲珑的玉佛只有66厘米高，这也使它显得弥足珍贵。

《拉玛坚》

《拉玛坚》是由印度史诗罗摩衍那派生出来的泰国史诗，讲述了正义最终战胜邪恶的故事。主要内容是拉玛王子被国王放逐了14年，在他的爱妻悉达和忠心的弟弟拉克什曼的陪伴下，在丛林和印度各地游荡。邪恶魔王托萨堪将悉达劫走囚禁在兰卡岛上，逼迫她和拉玛离婚后嫁给他。拉玛和兄弟拉克什曼一起动身寻找，历尽艰辛，途中得到白猴神哈努曼的帮助，最终战胜恶魔托萨堪，救出悉达。这篇史诗巨作可能创作于15世纪，泰国占领吴哥窟后，因为《拉玛坚》中引用的皇帝都是却克里王朝的皇帝。《拉玛坚》也为泰国的绘画、舞剧和木偶戏提供了素材，成为泰国文化的重要组成部分。

探索玉佛寺

拉玛一世建立新首都后，萌生了修建一座可以超越素可泰（泰国的第一个首都）和大城府的寺庙。拉玛一世的想法很快得到执行，不久，美轮美奂的玉佛寺建成。玉佛坐落在**玉佛殿**黄金圣坛上的玻璃罩中，与它相对的**上层平台**上，其中最引人注目的是由拉玛四世在1855年为保存佛陀舍利而建造的锡兰式**金色舍利塔**。与它相邻的是纯泰式**藏经阁**，这里是泰国最精美的图书馆，藏经阁外侧的四面墙装饰着爪哇佛陀像。北侧的是仿照**柬埔寨吴哥窟微缩模型**建筑，可让人大致领略到久负盛名的高棉建筑物的风格。**北侧平台**上是**皇家陵墓**，里面安放着王室成员的骨灰瓮。**尖顶僧院**的外墙贴有很多瓷片，这里安放着从大城府抢救出来的佛像。

泰国 曼谷大王宫和玉佛寺

光彩夺目的大王宫和玉佛寺作为新首都建立的标志同建于18世纪晚期。玉佛寺位于大王宫内，于1785年迎玉佛到寺中供奉；大王宫是国王的皇宫，王宫四周筑有1900米的白色宫墙，是一座自给自足的城中城。大皇宫是泰国诸多王宫之一，是历代王宫保存最完美、规模最大、最有民族特色的王宫，现仅用于举行加冕典礼、宫廷庆祝等仪式。泰国皇室现在居住在律实。玉佛寺仍是泰国最神圣的寺庙，也是杰出的佛教式建筑（佛教式，见第209页）。

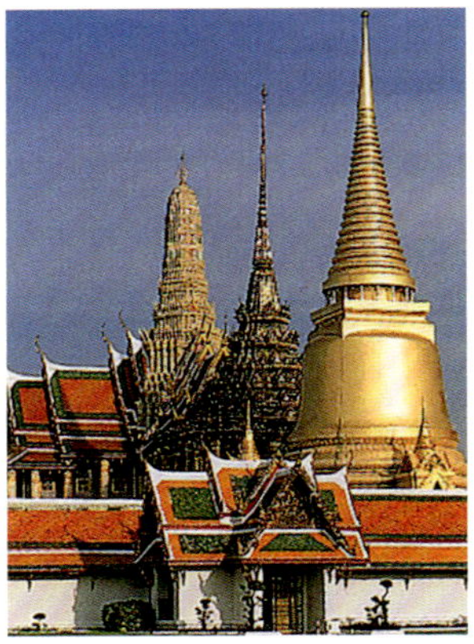

寺庙的轮廓

从皇家田广场上可以看到火焰状的玉佛寺。

大王宫和玉佛寺平面图

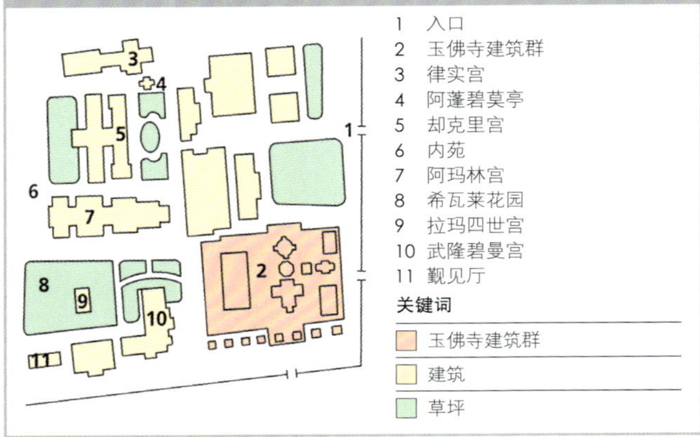

1 入口
2 玉佛寺建筑群
3 律实宫
4 阿蓬碧莫亭
5 却克里宫
6 内苑
7 阿玛林宫
8 希瓦莱花园
9 拉玛四世宫
10 武隆碧曼宫
11 觐见厅

关键词

- 玉佛寺建筑群
- 建筑
- 草坪

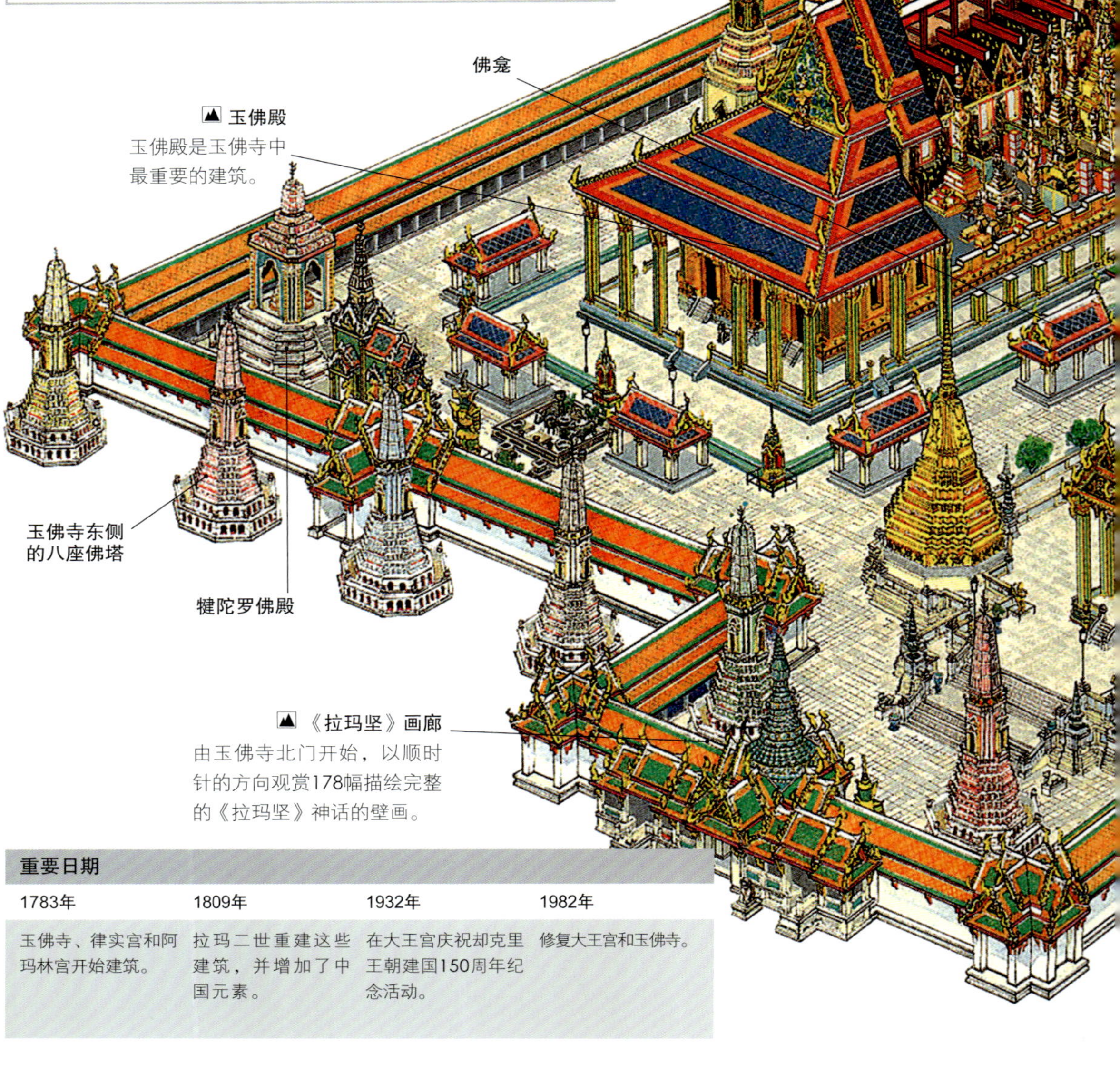

玉佛

玉佛供奉在玉佛殿中，是从一整块翡翠中雕琢出来的。

佛龛

玉佛殿

玉佛殿是玉佛寺中最重要的建筑。

玉佛寺东侧的八座佛塔

犍陀罗佛殿

《拉玛坚》画廊

由玉佛寺北门开始，以顺时针的方向观赏178幅描绘完整的《拉玛坚》神话的壁画。

重要日期

1783年	1809年	1932年	1982年
玉佛寺、律实宫和阿玛林宫开始建筑。	拉玛二世重建这些建筑，并增加了中国元素。	在大王宫庆祝却克里王朝建国150周年纪念活动。	修复大王宫和玉佛寺。

拉玛坚画廊

玉佛殿前的祭品

镀金装饰像

玉佛殿外墙上装饰着112个神话中的半人半鸟像，他们双手抓着蛇，玉佛寺有很多像这种的金碧辉煌的装饰。

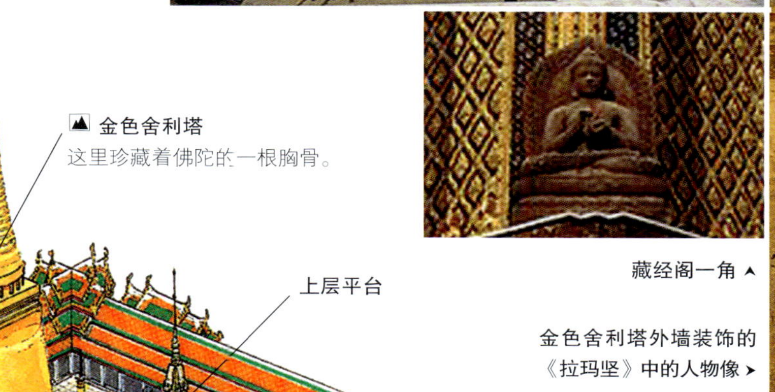

藏经阁一角

金色舍利塔外墙装饰的《拉玛坚》中的人物像

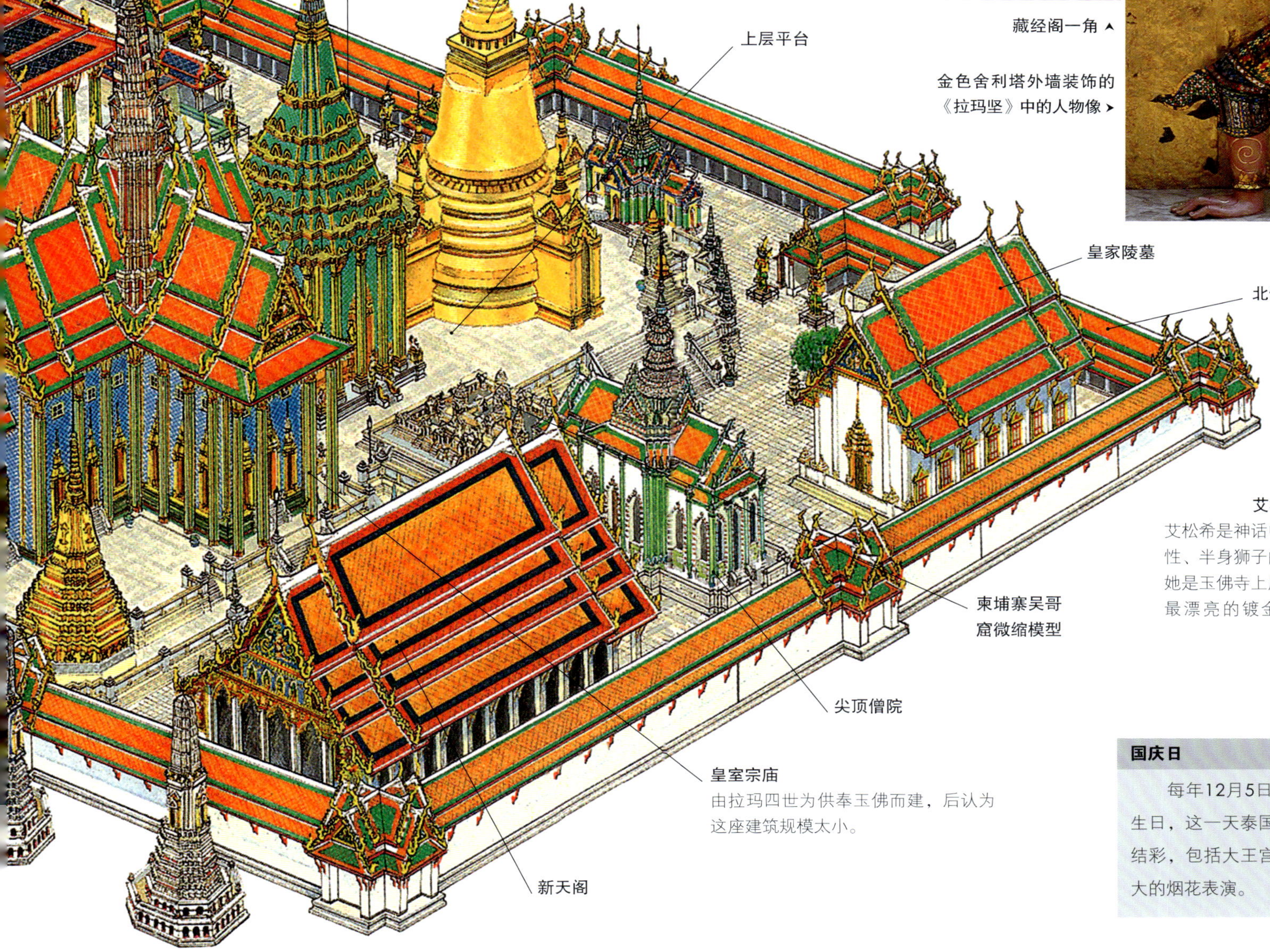

藏经阁

金色舍利塔

这里珍藏着佛陀的一根胸骨。

上层平台

皇家陵墓

北侧平台

柬埔寨吴哥窟微缩模型

尖顶僧院

皇室宗庙

由拉玛四世为供奉玉佛而建，后认为这座建筑规模太小。

新天阁

艾松希像

艾松希是神话中半身女性、半身狮子的形象，她是玉佛寺上层平台上最漂亮的镀金神像。

国庆日

每年12月5日，泰国要庆祝国王的生日，这一天泰国的所有建筑都会张灯结彩，包括大王宫和玉佛寺。晚上有盛大的烟花表演。

却里克王朝

1782年，开国君主昭丕耶却克里（拉玛一世）在曼谷建立却里克王朝。拉玛一世在位期间，加强中央集权，扩大国家版图。拉玛一世、二世、三世统治时期都是相对比较稳定的时期。拉玛二世是一位博览群书的国王，拉玛三世则是一位坚定的传统主义者。拉玛四世（蒙固王）主张效仿欧洲，在政治、经济和军事方面实行改革，增加了泰国在对外贸易中的影响，开启泰国的近代化进程。他的儿子拉玛五世，朱拉隆功大帝（1868—1910年在位）可能是却里克王朝最伟大的国王，他大刀阔斧地对国家进行改革，废除奴隶制，泰国开始向现代资本主义社会发展。拉玛五世备受人民的尊敬，甚至在今天，为纪念他，10月23日被定为五世皇纪念日。

高棉建筑

泰国的石制塔庙建筑群几乎都是高棉人的杰作。高棉人在9世纪到13世纪统治东南亚地区。佛教在高棉古老文化的发展中起过巨大作用，佛寺、佛塔至今仍是高棉人建筑的主要部分。塔庙建筑象征王权的至高无上和整个宇宙，大部分塔庙在那伽（象征安全和繁荣昌盛的七头蛇水神）旁都建有楼梯或是桥，可以通往中央建筑。**主塔**上雕刻着大量的浮雕，金字塔形主塔代表印度教和佛教所描述的宇宙中心：须弥山，而宝塔的最高一层，象征圣山的山顶，代表印度教和佛教神话中众神的居所。入口的过梁和山形墙上都雕刻着印度教和佛教的神灵。

黎明神、雷神和风神

早在雅利安人吠陀时代（公元前1500年），古代印度人就开始崇拜神，把可以看到的各种具体的事物当作神来崇拜，如地上的山河草木、空中的风雨雷电、天上的日月星辰等等，都被作为神来崇拜。他们认为，黎明神是太阳神苏利耶的驾车者，红皮肤的黎明神站在战车上，用他的身体挡住太阳神的暴怒以免其伤害世界。雷神带着雷电驾驶着金色的马车，他控制着雨和天气的变化。雷神经常被描写成坐在白色大象上的形象，白色大象象征着雨云。风神是众神的送信者，他统治着天庭的西北部，被描绘成白色皮肤、坐在羚羊上的形象。

曼谷郑王庙

郑王庙又名黎明寺，是纪念泰国第41代君王、华裔民族英雄郑昭的寺庙。郑王庙是曼谷最著名的建筑之一。郑王，即泰国历史上著名的塔克辛国王，根据记载，1767年郑昭从沦陷的大城府突围，在这里上岸。此庙在大城王朝时是一座古寺，后郑王登上王位，下令把它重建并扩建成皇家寺庙，这里曾供奉着泰国最神圣的佛：玉佛。现在看到的郑王庙主要建于拉玛一世执政时期，主塔坐落在寺中心，塔高79米（260英尺），塔的基座全长234米（768英尺）。19世纪晚期，拉玛四世下令在塔上装饰许多多彩的中国瓷器与贝壳，形成花物图案。郑王庙的风格主要受高棉建筑的影响。

主塔上的陶制花朵

从河上观看郑王庙
从湄南河上观赏郑王庙，这处景观被刻画在10泰铢硬币上，也是泰国旅游局的标志。

庙中陶瓷制品

寺庙四角的小塔

佛殿
在泰国佛寺中，佛殿是重要的组成部分。拉玛二世的骨灰也保存在这里。

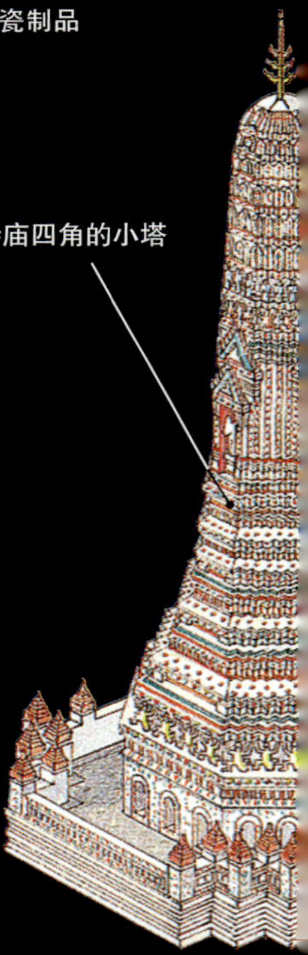

主塔上的台阶
陡峭的台阶代表攀登圣山的艰苦。

五彩斑斓的层层瓷制品
主塔外壁上布满了成排的用瓷片制作成的恶魔像。

四座小塔上的装饰

中国的守护神
八处阶梯可以通往第一层台，每一处台阶旁都安放着国的守护神，这些守护神是国商船的压舱物。

供奉佛陀的金箔

皇家游艇游行

每隔五年或是十年，泰国的国王要带着长袍和礼物送给郑王庙的僧侣，并在湄南河上举行豪华的皇家游艇游行。

重要日期

18世纪	19世纪早期	1971年
为了供奉玉佛，塔克辛国王重建郑王庙。	拉玛二世修复郑王庙，并增加了主塔的高度。	在被雷击后，郑王庙得到修复。

郑王庙的主塔

金字塔形主塔代表印度教和佛教所描述的宇宙中心：须弥山。主塔上的层层装饰象征着大世界中的小世界，主塔四角的四座小塔是曼荼罗形状的一种象征。

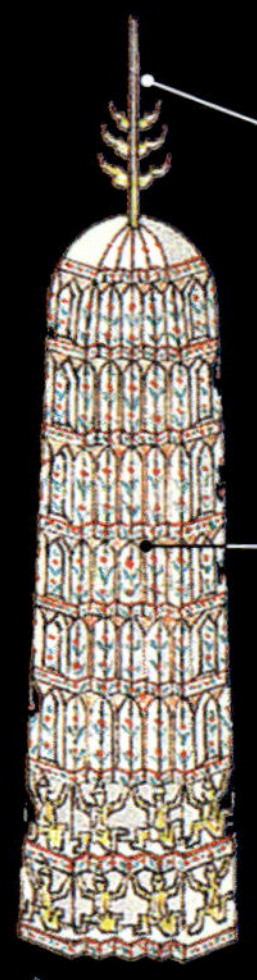

雷神的武器，位于主塔的塔尖

每层主塔象征的意义

极乐世界
象征着须弥山的山顶，代表印度教和佛教神话中众神的居所。

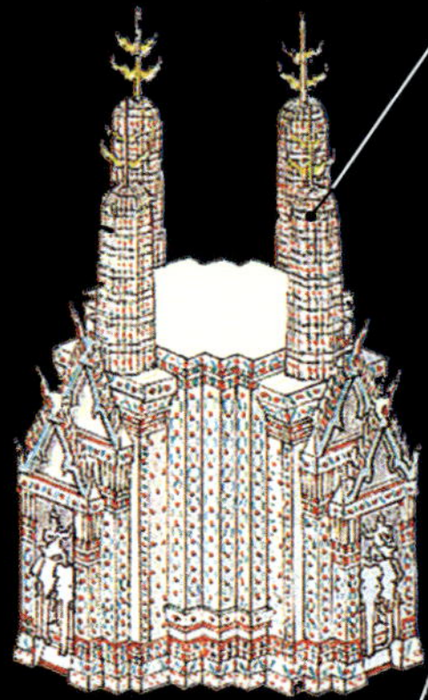

忉利天
这是主塔的中心部位，四周还有四座方位殿象征着佛陀降世、得智、初次布道以及涅槃进入极乐世界的时刻。

三界
这层基座象征着佛教宇宙中的三界（欲界、色界、无色界）。

壁龛 ➤
主塔的第二层建有很多壁龛，里面安放的是紧那罗，她是神话中半鸟半女性的形象，象征美丽、优雅、才艺。

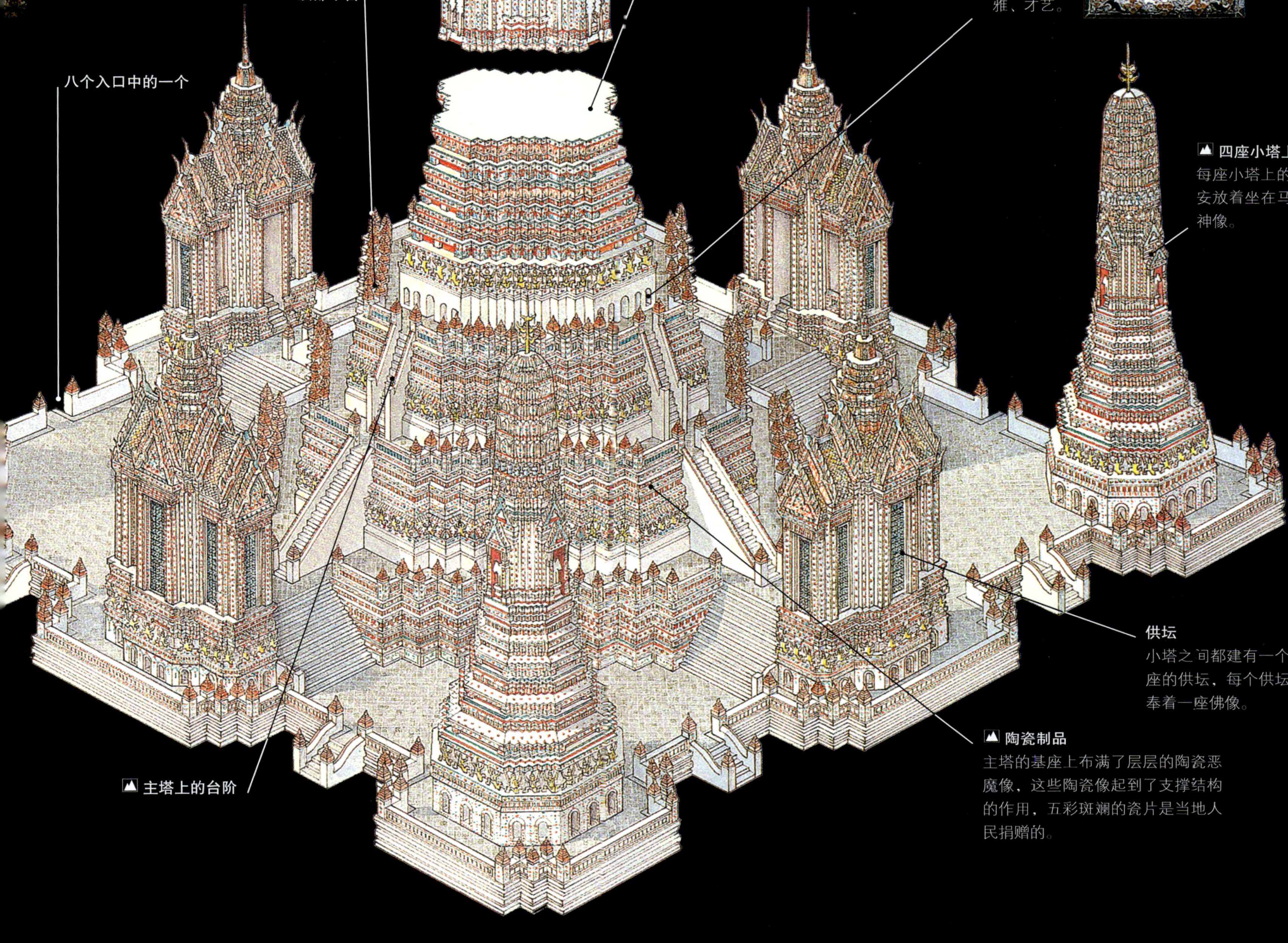

顶部平台

八个入口中的一个

四座小塔上的装饰
每座小塔上的壁龛中都安放着坐在马背上的风神像。

供坛
小塔之间都建有一个方形基座的供坛，每个供坛上都供奉着一座佛像。

陶瓷制品
主塔的基座上布满了层层的陶瓷恶魔像，这些陶瓷像起到了支撑结构的作用，五彩斑斓的瓷片是当地人民捐赠的。

主塔上的台阶

雄伟壮丽的吴哥窟

柬埔寨 吴哥窟

▲ **冥思的和尚**
吴哥窟曾经是印度教的圣地，后被佛教使用。今天，一些佛教僧侣住在吴哥窟内的一座佛塔中。

吴哥窟以建筑宏伟与浮雕细致而闻名于世，它也是世界上最大的庙宇。802年，国王贾亚瓦曼二世统一了高棉王国，定都吴哥。历代国王大兴土木，建造宫殿与寺庙，吴哥逐渐成为整个高棉人的宗教以及政治中心。1431年，泰国人入侵高棉，高棉人被迫离开吴哥，从此吴哥窟被湮没在丛林之中，被世人遗忘。吴哥窟是高棉古典建筑艺术的高峰，整座建筑象征着印度教的宇宙。其中五座金字塔状的莲花圣塔象征着印度教众神的家——须弥山，外墙象征着世界的边缘，护城河象征着环绕须弥山的咸海。12世纪中叶，国王苏利耶跋摩二世（1113—1150年在位）为供奉毗湿奴，下令建造吴哥窟。一些学者认为吴哥窟可能是陵墓，因为它坐东朝西，日暮则象征着死亡。

中央宝塔

▼ **西画廊中描绘库茹柴陀战役的浮雕**

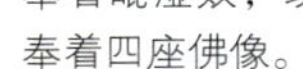

中央宝塔
宝塔位于吴哥窟的中央，高65米（213英尺）。中央宝塔共建有四个门，每个门与周围的四座小塔相对。宝塔内曾经供奉着毗湿奴，现在这里供奉着四座佛像。

◀ **浮雕走廊**
外部的走廊由60根立柱组成，走廊的墙壁上雕刻着描绘神话故事和历史事件的浮雕。

◀ **堤道**
在西门处的堤道上可以看到吴哥窟雄伟壮观的正面建筑。堤道两侧的栏杆是七头蛇那伽水神的形状，从这里可以通往吴哥窟。

遥望吴哥窟 ▶
优雅、宏伟的吴哥窟倒映在环绕着它的护城河中，形成一幅动人心弦的美景。

重要日期

1113—1150年	1432年	1860年	1898年	1992年	1993年
高棉王朝统治时期建造吴哥窟。	泰国入侵高棉，吴哥窟被遗弃。	法国生物学家亨利·穆奥为寻找热带动物，发现了吴哥窟。	法国远东学院开始清理修复吴哥窟。	吴哥窟被联合国教科文组织列入《世界遗产名录》。	国际文物保护组织开始保护吴哥窟的工程。

春分

高棉建筑师根据太阳和月亮的运行轨迹来确定吴哥窟建筑的方位。春分时，观测者站在西门前面，将会看到太阳直接在吴哥窟中央塔上面徐徐升起。

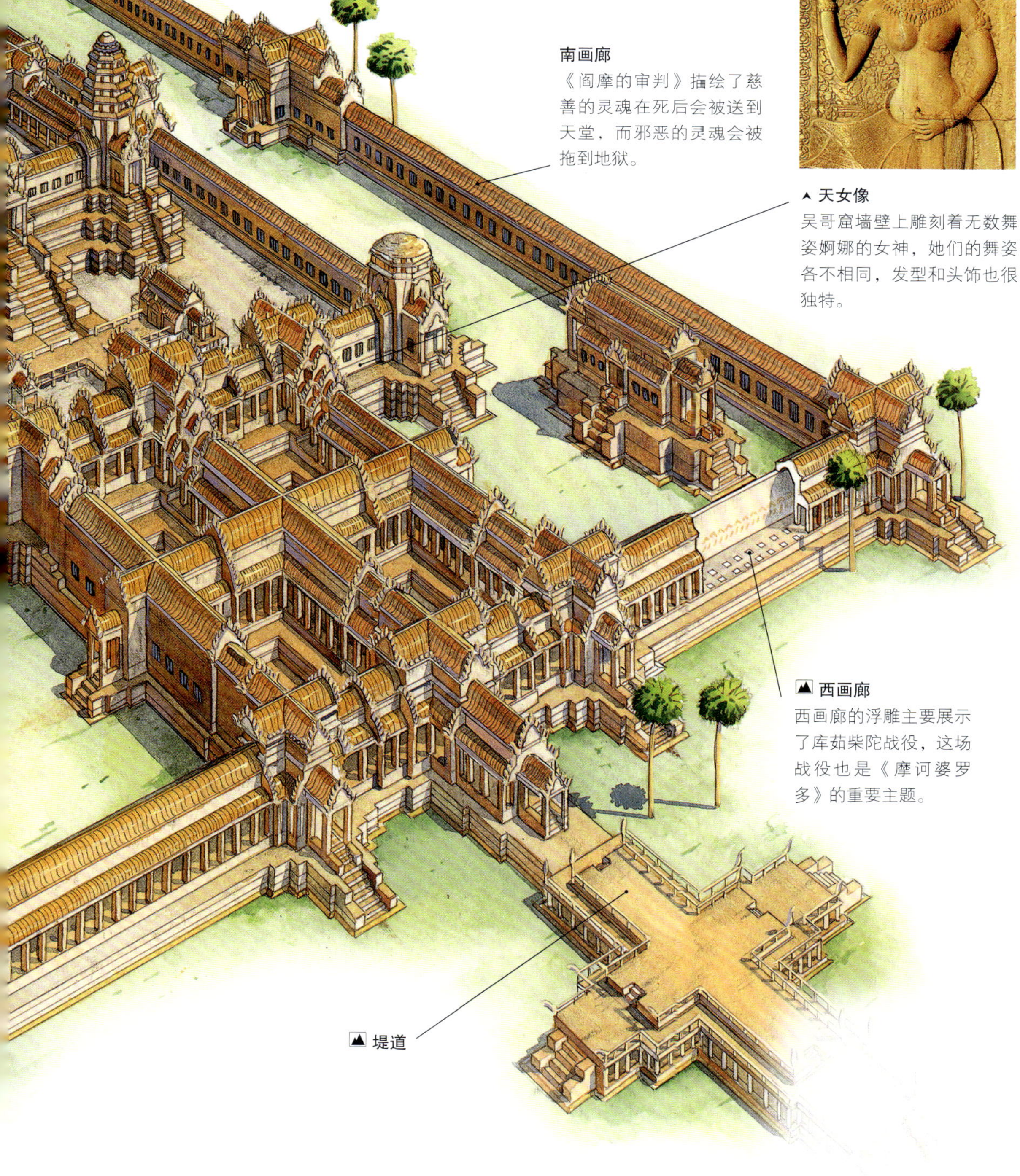

南画廊

《阎摩的审判》描绘了慈善的灵魂在死后会被送到天堂，而邪恶的灵魂会被拖到地狱。

天女像

吴哥窟墙壁上雕刻着无数舞姿婀娜的女神，她们的舞姿各不相同，发型和头饰也很独特。

西画廊

西画廊的浮雕主要展示了库茹柴陀战役，这场战役也是《摩诃婆罗多》的重要主题。

堤道

画廊和浮雕

吴哥窟占地1200平方米，以精美的石雕闻名于世。石雕的内容大部分取材自高棉神话、吴哥战争和历史故事以及印度教神话史诗《摩诃婆罗多》和《罗摩衍那》。画廊的石壁上共有雕工精细的8幅巨型浮雕。每幅浮雕高2米多，长近百米，全长达700余米，绕寺一周。其中比较著名的浮雕有展示**库茹柴陀战役**的**西画廊**，描绘毗湿奴搅乳海的**东画廊**，刻画《阎摩的审判》的**南画廊**。吴哥窟共有1850个**天女像**，这些舞姿婀娜的女神，全身佩戴着珠宝和头饰，面带安详的微笑，这就是令吴哥窟蜚声世界的“高棉的微笑”。

吴哥的衰落

耶跋摩五世（1181—1220年）是吴哥的最后一位国王，他在位期间在吴哥窟附近建造了吴哥城、巴戎寺和其他建筑。这些寺庙建筑的建造几乎耗尽了国库，再加上与暹罗（今泰国）和占城（今越南）之间的战争，整个国家摇摇欲坠。关于之后的继任者我们了解到的很少，但是在1432年，暹罗人入侵吴哥，吴哥的最后一位国王奔哈·亚被迫把首都迁往南部的金边（今柬埔寨）。尽管吴哥窟依旧是宗教圣地，但是高棉王朝之后便开始衰落，吴哥窟被遗弃，逐渐被湮没在丛林中。

重新发现吴哥窟

尽管之前已经有一些外国人发现了吴哥遗迹，但是吴哥窟的重新发现依然要归功于亨利·穆奥。1860年，法国人亨利·穆奥在英国皇家地理学会的赞助下开始游历柬埔寨。亨利·穆奥是一位作家和植物学家，他无意中在原始森林中发现了宏伟惊人的古庙遗迹，并在这里用了三周时间描绘和探索这些寺庙。他在日记中生动详细地描述了他的发现。1861年，亨利·穆奥死于疟疾，之后他的日记被出版。他对吴哥窟的描述吸引了无数的游览者，其中包括苏格兰摄像师约翰·汤姆森，1866年，他拍下了吴哥窟的第一张黑白照片。

印度尼西亚 爪哇婆罗浮屠寺

爪哇婆罗浮屠寺是世界上最大的佛教寺庙（佛教式建筑，见第209页），大约使用了1600万块安山岩。婆罗浮屠寺是作为一整座大佛塔建造的，这座塔共九层，下面是五层逐渐缩小的正方形基台，上面三层基台是圆形。顶层的中心是一座圆形佛塔。大佛塔的三个部分（塔基、塔身和塔顶）代表着通往佛教大千世界的三个修炼境界，即：欲界、色界和无色界。塔基代表欲界，五层的塔身代表色界，而三层圆形的塔顶和主圆塔代表无色界。色界精致装饰的方形基台在无色界演化为毫无装饰的圆形基台，象征着人们从拘泥于色和相的色界过渡到无色界。婆罗浮屠的台阶和走廊引导信徒们拾级而上，直至顶层。婆罗浮屠寺在10世纪被遗弃，后来因为火山爆发，使这座佛塔群下沉、并掩盖于茂密的热带丛林中近千年，直到1815年才被重新发现。

▲ 寺顶

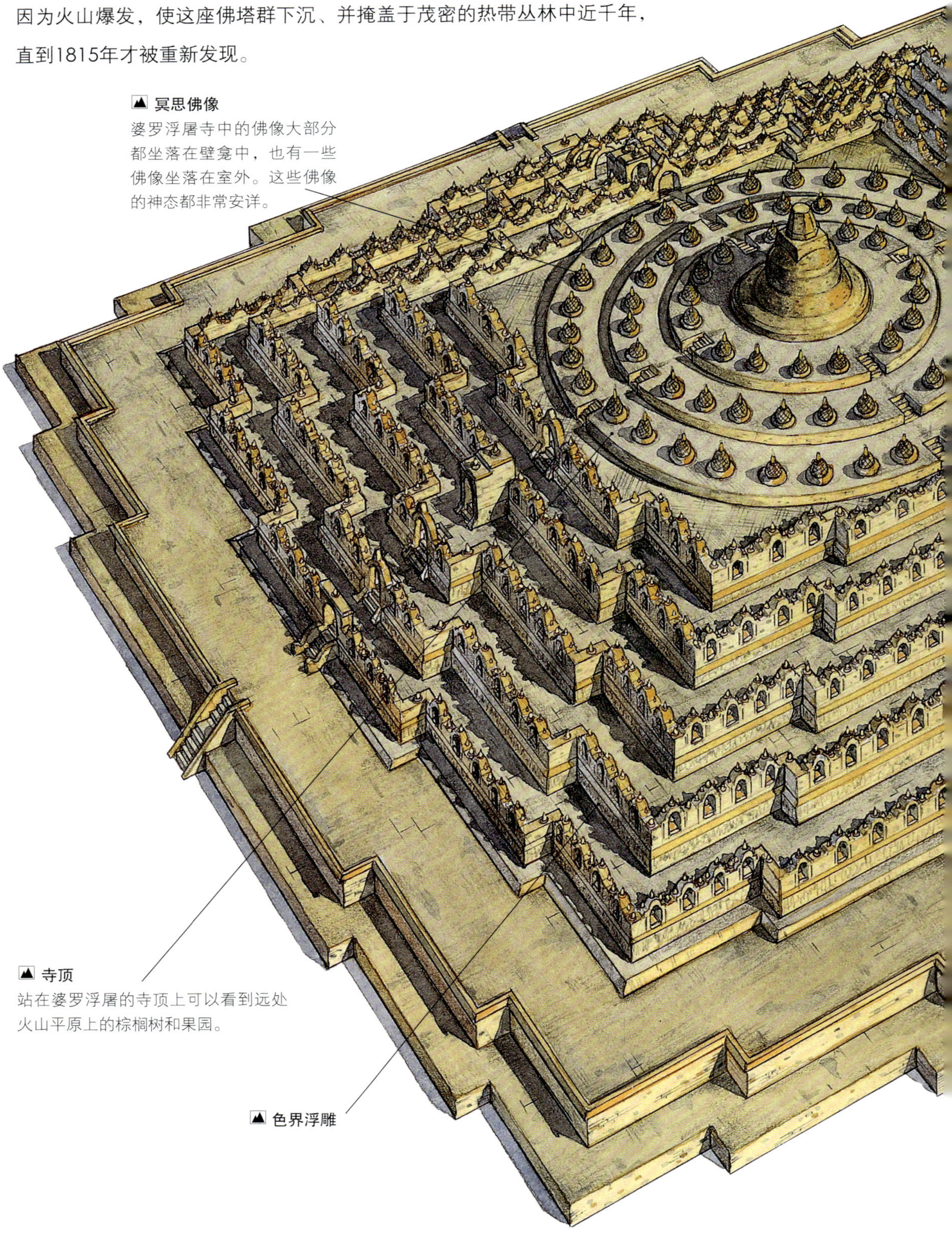

浮雕

婆罗浮屠寺的五层基台布满了精美的**浮雕**，共1460块，总长5000米。参观这些浮雕要依照顺时针方向，从左到右的顺序。最底层基台的浮雕上展现了世俗世界的生活和乐趣、地狱的惩罚以及佛教的因果报应律。描绘古代爪哇人的日常生活的浮雕后来为了支撑大塔的重量被用石块掩埋。第二层基台的浮雕主要叙述了佛陀的生平事迹，还有一些浮雕上雕刻着面容安详、佩戴珠宝和头饰的优雅女神像。其他层基台上的浮雕主要讲述《本生经》和《普曜经》中的故事，以及佛陀寻找真谛的过程。

夏连特拉王朝

730年到930年间，夏连特拉王朝统治着印度尼西亚的爪哇岛。夏连特拉王朝又称山帝王朝，他们在海上贸易中深受印度笈多文化的影响。在这一时期，爪哇岛的稻米贸易非常繁荣，也使得爪哇在亚洲文明中占据重要地位。夏连特拉王朝在东南亚修建了大量的佛教建筑，他们的佛教建筑给后世留下光辉的建筑艺术遗产，婆罗浮屠是其中最杰出的作品，历时75年完成。

婆罗浮屠寺的意义

婆罗浮屠寺是作为一整座大佛塔建造的，是尘世中的须弥山（印度教众神的居所）；从上往下看它就像一座曼荼罗，它代表的是宇宙万物居住世界的缩图，同时也代表着佛教的大千世界和心灵深处。从婆罗浮屠最底层攀登到最高层，象征着登到精神世界的最高点。最底层基台上的浮雕是描述欲界（**欲界浮雕**）；上一层的浮雕讲述的是色界（**色界浮雕**），是觉悟的中间阶段。再上一层被七十二座钟形舍利塔团团包围，每座舍利塔装饰着许多孔，里面端坐着佛陀**冥思佛像**，代表着无色界。最高处中央空置的舍利塔，代表着涅槃，象征着通过智慧到达了涅槃的彼岸，也是最高的精神国度。

▲ 冥思佛像
婆罗浮屠寺中的佛像大部分都坐落在壁龛中，也有一些佛像坐落在室外。这些佛像的神态都非常安详。

▲ 寺顶
站在婆罗浮屠的寺顶上可以看到远处火山平原上的棕榈树和果园。

▲ 色界浮雕

▲ 雕刻精美的门

▲ 其中的一座冥思佛像

◂ 欲界浮雕中的乐师

▾ 坐佛

坐佛坐落在婆罗浮屠的壁龛中，象征着山洞中的隐士。

修复工程

1973年，一项资金达2100万美元的修复工程开始在婆罗浮屠寺展开。婆罗浮屠寺的基台被拆卸，经过编号后，在水泥平台上清洗，然后重新组合到一块。现在婆罗浮屠寺这座佛教建筑是以伊斯兰教为主要宗教的印度尼西亚的国家保护历史文物。

雕刻精美的门

拱形的门通向寺顶，大门的守护神名叫卡拉，他是神话中吃掉自己身体的巨兽。

▲ 色界浮雕

色界浮雕生动地刻画了佛陀的前生和修成正果的故事。

婆罗浮屠一景 ▸

“婆罗浮屠”这个名字来自于梵语，意思是“山顶的佛寺”，象征着佛教中的宇宙。

婆罗浮屠的构造

婆罗浮屠呈正方形，占地4万平方米，高34.5米（113英尺）。塔身底部由五层面积逐渐减小的方形平台组成，上面是三层圆形平台，中央是主塔。从构造上来看，这是一座金字塔状的建筑。由于上层建筑重量太高，不得不环绕基台建筑支墩以防止塌陷。

▲ 婆罗浮屠中优雅的国王和皇后像

欲界浮雕

婆罗浮屠寺第一基台上的浮雕主要描述了古代爪哇岛的社会生活。

坐佛

重要日期

770—850年	928年左右	900年左右	1815年	1907—1911年	1991年
夏连特拉王朝统治时期建筑婆罗浮屠寺。	统治中心转移到爪哇岛东部，婆罗浮屠寺被遗弃。	大规模的火山喷发，婆罗浮屠寺被火山灰淹没。	英国殖民代表斯坦福德·拉弗尔斯重新发现婆罗浮屠寺。	婆罗浮屠寺进行第一次修复，由荷兰人完成。	婆罗浮屠被联合国教科文组织列入《世界遗产名录》。

巴厘岛巴杜尔庙

巴杜尔庙是巴厘岛最著名和最神圣的宗教建筑之一。这座九座佛塔组成的寺庙与巴杜尔湖有着至关重要的联系，巴杜尔湖是由于巴杜尔火山口积水而形成的。巴杜尔庙的建筑历史我们不得而知，但是它是巴厘岛的水源供应处，控制着巴厘岛大部分地区的灌溉系统。从远处就可以从巴杜尔湖中看到巴杜尔庙的侧影。

传统的信仰

巴厘岛因历史上受印度文化宗教的影响，相信万物有灵，认为神灵会降落在自然界的万物身上，如石头和大树上，超自然的信仰渗透到巴厘岛人民的日常生活中。他们认为有形的现实世界与无形的精神世界是相连的。居民大都信奉印度教，是印尼唯一信仰印度教的地方。居民主要供奉三大天神（梵天、毗湿奴、湿婆神）和佛教的释迦牟尼，还祭拜太阳神、水神、火神、风神等，巴厘岛人对正神邪魔一视同仁，为各方神灵建造寺庙并献上花朵和其他祭品。他们的祖先被神化后同样被供奉在寺庙中。在一些神圣的节日会迎出守护神灵如圣兽，来帮助修护村庄的宇宙平衡。

佳美兰音乐

在巴厘岛和附近的龙目岛，都会用名为佳美兰的一组管弦乐器演奏民族音乐。佳美兰音乐融合了铜乐（一种青铜击鸣乐器）、鼓乐和弓弦乐。它是以金属敲击乐器为主体的合奏音乐，以各种型号的铜锣为中心，再加上其他金属敲击乐器和少量的管弦乐器而构成的乐团，其中包括竹笛。大部分的岛民自己都有一套佳美兰乐器以供岛上连续不断的节日使用，一些音乐比较神圣，只会在宗教仪式上演奏。寺庙中有一间称为包贡的房屋，乐器就存放在这里。

巴厘岛的寺庙建筑

印度教的神灵每逢节日都会被迎到巴厘岛的公共寺庙中。寺庙的建筑布局很和谐，主要建筑沿着山海中轴线分布。**外部庭院**和**中央庭院**中还建有内部神龛和阁楼，以及瞭望塔。佳美兰乐器存放在阁楼中，神灵降临时，演奏圣乐来庆祝神灵的降临。**内部庭院**中的神龛主要供奉寺庙的核心神灵，同时也供奉湖神、海神和山神。莲花宝座坐落在巴杜尔庙最神圣的地方，在圣坛上安放着一个空座象征着至高的神。须弥神龛象征着印度教中众神的居所须弥山。巴厘岛教徒家里都设有家庙，家族组成的社区有神庙，村有村庙，全岛有超过125000座庙宇。因此，巴厘岛又有“千寺之岛”的美称。

内部庭院

这里是巴杜尔庙中最神圣的地方，内部庭院中建有三个大门可以通行外侧的庭院。

每天向神灵供奉的鲜花

寺庙旗帜

金色大门

巴杜尔庙中主要通道上的木门，只有在一些重要的宗教仪式中僧侣会从这里通过。

内部庭院

侧门

重要日期

1917年	1926年	1927年
巴杜尔庙在火山喷发中奇迹般幸存。	在又一次的火山喷发中，巴杜尔庙几乎完全被掩埋。	在原址上重建了巴杜尔庙。

寺庙节日

在巴厘岛，寺庙的节日每年都要举行。节日时，很多祈福者都会带着祭品来到寺庙，这里会举行盛大的娱乐活动，如同嘉年华般热闹的氛围，一般会持续三天。

寺庙旗帜
在巴杜尔庙的旗帜和雕像上经常可以看到一些色彩鲜亮的神灵和神话中的猛兽。

揭路茶
揭路茶是印度神话中鹰头人身的金翅鸟，庭院墙上的浮雕上刻画着揭路茶。

金色大门

侧门
这座修长的大门很高，用砖块和石头砌成，从这里可以通向另一座寺庙。

外部庭院

中央庭院

入口

包贡
巴杜尔庙的佳美兰乐器就存放在这里。这里还存放着一面大锣，据说它有一段传奇的历史。

中央庭院
这座四方形的庭院面积很大，可以在这里看到竹子和麦秆，盛大的仪式舞蹈就在这里举行。

向湖神献祭

信徒带着祭品来到巴杜尔庙，这些祭品将献给巴杜尔湖神艾达。向湖神献祭的活动因为巴杜尔庙的建立而更加神圣。寺庙的原址更靠近巴杜尔湖，它在1917年的火山喷发中幸存下来，只被火山岩浆堵住了一小段墙。1926年另一次火山喷发后，村民把寺庙建在了现在的位置上。

献祭的水果和鲜花

夜色中的悉尼歌剧院

大洋洲

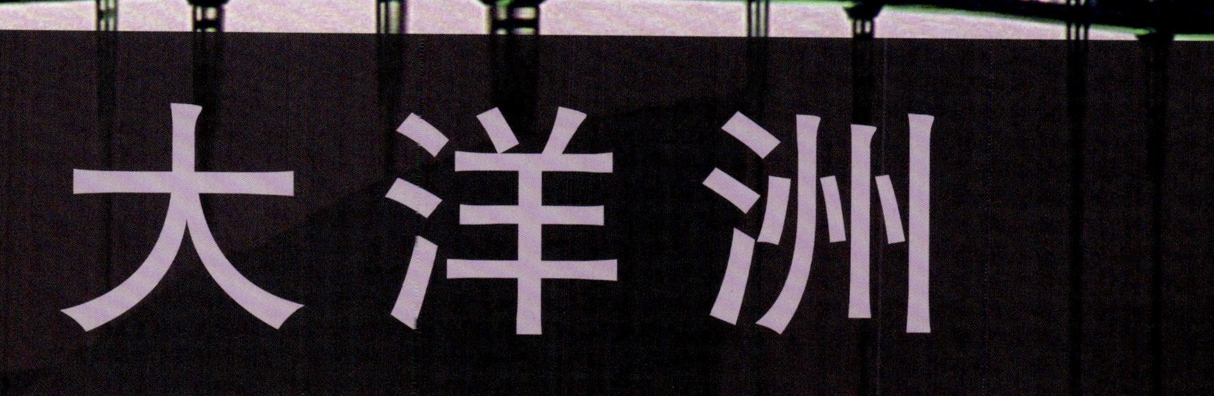

印度尼西亚
印度洋
珊瑚海
澳大利亚
珀斯
悉尼歌剧院
堪培拉
墨尔本
南极海

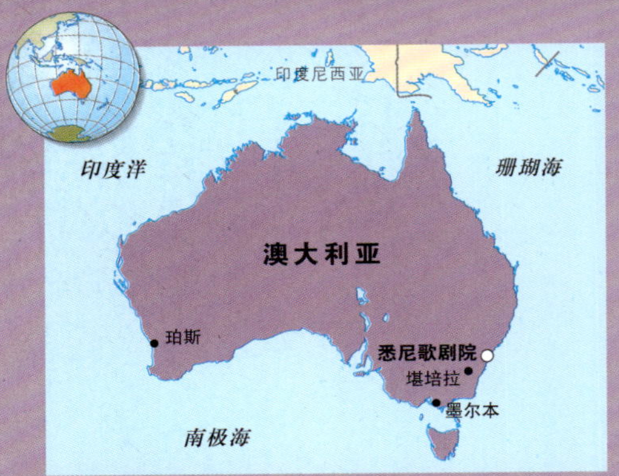

设计与建造

1957年，丹麦设计师约恩·乌松在悉尼歌剧院设计方案的评选中脱颖而出。他设想了一座从任何角度，无论是从陆地、空中和海上都风姿独特的雕像。悉尼歌剧院独具匠心的构思和超凡脱俗的设计，也使得乌松在建筑过程中遇到了很多设计中没有解决的问题。1959年工程开始后，他们发现这些复杂的设计方案几乎没有办法执行，所以不得不更改设计方案。由于悉尼歌剧院的建筑过程充满争议和更改，1966年，乌松辞职。彼得·霍尔在乌松辞职后取代了他的位置，他对歌剧院的设计方案进行了改动。

作用和意义

悉尼歌剧院是公认的20世纪世界十大奇迹之一，也是世界著名的表演艺术中心，在现代建筑史上被认为是巨型雕塑式的典型作品，也是澳大利亚的象征性标志。悉尼歌剧院每年大约接待440万人，每天来自世界各地的观光客络绎不绝地来到这里参观拍照，清晨、黄昏或星空，不论徒步缓行或出海遨游，悉尼歌剧院随时为游客展现其多样的迷人风采。悉尼歌剧院设备完善，使用效果优良，是一座成功的音乐、戏剧演出建筑。那些临近水面的巨大的白色壳片群，像是海上的船帆，又如一簇簇盛开的花朵，在蓝天、碧海、绿树的映衬下显得婀娜多姿，轻盈皎洁。这座建筑已被视为世界的经典建筑被载入史册。

歌剧厅和音乐厅

悉尼歌剧院十个白色风帆状的顶下共有1000多间大厅，可以用来表演和其他作用。**音乐厅**是悉尼歌剧院最大的房间，音乐厅的墙面上铺装着澳大利亚本土生产的白桦树木板，这种木材可以吸收多余的回音。剧院的舞台是一个15米（49英尺）的方形，无论从哪个角度，观众都可以看清舞台。**话剧厅**中装饰着西德尼·诺兰的《小鲨鱼》（1973年）和塞尔瓦托·佐弗雷创作的壁画（1992—1993年）。**歌剧厅**是悉尼歌剧院中第二间最大的表演大厅，歌剧厅的观众席和墙壁都被涂成深色以防止舞台灯光的反射，舞台宽12米（39英尺），纵深21米（69英尺）。

澳大利亚 悉尼歌剧院

悉尼歌剧院是20世纪最具特色的建筑之一。这座综合性的艺术中心，是澳大利亚悉尼市的标志性建筑，也是世界著名的表演艺术中心。歌剧院白色屋顶或称为壳的下方是悉尼歌剧院的两大表演场所：音乐厅和歌剧厅。由于在建造过程中也遇到了很多设计时没有想到的问题，悉尼歌剧院的建筑历时14年。为了筹措建筑悉尼歌剧院的资金，专门设立了900万美元的专项基金，甚至发行悉尼歌剧院的彩票。悉尼歌剧院于1973年正式完工，总花费为1亿零200万美元。今天，悉尼歌剧院是悉尼最受欢迎的旅游景点，以及世界上最繁忙的表演艺术中心之一。

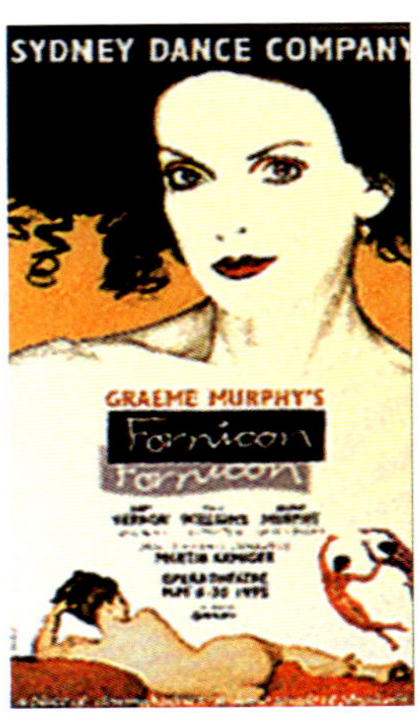

SYDNEY DANCE COMPANY
GRAEME MURPHY'S
在悉尼歌剧院演出的海报

舞台的背后

在悉尼歌剧院演出的艺术家可以使用五个排练厅、60间化妆室和餐厅，以及绿色的酒吧、咖啡馆和休息室。悉尼歌剧院场景的变化和灯光的控制都是机械化装置和电脑操控，这项工作非常重要，因为悉尼歌剧院晚上的演出很频繁。

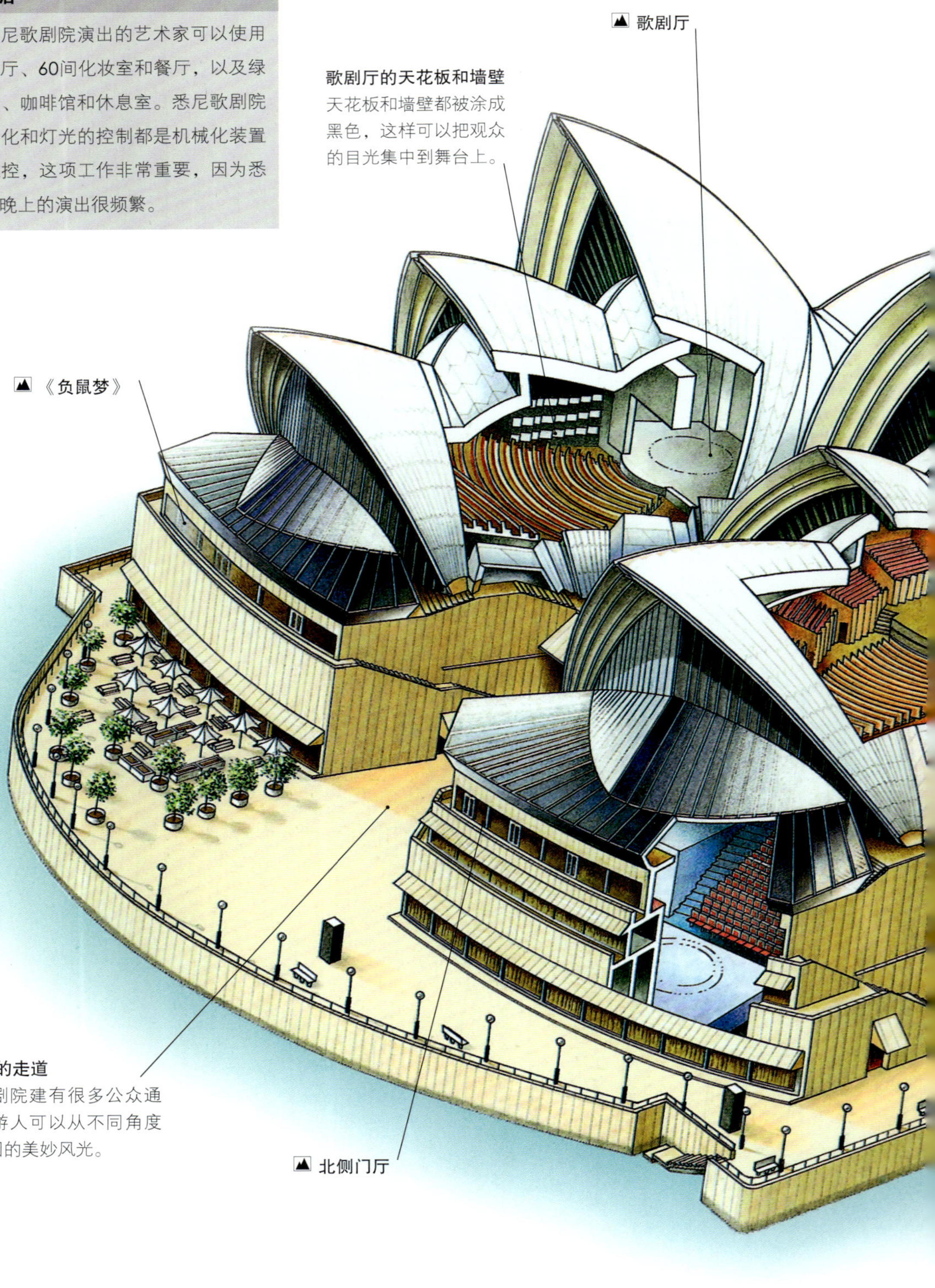
歌剧厅
歌剧厅的天花板和墙壁
天花板和墙壁都被涂成黑色，这样可以把观众的目光集中到舞台上。
《负鼠梦》
歌剧院的走道
环绕着歌剧院建有很多公众通道，这样游人可以从不同角度观赏到周围的美妙风光。
北侧门厅

▲歌剧厅
这里主要用来举行歌舞剧表演，共有1547个座位。炫美、巨大的舞台可以表演大型的歌剧，如威尔第的《阿依达》。

▲音乐厅
这是悉尼歌剧院中面积最大的大厅，可容纳2679位观众，通常用来举办交响乐、室内乐、歌剧、舞蹈、合唱、流行乐、爵士乐等多种表演，也可以在里面举行歌剧与舞蹈表演。

▲北侧门厅
在悉尼歌剧厅和音乐厅的接待厅和北侧门厅中可以观赏到悉尼港口的美丽风光。

▼《负鼠梦》的一部分
这是由麦克·塔杰卡马拉·纳尔逊完成的壁画，他是来自澳洲中部沙漠的土著艺术家。

重要日期

1959—1973年	1973年	2007年
由约恩·乌松设计的悉尼歌剧院建成。	悉尼歌剧院举行首场演出《战争与和平》。	悉尼歌剧院被联合国教科文组织列入《世界遗产名录》。

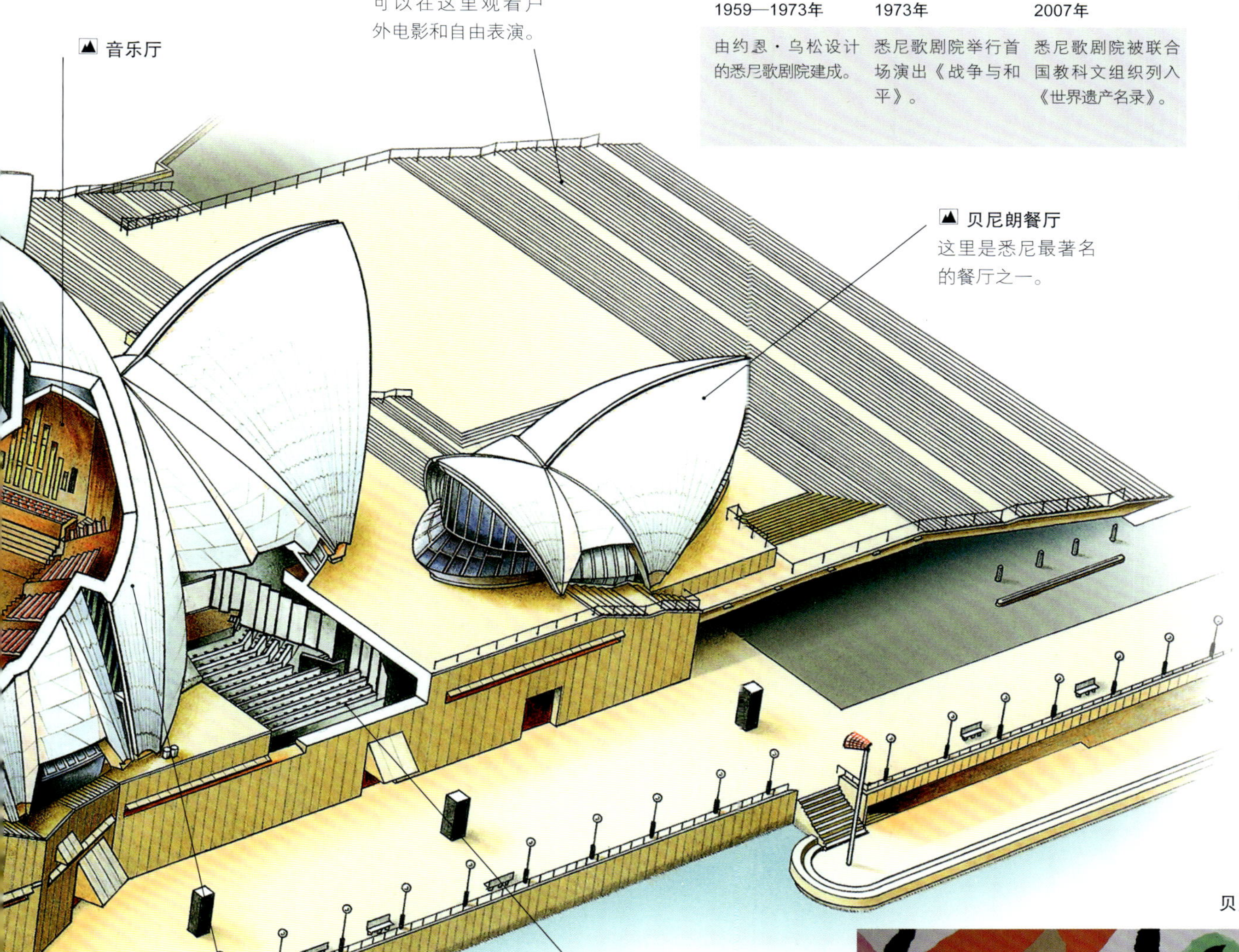

独特的屋顶 ▶

歌剧院的走道 ▶

贝尼朗餐厅 ▶

约恩·乌松的挂毯（2004年）▲
由于受德国18世纪作曲家和音乐家巴赫的影响，约恩·乌松设计了这个14米长的挂毯，现挂在悉尼歌剧院的接待厅中。

但尼丁火车站的建造

19世纪60年代，在但尼丁发现了金矿，成千上万的矿工涌入但尼丁。这一时期，但尼丁成为新西兰的商业中心，曾一度是新西兰人口最多的城市。为了输送大规模的人员流动，建造一座大型的火车站很有必要。但尼丁第一次通行的火车是在1872年9月10日，全新的约瑟芬号火车从但尼丁行驶到查尔莫斯港。1875年，但尼丁的第二座火车站建立，极大地缓解了第一座火车站的压力；1879年第三座火车站建立。随着但尼丁人员流动的增多，但尼丁火车站的建设提上日程。

建筑的挑战

但尼丁火车站的建造是一项伟大的壮举。火车站是在旧港口的地基上建的，一堆堆的澳大利亚橡木被填入地下固定地基以防止土地松软。在火车站的建筑中，乔治·楚普使用了很多铁路元素，他接受过的石雕课程也很好地运用到火车站的建设中。为了减少费用，建筑中使用的大量机械设施，如起重机，都是新西兰铁路局借来的。但尼丁火车站的建筑过程中使用了电驱动混凝土搅拌机，这也是新西兰第一次使用这种机械。但尼丁火车站的建筑共花费了12.05万英镑，是老火车站建筑花费的8倍之多。但尼丁火车站建于1873年到1906年间，并于1906年投入使用。

但尼丁火车站的设计

乔治·楚普（1863—1941年）在1884年从苏格兰移居到新西兰，并以学徒身份学习建筑设计。不久他在新西兰但尼丁的火车站找到一份工作，他被派任设计桥梁和火车站。乔治·楚普很快得到升迁，在设计但尼丁火车站期间，他升迁为建筑部门的部长，不计代价的投入终建成这座辉煌的火车站。但尼丁火车站的**屋顶**装饰与红色的马赛克瓷砖、**火车站外表的石雕**，这些装饰也就是“姜饼式”。火车站内部，**马赛克地板**上的图案有火车头、车轮、信号灯和车厢，非常独特。

新西兰 但尼丁火车站

雕带上的小天使和植物图案

但尼丁火车站是新西兰著名的历史建筑，被誉为南半球最美丽的火车站。尽管依照国际规则，但尼丁火车站的规模不够大，但是但尼丁火车站以和谐的构造、宏伟的风格和丰富的装饰闻名于世。但尼丁火车站是一座佛兰德斯文艺复兴式的建筑（文艺复兴式，见第131页），由新西兰铁路建筑师乔治·楚普设计，火车站外表细腻、精致的装饰为他赢得了“姜饼乔治”的绰号。

修复地板

1956年，但尼丁火车站原来的地板突然沉降。为了解决这个问题，不得不修建了新的混凝土地基，然后安装上了新的马赛克地板。

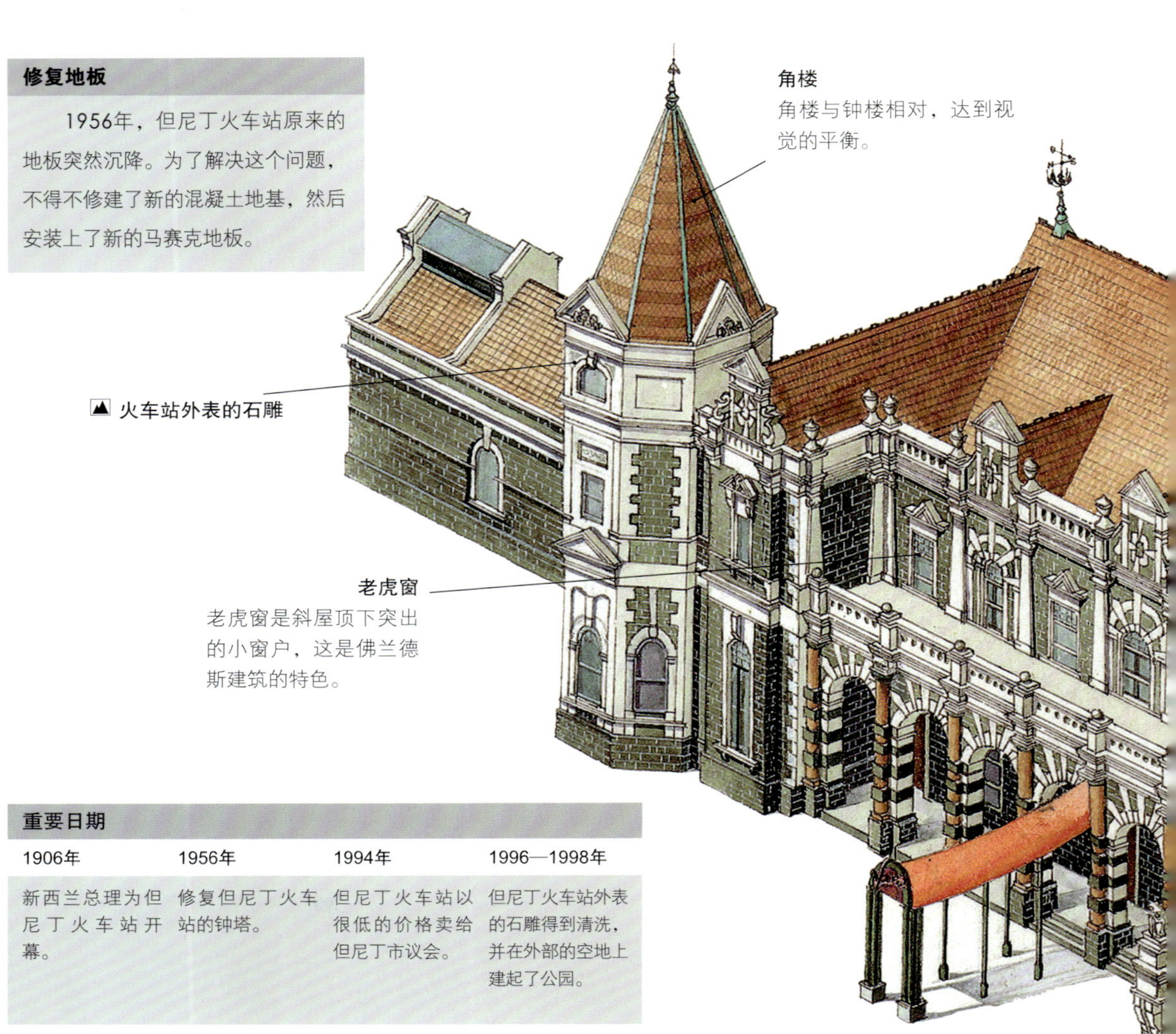

重要日期

1906年	1956年	1994年	1996—1998年
新西兰总理为但尼丁火车站开幕。	修复但尼丁火车站的钟塔。	但尼丁火车站以很低的价格卖给但尼丁市议会。	但尼丁火车站外表的石雕得到清洗，并在外部的空地上建起了公园。

但尼丁火车站正面图

火车站外表的石雕

浅黄色的奥玛鲁石灰石与中央深色的奥塔戈蓝灰砂岩、光滑的亚伯丁立柱的色彩对比形成强烈的视觉冲击。

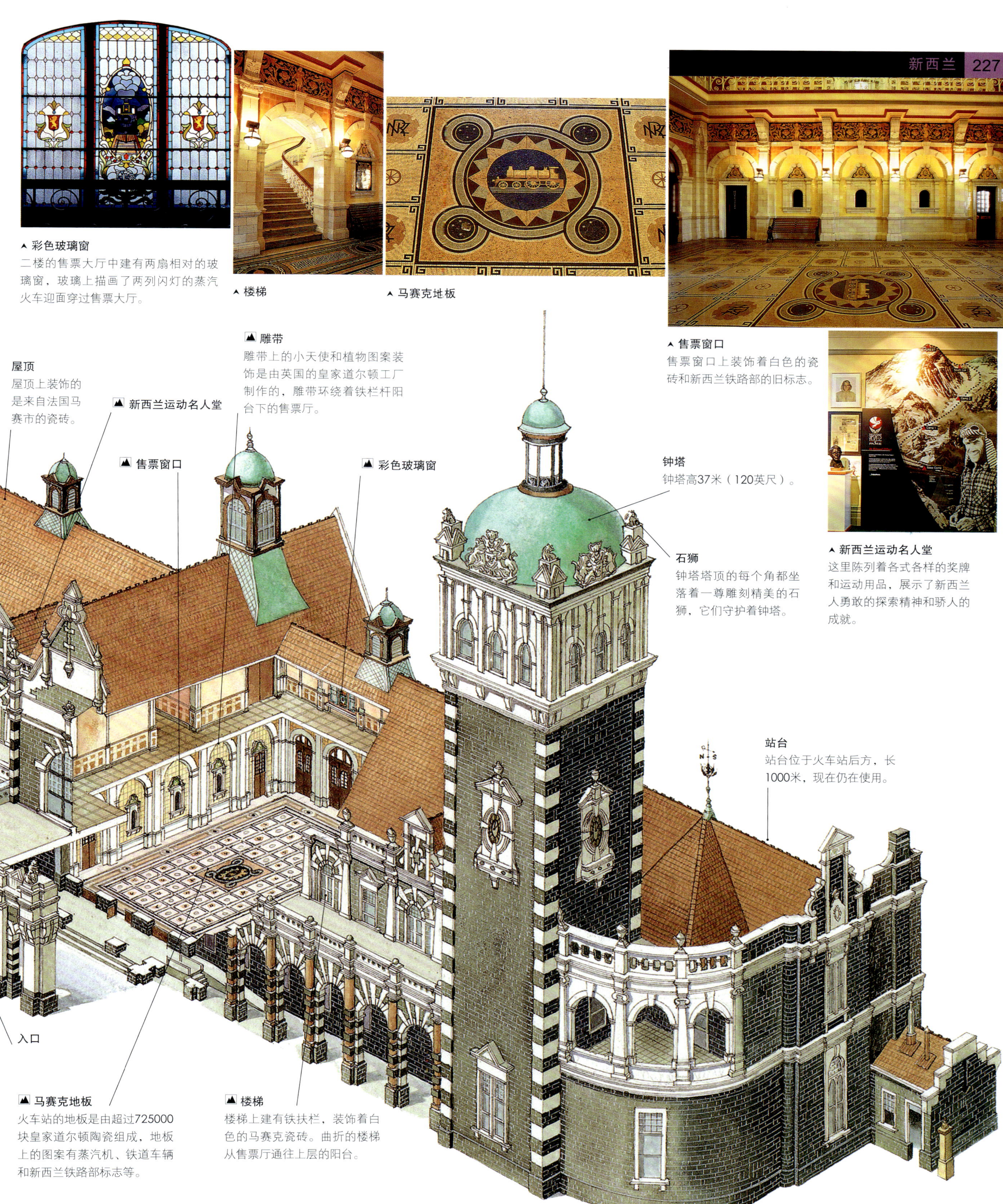

▲ 彩色玻璃窗
二楼的售票大厅中建有两扇相对的玻璃窗，玻璃上描画了两列闪灯的蒸汽火车迎面穿过售票大厅。

▲ 楼梯

▲ 马赛克地板

▲ 售票窗口
售票窗口上装饰着白色的瓷砖和新西兰铁路部的旧标志。

▲ 新西兰运动名人堂
这里陈列着各式各样的奖牌和运动用品，展示了新西兰人勇敢的探索精神和骄人的成就。

旧金山金门大桥，世界第三大单孔长跨距悬索桥

美洲

圣安妮博物馆

圣安妮博物馆中收藏的艺术品表现了早期的魁北克定居者对圣安妮的敬畏，其中的收藏品包括蜡像、绘画和神器，它们向我们展示了圣安妮的生平事迹以及北美的宗教仪式。其中最重要的收藏品是一幅18世纪的**水手绘画**，描绘了在一次暴风雨中，法国的船员向圣安妮祈祷，祈求她保护他们，最终这些水手获救。他们在圣劳伦斯河畔建造了一座供奉圣安妮的教堂，也就是圣安妮大教堂。

教堂内部和周围建筑

圣安妮大教堂下层建有两座礼拜堂，分别是蓝色的**圣洁礼拜堂**和**圣礼礼拜堂**。这里还有仿照米开朗琪罗的《**圣母怜子像**》，以及可敬的神父阿尔佛雷德·帕姆帕伦（1867—1896年）的陵墓，他经常帮助那些患有酒瘾和毒瘾的人。教堂的主要部分在上层，大厅的立柱旁摆放着拐杖、撑架、轮椅和假肢，这些都是大教堂神迹的见证。最早发现大教堂的神奇治愈作用是在1658年，一位名为路易斯·奎蒙德的跛者，尽管腿脚不便却依然坚持为第一座圣安妮教堂搬运石块，不久他的腿便神奇般地治愈了，参与施工的其他人的有问题的眼睛也复原了。从此以后，圣安妮教堂名声大噪，吸引了更多的人前来朝拜。信徒在圣安妮大教堂附近枝繁叶茂的山旁集会，重走耶稣赴难路，然后登上圣阶，这是仿照耶稣走过的台阶而建（耶稣走过圣阶去面对彼拉多）。

圣安妮的生平事迹

尽管《圣经》没有提及圣母玛利亚的母亲圣安妮，但是早期的基督教徒希望了解更多耶稣的家族人员，尤其是他的母亲和外婆。3世纪，希腊的手抄本《雅格的启示》讲到了耶稣的外祖父母，称他们是安妮（哈拿的女儿）和约阿希姆。根据这本书的描述，来自伯利恒的安妮和来自拿撒勒的牧羊人约阿希姆在结婚20年后依然没有生育孩子，他们绝望地向上帝哭诉为什么他们没有孩子，并向上帝发誓只要能生育孩子他们愿意做任何事情。一位天使来到人间告诉他们即将生育一个女孩，也就是耶稣的母亲圣母玛利亚。

加拿大 圣安妮大教堂

加拿大圣安妮大教堂主奉圣母玛利亚的母亲圣安妮，是北美历史最悠久的朝圣地。1620年，在沉船中逃生的水手们认为他们的幸存是由于向圣安妮祈祷，所以他们萌生了建造一座圣安妮教堂的愿望。1658年，圣安妮教堂建成，几个世纪以来，由于火灾等原因，在这个教堂的位置上建造了数座教堂。我们现在看到的是第五座圣安妮大教堂，建于20世纪20年代。圣安妮大教堂以不药而愈的奇迹闻名于世。每年到圣安妮大教堂游览的人约有150万，包括每年圣安妮节（7月26日）朝圣的信徒。教堂内部的拱顶天花板上装饰着金色的马赛克图案，展示了圣安妮的生平事迹。教堂耳堂中安放着圣安妮怀抱圣母玛利亚的雕像，珍贵无比。

巨大的玫瑰花窗

大教堂

1876年，圣安妮成为魁北克的圣人。1878年至圣救主会会员成为圣安妮大教堂的守护人。1887年，圣安妮大教堂成为主教教堂。

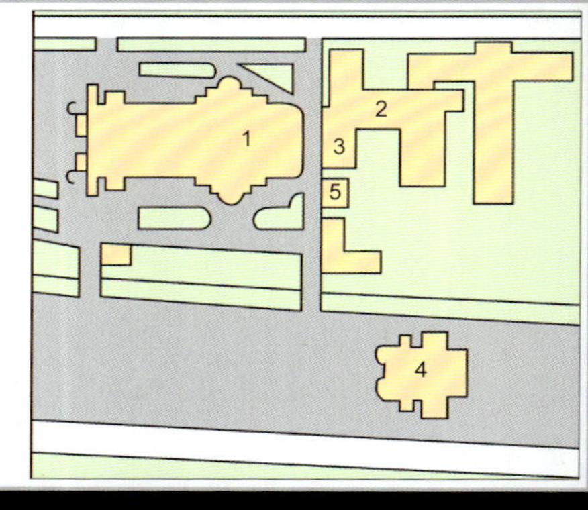

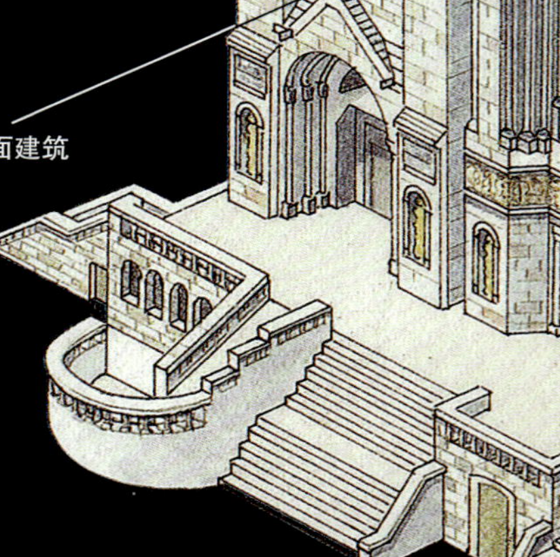

巨大玫瑰花窗
教堂中央美丽的玫瑰花窗由法国艺术家奥古斯特·拉布莱在1950年创作完成。

教堂正面建筑

教堂正面图
今天看到的圣安妮大教堂是由加拿大建筑师拿破仑·布拉沙设计完成的。大教堂的建筑风格融合了哥特风格与罗马风格。

水手绘画
木板油画《沉船上的水手》（1754年）是圣安妮博物馆中的一件海事收藏品。

从这里可以进入教堂上层

重要日期

1876—1922年	1922年	1923年	1976年
第一座圣安妮教堂建成。	教堂被一场大火毁坏殆尽。	新罗马式的教堂开始建筑。	主教莫里斯·罗伊在大教堂任职。

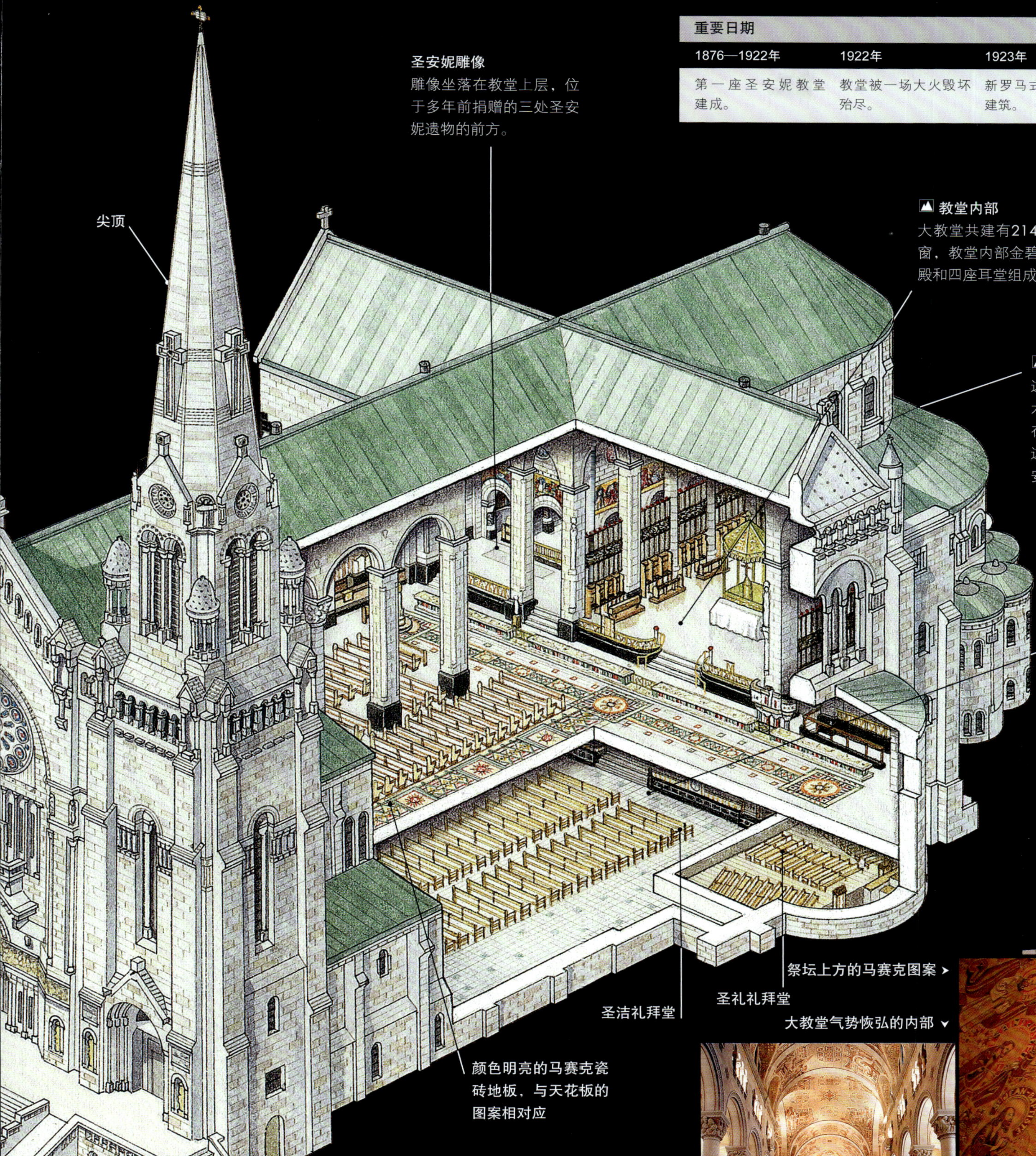

圣安妮雕像
雕像坐落在教堂上层，位于多年前捐赠的三处圣安妮遗物的前方。

尖顶

教堂内部
大教堂共建有214扇彩色玻璃窗，教堂内部金碧辉煌，由中殿和四座耳堂组成。

祭坛上方的马赛克图案
这幅富丽堂皇的马赛克图案是由艺术家奥古斯特·拉布莱和简·高迪在1940年到1941年间创作完成的。这幅图展示了孩童时代的耶稣，圣安妮和圣母玛利亚环绕在他的两侧。

《圣母怜子像》
这座雕像是完全仿照罗马圣彼得大教堂中米开朗琪罗的《圣母怜子像》（见第130页）而制作的，圣母怀抱死去的儿子的悲痛感被刻画得淋漓尽致。

祭坛上方的马赛克图案

圣礼礼拜堂

圣洁礼拜堂

大教堂气势恢弘的内部

颜色明亮的马赛克瓷砖地板，与天花板的图案相对应

教堂的发展

在古代罗马，教堂是一座公共建筑。当时的教堂内部一般建有双排的柱廊，在教堂的一侧建有半圆形的祭坛。后来，天主教教堂开始使用具有纪念意义的名字或事件命名，尤其是以特殊的时期或是圣人的名字来命名。教堂名字的命名可以让这座教堂拥有特权般地在祭坛上为这位圣人保留他的神圣地位。

加拿大国家电视塔

加拿大国家电视塔位于加拿大安大略省的多伦多市，是一座高1553米（1815英尺）的独立式建筑物，它是建筑工程的奇迹，也是现代世界七大工程奇迹之一。20世纪70年代，加拿大国家铁路公司为传送广播电视信号以满足多伦多市不断增长的通信需求，同时显示加拿大强大的工业实力，决定在本地建造一座电视塔。电视塔建成后，以它独特的造型吸引了很多游人的目光，并成为多伦多市的标志性建筑。电视塔内还建有世界最高的酒吧和世界最高的旋转餐厅，登上观光台，可以一览最完整的多伦多都市风景。

观光台

游客在**观光塔**上可以一览整个多伦多市的风光，事实这里不止一层。在较高的一层上有一间咖啡厅和一家照相馆。下一层是113层楼的高度，游客在这里可以直接感受风的力度，或是透过**玻璃地板**俯视脚下人群，抑或是在**旋转餐厅**浪漫就餐。在观光塔以上33层的高度则是著名的**天空之盖**，尽管天空之盖并不是电视塔的最高处，但是它比世界很多摩天大楼都要高。站在观光塔上远眺，可以360度观看最完整的多伦多都市风景，也可将安大略湖的美景尽收眼底。天气晴朗的时候，游客在观光塔上可以看得到尼亚加拉瀑布。

奇妙之旅

加拿大国家电视塔于1973年开始施工，历时40个月建成，共花费6300万美元。1998年，在塔内开辟了娱乐设施并对电视塔进行修复，共花费2600万美元。电视塔内共安置了六台观光电梯，以平均每小时24公里/小时（15英里）的时速上升，只需58秒，乘客便可到达346米（1136英尺）高的观光塔，这段电梯旅行当之无愧地被誉为“世界顶级电梯之旅”；还有一台独立的电梯可以把游客带到上方101米（329英尺）的天空之盖。每年有200多万人参观电视塔，这里也是多伦多旅游必访的景点。

世界最高的建筑物

国际高层建筑与城市住宅协会判断一座建筑是否是世界最高建筑，会在大楼竣工后通过仔细的测定后才正式纳入世界最高建筑名录。对于电视塔建筑的定义和测量都有一定的要求，其中要求整座建筑至少一半高度的楼梯可以使用，只测量电视塔建筑的高度而除去广播天线及天线杆的高度。加拿大国家电视塔并不完全符合国际高层建筑与城市住宅协会的要求，所以它被归类为世界最高的自立建筑。从1975年到2007年，加拿大电视塔一直都是世界最高的自立建筑。2007年，高828米（2717英尺）的迪拜哈里法塔建成，成为世界最高的建筑。现在日本天空树取代加拿大电视塔成为世界第一高自立式电视塔。

夜色中的国家电视塔 ›

▾ 从安大略湖上观看电视塔
直冲云霄的电视塔与多伦多港湾周围的建筑形成了鲜明的对比。

▴ 从多伦多中央岛花园观看到的国家电视塔

‹ 旋转餐厅

▴ 天空之盖

‹ 玻璃地板
玻璃地板位于高342米（1122英尺）的观光台上，这块巨大的扇形玻璃地板有24平方米，它比一般的商业玻璃要坚固，可以承受一般商业玻璃5倍的重量。

▲ 视外观光台

户外的这层平台上安装着坚固的安全铁窗，这里的温度比地平面低10℃。

◀ 从观光台上看到的多伦多市风光

站在高346米的观光台上，可以看到多伦多的全貌、安大略湖和其他周围地区，可见度可延伸到方圆160千米。

▲ 多伦多群岛

可以从国家电视塔的观光塔低层看到这些被水道和运河隔开的小岛。著名的多伦多港湾一日游可以带领游客具体游览这些小岛。

地基

这座自立式建筑的地基在地下17米（55英尺），为此清除了56000多吨的泥土和沙石。

天空之盖

这是世界上最高的观光台之一，高447米，在这里可以欣赏到每个角度的风光，有专用的电梯可以抵达这里。

世界最高的支撑结构

美国有数根高达600米以上（2000英尺）的无线电和电视天线杆。由于它们本身不能抵挡强风，必须用钢线拉索将它牢牢固定在地面上，所以这些天线杆并不符合世界最高建筑的要求。世界最高的无线电天线杆是美国北达科他州法戈的天线杆，高629米（2063英尺）。波兰华沙的无线电天线杆曾是最高的支撑结构，高647米（2120英尺），但它在1991年不幸倒塌。

旋转餐厅

旋转餐厅位于离地面350米高的一层，餐厅的地板旋转一周需时72分钟，这里还有世界上最高的酒窖。

观光塔

玻璃地板

视外观光台

内部楼梯

电视塔内建有世界上最长的金属阶梯，有1776级，也是世界上最高的金属阶梯。每年在这里都会举办两次爬楼梯比赛，为慈善机构筹募基金。

外部电梯

电视塔内建有世界最高的玻璃地板电梯，不到一分钟的时间，游客便可到达观光台。

重要日期

1973年	1976年	1977年	1995年
为了解决多伦多市的通信问题，开始建造电视塔。	加拿大国家电视塔正式开放时，为了纪念这一天，一个“时间宝瓶”被嵌进了观景台的内墙中。	举行第一届爬楼梯比赛，为慈善机构筹募基金。	加拿大国家电视塔被美国土木工程协会收入现代世界七大工程奇迹。

美国 波士顿老州议会大厦

老州议会大厦是美国波士顿的一座古老的红砖建筑，在周围金融区高楼大厦的包围下，它是那么的格格不入。老州议会大厦是一座建于18世纪的新英格兰风格的建筑，在1713年到1776年间，是英国殖民政府的所在地，东门两侧各安放着一尊皇家狮子像和一尊独角兽像。美国独立后，老州议会大厦归马萨诸塞州所有，后这座建筑作为各种用途使用，其中这里曾是产品市场、商业交流中心、共济会会所和市政厅。老州议会大厦的酒窖现在是市区的地铁站，大厦内还有记录波士顿大事记的博物馆。

大厦东面建筑上的钟表

在金融区摩天大楼间的老州议会大厦

大厦东面建筑

自由之路

自由之路是由波士顿最具历史意义的地点连接组成的。全程都是步行道，沿着地上画有红色标志的路线，一共要走上4000米，波士顿公园是这个共有16个殖民地时期与独立战争时期的遗迹的起点。

金鹰雕像

这尊象征着美国的雕像坐落在大厦西面建筑上。

西面建筑

老州议会大厦西面建筑的顶饰上刻着拉丁文，主要讲述了马萨诸塞湾的第一块殖民地。浮雕的中央描述了一位美国土著居民。

尖顶

大厦西面建筑

皇家狮子和独角兽像

这两尊雕像是英国皇室的象征。1776年《独立宣言》签署的消息传到波士顿，人们把最早的狮子和独角兽像推倒毁坏。

中央楼梯

中央楼梯展现了18世纪杰出的工艺。楼梯呈螺旋状上升，楼梯的栏杆雕刻十分精美，这是美国仅存的少数这种风格的楼梯。

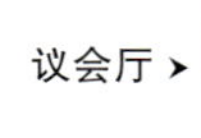

议会厅

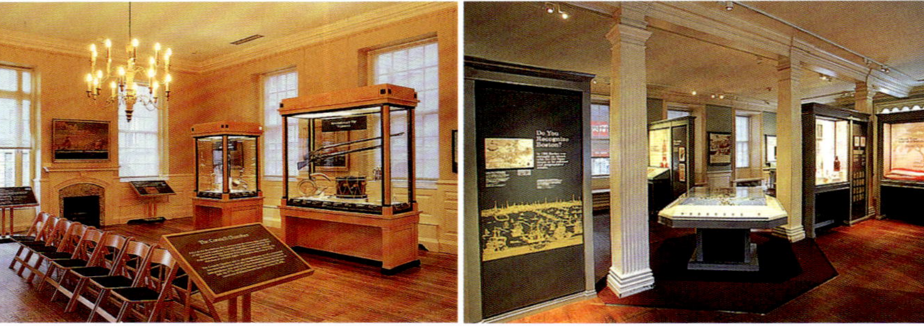

基恩大厅

这间大厅以罗伯特·基恩的名字命名。1658年，罗伯特·基恩向波士顿市捐赠300镑，这样才建立起了最早的市政厅。大厅中的展品主要讲述了美国独立战争期间的事件。

重要日期

1667年	1713年	1780—1798年	1798年	1830—1840年	1840—1880年	1881年	1976年
建造波士顿第一座木制的市政厅，该厅后来在1711年被大火毁坏。	老州议会大厦建成，并被作为地方性政府所在地。	老州议会大厦成为马萨诸塞州的议会大厦。	老州议会大厦得到修复，作为私营商铺使用。	经过修复后，老州议会大厦成为市政厅。	在重新用作商业中心之后，老州议会大厦亟须修复管理。	波士顿市负责全面修复老州议会大厦。	英国女王伊丽莎白二世在老州议会大厦的阳台上向波士顿市民致辞。

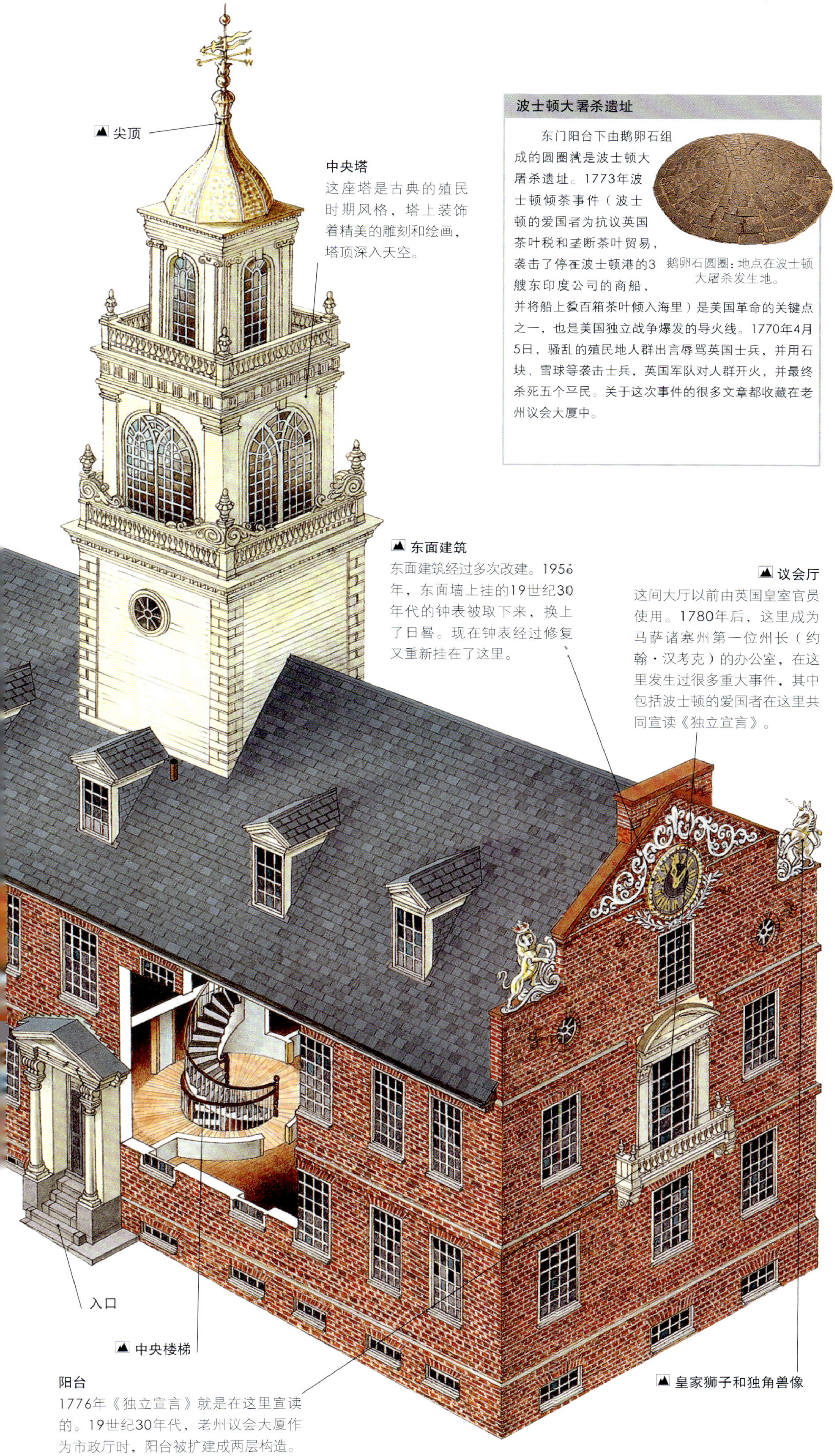
尖顶
中央塔
这座塔是古典的殖民时期风格，塔上装饰着精美的雕刻和绘画，塔顶深入天空。
东面建筑
东面建筑经过多次改建。1956年，东面墙上挂的19世纪30年代的钟表被取下来，换上了日晷。现在钟表经过修复又重新挂在了这里。
议会厅
这间大厅以前由英国皇室官员使用。1780年后，这里成为马萨诸塞州第一位州长（约翰·汉考克）的办公室，在这里发生过很多重大事件，其中包括波士顿的爱国者在这里共同宣读《独立宣言》。
入口
中央楼梯
阳台
1776年《独立宣言》就是在这里宣读的。19世纪30年代，老州议会大厦作为市政厅时，阳台被扩建成两层构造。
皇家狮子和独角兽像

波士顿大屠杀遗址

鹅卵石圆圈：地点在波士顿大屠杀发生地。

东门阳台下由鹅卵石组成的圆圈就是波士顿大屠杀遗址。1773年波士顿倾茶事件（波士顿的爱国者为抗议英国茶叶税和垄断茶叶贸易，袭击了停在波士顿港的3艘东印度公司的商船，并将船上数百箱茶叶倾入海里）是美国革命的关键点之一，也是美国独立战争爆发的导火线。1770年4月5日，骚乱的殖民地人群出言辱骂英国士兵，并用石块、雪球等袭击士兵，英国军队对人群开火，并最终杀死五个平民。关于这次事件的很多文章都收藏在老州议会大厦中。

加拿大
波士顿老州议会大厦
美国
华盛顿
洛杉矶
大西洋
墨西哥
墨西哥湾

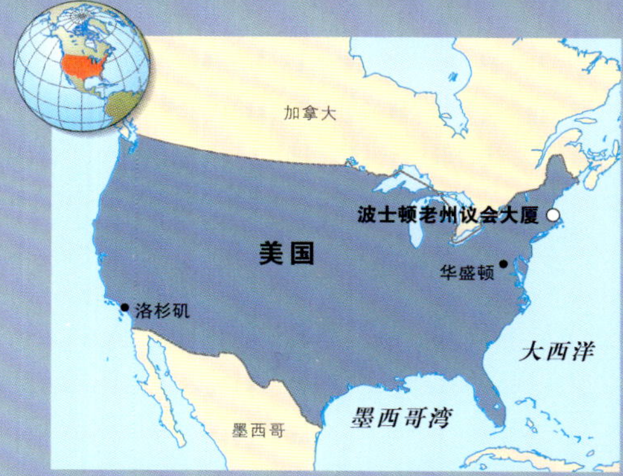

早期的历史

1713年波士顿老州议会大厦建成，取代了第一座毁于火灾中的市政厅。老州议会大厦是波士顿最古老的公共建筑，它是殖民地时期英国殖民政府所在地，也是美国独立战争时期（1775—1781年）的政治活动中心。在老州议会大厦的一楼画廊中，波士顿市民可以看到他们的立法者激情澎湃地辩论的场景。最西侧的房间中保留着当时的郡法庭和殖民地时期的法庭。约翰·汉考克是美国革命家、政治家，富商出身，他组织民众反对1765年英国议会通过的《印花税法》，该法规定报纸、执照、租约和法律文件都要贴上印花票；他也是第一个在《美国独立宣言》上签名的人，他在老州议会大厦的地下室设有货用仓库。

波士顿人协会

波士顿人协会负责管理老州议会大厦，并在大厦内设有博物馆、大厦对面设有图书馆。博物馆中永久性和临时性的展览品展示了波士顿的历史，讲述了它从最早的定居者到独立战争时期、再到现在的历史进程。永久性的展览品包括《从殖民地走向联邦共和国》，展示了在美国独立战争这段历史中波士顿和老州议会大厦扮演的角色和重要作用；还包括**议会厅**中的波士顿人协会收藏珍品展，这些展览品主要描述了独立战争时期的人物和民兵武器装备。博物馆中还有讲述1770年波士顿大屠杀的声光解说。

殖民地时期的波士顿

1630年，第一批英国清教徒移民创建了波士顿，不久波士顿成为北美最主要的殖民城市之一。由于波士顿是距离欧洲最近的一个主要港口，因而它迅速发展了海外贸易，并成为重要的港口城市。但是波士顿的街道十分曲折、脏乱，挤满了人和牲畜；还充斥着一些其他问题，如垃圾的处置、消防安全和对贫困人群的关注度不够等。与新英格兰地区外的其他美国城市不同，波士顿建有市镇选民大会并组成了政府。这在当时是重要的民主进程，也是一大壮举，这也许解释了波士顿成为美国对立战争时期反抗殖民压迫的中坚力量的原因。

所罗门·R.古根海姆博物馆

加拿大
所罗门·R·古根海姆博物馆
华盛顿
美国
洛杉矶
大西洋
墨西哥湾
墨西哥

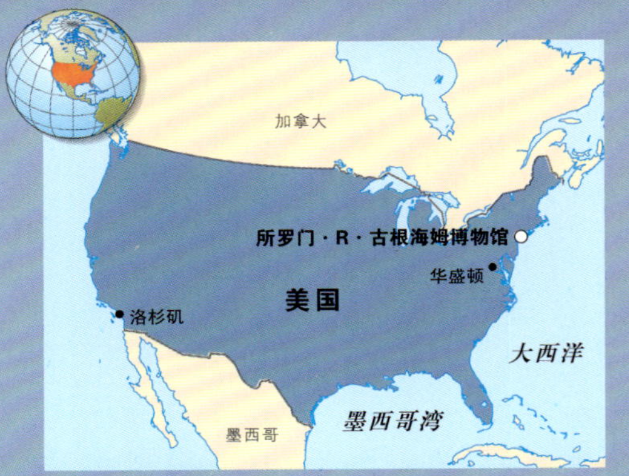

古根海姆和赖特

古根海姆的家族财富主要来自开采业和金属业。所罗门·R.古根海姆收藏了大量的当地画家的作品，1942年，他邀请著名的建筑师弗兰克·劳埃德·赖特为他设计一座博物馆以容纳他庞大的收藏品。赖特并不同意古根海姆选择的博物馆地点，他认为纽约市建筑过多、人群密度太高、建筑缺乏新意。但是最后赖特还是勉强同意了博物馆的地点，最终他设计出一座克服了这些缺点的独一无二的建筑。与曼哈顿的其他直线展览区的博物馆不同，赖特使用了弧线型的展览区，游客在不知不觉的行走中便可完成全部游览内容。

其他博物馆

所罗门·R.古根海姆基金会目前共运营着三个博物馆。其中由美国建筑师弗兰克·盖里设计的西班牙毕尔巴鄂古根海姆博物馆，收藏着一些当代艺术家的永久性收藏品（见第106页）。所罗门的侄女佩吉·古根海姆向所罗门·R.古根海姆基金会捐赠了她在威尼斯的别墅和她的艺术收藏品，其中包括超现实主义和抽象主义的绘画和雕塑。威尼斯佩吉博物馆于1951年开馆运营，成为所罗门·R.古根海姆基金会完整的一部分。德国柏林古根海姆博物馆是古根海姆基金会和德意志银行合作建成的，柏林古根海姆博物馆每年举行四次展览会，还会举行艺术和音乐表演。

收藏品

所罗门·R.古根海姆在早期收集了很多古代大师的作品，后在与德国艺术家希拉·罗贝的交往中，深受其影响，他的收藏观念得到改变，开始收藏一些现代主义艺术家的作品，如德劳内、康定斯基和雷格尔的作品。1937年他建立了所罗门·R.古根海姆基金会，在拥有基金会以后，古根海姆预想建立一个可以容纳不断增长的艺术收藏的博物馆建筑。早在1943年，博物馆就开始设计工作，并最终于1959年建成。1949年古根海姆逝世，之后博物馆的收藏品中增加了一些新的作品，如毕加索、塞尚、克利和曼戈尔德的作品。自1978年至1991年，塞恩哈斯收藏的印象派、后印象派和现代早期的绘画和雕塑作品先后捐赠给古根海姆博物馆，这些作品现收藏在**塔画廊**中。古根海姆博物馆的收藏品会定期更换。

纽约古根海姆博物馆全称所罗门·R.古根海姆博物馆，它是世界上最著名的私人现代艺术博物馆之一。博物馆海螺状的外形成为纽约著名的地标建筑，由美国20世纪最著名的建筑师弗兰克·劳埃德·赖特设计。博物馆自1959年建成后一直被认为是现代建筑艺术的精品，以至于近40年来博物馆中的任何展品都无法与之媲美。博物馆的内部呈螺旋状上升，中部形成一个敞开的空间，陈列品就沿着坡道的墙壁悬挂，观众可以从上往下走，边走边欣赏，不知不觉就走完了6层高的坡道。纽约古根海姆博物馆中收藏着很多19世纪和20世纪艺术家的作品。

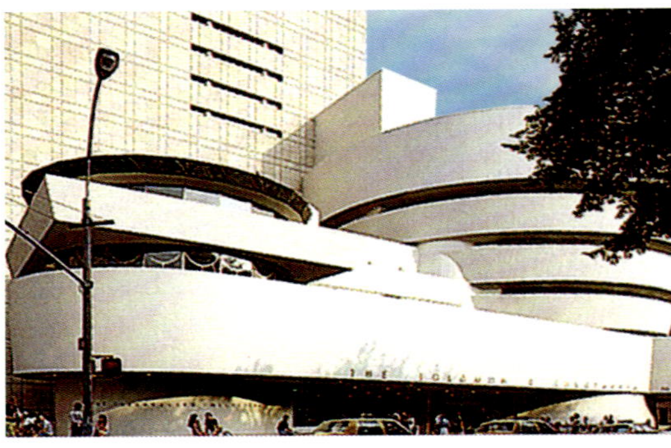

博物馆正面建筑

弗兰克·劳埃德·赖特

赖特是美国20世纪最著名的建筑师。他从事设计工作70多年，共完成了1141件作品，其中包括住宅、办公楼、教堂、学校和博物馆。赖特开创的草原式建筑风格成为美国住宅设计的典范。他对现代工业化材料的强调，特别是钢筋混凝土的采用和一系列新技术的应用，为以后的设计师们提供了一个探索的榜样。赖特在1943年接受设计纽约古根海姆博物馆的任务，博物馆于1959年赖特逝世后建成，这也是赖特在纽约设计的唯一的一座建筑。

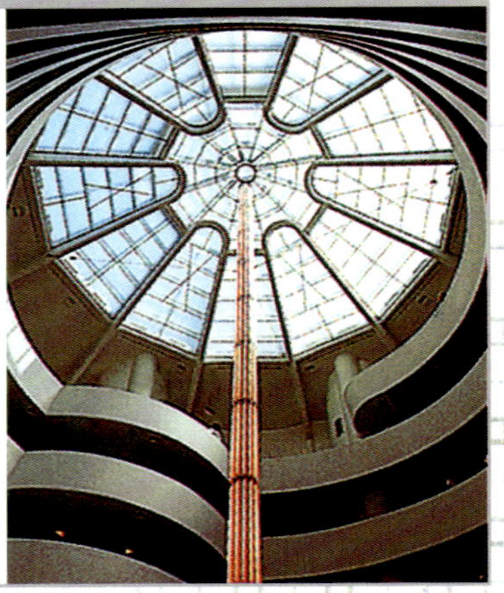
古根海姆博物馆壮观的圆形大厅内部

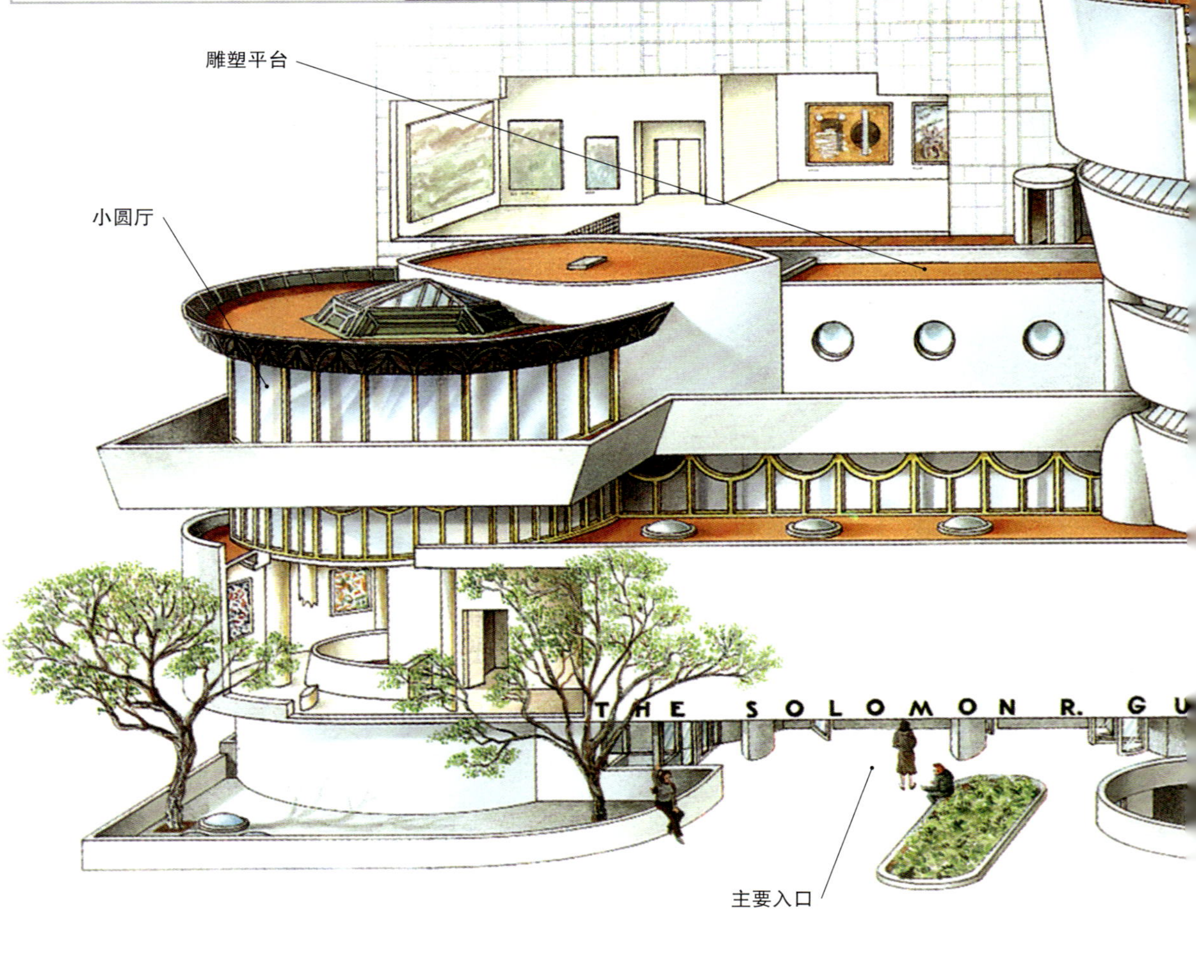
雕塑平台
小圆厅
THE SOLOMON R. GU
主要入口

▲螺旋形的设计使整座建筑看起来像海螺，内部也形成螺旋形的巨大空间

▲《透过窗子看巴黎》
马克·夏加尔在1913年创作了这幅色彩非亮而华丽的油画，画中的巴黎充满神奇，一切都是那么的不同寻常。

◀《抱花瓶的妇女》
费尔南达·雷格尔在1927年创作的这幅画中融入了立体元素。

◀《黑线》（1913年）
这是瓦西里·康定斯基早期创作的抽象艺术的代表作。

博物馆向导

古根海姆博物馆的大圆厅中陈列着一些特殊的展品；小圆厅中主要陈列着一些印象派和后印象派画作。塔画廊中收藏着一些永久性展品，也有一些现代作品。从五楼的雕塑平台可以眺望中央公园。

《照镜子的女人》（1876年）▶
为了捕获19世纪法国社会的关注，爱德华·马奈在画中经常创作交际花的形象。

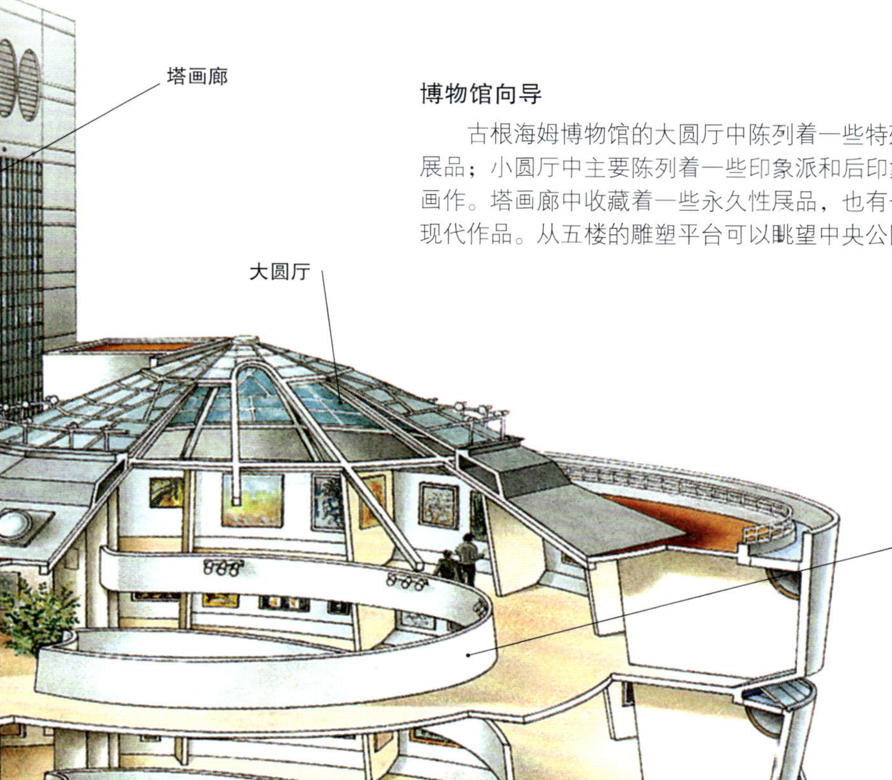

内部弯曲的坡道
陈列大厅是一个倒立的螺旋形空间，四周是盘旋而上的层层坡道。

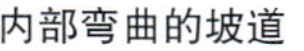

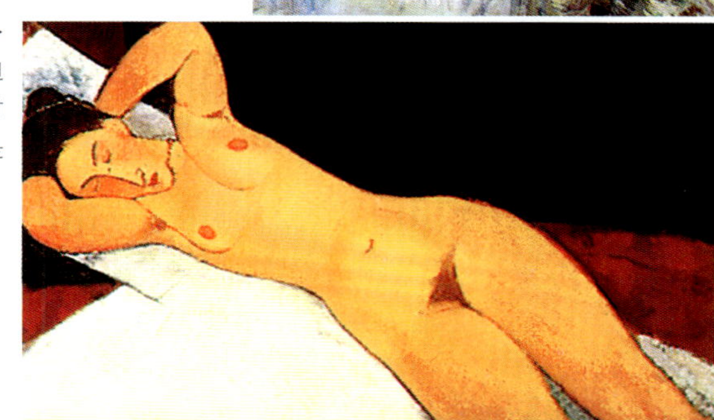

《女裸体》（1917年）▶
这种斜躺的人物形象是莫迪里阿尼画的主要特点，他对人物脸部简洁的处理主要是受非洲雕像的影响。

▲《黄头发的少女》（1931年）
这幅画描绘了一个温柔、丰满的少女，这是毕加索以他的情人玛丽·德蕾莎为模特绘画出来的名作。

▲《熨衣服的女人》（1904年）
这是巴勃罗·毕加索在蓝色时期创作的一幅画，这幅画中描述了她工作的辛苦和疲劳。

重要日期

1942年	1949年	1959年	1992年
弗兰克·劳埃德·赖特接受纽约古根海姆博物馆的设计工作。	所罗门·R.古根海姆逝世，博物馆建筑工作延后，并于1956年继续开始建筑。	位于纽约第五大道的所罗门·R.古根海姆博物馆对公众开放。	古根海姆博物馆增建了一个矩形的附属建筑，后开馆运营。

纽约帝国大厦

帝国大厦是美国及纽约市最著名的地标建筑和旅游景点之一，也是世界七大工程奇迹之一。自1931年建成以来，雄踞世界最高建筑的宝座达40年之久，直到1971年才被世贸中心超过。帝国大厦建于美国经济“大萧条”时期，而且大厦地址远离公共交通，使得许多办公室在20世纪40年代之前一直空置，它在早期也因此被戏称为“空国大厦”。

摩天大楼的竞赛

1889年，巴黎埃菲尔铁塔建成。美国的建筑师都跃跃欲试，想要挑战更高的建筑高度。20世纪初期，华尔街的老板也都热衷于修建摩天大楼以显示自己的富有。1929年，纽约的曼哈顿银行大楼是当时纽约最高的建筑，高283米（972英尺）。但是汽车制造商瓦特·克莱斯勒计划建造一座更高的大楼；他的竞争对手——通用汽车的约翰·雅各布·拉斯科布也决定加入建筑摩天大楼的竞争行列，他和另一位富商皮埃尔·杜邦共同投资建筑帝国大厦。克莱斯勒对于他投资建筑的具体高度一直讳言莫深。拉斯科布的帝国大厦的计划高度就比较灵活，他原本准备建筑85层，由于对克莱斯勒建筑高度不确定，后在85层的顶部加了一座62米（204英尺）的**电视塔**，这样帝国大厦就达到了102层，拉斯科布最终胜出。

帝国大厦的设计师

雪瑞佛·拉姆&哈蒙公司当时在曼哈顿已经设计了很多著名的摩天大楼，其中包括华尔街的特朗普大楼。帝国大厦开始建设后，仅用了11个月就建成了70层。帝国大厦高效的工程团队包括3000多名工人，在预算内提前了5个月落成启用，仅历时410天就建成了这座102层的摩天大厦。

摩天大楼的发展

如果没有一些建筑工程中的不断革新，现在的摩天大楼也许就不会一次次地挑战人类对高度的承受力。电梯在很久之前就开始使用，但是直到1854年以利沙·奥的斯向人们展示了这种带有安全装置的电梯，人们才开始信赖电梯，摩天大楼才得以崛起。第二必要的发展阶段是钢骨架结构的使用，在1885年世界第一座摩天大楼的建筑中使用。钢骨架结构的主要优点是外墙（称为幕墙）只需支撑其自身重量，这样建筑师便可以随心所欲地扩展建筑物了。在曼哈顿市中心区建筑摩天大楼需要庞大的材料，材料的堆放就是一个亟待解决的问题。为了解决这个问题，他们研究出一个极为精确的准备工作，只在建筑工地上堆放三天的建筑材料，之后需要的材料会源源不断地快速运到。

◂ 帝国大厦大厅入口处

大厅的大理石墙上雕刻着纽约州的地图，帝国大厦的摩天大楼覆盖在地图上。

▴ 空中建筑者

这些建筑者悬挂在第五大道上，他们勇敢的身姿在帝国大厦建筑期间被记录了下来。

▴ 纽约州前任州长艾尔·史密斯和帝国大厦模型的合影

▴ 正面建筑

帝国大厦的正门中央建有一扇巨大的格子窗户，阳光可以从这里照射进大厅。

重要日期

1930年3月	1931年	1977年	2002年
帝国大厦开始施工。10月时，已建成88层。	帝国大厦对外开放，是当时世界最高的建筑。	举行第一届爬楼梯比赛。	唐纳德·特朗普把帝国大厦卖给了一个财团。

装饰艺术

帝国大厦被认为是纽约最后一座装饰艺术杰作。装饰艺术运动在20世纪20年代到40年代盛行，主要使用丰富的线条装饰、逐层退缩结构的轮廓、几何图形和古老文化的物品或图腾，如金字塔状等。

▲ 在观景台上俯瞰

在帝国大厦第86层的观景台可以俯瞰整个曼哈顿。晴朗的天气，游客可以观赏到周围125千米的景观。第102层的观景台在1994年停止对外开放。

▲ 雷击

帝国大厦顶端的避雷针每年要遭受100多次雷击，观景台会在恶劣天气时关闭。

◀ 国际地位

尽管现在已经有很多建筑超过了帝国大厦的高度和规模，但是帝国大厦依旧气势宏伟，享有很高的国际声誉。

建筑过程

帝国大厦的设计非常简单，因此减轻了建筑的难度；而且大厦建造的准备工作做得很充分，所以大厦的建筑进展速度很快，平均一周建筑四层。

102层观景台

电视塔

帝国大厦顶部加了一个用金属和玻璃建成的飞艇碇泊塔，后来的实践证明这个碇泊塔不可行，现改建成电视信号塔，为纽约和美国其他四个州传播电视和广播信号。

五颜六色的彩灯

帝国大厦的最高的30层上装饰着五颜六色的彩灯，在特别的节日这些彩灯会全部点亮。

大厦构造

帝国大厦共使用了60000吨钢铁，仅用了23周就建成。

高速电梯，每分钟运行366米（1200英尺）

帝国大厦共有102层，其中85层是办公楼

帝国大厦扮演的角色

帝国大厦曾在很多影视作品中出现，但是最让人难忘的是在1933年美国电影《金刚》中，巨大的猩猩站在帝国大厦的顶端与战斗机打斗，最终被战斗机攻击导致身受重伤、摔落地面而死。1945年，一架真正的轰炸机由于当天的浓雾导致在空中迷失方向，撞向了帝国大厦的78楼，当时最幸运的人是一位电梯操作员，事发时她被困在79楼，这短暂的停留救了她。

地板间的夹层，电缆、管道和线路都在这里

铝合金板

帝国大厦的6500多扇窗户都用铝合金包覆。

帝国大厦 443米（1454英尺）

埃菲尔铁塔 324米（1063英尺）

金字塔 147米（482英尺）

大本钟 97.5米（320英尺）

◀ 高低顺序排列

纽约人对他们城市的象征——帝国大厦充满敬畏，事实也确实如此，因为它比其他国家的象征建筑要高很多。

帝国大厦共使用了1000万块砖

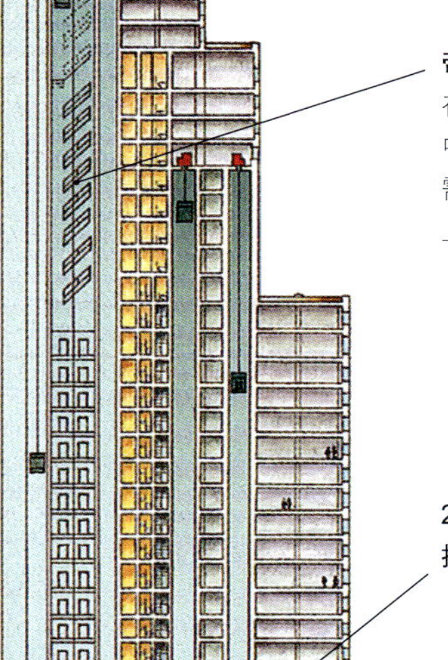

帝国大厦的爬楼梯比赛

在每年举行的爬楼梯比赛中，速度较快的人一般只需10分钟就可以从大厅爬上86楼，共1576级台阶。

200多座钢筋混凝土桩支撑着365000吨重的大厦

◀ 帝国大厦 443米（1454英尺）

这些纪念章陈列在帝国大厦的大厅中，纪念章上刻画着一些当今时代的大事件和人物像。

举世瞩目的帝国大厦

NEW
YORKER

自由女神像

耸立在自由岛上的自由女神像是法国人民为庆祝美国独立100周年送给美国人民的礼物，一个多世纪以来，自由女神像已成为美法人民友谊的象征，永远表达着美国人民争取民主、向往自由的崇高理想。1886年10月28日，在礼炮声中，美国总统格罗弗·克利夫兰为自由女神像揭幕。自由女神像的基座上镌刻着美国女诗人的诗：送给我，你那疲乏的和贫困的，挤在一起渴望自由呼吸的大众。经过一个多世纪的风吹雨打，自由女神像亟需修复。1986年10月28日，经过修复的自由女神以新的风采迎接了自己百年“诞辰”的到来。

▲ 自由女神像国家纪念碑

自由女神像矗立在纽约市海港内。120年以来，自由女神迎接着数百万乘船移民美国的人们。对他们来说，自由女神是摆脱旧世界的贫困和压迫的保证。

▲ 自由女神博物馆

关于自由女神像的各种海报都收藏在博物馆中。

金色火炬

自由女神的火炬在经过数年风雨的侵蚀后，在1986年更换成新的火炬，新火炬上镶有24克拉的金箔。

自由女神像

自由女神像从地面到火炬总高93米（305英尺），巍峨的身姿吸引着所有人的目光。

自由女神的面部

自由女神的外貌设计来源于雕塑家巴尔托迪的母亲。自由女神所戴头冠上的七道尖芒象征世界七大洲。

铁架

铁架是由法国伟大的工程师古斯塔夫·埃菲尔设计完成的，他意识到铜皮会与铁架产生化学反应，所以在它们之间添加了一层屏障。

中央塔架

塔架把225吨重的自由女神像固定在基座上。

354级台阶

通过这些台阶可以从入口抵达自由女神像的顶部。

观景台和博物馆

基座

自由女神像的基座固定在一个军事壁垒内，这是当时浇筑的最大的基座。

1886年的火炬

自由女神最原始的火炬现在陈列在博物馆的大厅中。

构造天才

法国工程师古斯塔夫·埃菲尔因设计巴黎埃菲尔铁塔而闻名于世，他接受了让中空的自由女神像能够抵御来自大海的强大风力这个难题。他的解决方案是设计了一座由四只脚嵌入基座的8米深的石造台和形似铁塔架的铁结构。无论是埃菲尔铁塔还是自由女神像，从中都可见埃菲尔对钢铁构造的创新型运用。

弗雷德里克·奥古斯特·巴尔托迪

自由女神像的正式名称是“照耀世界的自由女神”，是由法国雕塑家弗雷德里克·奥古斯特·巴尔托迪设计完成。巴尔托迪认为他的国家缺乏自由，他说，“我赞美那里的共和国和自由，也希望有一天在我的国家重新找到自由。”巴尔托迪共花费了21年终于完成自由女神像，他曾在1871年到访美国，劝说美国总统尤利塞斯·S.格兰特和其他美国人帮助筹款建筑自由女神像底座。

古斯塔夫·埃菲尔（1834—1904年）

自由女神的面部

通往自由岛的渡轮

渡轮可以从纽约港通往自由岛，自由岛以前叫作哈德逊岛。

庆祝自由女神像100周年

1986年7月4日，自由女神在经过精心修复后重新对外开放。当晚燃放了200万美元的烟花以庆祝自由女神像100周年纪念日，这是美国规模最大的烟花表演。

从自由女神的脚趾到她的火炬

自由女神像共由300块铜皮用铆钉组合到一起。

法国的自由女神像工作室，建于1882年左右

自由女神像的手

先用石膏制作出手的模型，然后用木头复制，最后把铜皮镶上，捶打模型。

自由女神像的模型

巴尔托迪制作了很多不同规模的自由女神像，最终制成最大的金属女神像。

重要日期

1865年	1876年	1886年	1986年
巴尔托迪决定塑造一座象征自由的塑像，作为法国送给美国人民的礼物。	巴尔托迪接受建造自由女神像的任务。	自由女神像开幕，巴尔托迪亲自为女神像揭幕。	经过修复后，自由女神像重新对外开放。

建造自由女神像

在巴尔托迪巴黎的工作室中，他制作了四座规模不等的自由女神像模型，最大的模型只有真正自由女神像的四分之一规模。这座模型被分成300块石膏，然后把每块石膏依照比例扩大成现在看到的规模，再用木头复制，工人们把2.5毫米厚的铜片嵌到木模型上，用铁锤锤打成形，再将女神像的“铜”皮一块一块地镶到古斯塔夫·埃菲尔制作的“骨架”上去。自由女神像共由350块铜片组成，用50毫米宽的铁皮条连接在一起。这些铁皮条与弹簧一样可以伸缩，这样可以使自由女神的皮肤在狂风或极端的温度下自由伸缩。1885年6月，自由女神像被分装成210箱，由法国的一艘轮船在美军军舰护航下运到纽约港。1886年10月中旬，75名工人在脚手架上将30万只铆钉和350块零件，组合一体。

筹款

关于自由女神像的费用，最早的计划是由法国人民负责筹集制作费用，而美国需要为自由女神像提供基座。美国的资金募集进展却很慢，拥有纽约《世界报》的约瑟夫·普利策出于对自由的崇敬，同时也为了扩大报纸的影响，而发动了一场声势浩大的为建筑自由女神像基座而进行的募捐运动。普利策在《世界报》头版社论里指出：“自由女神像是法国人民送给美国人民的礼物。”不久，整个民族的热情被带动起来，人民纷纷捐款，资金的保证使自由女神像的安装得以顺利进行。

博物馆

自由女神博物馆位于自由女神像的基座。博物馆的大厅中陈列着自由女神像原来的火炬（**1886年的火炬**）。自由女神的展览品位于第二层，这里陈列着文物、照片、影像和口述历史等资料，都记录着自由女神的历史。博物馆的另一区域主要探讨自由女神像的象征意义，如“移民之母”称呼的来源和“自由女神像在流行文化中的意义”等。这里还陈列着与自由女神像同等规模的女神的脸和她的左脚（**模型**）。20世纪早期美国女诗人埃玛·娜莎罗其的一首脍炙人口的诗——《新巨人》被镌刻在基座上。

美国白宫

白宫位于美国华盛顿哥伦比亚特区，是美国总统的官邸和政府办公场所。白宫的基址是美国开国元勋、第一任总统乔治·华盛顿选定的，第一位入主白宫的总统却是第二任总统约翰·亚当斯，从此，美国历届总统均以白宫为官邸，使白宫成为了美国政府的代名词。在200多年的岁月中，白宫建筑群也成了历史性建筑。白宫的设计者是著名的美籍爱尔兰人詹姆斯·霍本，他把白宫设计为帕拉底奥式（新古典主义，见第57页）。白宫在1814年和1929年遭遇两次火灾，白宫内部几乎全部毁坏，在杜鲁门总统执政期间（1945—1953年）得到修复。“白宫”是1901年西奥多·罗斯福总统正式命名的。

▲ 白宫北门正面建筑

白宫帕拉第奥建筑风格的正面建筑对世界上很多人来说都很熟悉。

白宫游客中心

白宫游客中心展示着一些有趣的展览品，包括建筑、室内陈设、总统之家等，游客必须在一个特殊的部门提前登记，然后在国会议员或是使馆人员的陪同下参观游客中心。

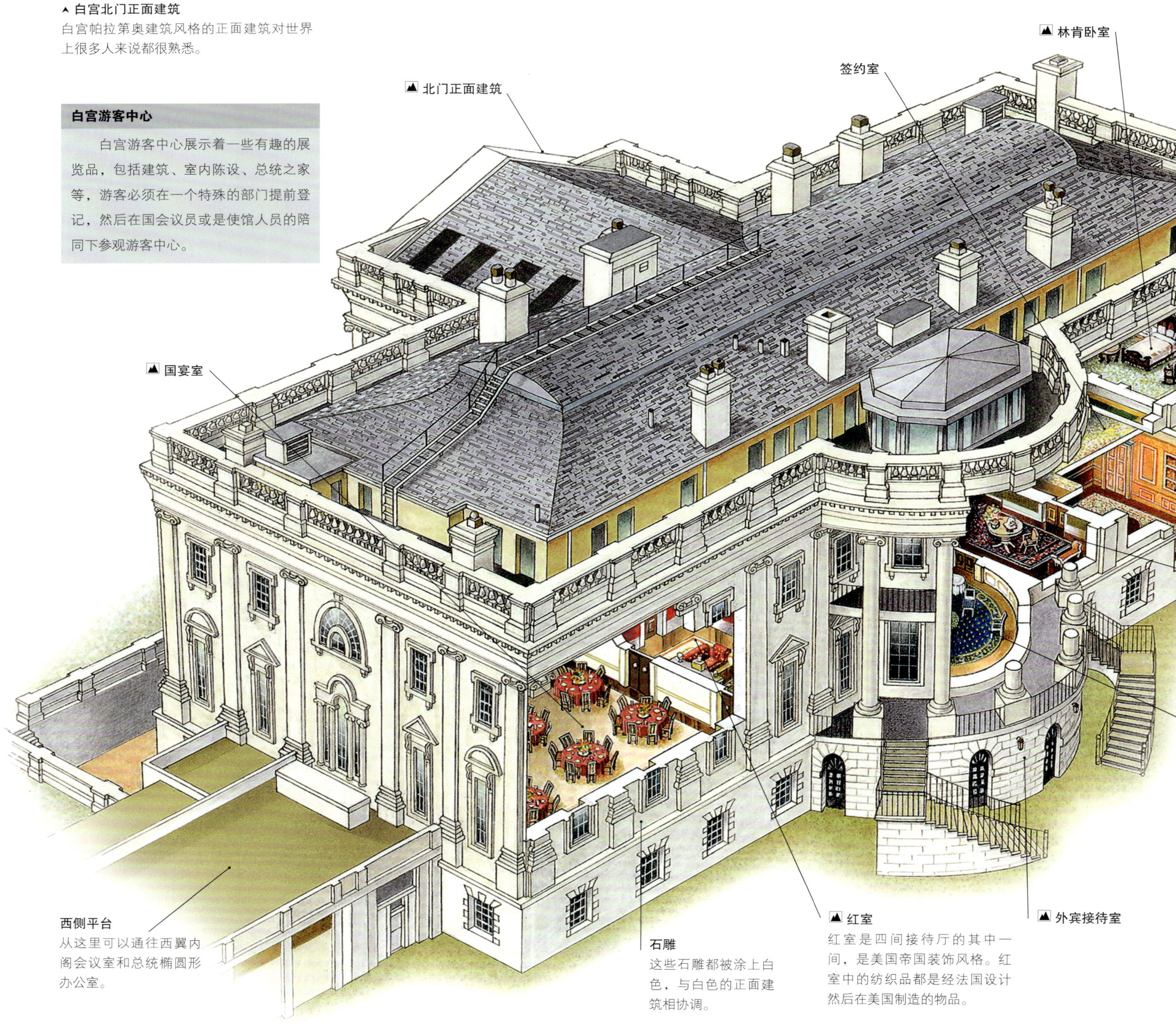

西侧平台

从这里可以通往西翼内阁会议室和总统椭圆形办公室。

石雕

这些石雕都被涂上白色，与白色的正面建筑相协调。

红室

红室是四间接待厅的其中一间，是美国帝国装饰风格。红室中的纺织品都是经法国设计然后在美国制造的物品。

▲ 林肯卧室
林肯卧室是林肯总统办公和召开内阁会议的地方。杜鲁门总统时期把这里摆放上了林肯时期的家具，并把它装饰成卧室。

◀ 黄色椭圆形厅
这间黄色大厅装饰着七幅历任第一夫人的画像，其中包括道格拉斯·钱德在1949年创作的埃莉诺·罗斯福夫人的画像。

▼ 红室

▲ 外宾接待室
这间大厅主要接待各国使节，大厅装饰着联邦时期（1790—1820年）的家具。

从东侧平台可以通往东翼

东大厅
大型的活动在这里举办，如舞会和音乐会。

国宴室 ▶
国宴室在1902年经过扩建，现可容纳140人。国宴室的壁炉上方挂着亚伯拉罕·林肯的画像，是乔治·希里在1869年创作完成的。

▲ 黄色椭圆形厅

绿室
绿室是另一间接待室。这里最早是客房，托马斯·杰斐逊总统执政时期把这里改建为餐厅。现在这里是小型接待室，国宴室的客人在餐前可以在这里饮上一杯鸡尾酒。

蓝室

白宫建筑师

乔治·华盛顿选定总统官邸的地址后，举行了选择最佳设计方案的竞赛。1792年，爱尔兰出生的建筑师詹姆斯·霍本设计的总统官邸方案在众多设计方案中脱颖而出。英美战争中大火破坏了官邸，1814年，官邸在原设计师霍本主持下重修。1902年，罗斯福总统雇用纽约麦基姆建筑公司修复白宫建筑，并新建了白宫西翼。在杜鲁门总统和肯尼迪总统执政期间，白宫经过了大规模的整修。

詹姆斯·霍本，白宫建筑师

重要日期

1792年	1800年	1814年	1902年	1942年
开始建造总统官邸（1901年被命名为白宫）。	亚当斯总统和他的夫人是白宫的第一位主人。	英国军队在1812年放火烧毁白宫。	建造白宫西翼，这里成为政府办公地，椭圆形的总统办公室也在这里。	罗斯福总统主持兴建白宫东翼，这是白宫最后建造的建筑。

1812年英美战争

詹姆斯·麦迪逊执政期间（1809—1817年），美国与英国在海上贸易间的矛盾升级。1812年6月18日，美国对英国宣战。1814年8月英国军队攻入华盛顿特区，白宫中的官员带着《独立宣言》和《美国宪法》逃离白宫。8月24日，英国军队在华盛顿郊区布拉登斯堡打败美国军队。他们在美国国会大厦、白宫、美国陆军部和财政部纵火，企图摧毁华盛顿，但是夜里的一场大雨阻止了这次灾难。1815年2月17日，美英双方停战，签署《根特协议》，边界恢复原状。

白宫西翼

1902年，白宫西翼建筑由纽约麦基姆建筑公司完成，共花费65196美元。内阁会议室位于西翼（**西侧平台**），总统在这里召开内阁会议。西翼最主要的厅室是椭圆形的总统办公室，这里是总统接待外国元首和使节的地方，地面铺着一张巨大的蓝色地毯，上面绣着象征美国50个州的标志。总统为了显示其统治权，总喜欢改变办公室原有的装潢或摆设，以表明新主人的不同品位。克林顿总统选择将1880年英国女王维多利亚送给拉瑟福德·伯查德·海斯总统的桌子当书桌使用。

白宫内部

白宫中众多的房间的装饰非常具有阶段性特征，内部摆放着很多名贵的家具、独特的瓷器和银器。墙上挂着一些美国最珍贵的绘画，其中包括历届美国总统和第一夫人的肖像。**签约室**自1865年成为内阁会议室后，之后的十届总统一直在这里举行内阁会议，会议室中收藏着格兰特总统购买的维多利亚时期的珍品。国家楼层的中央是**蓝室**，是门罗总统在1817年装饰的美国帝国风格（1810—1830年）。与蓝室阳台相对的是南院草坪，草坪上的许多树木都是总统或第一夫人亲手种植的。后来的第一夫人杰姬·肯尼迪在1962年用帝国风格重新装饰**红室**。红室是第一夫人们最喜爱的房间，她们经常在这里接待客人。

大圆顶

19世纪50年代由于国会大厦建筑的不断扩大，中央的圆顶已经与整体建筑不协调；更重要的原因是此时的圆顶上有裂缝，这也意味着这里是潜在的不稳定因素。1854年，美国政府拨给建筑师托马斯·沃尔特10万美元建造国会大厦中央新的铸铁**大圆顶**。沃尔特设计的双层大圆顶与巴黎先贤祠的设计有些相似。1863年，美国独立战争期间（1861—1865年），雕塑家托马斯·克劳福德在塔顶加上了6米高的自由女神铜像，这样大圆顶的高度为87.5米（287英尺）。

圆形大厅中的浮雕

在托马斯·沃尔特1859年的设计中，计划在**圆形大厅**中装饰浅浮雕。但是1877年，这个计划改变了，计划在圆形大厅中绘画高2.5米（8.4英尺）、总周长为91米（300英尺）的巨型壁画，其中描述**美国历史的壁画**共有19幅，这些壁画从西门开始按照顺时针方向环绕整个圆形大厅。西门的第一幅壁画也是唯一的一幅包括寓言人物的壁画，这幅壁画把美国女性和历史的特点形象地融入寓言人物中。其他的壁画主要讲述美国历史上的大事件，如哥伦布发现新大陆、新英格兰的殖民化、《独立宣言》的发表、加利福尼亚的淘金热和1903年莱特兄弟的第一次飞行等。

雕像

1864年，美国国会邀请每个州选出两位优秀人物的雕塑进入国会大厦中的**国家雕像厅**。不久，由于雕塑的数量太多，不得不把一些雕像安放在**圆柱厅**和其他走廊中。在圆形大厅中可以看到美国前总统华盛顿、杰克逊、加菲尔德和艾森豪威尔的雕像。国家雕像厅中可以看到罗伯特·李将军和托马斯·杰斐逊总统、夏威夷的统一者卡美哈美哈一世、蒸汽轮船的发明者罗伯特·富尔顿、政治家休伊·皮尔斯·朗、得克萨斯共和国的总统萨姆·休斯敦和切诺基字母的发明者希科雅等杰出人物的雕像。

美国国会大厦

▲ 大圆顶

最早的大圆顶是用木头和铜制成的，1854年由建筑师托马斯·沃尔特设计建成新的大圆顶

美国国会大厦是美国国会所在地，是美国民主政治的象征。国会大厦在1793年9月18日由华盛顿总统亲自奠基，1800年投入使用。1812年美英战争期间被英国人焚烧，部分建筑被毁。1815年开始修复，后增建了参众两院会议室、圆形屋顶和圆形大厅，并多次改建和扩建。1863年，6米高的自由女神铜像被安放在国会大厦的拱顶，标志着国会大厦的扩建宣告完成。国会大厦是典型的新古典主义建筑（新古典主义，见第57页），大厦内部装饰着古希腊和罗马风格的壁画和雕塑。国会大厦自1800年以来就是国会会议的召开地，国会议员聚集在此制定法律，美国总统亦在此宣誓就职，并且宣讲每年的国情咨文。

圆形大厅

大厅在1865年建成，高55米（180英尺），大厅的中央穹顶上由意大利画家康斯坦丁诺·布鲁米迪创作的《华盛顿之神》充满浪漫气息。

圆柱厅

圆形大厅中主要安放美国各个领域杰出人物的雕像。

国家雕像厅

众议院大厅

重要日期

1791—1792年	1829年	1851年	1983—1993年
选定华盛顿作为国家首都，并划分了区域。	在相继更换了三个建筑师后，国会大厦最终建成。	国会大厦的两翼建筑奠基，由托马斯·沃尔特主持建筑。	修复西翼建筑。

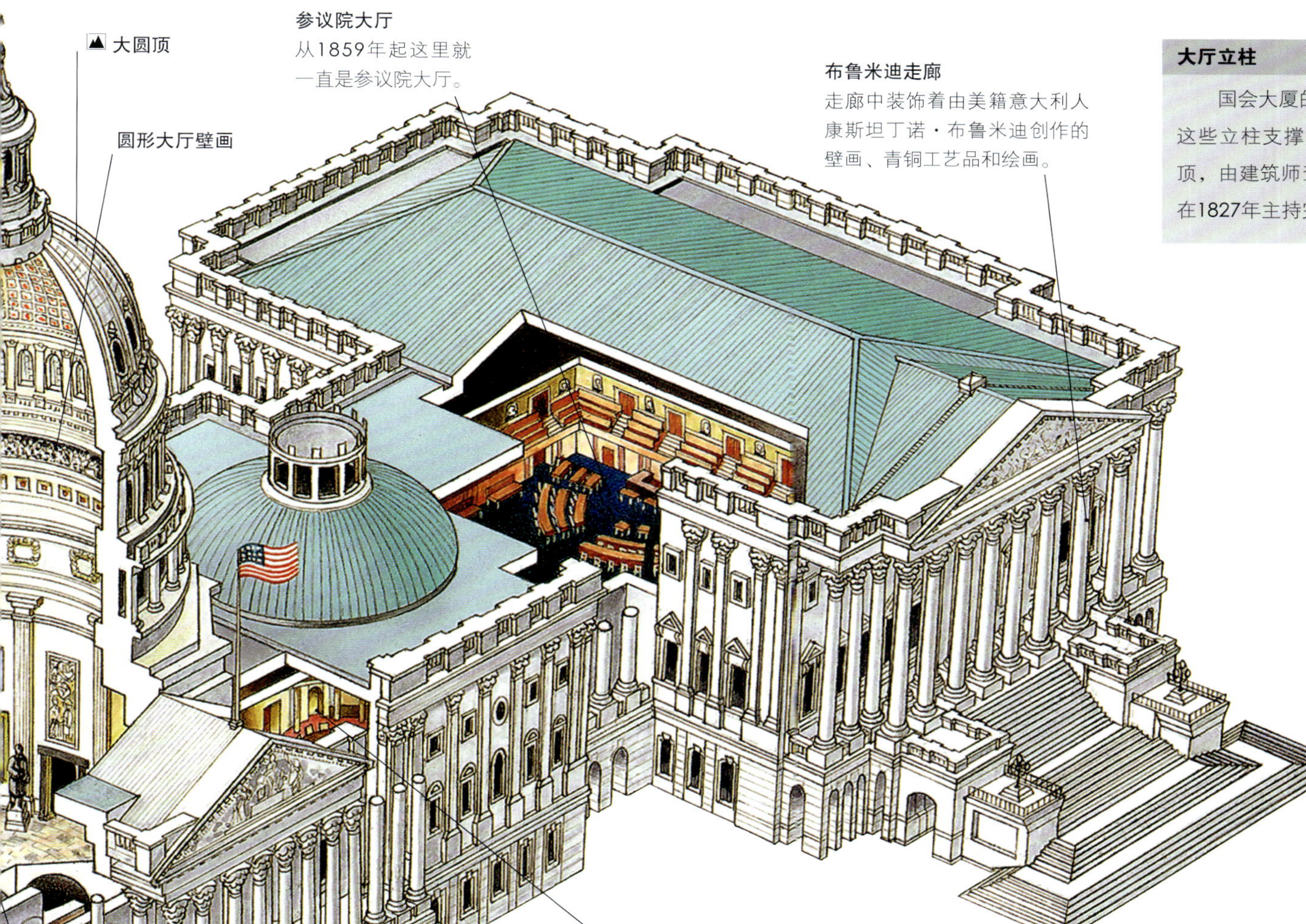

大厅立柱

国会大厦的中央大厅中建有40个多利安式立柱，这些立柱支撑着整个圆形大厅和九吨重的铸铁大圆顶，由建筑师查尔斯·布尔芬奇（1763—1844年）在1827年主持完成。

▾ 国会大厦一景

国会大厦是华盛顿特区的中心建筑，特区的四个区以它为中心向周围辐射。

老参议院大厅 ▸

在1859年之前这里一直都是参议院大厅，后作为最高法院75年之久，现在这里是博物馆。

▾ 东门

东门的三角墙上雕刻着象征着美国的古典女神形象，她的两侧是象征着正义和希望的女神像。

▾ 国家雕像厅

雕像厅长29米（95英尺），高18米（60英尺），整个大厅的设计仿照古希腊剧院。大厅的屋顶装饰着富丽宏伟的壁画。

▾ 圆形大厅

加拿大
纽约
旧金山金门大桥
华盛顿
美国
洛杉矶
大西洋
墨西哥湾
墨西哥

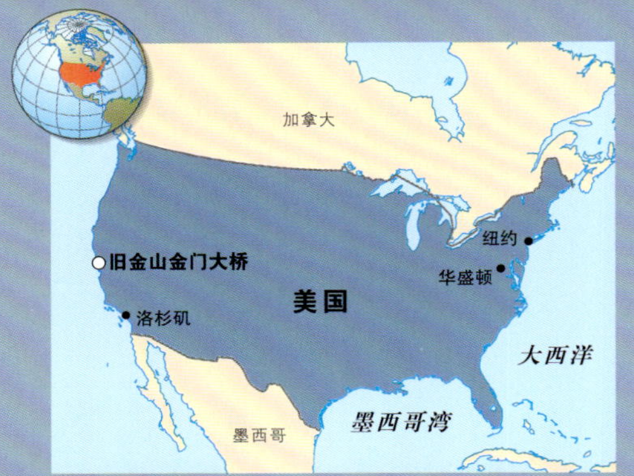

建筑金门大桥

金门大桥是世界罕见的单孔长跨距悬索桥之一，主要由锚地、桥塔、钢缆和道路组成。大桥两端建有大量的混凝土锚地以固定巨大的钢缆。金门大桥的桥塔的钢缆是由宾夕法尼亚州特别制造，然后经巴拿马运河运到这里。金门大桥总工程师约瑟夫·斯特劳斯选择约翰·罗布林负责建造金门大桥的桥墩，他们曾经参与建筑布鲁克林大桥。由于那个时期的起重机举不起如此重的桥墩，所以他们只好用机器推动桥墩移动，就这样，6个月之后，桥墩终于固定到它的位置上。对于大桥的颜色，建筑师欧文·莫罗不同意使用标准的灰色，而是使用红、黄和黑混合的“国际橘”，他认为这个颜色既和周边环境协调，又可使大桥在金门海峡常见的大雾中显得更醒目。

金门大桥建成

金门大桥的建设完全在进度和预算内。在1937年5月27日这个有雾又有风的日子，金门大桥开始对行人开放，18000多名市民参加了金门大桥盛大的开幕式，他们步行穿过了2737米（8981英尺）的金门大桥。第二天，富兰克林·罗斯福总统在白宫摁下电钮，金门大桥正式开始通车，同时旧金山和马林郡的汽笛和教堂的钟声齐鸣，之后又持续了一周的庆祝活动。

设计师的争论

建筑金门大桥的提议最早是美国铁路巨头查尔斯·克罗克在1872年提出的，但是众人都认为建筑横跨旧金山海湾的大桥根本不可行。1921年，建筑师约瑟夫·斯特劳斯设计出了金门大桥的图案。在这些政治家们争论了九年后，斯特劳斯被任命为金门大桥总工程师，事实上金门大桥的设计和建筑应该归功于副总工程师克利福德·潘恩和建筑师欧文·莫罗。根据各方面所说，斯特劳斯是一个极难相处的人，他在金门大桥开通前解雇了他的副总工程师查尔斯·艾里斯，因为他认为艾里斯吸引了太多的宣传，而且斯特劳斯还在官方文件中删除了查尔斯·艾里斯的名字，抹去了他对金门大桥的贡献。

旧金山金门大桥

金门大桥是世界著名大桥之一，被誉为近代桥梁工程的一项奇迹，也被认为是旧金山的象征。大桥雄峙于美国加利福尼亚州宽1900多米的金门海峡之上，在1957年之前，它是世界上最长的悬索桥。大桥在1937年建成通车，由于这座大桥新颖的结构和超凡脱俗的外观，被国际桥梁工程界认为是美的典范，更被美国建筑工程师协会评为现代的世界奇迹之一。

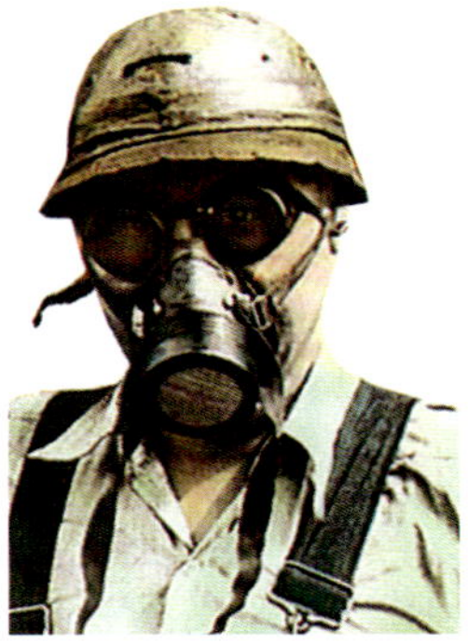
戴着安全面罩的建筑者

渡船归来

金门大桥建造的目的是减轻旧金山海湾渡轮的压力。由于现在很多汽车出行的人都放弃开车出游，而选择乘渡轮，所以金门大桥的交通变得繁忙起来。现在旧金山海湾共有18辆渡轮供游人乘渡。

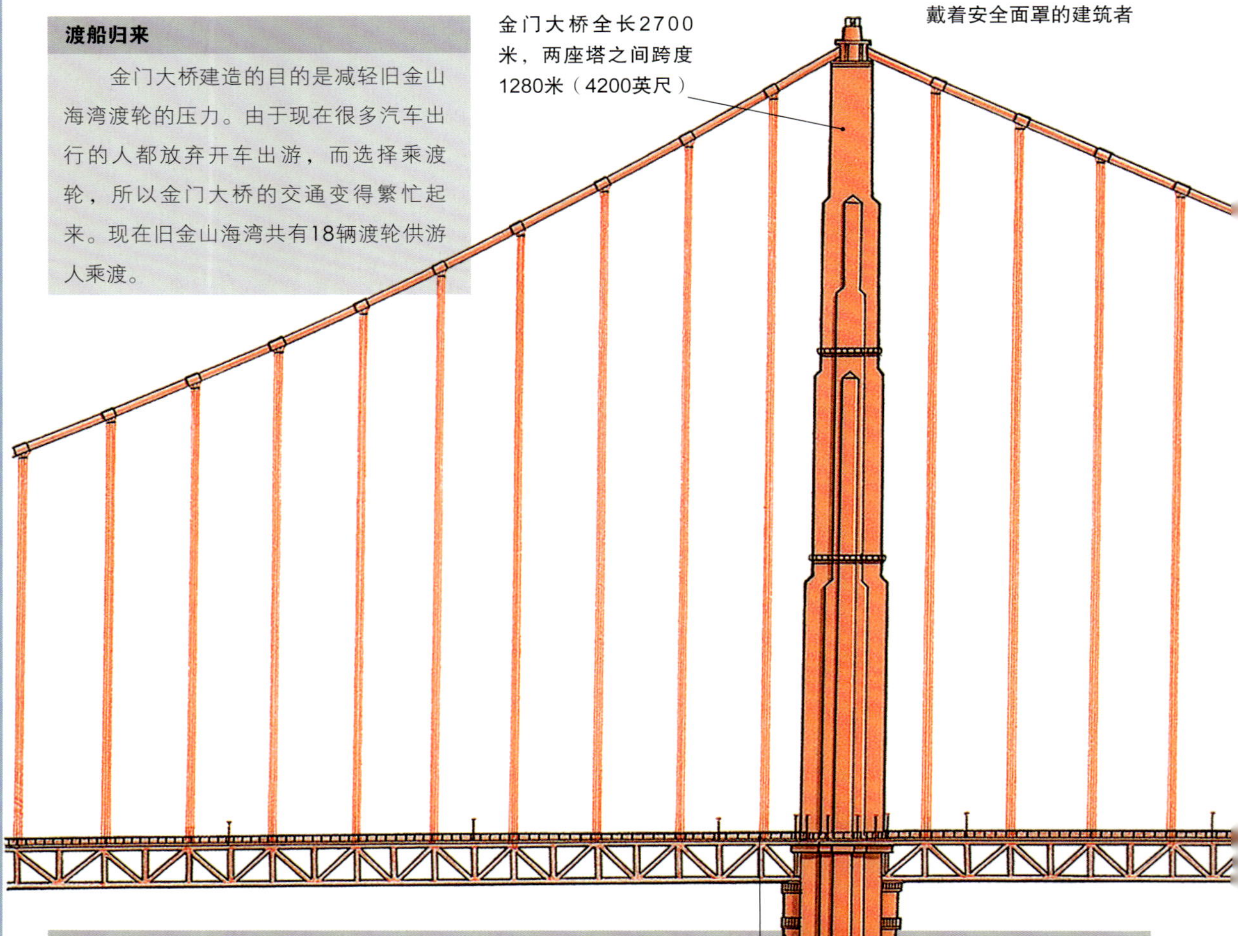
金门大桥全长2700米，两座塔之间跨度1280米（4200英尺）

地基

金门大桥的两座辅助性钢铁的地基是世界工程史上的壮举。南侧的桥墩离海岸线345米（1125英尺），位于海平面下方30米（100英尺）处。

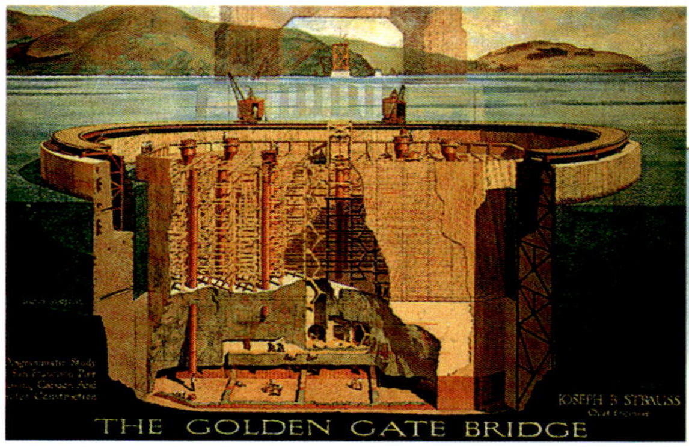
THE GOLDEN GATE BRIDGE
JOSEPH B. STRAUSS

混凝土挡板

在金门大桥桥墩建筑期间，为了保护桥墩避免被海潮冲击，建筑师们用混凝土挡板把桥墩包裹在里面，并把内部的水抽干，形成了巨大的紧密空间。

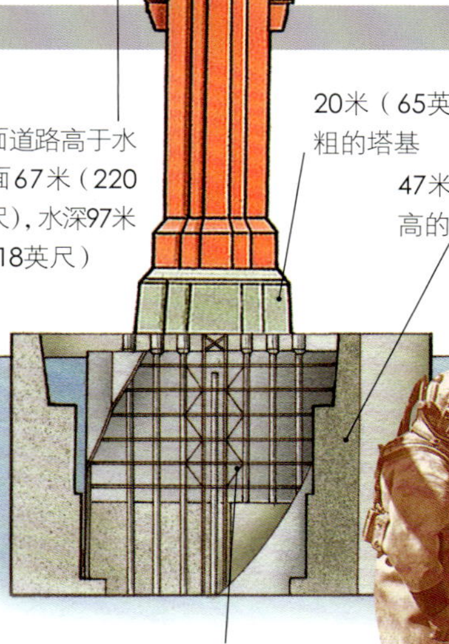
桥面道路高于水平面67米（220英尺），水深97米（318英尺）
20米（65英尺）粗的塔基
47米（155英尺）高的混凝土挡板
加固的钢铁结构

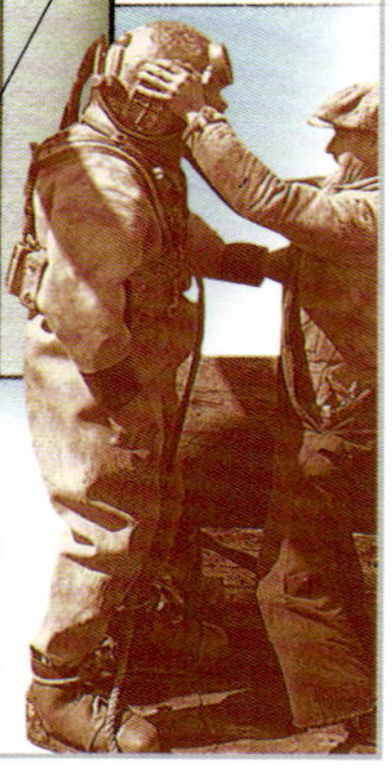
潜水员

为了清理桥墩底部的基岩，潜水员不得不潜入海底炸毁6米深的石洞。

▾ 从南端观看金门大桥

▴ **建筑桥面道路**

钢筋混凝土构造的铁路从钢塔的两侧开始施工，这样使桥墩上的压力得到分散。

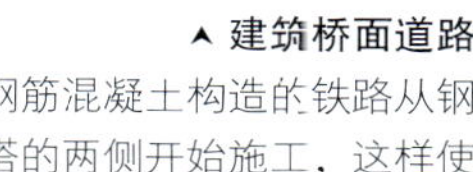

桥上的灯光 ▴

大桥上安装着钠灯，这样就不会反光，避免了夜间驾车造成的困扰。

钢塔 ▸

两座中空的辅助性钢塔固定着悬浮的钢索，塔高227米，重达44000吨。

关于金门大桥的数据

· 现在每天约有118000辆车从金门大桥通过，这意味着每年有4000万辆车在使用金门大桥。

· 金门大桥桥身的颜色是国际橘。除了偶尔涂刷部分桥身，金门大桥的第二次完整涂刷是在27年后，除去了这层油漆后，重新使用了一种更持久耐用的油漆，这项工作由一组38名的专业涂漆人员完成。

· 金门大桥有两条长2332米（7650英尺）、粗1米（3英尺）的钢缆，两大钢缆由128744千米长的钢丝组成——足够绕地球赤道三圈。

· 浇筑金门大桥的桥墩使用了大量混凝土，这些混凝土足够铺筑一条从纽约到旧金山的长4000多千米、宽1.5米的道路。

· 金门大桥可以抵挡时速160公里/小时的风速。

· 金门大桥的两座桥墩必须能够抵挡时速超过97公里/小时的潮水，同时还得支撑桥墩上的沉重的巨塔。

金门大桥北侧的美丽风光（面朝加利福尼亚州马林郡方向）

目标明确的建筑师 ▸

芝加哥的意大利人约瑟夫·斯特劳斯是金门大桥的总设计师，副总工程师是克利福德·潘恩和查尔斯·艾里斯，欧文·莫罗担当建筑顾问。

重要日期

1872年左右	1923年	1933年	1937年	1985年
开始讨论在旧金山海湾建筑一座大桥。	加利福尼亚州立法院通过议案寻求建筑大桥的可行性。	1月份金门大桥开始施工。	金门大桥举行通行仪式。	第100万辆车从金门大桥通过。

基瓦会堂

通常情况下，一个普韦布洛人拥有很多相连的小**基瓦会堂**（大地穴）和一座大基瓦会堂。很多学者认为小基瓦会堂可能是住所，大基瓦会堂是仪式场所并且女人和小孩不得入内。查科峡谷的第一座基瓦会堂约建于700年，大部分基瓦会堂是圆形的，也有一些是D字形。基瓦会堂的入口是一个圆形的洞穴，会堂地面上也有一个被称为斯帕普的洞穴，这可能象征着人类与大地母亲的紧密联系。会堂中央是一个火塘，会堂的一边建有通风口，使会堂更适宜居住。

其他遗址

阿兹特克国家历史保护区是阿那萨吉人在12世纪建造的建筑，这处重要的古迹位于查科峡谷北侧111千米。这里有一座经过重新建筑的大基瓦会堂，还有一个由450座相互连接的房屋组成的大村庄，这些房屋是用石头和泥建造而成的。再往北是**梅萨维德**国家公园，梅萨维德是西班牙语，意为绿色台地，阿那萨吉人在550年到1300年间在这里定居。纳瓦霍国家历史保护区位于查科峡谷西北358千米处，阿那萨吉人在13世纪晚期生活在这里。他们穴居悬崖峭壁之上，生活方式非常独特，其中三座保存最好的悬崖住所就位于这里。

阿那萨吉人

400年左右，查科峡谷的人开始以完善的组织形式在这里定居，他们的文化被称为“阿那萨吉”，在纳瓦霍印第安语中意为“古代的人们”。几个世纪以来，阿那萨吉人的村庄规模都较小。11世纪，随着人口数量的增加，他们开始在悬崖上建筑居所，并建立道路网以连接400多个小村庄。他们的农业比较繁荣，兴建了水坝与护堤用于农业灌溉；主要种植玉米。阿那萨吉人的建筑技术、社会组织和群体生活反映出了高度复杂的人类文明。巨大的多层石头村落给人留下了深刻印象。但是1130年，查科峡谷中的村落空无一人，也许是因为持续的干旱，使得人们不得不放弃了这里，迁往他处。13世纪查科被遗弃，查科文化随之消亡。

查科文化国家历史公园

查科文化国家历史公园位于美国新墨西哥州西北部，是美国最令人难忘的奇妙的文化历史遗迹之一。查科文化国家历史公园反映的是全盛时期的印第安文化，它包括大量的遗迹。查科文化国家历史公园的中心是查科峡谷，这里是850年到1250年期间的一个古印第安文化的主要中心。它是一个宗教仪式、贸易的中心，并且是史前四角地区的行政中心。尽管这里的村庄很大，但是种种迹象表明生活在这里的人数很少，这片土地供养不了更多的人口。考古学家认为这些村落仅仅是仪式集会的场所，大约生活着的人口不到3000人，居民靠种植植物和商品交易生活。

收藏在查科博物馆的箭头

波尼托

波尼托是典型的“大村庄”，它的建筑过程历时300年，自850年开始建筑，之后的300年不断重建和扩建，直至建成我们现在看到的波尼托。波尼托是一座四层结构的建筑，呈D字形，共有650多个房间。

基瓦会堂
会堂呈圆形，内部是地穴状的房间，房顶用横梁和泥土建筑。

探索查科

阿那萨吉人在查科峡谷附近留下了很多灿烂的遗迹，其中包括图示区域，如五层高尤纳维达、雕刻着复杂岩画的威吉基、德奥洛尤和两层高的琴斯凯尔松。

关键词
- 道路
- 泥路
- 徒步旅行路线
- 露营区
- 野餐区
- 游客中心

重要日期

700—900年	850—1250年	1896—1900年	1920年	1987年
查科峡谷中的建筑用于举行仪式活动的基瓦会堂。	查科峡谷是阿那萨吉人的宗教、贸易和政治中心。	考古学家乔治·匹帕和他的团队挖掘波尼托。	埃德加·休伊特挖掘查托卡特遗迹。	查科文化国家历史公园被联合国教科文组织列入《世界遗产名录》。

▲石门入口

▲奥托

奥托位于台地上，是多条查科道路的交会处。19世纪60年代，W.H.杰克森在奥托的崖壁上发现了石阶。

▲去贾达孤山上的早期天文学家

对于阿那萨吉人来说，观测植物种植的日期和仪式的时间至关重要。法贾达孤山上雕刻着螺旋状的岩画，阿那萨吉人就是通过岩画投射在岩石上的影子来判断四季和时间的变换。

▼卡萨林科纳达

卡萨林科纳达是查科最大的基瓦会堂和宗教室，直径约19米（62英尺）。

查托卡特 ▶

查托卡特是另一座大村庄，离波尼托很近。查托卡特与波尼托规模几乎相当，有500个房间。查托卡特的石造建筑是目前发现的阿那萨吉人遗迹中最为复杂的建筑。

这座大村庄有四层楼的高度

▼梅萨维德震撼人心的悬崖宫

大村庄

波尼托的650多间房屋几乎没有显示出它们作用的痕迹，考古学家猜想这些房间可能是用于贮藏物品，也可能是为参加仪式活动的客人提供住所。

▲石门入口

查科居民是技艺高超的建筑师，他们只使用石器工具就建成如此雄伟的建筑。

查科的陶器

考古学家认为在400年到750年间，查科居民的厨房用具中已经开始使用陶器，取代了之前的编篮。在查科发现的陶器上装饰着用矿石和碳刻画的几何形状的图画。

墨西哥 奇琴伊察

奇琴伊察是古玛雅城市遗址，位于墨西哥尤卡坦半岛南部，奇琴伊察自发现以来一直吸引着很多考古学家的目光。南侧奇琴伊察关于最早的定居者，我们不得而知，北侧的奇琴伊察则建于玛雅文明繁盛的11世纪。约987年，托尔特克国王昆特扎克特（即羽蛇神之意）带领军队从墨西哥中部来到这里，在奇琴伊察建都，后在图拉建都。这一时期的艺术和建筑因此呈现的是玛雅和托尔特克融合风格。一些学者认为玛雅文明的繁荣归功于托尔特克人的入侵，其他的一些人认为图拉深受玛雅人的影响。在奇琴伊察的鼎盛时期，这里是当时的商业、宗教和军事中心，一直持续到13世纪，当时约有35000人在奇琴伊察居住。

武士神庙中的石雕像

▲ 球场

球场长168米（550英尺），是中美洲最长的球场。球场上有两个雕刻的石环，球需要从中穿过。

▼ 献祭之井

▼ 卡斯蒂略金字塔

▲ 武士神庙

这是一座规模较小的金字塔，武士神庙中装饰着雨神恰克和羽蛇神的雕像。神庙入口安放着查克莫天使像和S形的蛇柱。

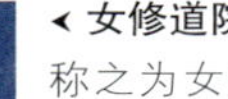

◀ 女修道院

称之为女修道院是因为它跟西班牙的女修道院很相似。这座建筑共有三层，这里可能是一座宫殿。东面附属的建筑上的石雕非常精美。

▼ 天文台

埃尔卡拉科尔天文观象台是玛雅文化中唯一的圆形建筑。内有旋梯连接各层，玛雅人用太阳照射在门上从而在屋内形成的阴影来判断夏至与冬至的到来。

▲ 卡斯蒂略金字塔中的象征着羽蛇神的蛇像

祭品

玛雅雨神的信奉者将“献祭之井”奉为圣地，并把很多玉器、陶器和金器都投入圣井中作为对雨神的献祭。如果被献祭的人活下来，他将被认为拥有预言的能力。

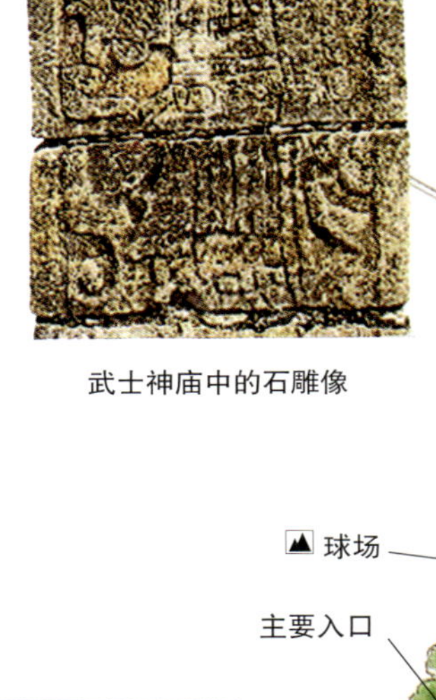

拉里西亚

这座建筑装饰着精致的浮雕，描绘了雨神恰克和巴卡布神。在玛雅神话中，巴卡布神撑起了天空。

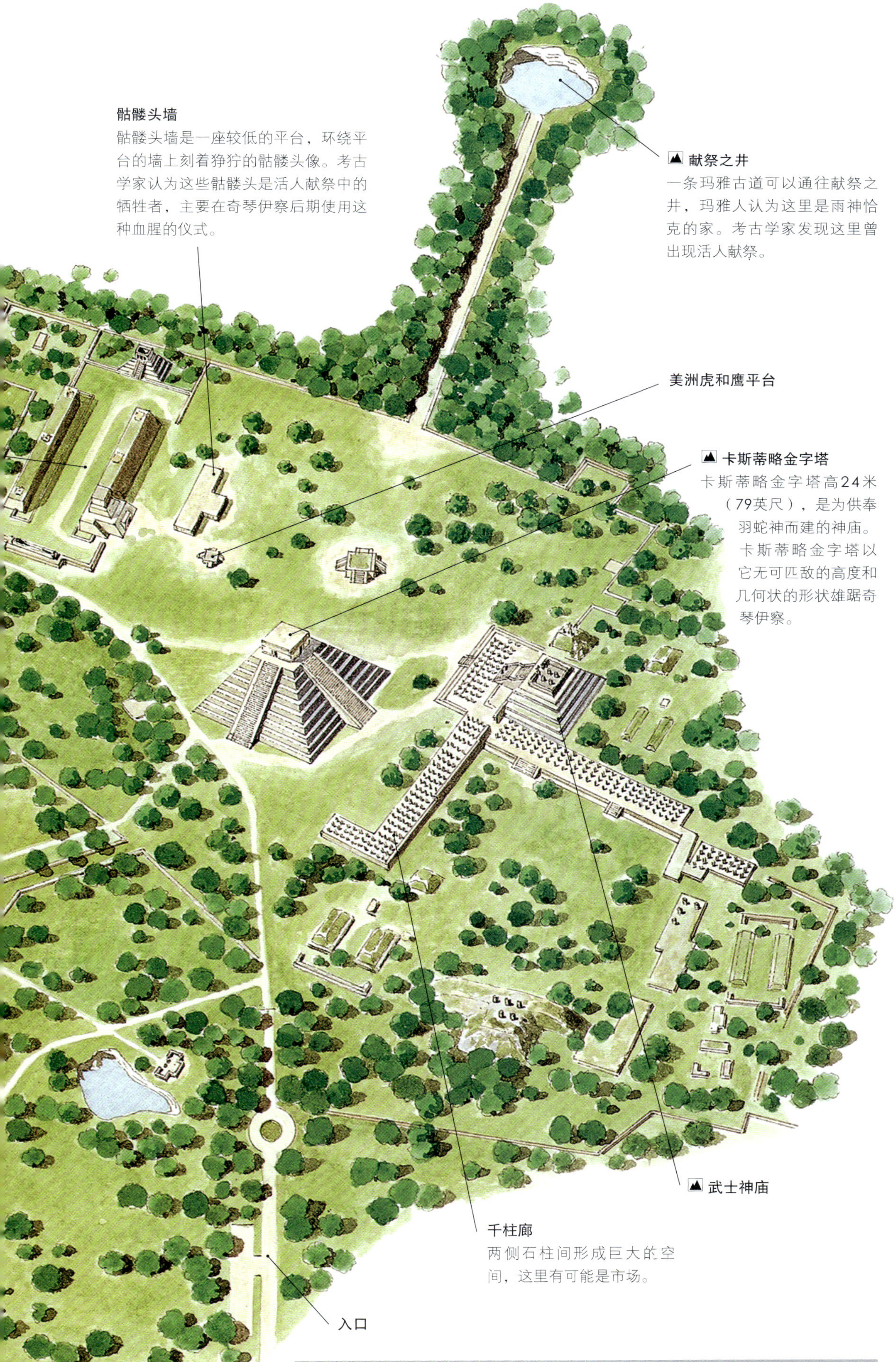

骷髅头墙

骷髅头墙是一座较低的平台，环绕平台的墙上刻着狰狞的骷髅头像。考古学家认为这些骷髅头是活人献祭中的牺牲者，主要在奇琴伊察后期使用这种血腥的仪式。

献祭之井

一条玛雅古道可以通往献祭之井，玛雅人认为这里是雨神恰克的家。考古学家发现这里曾出现活人献祭。

美洲虎和鹰平台

卡斯蒂略金字塔

卡斯蒂略金字塔高24米（79英尺），是为供奉羽蛇神而建的神庙。卡斯蒂略金字塔以它无可匹敌的高度和几何状的形状雄踞奇琴伊察。

武士神庙

千柱廊

两侧石柱间形成巨大的空间，这里有可能是市场。

入口

0米 150

0码 150

重要日期			
750年左右	900年左右	1904—1910年	1988年
在向雨神的祈祷仪式中使用献祭之井。	奇琴伊察成为玛雅文明的中心。	美国考古学家爱德华·赫伯特·汤普森挖掘出献祭之井。	奇琴伊察被联合国教科文组织列入《世界遗产名录》。

玛雅人的神灵

玛雅人信奉很多神灵，其中包括一些天体，如太阳、月亮和星星；还有一些神灵控制着人的生与死。玛雅人对神灵充满敬畏，会尽可能多地献上祭品以求神灵的降临，甚至包括活人祭祀。库库尔坎即为羽蛇神，是玛雅人的一个很重要的神灵。玛雅的雨神恰克在这里备受尊敬，因为对当地以农业为生的人民来说，充足的雨量至关重要。此外玛雅人还崇拜美洲虎形象的太阳神。

卡斯蒂略金字塔

卡斯蒂略金字塔建于800年左右，雄踞在奇琴伊察的中央，是为羽蛇神而建的神庙。金字塔的地基呈方形，四边沿阶梯上升，直至顶端的庙宇。金字塔与玛雅历法紧密相连，在春季和秋季的昼夜平分点，金字塔北面阶梯上会投下羽蛇状的光影，光影会随着太阳的位置的变化而在阶梯上移动。神庙中有一座巨大的雕像，它是传说中的穆尔神，它以一种僵硬的姿势半躺半坐在地上，手中捧着一个空盘子，放置在胸前，而两只眼睛凝视着西方。据说穆尔神胸前的空盘子就是用来装祭品的。神庙中还有一座雕刻成美洲虎形象的鲜红色宝座，上面还镶嵌着翡翠。

玛雅文明

与中美洲的其他人不同，玛雅人并没有建立起庞大的中央集权的帝国，相反他们都生活在独立的城邦国家中。人们曾一度认为玛雅人是最和平的人，现在在玛雅人的其他古文明中，我们了解到玛雅文明同样充满征服的野心，甚至一度出现活人献祭仪式。玛雅人充满智慧，他们创造了象形文字，并发明了20进位法。他们通过长期观测天象（**天文台**），掌握了日食周期和日、月、金星等的运行规律，创制出太阳历和圣年历两种历法。在当时没有望远镜，也没有计算工具的条件下，他们是如何得到这些精确的数学演算和天文知识的，令人不解。

雄踞奇琴伊察的卡斯蒂略金字塔

教堂内部

如同教堂外部三种建筑风格的融合，教堂内部也同样是三种风格的融合。巴洛克式的祭坛和礼拜堂的装饰极尽华丽。教堂内醒目的**罗德雷耶斯祭坛**上装饰着精美的雕刻；**德圣荷西礼拜堂**中的基督像的历史可以追溯到16世纪。教堂中许多雕像的名字都源于当地人在教堂建筑时捐赠的“咖啡豆”（在前殖民时期流通的一种货币）。阿古斯汀一世（1783—1824年）的骨灰供奉在圣菲利伯多礼拜堂中。阿古斯汀一世于1822年宣布墨西哥帝国的成立，成为墨西哥皇帝。

征服者与基督教

16世纪西班牙人在美洲登陆时，美洲的土著文明正是蓬勃发展时期。西班牙征服者带着他们征服新大陆的野心，对金、银、铜和土地的贪婪，信心满满地来到这里。同时西班牙征服者也把自己视为传教士，他们试图把土著的异教转化为基督教，从而建立美洲文明。方济会和多米尼克会的传教士四处传道，教化土著人并为他们洗礼。尽管新大陆最后被欧洲人成功转化为基督教，但是土著文化中的一些元素幸存了下来，并融入到新发展的基督文明中。

下沉的墨西哥城

1521年，西班牙征服者阿兹特克帝国征服中美洲后，将帝国的首都特诺奇提特兰夷平并在废墟上重新建立起新的城市。特诺奇提特兰原本是一个以特斯可可湖中小岛为中心逐渐填湖建造出的水上城市，西班牙人在征服此地后变本加厉地将湖面大部分的区域都填平，因此今日的墨西哥城绝大部分的市区都是建立在不稳定的回填土之上，对于地震之类的天灾几乎没有抵抗能力。主教座堂是在阿兹特克神庙废墟上建立起来的，神庙的石块现在用来建筑主教座堂。与墨西哥城的其他建筑一样，主教座堂也在下沉，而且它的倾斜可以很明显地看出来，所以不得不加紧修复步伐，主教座堂的修复工程主要在地下施工。修复工程及时阻止了教堂的坍塌。

墨西哥城主教座堂

墨西哥城主教座堂是拉丁美洲最大和最古老的主教座堂，是墨西哥天主教总教区的主教座堂。主教座堂位于墨西哥城市中心宪法广场北侧，宪法广场是世界上最大的广场之一。主教座堂两侧的塔高67米（220英尺），教堂建于1573年，1813年建成，跨越了三个世纪。长时间的建筑过程反映在大教堂的多种风格上，它混合了文艺复兴式（见第131页）、巴洛克式（见第80页）和新古典主义风格（见第57页）。教堂中建有5座主祭坛，16座礼拜堂，收藏着大量的珍贵绘画、雕塑和教堂家具。

▲唱诗班中的圣歌集

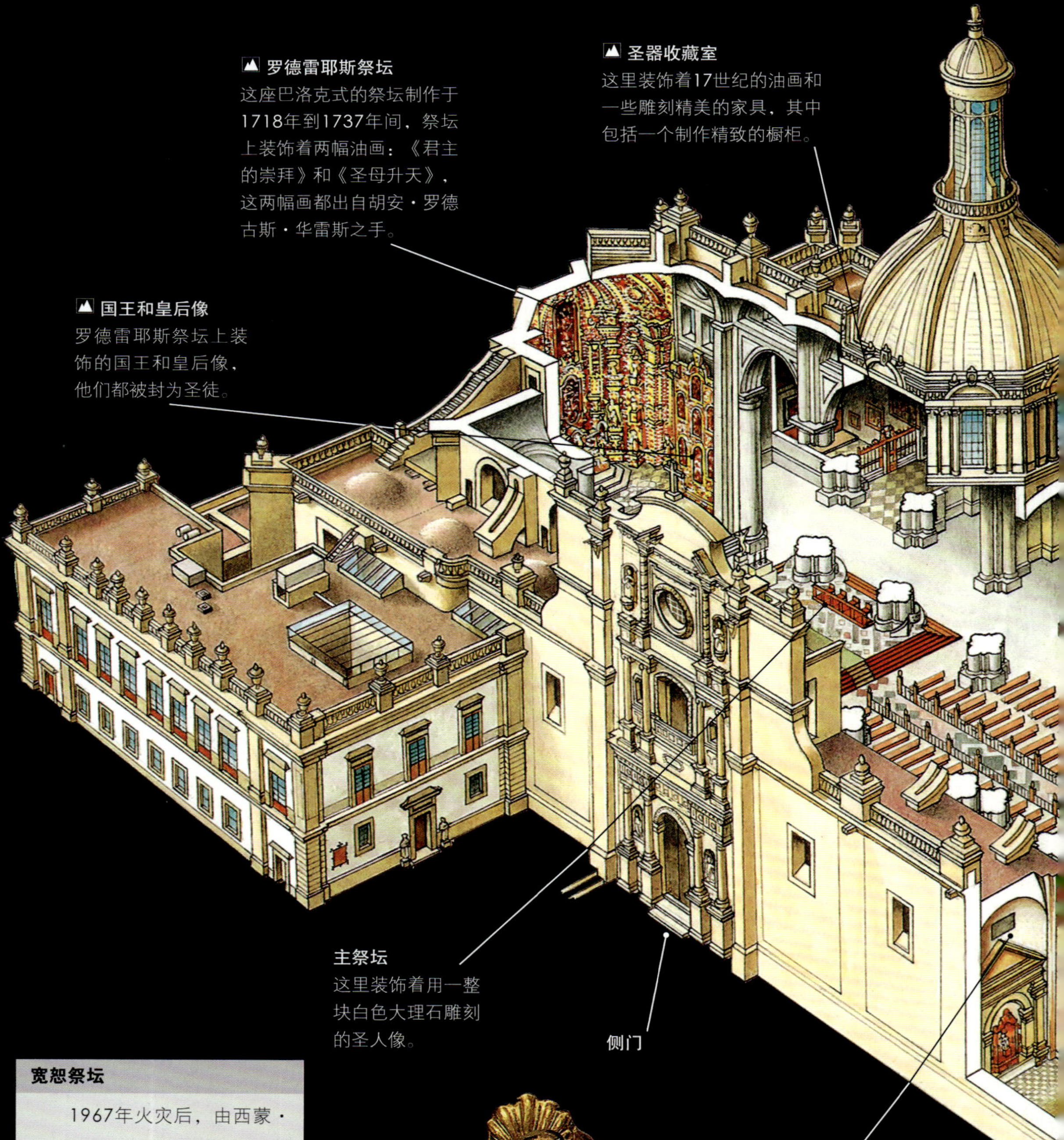

罗德雷耶斯祭坛
这座巴洛克式的祭坛制作于1718年到1737年间，祭坛上装饰着两幅油画：《君主的崇拜》和《圣母升天》，这两幅画都出自胡安·罗德古斯·华雷斯之手。

圣器收藏室
这里装饰着17世纪的油画和一些雕刻精美的家具，其中包括一个制作精致的橱柜。

国王和皇后像
罗德雷耶斯祭坛上装饰的国王和皇后像，他们都被封为圣徒。

主祭坛
这里装饰着用一整块白色大理石雕刻的圣人像。

侧门

宽恕祭坛

1967年火灾后，由西蒙·佩雷斯制作的圣母玛利亚的雕像取代了之前的黑色基督像。据说在虔诚的教徒临死时，黑色基督会宽恕他曾经的罪恶。

◂德圣荷西礼拜堂
这座礼拜堂建于16世纪，供奉着圣母玛利亚和圣人。礼拜堂的装饰非常精致，主要以雕像和油画装饰为主。

▲萨格瑞里奥教堂

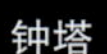
▲国王和皇后像

◀圣器收藏室中的橱柜

▼**唱诗班**
唱诗班中铜金合金的围栏是从澳门进口的，雕刻精美的唱诗班席位和两个巨大的管风琴，让整个唱诗班美轮美奂。这里无疑是教堂最大的亮点之一。

教堂内部▶

罗德雷耶斯祭坛▶

钟塔
钟塔装饰着象征着信仰、希望和博爱的雕像。

教堂内部

唱诗班

萨格瑞里奥教堂
这座建筑建于18世纪，是主教座堂附属的教区教堂，巴洛克式的正面建筑上装饰着很多圣人像。

教堂正面建筑
教堂正面建筑分为三部分，两侧是两座气势恢弘的钟塔。

主要入口

重要日期

1573年	1667年	1967年	1985年	1987年
教堂开始施工。	教堂被奉为主教座堂，直到1813年教堂外表建筑才完工。	教堂部分建筑被火灾毁坏。	一次破坏性极大的地震给教堂带来很大的创伤。	墨西哥城主教座堂被联合国教科文组织列入《世界遗产名录》。

印加农业

这些建造马丘比丘的印加人拥有先进的建筑技术。马丘比丘中的一些巨石重达50多吨，但是墙上石块和石块之间的缝隙却连匕首都无法放进去，巧妙的接缝技术让人简直无法理解印加人是如何把它们拼接在一起的。马丘比丘大体上被分为两部分：农业区，包括**梯田**；**城区**，这里包括各种规模的建筑构造、管道和台阶。印加人在石头间开凿出了大量的城墙、层层的梯田、陡峭的坡道，这些都反映了印加人不可估计的创造力。

海勒姆·宾汉姆

1911年印加遗迹马丘比丘的重新问世是20世纪考古界的重大发现。美国探险家海勒姆·宾汉姆原本的目的是寻找比尔卡班巴城，该城是印加帝国躲避西班牙殖民者的最后一个避难所，但是他偶然发现了丛林中的马丘比丘。宾汉姆和他的团队花了很多年才把覆盖在遗迹上的繁茂的植物除去。丛林下露出了房屋、神庙、管道和无数的台阶与梯田。更加令宾汉姆兴奋的是，西班牙殖民者并没有发现马丘比丘，而且盗墓者也从未涉足过这里。

印加文明

印加是11世纪至16世纪时位于美洲的古老帝国，13世纪在库斯科定都，并开始进入领土扩张时期。16世纪早期，印加帝国的版图大约在今日南美洲的秘鲁、哥伦比亚、智利、阿根廷一带，当时的人口是1200万。印加人能在中安第斯山区建立这样一个幅员辽阔的国家，与当地发达的经济文化是分不开的。印加人的结构良好的社会和国家组织以及四通八达的交通网络，都便于促进各地区的联系与文化交流。印加人修筑的道路更是举世闻名，全长32200公里。印加帝国拥有强大的军事实力和严格的社会等级，他们也会学习被征服地区的先进文化。印加人主要崇拜太阳，自称是太阳的后代。他们认为山顶是神灵的家，在山顶会有向神灵进行活人献祭的仪式。印加人长期观察天象，这样他们可以知道何时进行播种和收获，并确定他们举行宗教仪式的时间。

秘鲁 马丘比丘

马丘比丘被称作印加帝国的“失落之城”，是保存完好的印加遗迹。马丘比丘是南美洲最重要的考古发掘中心，因此也是秘鲁最受欢迎的旅游景点。整个遗址高耸在海拔约2350米的山脊上，俯瞰着乌鲁班巴河谷，被热带丛林所包围。马丘比丘是印加统治者帕查库蒂于1460年左右建立的，考古发现显示马丘比丘并非普通城市，而是印加贵族的乡间休养场所。大约1000人在这里居住，他们完全自给自足，周围是梯田和天然泉水。马丘比丘外的印加居民也都没有意识到马丘比丘的存在，西班牙人在长达300多年的殖民统治期间对它一无所知，秘鲁独立后100年里也无人涉足。由于其圣洁、神秘、虔诚的氛围，马丘比丘被列入全球十大怀古圣地名单。

▲ 马丘比丘上的驼羊

印加人驯养驼羊用于山地运输，驼羊也可以给他们提供羊绒、皮毛和肉。

▲ 拴日石

保存完好的砖石建筑 ›

▼ 太阳神庙

梯田和灌溉水渠阻挡了水土流失›

印加小道

印加小道在陡峭的山谷间蜿蜒穿梭，盘旋穿过三座山，全长3658米（12000英尺）。印加小道的沿途充满了震撼人心的美景，有白雪皑皑的雪山、浓郁的森林和芳香的花朵。印加人铺筑的鹅卵石路和坑道现在仍然可以看到。徒步旅行者需要四五天才可以登上马丘比丘，在太阳门观看到壮丽的日出。

印加小道尽头雄伟壮观的景色

▲ 神圣广场

三窗之屋与神圣广场相邻，神圣广场同时与主神庙相接，神庙中有一面毫无裂缝的墙。

重要日期

1200年左右	1460年	16世纪中叶	1911年	1983年
印加人在秘鲁的库斯科建都，开始他们长久深远的扩张。	在距离海平面2430米（7970英尺）的山上建造了马丘比丘。	也许是由于接连不断的内战，马丘比丘被遗弃。	美国探险家海勒姆·宾汉姆发现了马丘比丘遗迹。	马丘比丘被联合国教科文组织列入《世界遗产名录》。

开往马丘比丘的火车

从库斯科附近的坦波和波瑞有火车开往离马丘比丘最近的小镇卡林特斯。这段风景美丽的火车旅途仅需三个小时。或者也可从阿瓜斯卡连特斯州乘坐公共汽车穿过陡峭的土路，抵达这处印加遗迹。

马丘比丘全景图
马丘比丘由约200个建筑物组成，包括庙宇、宫殿、广场和居住区，这里还建有超过100处阶梯。

巴西 巴西利亚

巴西利亚以其独特的建筑闻名于世，它是城市设计史上的里程碑。巴西利亚的建成，首次实现了全部由人工规划的未来城市，它是真正建立在绿地上的首都，它的规划设计体现了人的精神和智慧的伟大创造力，也是建筑的现代精神的典范。巴西首都巴西利亚始建于1956年。当时，以发展主义著称的总统儒塞利诺·库比契克（1956—1960年）力图带动内陆地区的发展，于是耗费巨资，仅用41个月的时间就在中部高原建成了一座现代化的新城市。巴西利亚的建成，实现了库比契克总统的梦想，同时也把繁荣带到了巴西中西部，贯通了南部与北部，带动了整个国家一起发展进步。

城市布局

巴西利亚独特的**飞机形设计**，犹如一架向东飞行的飞机。巴西利亚城市规划师卢西奥·科斯塔说，他只是使用了一种与地形相符的简单图形而已。他计划建造一座中央建筑集中的几何图形完美的城市，这样才有可能形成完美的社会。整座城市沿着垂直的两轴铺开：**纪念碑轴**和**住宅轴**。城市中共有六条宽敞的主道。三权广场上的**国会大厦**、**总统府**和**最高法院大楼**，象征整个国家的神经中枢。住宅区由11个超级小区组成，都是6层高的公寓。巴西利亚人特别重视城市环境建设、管理和保护。政府明文规定，公寓楼不得超过6层。这些规定，贯彻始终，从而保持了城市风格的连续性和稳定性。

竞选设计方案

1957年，卢西奥·科斯塔和奥斯卡·尼迈耶的设计方案在竞选中脱颖而出。科斯塔负责巴西利亚城市的总体规划，尼迈耶负责设计这座城市的主要建筑。他们两个都是现代建筑大师勒·柯布西耶的学生，勒·柯布西耶被认为是“功能建筑设计之父”。现在人们对科斯塔的设计一直存在争议，由于他没有规划太多的公共交通设施，这对这座拥有50万人口、且存在很多生活在贫民区里的人的大都市居民来说，出行实在是一件很困难的事情。大多数人都认为尼迈耶的建筑展现了城市和谐的设计思想。

奥斯卡·尼迈耶

巴西利亚的崛起把建筑师奥斯卡·尼迈耶的事业推向了很高的方向，1907年奥斯卡·尼迈耶生于里约热内卢，1934年毕业于里约热内卢国立美术学院建筑系。后与勒·柯布西耶和卢西奥·科斯塔合作设计完成巴西教育卫生部大厦。尼迈耶的设计构思独特，擅用曲线和钢筋混凝土构造。他最著名的当属巴西利亚的主要公共建筑，如一仰一覆两个碗形屋顶的**国会大厦**；外形线条简洁、内部光线明亮的**巴西利亚大教堂**；气势雄伟的**最高法院大楼**等。奥斯卡·尼迈耶是伟大的现代建筑倡导者，他也荣获了无数的奖项。

巴西利亚大教堂

巴西利亚大教堂简单独特的外表使它成为巴西利亚最著名的建筑之一。图为露出地面部分的建筑——只有大教堂的屋顶，弧形的柱子是屋脊，整个教堂大厅是建在地下的。

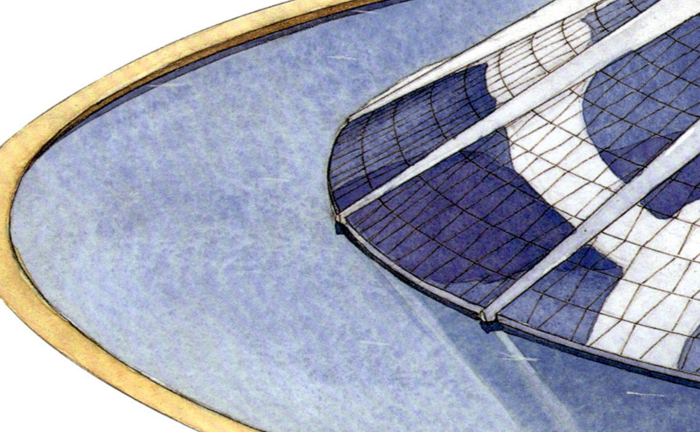

洗礼堂
这个独特的鸡蛋状的建筑象征着圣体，大教堂与洗礼堂之间有通道相连。

← 教堂入口

讲道坛 ›
讲道坛上竖立着一座巨大的十字架，是用一整棵热带杉树雕刻而成的。

教士的梦幻

1883年，一位意大利的名为博斯科的教士在梦幻中看到了巴西未来的新首都的地点。现在每年8月的最后一个星期日，巴西利亚人都会举行游行活动以庆祝博斯科教士的梦的纪念日。

重要日期

1956年	1957年	1958年	1960年	1987年
儒塞利诺·库比契克总统举行就职典礼，后发起巴西利亚设计方案的竞赛。	以卢西奥·科斯塔设计方案为蓝图，巴西利亚开始建筑。	巴西利亚大教堂奠基，并于1970年被奉为主教教堂。	4月21日，巴西利亚举行开幕仪式，正式成为巴西的新首都。	巴西利亚被联合国教科文组织列入《世界遗产名录》。

飞机形设计

巴西利亚的设计是基于飞机的形状。纪念碑轴（机身）与住宅轴（机翼）垂直相交，这两条主轴把城市的基础设施分割为几个不同的区域。

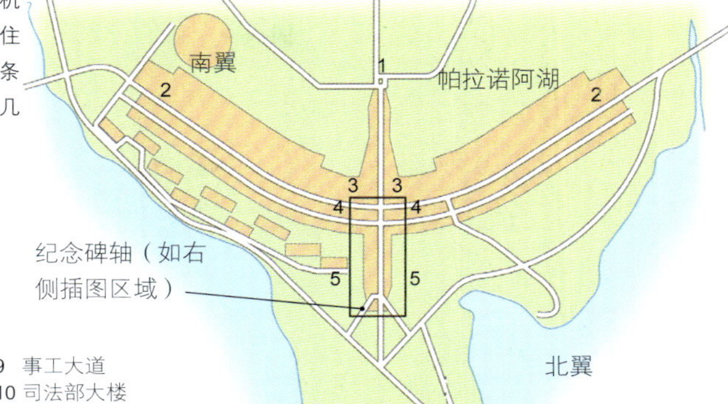

关键词

1 JK纪念碑
2 住宅轴
3 旅馆区
4 使馆区
5 商业区
6 文化区
7 国家剧院
8 巴西利亚大教堂
9 事工大道
10 司法部大楼
11 国会建筑区
12 最高法院大楼
13 三权广场
14 总统府

教堂的设计

奥斯卡·尼迈耶设计的象征着王冠的教堂由16根40米（131英尺）高的抛物状立柱束在一起，同时又象征着双手拥抱天空。

中殿

中殿由16块彩色玻璃纤维组成，殿内天花板上悬挂着三座天使像，同样出自阿尔弗雷多·塞斯克艾蒂之手。

大教堂外的《四位福音传道者》雕塑，由阿尔弗雷多·塞斯克艾蒂创作完成

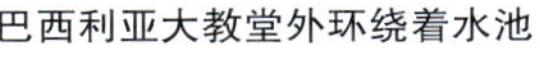

巴西利亚大教堂外环绕着水池

教堂中殿

布道坛

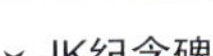

JK纪念碑

纪念碑是为了纪念巴西前总统儒塞利诺·库比契克，他的陵墓也安葬在这里，纪念碑在1981年建成。

国会大厦

国会大厦前的两只硕大的“碗”和两座双子塔形成了引人注目的太空时代般的侧影，成为巴西利亚的标志建筑之一。

司法部大楼

从大楼前伸出的6块弧形水泥板不断流着水，寓意人民在流泪，它提醒司法官员要时刻关注人民的疾苦，旁边的是儒塞利诺·库比契克总统的雕像。

纪念碑轴

这些长方形的建筑如同哨兵一样沿着事工大道整齐排列。每一座大楼是一个不同的政府部门，远处的是国会建筑群。

致谢

出版社在这里诚挚感谢以下这些为这本书的成功出版做出贡献和帮助的人：

特别感谢以下人员：

Jane Egginton, Frances Linzee Gordon, Denise Heywood, Andrew Humphries, Roger Williams.

编辑和设计协助人员：

Louise Buckley, Tracy Smith, Stuti Tiwari Bhatia and Neha Dhingra.

图片版权所有者：Richard Almazan, Studios Arcana, Modi Artistici, Robert Ashby, William Band, Gilles Beauchemin, Dipankar Bhattacarga, Anuar Bin Abdul Rahim, Richard Bonson, François Brosse, Michal Burkiewicz, Cabezas/Acanto Arquitectura y Urbanismo S.L., Jo Cameron, Danny Cherian, Yeapkok Chien, ChrisOrr.com, Stephen Conlin, Garry Cross, Bruno de Robillard, Brian Delf, Donati Giudici Associati srl, Richard Draper, Dean Entwhistle, Steven Felmore, Marta Fincato, Eugene Fleury, Chris Forsey, Martin Gagnon, Vincent Gagnon, Nick Gibbard, Isidoro González-Adalid, Kevin Goold, Paul Guest, Stephen Gyapay, Toni Hargreaves, Trevor Hill, Chang Huai-Yan, Roger Hutchins, Kamalahasan R, Kevin Jones Assocs., John Lawrence, Wai Leong Koon, Yoke Ling Lee, Nick Lipscombe, Ian Lusted, Andrew MacDonald, Maltings Partnership, Lena Maminajszwili, Kumar Mantoo Stuart, Pawel Marczak, Lee Ming Poo, Pawel Mistewicz, John Mullaney, Jill Mumford, Gillie Newman, Luc Normandin, Arun P, Lee Peters, Otakar Pok, Robbie Polley, David Pulvermacher, Avinash Ramscurrun, Kevin Robinson, Peter Ross, Simon Roulstone, Suman Saha, Fook San Choong, Ajay Sethi, Derrick Slone, Jaroslav Staněk, Thomas Sui, Ashok Sukumaran, Peggy Tan, Pat Thorne, Gautam Trivedi, Frank Urban, Mark Warner, Paul Weston, Andrzej Wielgosz, Ann Winterbotham, Martin Woodward, Bohdan Wróblewski, Hong Yew Tan, Kah Yune Denis Chai, Magdalena Zmadzinska, Piotr Zubrzycki.

文献索引人员：Hilary Bird, Jane Henley.

给予特别帮助的人员：Maire ní Bhain at Trinity College, Dublin; Chartres Cathedral, Procurate di San Marco (Basilica San Marco); Campo dei Miracoli, Pisa; Hayley Smith and Romaine Werblow from DK Picture Library; Mrs Marjorie Weeke at St Peter's Basilica; Le Soprintendenze Archeologiche di Agrigento di Pompei; Topkapı Palace, Istanbul; M Oulhaj (Mosque of Hassan II); The Castle of Good Hope.

其他摄影人员：Shaen Adey, Max Alexander, Fredrik & Laurence Arvidsson, Gábor Barka, Philip Blenkinsop, Maciej Bronarski, Demetrio Carrasco, Tina Chambers, Kate Clow, Joe Cornish, Andy Crawford, Ian Cumming, Tim Daly, Geoff Dann, Robert O'Dea, Barbara Deer, Vladimír Dobrovodský, Jiří Doležal, Alistair Duncan, Mike Dunning, Christopher and Sally Gable, Philippe Giraud, Heidi Grassley, Paul Harris, Adam Hajder, John Heseltine, Nigel Hicks, Ed Ironside, Stuart Isett, Dorota & Mariusz Jarymowicz, Alan Keohane, Dinesh Khanna, Dave King, Paul Kenward, Vladimir Kozlik, Andrew McKinney, Jiří Kopřiva, Neil Lukas, Paweł Marczac, Eric Meacher, Katarzyna and Wojciech Mędrzak, Michael Moran, Roger Moss, Hanna and Maciej Musiał, Tomasz Myśluk, Stephen Oliver, Vincent Oliver, Gary Ombler, Lloyd Park, John Parker, Amit Pasricha, Aditya Patankar, Artur Pawłowski, František Přeučil, Ram Rahman, Bharath Ramamrutham, Rob Reichenfeld, Magnes Rew, Alistair Richardson, Terry Richardson, Alex Robinson, Lucio Rossi, Rough Guides/Tim Draper, Rough Guides/Michelle Grant, Rough Guides/Nelson Hancock, Rough Guides/Suzanne Porter, Rough Guides/Dylan Reisenberger, Rough Guides/Mark Thomas, Jean-Michel Ruiz, Kim Sayer, Jürgen Scheunemann, Colin Sinclair, Toby Sinclair, Frits Solvang, Tony Souter, Jon Spaull, James Stevenson, Eric Svensson, Cécile Tréal, Lübbe Verlag, Cylla Von Tiedemann, BPS Walia, Mathew Ward, Richard Watson, Stephen Whitehorn, Dominic Whiting, Linda Whitwam, Jeppe Wikström, Alan Williams, Peter Wilson, Paweł Wójcik, Stephen Wooster, Francesca Yorke.

摄影许可：DK出版社真诚地感谢所有的教堂、寺庙、清真寺、城堡、博物馆和其他难以计数的美景中的那些给予热情帮助的人，感谢他们允许我们拍下这些无与伦比的艺术瑰宝。

图片出处说明方法：a-上；b-下/底；c-中间；f：远处；l-左；r-右；；t-顶部

DK出版社在这里感谢以下单位和个人的帮助：National Archaeological Museum, Naples: 132ca; © Patrimonio Nacional 112-3; Private Collection 169crb; Etablissement public du musée et du domaine nationale de Versailles 58tl, 58ca, 58c, 58cb, 58crb, 59bl.

这些艺术作品在经过版权所有者许可后才可进行复制制作：Paris through the Window (1913), Marc Chagall © ADAGP, Paris, 2011 237tl; Black Lines (1913) Vasily Kandinsky © ADAGP, Paris, 2011 237tr; Woman Holding a Vase (1927), Fernand Léger © ADAGP, Paris, 2011 237tc; Woman Ironing (1904) Pablo Picasso © Succession Picasso/DACS 2011 237crb; Woman with Yellow Hair (1931) Pablo Picasso © Succession Picasso/DACS 2011 237cb;

Snake (1996) Richard Serra © ARS, NY and DACS London 2011 107tl.

出版社在这里诚挚地感谢以下个人、公司和图片库，感谢他们允许我们复制制作他们的照片：

A1 PIX: Mati 185bl.

ACCADEMIA ITALIANA: Sue Bond 132tr.

ARCHIVO ICONOGRAFICO S.A. (AISA) : 144tr.

AKG: 89tl, 89tc, 173tc, 175crb.

ALAMY IMAGES: Walter Bibikow 118–9; Robert Harding World Imagery 185cra; Dallas and John Heaton 176–7; David Jones 164–5; Steve Murray 254–5.

ANCIENT ART & ARCHITECTURE COLLECTION: 161ca.

ARCAID: Paul Rafferty 107crb.

ARCHIVIO DELL'ARTE: Luciano Pedicini 132c.

FABRIZIO ARDITO: 183tc.

THE ART ARCHIVE: 163br; Devizes Musem/Eileen Tweedy 39cra.

ART DIRECTORS: Eric Smith 185br.

AXIOM: Heidi Grassley 163bc; James Morris 163crb.

TAHSIN AYDOGMUS: 148tc.

JAUME BALAYNA: 111cra.

OSVALDO BöHM:116bc.

BORD FÁILTE/IRISH TOURIST BOARD: Brian Lynch 16ctc, 17cra.

GERARD BOULLAY: 55tc; 55tr.

BRAZIL STOCK PHOTOS: Fabio Pili 261fbl.

BRIDGEMAN ART LIBRARY, LONDON/NEW YORK: Private Collection 43tc; Royal Holloway & Bedford New College, The Princes Edward and Richard in the Tower by Sir John Everett Millais 34br; Basilica San Francesco, Assisi 127tc; Smith Art Gallery & Museum, Stirling 22tl; Stapleton Collection 160tl, 163cr.

DEMETRIO CARRASCO: 97cra, 97cr.

CHINAPIX: Zhang Chaoyin 186bl, 186bc.

PHOTOS EDITIONS COMBIER, MACON: 48fcr.

CORBIS: Archivo Iconografico, S.A. 211tl; Yann Arthus-Bertrand 261br; Bettmann Archive 238cl, 238c, 243cl; Dave Bartruff 69cra, 151clb; Marilyn Bridges 39bl; Chromo Sohm Inc./Jospeh Sohm 189cra; Elio Ciol 4bc, 173crb; Dean Conger 193br; Eye Ubiquitous/Thelma Sanders 166clb; Owen Franken 64–5; Todd Gipstein 243tc; Lowell Georgia 192tr; Farrell Grehan 90–1; John and Dallas Heaton 8t, 8bc; John Heseltine 52–3, Angelo Hornak 29tc, 43cb; Wolfgang Kaehler 166tl, 185crb; Kelly-Mooney Photography 195tr; Charles Lenars 188tr; Jean-Pierre Lescourret 2–3; Craig Lovell 186tl; David Samuel Robbins 186clb; Sakamoto Photo Research Lab 199tr; Kevin Schafer 39bc; James Sparshatt 1; Paul A Souders 5br; Sandro Vannini 166cla; Vanni Archive 140ca; Nik Wheeler 166cl; Adam Woolfitt 146–7; CRESCENT PRESS AGENCY: David Henley 211crb. GERALD CUBITT: 211tr. CULVER PICTURES INC: 239tl, 242cl, 242br, 243clb. DAS FOTOARCHIV: Henning Christoph 166tr. DEUTSCHE APOTHEKENMUSEUM: 75tc. DIATOTALE: Château de Chenonceau 63c. ASHOK DILWALI: 206tr.

DOMBAUVERWALTUNG DES METROPOLITANKAPITELS KÖLN: Brigit Lambert 70cla, 70clb, 70c, 70cra, 70cr, 70cb, 71tl, 71tc.

D.N. DUBE: 207tl, 207tc.

EKDOTIKE ATHENON S.A: 140cb, 143cla.

MARY EVANS PICTURE LIBRARY: 38tr, 42cr, 56bl, 102c, 129bc.

EYE UBIQUITOUS: Julia Waterlow 261crb.

FORTIDSMINNEFORENINGEN: Kjersheim/Lindstad, NIKU 13cra.

MICHAEL FREEMAN: 247bc, 247crb.

CHRISTINA GAMBARO: 175cra.

GEHRY PARTNERS LLP: 106tr.

EVA GERUM: 72ca, 72c, 72cr, 72crb, 72fcrb, 73bc.

GETTY IMAGES: Altrendo Images 138–9; Robert Harding World Imagery/Gavin Heller 214–5; Hulton-Deutsch 19crb, 192ca; Image Bank/Anthony Edwards 40–1/ Mitchell Funk 240–1/Peter Hendrie 210tr, Frans Lemmens 170–1/A Setterwhite 243ca; National Geographic/Raymond K Gehman 190–1; Photodisc/ Life File/David Kampfner 100–1; Photographer's Choice/John Warden 189crb; Stone/Jerry Alexander 258cra, /Stephen Studd 152–3; Taxi/Gary Randall 228–9, /Chris Rawlings 222–3.

EVA GLEASON: 256–7t, 256bc, 257tr, 257cra, 257crb.

LA GOÉLETTE: The Three Graces Charles-André Van Loo photo J J Derennes 62tr.

GOLDEN GATE BRIDGE, HIGHWAY & TRANSPORT ATION DISTRICT (GGBHTD): 248tr, 248bc, 248br, 249tl, 249cra, 249crb.

GUGGENHEIM BILBAO MUSEO: 107tl, 107tc, 107tr, 107cra.

SONIA HALLIDAY: Laura Lushington 60bc.

ROBERT HARDING PICTURE LIBRARY: 66ca, 130tl, R Francis 54c; R Frerck 258clb; Sylvain Grandadam 261cr; Michael Jenner 145bc; Christopher Rennie 200–1; Eitan Simmnor 173cra; James Strachan 185bc; Explorer/P Tetrel 59tr.

DENISE HEYWOOD: 216tl, 216tr, 216cla, 216cl, 216clb, 216bc, 217ca, 218tr, 219tl, 219tr, 219ca, 219cr, 219cra, 219crb.

JULIET HIGHET: 219tc.

HISTORIC ROYAL PALACES (Crown Copyright): 35clb, 36tc, 36ca, 36fcra, 36cb, 36crb, 36bc, 36br, 37tr.

HISTORIC SCOTLAND (Crown Copyright): 23tc, 24ca, 25cra, 25crb.

ANGELO HORNAK LIBRARY: 28tl, 29cr.

IMAGES OF AFRICA: Shaen Adey 168cb; Hein von Horsten 168ca; Lanz von Horsten 169bl.

IMAGINECHINA: 193cra, 195tc.

IMPACT PHOTOS: Y Goldstein 184ca.

INDEX: 114tr.

INSIGHT GUIDES: APA/Jim Holmes 97tc.

HANAN ISACHAR: 150ca, 174tc, 175ca, 181tl.

PAUL JACKSON: 182tr.

JARROLD COLOUR PUBLICATIONS: 19tl.

MICHAEL JENNER PHOTOGRAPHY: 150br, 173tl.

KEA PUBLISHING SERVICES LTD: Francesco Venturi 97ftl, 97tl, 97tr.

IZZET KERIBAR: 150cra.

KOSTOS KONTOS: 140tr.

KUNSTHISTORISCHES MUSEUM, VIENNA: Italienische Berglandschaft mit Hirt und Herde (GG 7465) (Italian Landscape with Shepherd and Herd), Joseph Rosa 84tl.

BERND LASDIN: 69crb, 69bc, 69br.

HÅKON LI: 12ca, 12cb, 12cr.

JÜRGEN LIEPE: 160tr.

LÜBBE VERLAG: 84tr.

MAGNUM: Topkapı Palace Museum/Ara Guler 145tc.

NATIONAL PARK SERVICE (CHACO CULTURE NATIONAL HISTORICAL PARK): Dave Six 250tr.

NATIONAL PARK SERVICE (STATUE OF LIBERTY NATIONAL MONUMENT): 243c, 243cb.

JÜRGEN NOGAI: 69tc, 69cr.

RICHARD NOWITZ: 175tr, 175cr, 175br, 179tl, 181cb, 181br, 183ca.

© THE OFFICE OF PUBLIC WORKS, IRELAND: 17tc, 17tr, 17ca.

ORLETA AGENCY: Jerzy Bronarski 86tl, 86cla, 86cl, 86clb, 87ca.

PALACIO DA PENA: 103bc.

PALEIS HET LOO: 47ca, 47cra, 47cb, 47crb, 47br.

PANOS PICTURES: Christien Jaspars 167tc.

PHOTOS 12: Panorama Stock 189br.

PHOTOBANK: Peter Baker 150bc, 151cr.

ANDREA PISTOLESI: 247br.

POWERSTOCK: Superstock 78–9.

PRAGUE CITY ARCHIVES (ARCHIV HLAVNIKO MESTA PRAHA): 93tr.

FABIO RATTI: 179c.

GEORGE RIHA: 83tr.

ROCAMADOUR: 66tl.

THE ROYAL COLLECTION © 2004, Her Majesty Queen Elizabeth II: 34tl, 34tr, 34cla, 36fbr.

ROYAL GEOGRAPHICAL SOCIETY PICTURE LIBRARY: Chris Caldicott 166ca, 258cr; Eric Lawrie 4br, 259bl; Sassoom 258crb.

SHALINI SARAN: 209ftl, 209tl, 209tc, 209ca, 209c, 209bc.

ST PAUL'S CATHEDRAL: Peter Smith 32tl, 32cl, 32bl.

SCALA GROUP SPA: 122bc, 123bc, 124cb, 126clb, 126bc, 127bc, 128clb, 130tr.

SCHLÖSSERVERWALTUNG: 77cla, 77ca, 77cl, 77c.

SCHLOSS SCHÖNBRUNN: 84cla, 84clb, 84bl, 84bc, 85tc, 85cb.

SHRINE OF SAINTE-ANNE-DE BEAUPRÉ: 230tr, 230br, 231crb, 231bc, 231br.

SKYSCAN: 39br.

SOLOMON R GUGGENHEIM MUSEUM: photo by D Heald 237tl, 237tc, 237tr, 237cra, 237cr, 237cb, 237crb.

SOUTH AMERICAN PICTURES: Tony Morrison 261bl.

STATE RUSSIAN MUSEUM: 96tr.

SUPERSTOCK LTD: 212ca.

COURTESY OF SYDNEY OPERA HOUSE TRUST: 225tl, 225tc, 225cra, 225br, 225ftr.

SUZIE THOMAS PUBLICITY: 225tr.

TRAVEL INK: Allan Hatley 212crb; Pauline Thorton 212fbr.

TRIZECHAHN TOWER LIMITED PARTNERSHIP: 232cra, 232cb, 233tl.

TRINITY COLLEGE, Dublin: 18bc.

TURNER ENTERTAINMENT CO: 239c

UNIVERSITY MUSEUM OF CULTURAL HERITAGE – UNIVERSITY OF OSLO, NORWAY: 13tl.

VASAMUSEET: Hans Hammarskiöld 14tl, 14ca, 14cl, 14c, 14clb, 14bl, 14bc, 15tc.

MIREILLE VAUTIER: 258cla, 258ca, 261bc.

ROGER VIOLLET: 57tc.

ViSIONS OF THE LAND: Garo Nalbandian 178cl, 178bl, 178cra, 183tl, 183cra; Basilio Rodella 175tl, 178cla, 178clb, 181tc, 181ca, 181cra, 181crb.

B.P.S. WALIA: 203cb.

以下图片由DEAN AND CHAPTER, WESTMINSTER仁慈的许可得以复制制作：31br.

WHITE HOUSE HISTORICAL ASSOCIATION: 245tl, 245tc, 245cla, 245ca, 245c, 245cb.

PETER WILSON: 136ca.

WOODMANSTERNE: Jeremy Marks 32clb.

WORLD PICTURES: 185tr.

以下图片由DEAN AND CHAPTER，YORK仁慈的许可得以复制制作：29ftl；Alan Curtis 29tr; Jim Korshaw 29tl; Newbury Smith Photography 28c.

ZEFA: age fotostock 108–9; Masterfile/Gail Mooney 10–11.

封面：GETTY IMAGES: Travel Ink/Gallo Images;

封底：ALAMY IMAGES: John Warburton-Lee Photography/Christian Kober tl; GETTY IMAGES: Photodisc/Glen Allison tc, Photographer's Choice/Peter Gridley tr.

其他所有图片© Dorling Kindersley.

For further information see: www.dkimages.com